오늘의 건축을 규명하다

건축의 현재 상태에 대한 상세설명

Précisions sur un état présent de l'architecture

오늘의 건축을 규명하다

건축의 현재 상태에 대한 상세설명

Précisions sur un état présent de l'architecture

:: 2019년 5월 22일 1쇄 발행
:: 2020년 3월 31일 2쇄 발행
:: 저자 자크 뤼캉(Jacques Lucan)
:: 번역 남성택

:: 발행인 | 김기현
:: 발행처 Spacetime · 시공문화사
:: 등록 | 1993.3.12 제 1-1493
:: 인쇄 | 예림인쇄사
:: 제본 | (주) 다인바인텍
:: 용지 | (주) 대림지업사

:: 03733 서울시 서대문구 독립문공원길 13 극동프라자 5층
:: 전화 02-3147-1212 · 2323 | 팩스 02-3147-2626
:: spacetime@korea.com | www.spacetime.co.kr
:: ISBN 978-89-5592-415-2

정가 20,000원

오늘의 건축을 규명하다

건축의 현재 상태에 대한 상세설명

Précisions sur un état présent de l'architecture

자크 뤼캉(Jacques Lucan) **지음**
남성택 번역

Spacetime Pub.

차례

Sommaire

서론
Introduction

오랫동안 건축가들의 작업에 관심 갖고 관찰하면서 내가 가져왔던 목표는, 그들이 건축을 이해하고 행동하는 방식, 그들의 설계개념 속 핵심을 이해하는 것이었다. 비평적이고 이론적인 나의 관심사를 발전시켜 나갈 수 있었던 주요 계기는, 한편으론 건축전문지들의 요청에 의한 기고와 여러 건축전시회의 준비를 통해서였고, 다른 한편으로는 스위스 로잔 연방공대(Ecole Polytechnique Fédérale de Lausanne)와 프랑스 파리-벨빌 국립건축대학(ENSA de Paris-Belleville) 및 마르느-라-발레 도시 및 영토 국립건축대학(ENSA de la ville et des territoires à Marne-la-Vallée) 등에서의 교육을 통해서였다. 19세기부터 20세기에 걸친 두 세기의 건축 역사를 다루며 2009년 출판되었던 나의 저서 『구성, 비구성 (*Composition, non-composition*)』[1]은 모두 이와 같은 관심사에서 비롯된 것이었다. 특히 그 책의 마지막 두 장은 20세기에서 21세기로 전환하는 시기의 건축적 문제의식들을 다루었는데, 이 같은 현대건축의 문제들에 대한 연구를 더 확대 발전시키자는 요구에 부응해 본 책을 새로 준비하게 되었다. 한편으론, 이러한 문제의식들이 다양하게 부각되고 있는 점과 함께, 그 유사성과 차이를 강조해 묘사할 필요도 있었다. 이를 위해 모든 부분을 철저히 완벽하게 다루기란 매우 어렵다는 사실을 익히 나는 알고 있다. 어떤 독자들에게는, 그들이 선호하거나 내용 상 필히 다루어졌어야 할 건축가들이 나의 책 속에 언급되지 않았다며 유감을 표현할 수도 있겠다.

가장 최근의 건축적 실현작들을 분석하기 위해 과거의 순간들을 참고해야할 필요가 생기곤 한다. 변화, 돌연변이, 변신, 새로움이 과연 어떠한 것인지 제대로 파악하기 위해서, 현재와 과거의 대면은 필수적인 것이 아닐까? 이 때문에 『구성, 비구성』의 내용 일부가 다시 언급되거나 참조될 수도 있다. 다만 본 책이 이전 책의 후속작이나 직접적 보완물로만 오로지 의도된 것만은 아니었기에, 독립적 사고로 읽을 수 있음은 물론이다.

건축적 개념들의 필요성
La nécessité de concepts architecturaux

『오늘의 건축을 규명하다. 건축의 현재 상태에 대한 상세 설명 (*Précisions sur un état présent de l'architecture*)』은 현대건축이 제기하는 문제들과 그 주도세력들의 양상, 그리고 그 도달지점들을 이해하고 구분하기 위해 쓰여진 실험적인 글(un essai)이다. 그 과정 속에서 귀결된 여러 문제의식들의 수렴(convergences)과 분산(divergences)들을 연구하고, 이와 관련된 번역적 해석들(interprétations)을 제안하고자 함이다. 이때, 어떤 건축적 생산물이든지 자신의 특이성(sigularités)을 부각시키고자 노력할 것이란 점을 어렵지 않게 인식할 수 있다고 가정해보자. 그렇다면, 개인적인 것만은 아닌 어떤 사고방식으로 그 특이성이 결정지어졌을 수 있으며, 이를 이해하고자 하는 우리의 시도는 나름의 목표가 될 수도 있을 것이다. 이러한 시각에서, 내가 시도하려는 것은

1 Jacques Lucan, 『*Composition, non-composition. Architecture et théories, XIXe - XXe siècles*』, Lausanne, 2009. [역자 : 뤼캉의 책은 2012년 다음과 같이 영어로 번역 출판되었다 : Jacques Lucan, 『*Composition, Non-Composition. Architecture and Theory in the Nineteenth and Twentieth Centuries*』, 2012]

'이론적(théorique)' 이다. 다만 일반성들(généralités)만으로는 충분하지 않으며, 반대로 특수성들(spécificités)을 재점검하고 그 건축을 창조한 수법들을 구분하고자 할 것이다. 따라서 개념들(concepts)을 규정하는 것은 내게 필수적이다. 수학자 르네 통(René Thom)은 말했다. "만일 우리가 어떤 오브제가 지닌 개념을 파악하고 있지 않는다면, 우리는 그 오브제를 인식할 수 없는 것이다."[2] 만일 우리가 어떤 오브제의 개념을 갖지 않으면, 그 개념은 해석불가하고 "불투명"한 것이 된다. 개념들을 규정하기 위한 나의 연구는, 철학, 문학, 예술 등 타 분야의 이론적 개념들과도 공명할 것이다. 다만 그 직접적 "적용(application)"은 피하고자 하는데, 본 책이 다루고자 개념들이 건축 자체의 영역에도 온전히 속한 것들이라 믿기 때문이다.

우리가 다루게 될 개념들은 질 들뢰즈(Gilles Deleuze)와 펠릭스 가타리(Félix Guattari)가 부여했던 그 정의에 부응하는 것일까? 그들은 다음과 같이 기술했다. "어떤 개념 속에는 다른 개념들로부터 유래한 조각이나 성분들이 빈번하게 존재한다. 이 때 그 다른 개념들은 다른 문제에 대응해 다른 계획을 제안했던 것들이었다. 이는 어쩔 수 없다. 각 개념은 새로운 절단을 실행하고 새로운 외곽선을 취하며 재활성, 재가공을 통해 만들어진 것이기 때문이다."[3] 새로운 절단, 새로운 외곽선은 새로운 영역을 그려낸다. 그 속에서 여러 입장들이 분산되고 대결한다.

마지막으로 밝히고자 하는 것은, 하나의 이론, 하나의 통일적 이론을 심화 발전시키는 것이 전혀 나의 관심사가 되지 못한다는 점이다. 나는, 1980년대부터 오늘날에 이르기까지, 총 35 여년의 기간 동안에, 다시 말해 포스트모더니즘 이후 부각된 세대들의 시대의 건축이 발전해 온 양상 속에 결정적이었다고 판단되는 여러 건축적 문제들에 대해 질문들을 던지고자 할 뿐이다. 각 장 별로 그 개념들은 다음과 같은 질문들에 의거해 다루어질 것이다.

어떤 계획안의 설계개념을 위해 하나 혹은 다수의 다이어그램들은 어떠한 수법으로 사용되고, 또 무엇 때문에 그러하며, 과연 다이어그램들의 유형은 여러가지가 존재하는가(제1장과 제2장)?

상호의존적(interdépendants) 이면서 섬유조직적인(texturiques) 장치들(제3장)과, 상호의존적이면서 유기적인(organiques) 장치들(제4장)은 어떻게 구분할 수 있을까?

건물을 형성하는 재료들이 강조되거나, 공간의 인지(perception)가 강조될 때, 건축의 현상학적(phénoménologiques) 접근방식과 시도들은 과연 어떠한가(제5장, 제6장, 제7장)?

건축적 도상들(icônes)이 만들어지는 것과 관련해 의고주의(archaïsme)와 숭고함(sublime)을 향한 현재의 흐름은 과연 무엇에 호응하는 것인가(제8장)?

밀리우/한가운데(milieu)와 풍경과 같은 건축의 접근방식에 대해 우리는 어떠한 방식으로 고민해야 하는가 (제9장)?

오늘날 다원주의(pluralisme)와 특이성(singularité)의 양상은 어떠한가(제10장)?

고정적 관념들의 필요성

La nécessité de partis pris

고정적 관념들(partis pris)에 관련해서, 몇 가지 주지시킬 것들이 있다.

이 책에서 다루게 될 문제의식들은 여러 건축가들에 의해 구체화된 것들이다. 나는 그들이 설계한 건축 안들과 함께, 이와 직결되거나 또는 전반적인 건축에 대한 건축가 스스로의 언급들을 강조할 것이다.

2 René Thom, 『*Prédire n'est pas expliquer. Entretiens avec Emile Noël*』, Paris, 1993, 94쪽.
3 Gilles Deleuze & Félix Guattari, 『*Qu'est-ce que la philosophie?*』 (1991), Paris, 2008, 23쪽.

특정 건축가들에게 선별적으로 집중될 것인데, 이는 그들의 집착적 건축 탐구 속에서 내가 발견한 그들의 집요함 또는 완고함 때문이다.

때때로 나는 건축가나 건축그룹들의 초기작들을 후기작들보다 우선시해 선별할 것이다. 나의 선택은, 규모나 프로그램적 특징에 있어서도 상대적으로 조촐하다고 할 수 있는 건축안들(주택, 창고, 학교 등)에 더욱 집중될 것이다. 바로 이 작품들이 어떤 건축적 문제의식들을 다루기 시작했으며, 그 문제의식들은 뒤따라 실현될 작품들을 통해 발전해왔기 때문이다. 후기 실현작들은 초기작품들이 개시한 문제의식들을 더욱 흥미롭게 만들고 그 유효성을 확인시켜준다. 이러한 문제의식들이 항상 건축가들 스스로에 의해 완벽하게 설명되는 것은 아니다. 그러나, 그렇다 하더라도 이를 불명료한(confus) 상태라고 단정지을 수는 없다. 거칠기도 하고 때로는 아직 발전 단계의 미숙한 선들로 윤곽이 그려져 있을 수도 있다. 계획안과 실현작들에 의해 더욱 규율이 잡히고 완화되기도 하며 더 복합적이 되나 그 결과 때로는 덜 "읽혀지는" 상태가 되기도 한다.

동일한 계획안이나 실현작들이 서로 다른 장들에서 수차례 반복적으로 다루어지기도 할 것이다. 한 건물의 독해가 단 하나의 의미만 지니는 것이 아니기 때문이며, 또 다른 관점에 의해, 즉 서로 다른 개념들의 도움으로, 다른 각도로부터 접근해 파악할 수도 있다. 이 때문에 독자들은 각기 주제가 다른 장들과 다시 부분적으로 연결되어 있음을 각주를 통해 안내받게 될 것이다.

여기서 언급하는 고정적 관념들이 요구하는 것들이 있다. 그것은 성찰적(réflexif), 이론적(théorique) 관점에 의거해 어떤 건축적 영역의 윤곽선을 정의하려는 시도이다. 이러한 관점에서 볼 때, 내가 시도하려는 것은, 각 경향 별로 건축가들을 분류하거나 그들에게 어떤 "스타일/양식들(styles)"을 할당하는 것은 아니다.

마지막으로, 문제의식들을 설명하는 나의 방식들은 매우 다양할 수 있으며, 때로는 다루고자 하는 문제에 알맞게 맞추어 특수하게 적용된 것일 수도 있다. 나의 방식들은, 건물들의 묘사와 분석, 통념(notion)과 개념(concept), 특히 의미 있다고 판단되는 사건들의 연대기에 근거하게 될 것이다.

마무리하기 위해, 나는 『구성, 비구성』의 서문 일부를 인용하고자 한다. 이는 본 책 역시 동일한 질문을 뒤쫓고 있기 때문이다. "여기서 파악하려 하는 것은, 한편으론 어떤 건물을 설계하는 수법들 속에 내재된 논리들과 관련된다. 또 다른 한편으론, 새로운 건축적 카테고리들이나 새로운 건축적 설계개념들이 가능하게 되는 조건들, 즉 어떤 계보학들(généalogies)의 수립을 시도하기 위한 카테고리나 설계개념의 역사성(historicité)과 관계된 것들이다." 그러므로 나는, 건축의 동시대적 발전에 관해, 미셸 푸코(Michel Foucault)가 던졌던 다음 질문에 대한 해답들을 찾고자 노력할 것이다. "이것이 어느 특정 시대의 것이라 말할 수 있고 그 이전엔 전혀 언급된 바 없다고 말하는 것은 어떻게 가능한 것일까?"[4]

사사

Remerciements

『오늘의 건축을 규명하다』는, 최근 십여 년 동안 마른느-라-발레 국립건축대학과 로잔 연방공대에서 내가 가졌던 교육경험의 결실이기도 하다. 이는 내게 이론적 가설들을 세울 수 있었던 여러 가능성들을 허락했다. 나의 강의 및 세미나들을 수강했던 많은 학생들과, 기회가 있을 때마다 함께 토론했던 동료들에게 특별한 감사를 표하고 싶다.

4 「La naissance d' un monde」, Jean-Michel Palmier와의 대담, 『*Le Monde*』, 1969년 5월 3일, Michel Foucault, 『*Dits et écrits, Tome I (1954-1969)*』, Paris, 1994, 787쪽에서 재게재.

매번 내 글을 꼼꼼하게 검토해 주는 아를레트 라타(Arlette Rattaz)와, 삽화 이미지 작업을 맡아주었던 노에미 가베(Noémie Gabay)에게도 감사하다. 이 책을 기술하기 위해서는 많은 문서들에 기반한 연구가 우선적으로 필요했는데, 특히 마른느-라-발레 국립건축대학 도서관 사서인 미셸 팔미르(Michèle Palmyre)의 도움이 컸다.

『구성, 비구성』의 뒤를 이은 이번 출판 작업에서는, 오랫동안 알고 지내던 지인들과의 많은 지적 교류도 큰 역할을 했다. 그 중에서 특히 티보 바로(Thibaut Barrault), 제롬 브뤼네(Jérôme Brunet), 이브-알랭 브와(Yve-Alain Bois), 장-루이 코헨(Jean-Louis Cohen), 로베르토 가르지아니(Roberto Gargiani), 필립-가조(Philippe Gazeau), 에릭 라피에르(Eric Lapierre), 브뤼노 마르샹(Bruno Marchand), 루카 오르텔리(Luca Ortelli), 벤자맹 페르시츠(Benjamin Persitz), 필립 프로스트(Philippe Prost), 브루노 라이슐린(Bruno Reichlin), 오딜 세일러(Odile Seyler), 마르틴 슈타이만(Martin Steinmann), 필립 우르스프룽(Philip Ursprung)의 이름들을 기억하고 싶다.

특히 나의 아내, 오딜 세일러와 함께 내가 별도로 수행해 오고 있는 건축실무 작업은, 끊임없이 이론과 건축안 사이의 현실적 관계를 경험하하도록 해주고 있음을 강조하고 싶다. 자신의 역할들을 묵묵히 수행하며 사무실 업무를 책임져주는 르노 마레(Renaud Marret), 샤를로트 벨발(Charlotte Belval), 마리옹 슈테판(Marion Stéphan)의 도움도 잊지 않는다.

본 책의 일부 내용은 로잔 연방공대의 건축이론역사연구소(LTH)에서 출간하는 연간학술지 『마티에르(*matières*)』에 정기 기고했던 글들이 밑바탕이 되었다.

내가 가질 수 있었던 많은 초청강연들의 기회는, 본 책의 논쟁들을 규명하는데 있어 큰 도움이 되었다. 2012년 12월 8일 마른느-라-발레 국립건축대학에서 진행된 4 개의 특강시리즈 「건축의 설개개념에 대한 사색들(Réflexions sur la conception de l'architecture)」, 2013년 브뤼셀 라 캉브르 오르타 건축대학(Faculté d'architecture La Cambre Horta)과 브뤼셀 자유대학(Université libre de Bruxelles)에서 쉐르 프랑키(Chaire Francqui) 학자 자격으로 진행했던 강연 「구성/비구성(Composition / non-composition)」, 2014년 6월 캐나다 건축센터(Centre canadien d'architecture)에서 나의 세미나 「현대건축에 대한 질문(Question about contemporary architecture)」, 2014년 리에쥬 대학(Université de Liège)에서의 명예박사학위(Docteur honoris causa) 수여, 루뱅 카톨릭 대학교(Université catholique de Louvain) 건축학/건축공학/도시학 단과대(LOCI) 및 낭시(Nancy) 국립 건축대학에서의 여러 강연들, 마지막으로 2015년 4월 13일 로잔 연방공대에서 있었던 나의 명예퇴직 강연 등이 그 사례들이다.

끝으로, 본 책의 출판사 PPUR(Presses polytechniques et universitaires romandes)를 지휘하는 올리비에 바벨(Olivier Babel), 편집에서 출판에 이르기까지 열과 성의를 다해 준 크리스토프 보를라(Christophe Borlat)와 실뱅 콜레트(Sylvain Collette)에게도 감사드린다.

한국어 번역판 서문

Préface à l'édition coréenne

나의 책 『오늘의 건축을 규명하다. 건축의 현재 상태에 대한 상세 설명 (*Précisions sur un état présent de l' architecture*)』이 한국에서 번역 출판되는 것을 보게 되는 일은 내게 매우 커다란 기쁨이다. 특별히 나는 기꺼이 번역을 맡아 준 한양대학교 남성택 교수에게 깊은 감사를 표현하고 싶다. 그가 프랑스 파리 마른느-라-발레 도시 및 영토 국립건축대학(ENSA de la ville et des territoires à Marne-la-Vallée)에서 건축 유학을 시작해 스위스 로잔 연방공대(Ecole Polytechnique Fédérale de Lausanne)로 옮겨 나의 지도 아래 박사 논문을 준비하던 시절을 거쳐 오늘에 이르기까지 나와 개인적 인연을 맺은 기간이 실로 짧지 않기에, 내게 더욱 의미가 깊다.

『오늘의 건축을 규명하다』속의 논쟁들은 그 이전에 출판된 나의 다른 책 『구성, 비구성. 19-20세기의 건축과 이론들(*Composition non-composition — Architecture et théories, XIXème — XXème siècles*)』을 기술하면서 발전시켜왔던 기나긴 작업을 뒤따르는 것들이다. 『구성, 비구성』에서 나는 두 세기에 걸쳐지는 긴 세월동안 건축이 발전시켜 왔으며 오늘날에도 여전히 결정적일 수 있는 설계개념들을 다루었다.

『오늘의 건축을 규명하다』는, 최근 35여 년 동안의 다양한 건축적 실현들 중에서, 건축계획안을 설계하는 주요 수법들을 선별적으로 부각시키고자 시도했다. 내게 있어 출발점이 된 전제는 그 유사성들이 차이보다도 더욱 크다는 것이었다. 그리고 이는, 서로 다른 흐름들과 문제의식들이 각자 가로지르고 있는 현대적 상황을 효과적으로 그려낼 수 있기 위해서였다. 여기서부터, 나의 선택들은 모두 설계하는 수법들과 관련되며, 이것이 본 책 내용의 부분들이 되는 각 장들을 결정지었다.

다른 모든 경우에서도 그렇듯이, 건축에서 "현재 벌어지고 있는 사건(actualité)"을 설명하기 위한 진지하고 일관성 있는 작업을 발전시키기엔 아직 시간적 터울이 부족한 것은 아니냐 내게 질문할 수도 있겠다. 그럼에도 나는 현재 벌어지고 있는 사건을 설명하고자 했으며, 그에 수반되는 리스크를 기꺼이 감수하고자 했다. 『오늘의 건축을 규명하다』는 역사(histoire)와 비평(critque) 사이에 위치하고 있다. 이 둘은 내가 수행해 온 작업의 두 가지 중심축이기도 했다. 역사는 현재(l'actuel)의 발전사항에 대해 자문하도록 한다. 그러나 현재의 사항들도 마찬가지로 역사에 대해 질문들을 던지도록 유도한다.

나는 『오늘의 건축을 규명하다』가 지닌 한계들을 알고 있다. 이는 특별히 태생적으로 유럽인 저자가 지닐 수밖에 없는 한계들이기도 하다. 나는 직접 눈으로 보거나 다양한 전문지들, 미디어들을 통해 서구 건축을 경험하며 이해해왔다. 이러한 건축은 "학문적(savante)" 건축이다. 다시 말해 건축가들이 주도해 설계하는 건축이다. 이러한 건축은 "일상적(ordinaire)" 건축을 방치한다. 일상적 건축은 보충적 작업 대상이 될 수 있을 것인데, 역설적으로 그 연구의 수행은 훨씬 어렵다. 언젠가 나는 이러한 작업을 시도하려는 희망을 버리지 않고 있다. 그러나 그 대상이 될 지리적 영역과 경계는 어디가 될 것인가?

지리적 경계들에 대한 질문은, 경제적 세계화의 시대에 살고 있는 우리로서는 회피할 수 없는 질문이기도 하다. 이 세계는 서로 분리되어 있지 않고 모두가 연결되어 있음에도 불구하고, 각자 서로 다른 발전 양상들, 특수한 선행현상들, 특별한 삶의 방식들에 부합하며 심지어 계속 진화하는 사회적, 문화적 역사들을 드러낸다. 이러한 세계를 우리는 어떻게 파악할 수 있을까 ?

여기서 우리는 최근 35 여 년 동안 많은 유럽 건축가들이 아시아 거대도시들의 극단적 생명력에 매료되었던 현상을 주목할 필요가 있다. 서울도 그 대표적 도시이다. 아시아 거대도시들의 맥락 속에서, 건축의 존재감은 새로운 요구사항들과 기준들에 호응하고 있는 것인가? 나는 한국 독자들 스스로 그들의 경험에 기반해 대답을 찾고자 노력하며 고민해주기를 기대하고 있다.

마지막으로 나 스스로 지금까지 한 번도 설명하지 않았던 것을 이야기하고자 한다. 본 책을 위해 내가 선택한 제목은 1930년 르 코르뷔지에(Le Corbusier)가 출판한 저서의 제목 『프레시지옹. 건축과 도시론의 현재 상태에 대한 상세한 설명(*Précisions sur un état présent de l'architecture et de l'urbanisme*)』에서 직접적으로 차용한 것으로, 다만 마지막의 도시론(urbanisme)이란 단어만 삭제한 것이다. 나의 입장에서, 책 제목을 르 코르뷔지에로부터 차용한 것은 약간은 호기로운 행동이기도 했으나, 다만 건축의 영역 안에 머물고자 하며 절제하고자 했다. 오늘날 건축가들의 모든 논쟁들 속에 침투하고 있는 도시화적 문제들을 내가 모르는 것은 아니지만, 그럼에도 나는 그들이 여전히 중요하게 여기고 있으며 각자 고유한 방식으로 다루고 있는 건축적 문제의식들에 집중하고자 했다.

『오늘의 건축을 규명하다』는 현대 건축을 이해하는데 조금이나마 도움이 될 수 있도록 기여하고자 한 것이다. 현대 건축에 대한 이해는 필연적으로 불완전하고 임의적일 수 있다. 그럼에도 나는 한국의 독자들이 내가 발전시킨 관점들에 대해 부분적으로나마 공감할 수 있기를 기대한다. 더 나아가 한국 고유의 현대건축 실현작들을 파악하는데 있어서도 유용한 개념들을 본 책이 제공할 수 있기를 기대하는 바이다.

자크 뤼캉(Jacques Lucan)
2019년 4월

다이어그램

Diagrammes

건물 또는 건물군의 조성(disposition)을 도식적으로 표현하는 것은 건축적 사고와 작업에 있어 중요하다. 옛 건물 또는 건물군들의 배치나 구성(composition)을 이해하기 위해 단순한 형상으로 도식화했던 것처럼 말이다.

19세기에는 파리 보자르 (Ecole des beaux-arts) 전통에 의거해 "파르티 (parti)" [역주1] 라는 개념을 이용해 건축을 설계했다. 그리고 "파르티"는 건물을 구성하는 부분들 사이의 본질적 관계를 축약하는 도식(schéma)을 통해 잘 드러날 수 있었다. 과거의 파르티처럼 1980-90년대에는 다이어그램이 빈번하게 사용되었음을 볼 수 있다. 이 때 과연 옛 개념인 "파르티"의 현대적 동의어로서 "다이어그램"을 바라볼 수 있을까?

[역주1]: "파르티를 취하다(prendre parti)" 라는 불어 표현은 중요하고 지배적인 요소들을 선택하는 것을 의미한다. 구체적으로 보자르 건축에서는 설계에서 건축적 배분(distribution), 조성(disposition), 구성(composition)의 큰 틀을 규정하는 단순하고, 개괄적이며 핵심적인 평면, 단면, 입면의 중심 개념과 그 그림을 지칭한다. 파르티(parti)는 영어로 big idea로 번역되곤 한다. 파르티와 관련해서 다음 참조 : Jacques Lucan, 『*Composition, non composition*』, 2009, 181-184쪽.

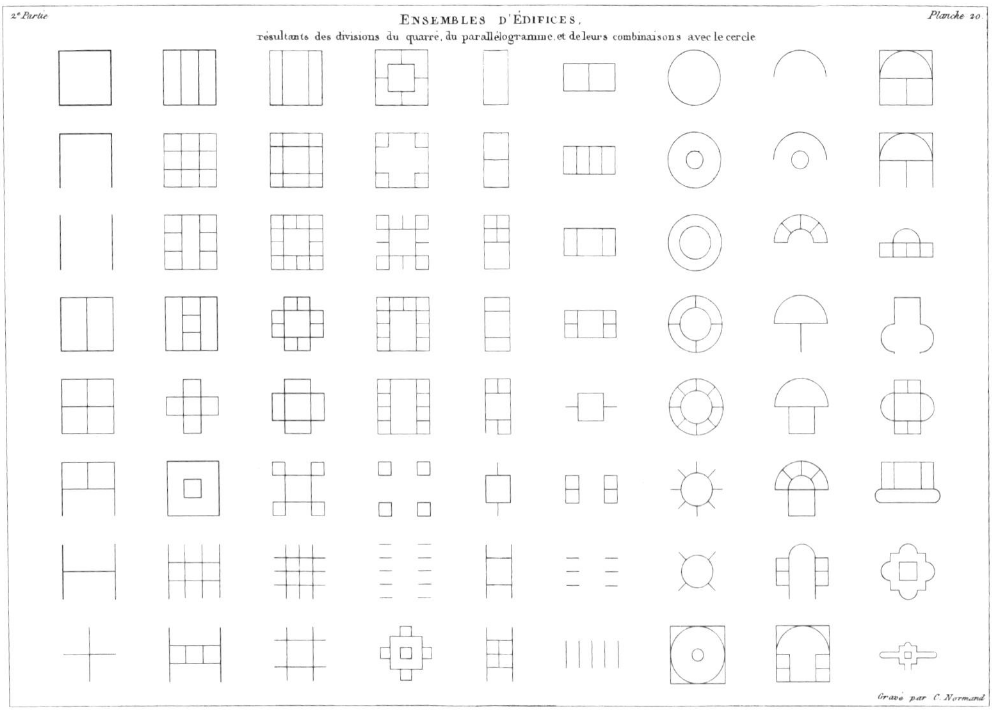

장-니콜라-루이 뒤랑(Jean-Nicolas-Louis Durand, 1760-1834)은 저서 『건축강의개론(*Précis des leçons d'architecture données à l'Ecole polytechnique*)』에서 파르티라는 단어를 사용하지 않은 채 시각화된 도식들을 적극 선보였다. 개념을 초기에 정하기 위해서는 "편하고 정확하게 검토 가능하며 기억하기에도 유리한 스피드 크로키(croquis rapide)" [1] 보다 더 나은 것은 없다라고 뒤랑은 밝혔다. 그는 "도안적 형식들(formules graphiques)"이라 일컫는 "조성들(dispositions)"을 제안했는데, 추상적이어서 상이한 건축 프로그램에도 적용 가능한 것이었다.

20세기 건축가 루이스 칸(Louis I. Kahn, 1901-1974)도 "형태(form)"와 "디자인(design)"의 대조를 시각화하기 위해서 다이어그램을 사용했다. 로체스터(Rochester)에 위치한 제1 유니테리언 교회(First Unitarian Church, 1958-1969)[2]의 다이어그램들은 '서비스 받는 공간(served spaces)'과 '서비스 주는 공간(servant spaces)' [역주2]의 차이를 묘사하고 있으며, 이는 브린 모어(Bryn Mawr) 대학 에드먼홀 기숙사(Eleanor Donnelley Erdman Hall, 1960-1965)나 엑시터 도서관(Phillips Exeter Academy Library, 1965-1972) 같이 동심원 평면을 지닌 다른 건축에도 적용될 수 있었다. "형태"와 관련된 다이어그램은 칸이 평소 애용하던 스코틀랜드 콤롱곤(Comlongon) 성의 흑백 평면 이미지와 동등한 것으로 여겨질 만큼 추상적 이미지였다. 칸에게 있어 스코틀랜드 성의 평면은 포쉐(poché)[3]의 전통적 "보자르(Beaux-Arts)" 표현기법을 초월하는 새로운 의미를 보여주기 위한 다이어그램과 같은 이미지였다. 콤롱곤 성 이미지는 이후에도 지속적인 영향을 끼치는데, 그 예로 소우 후지모토(Sou Fujimoto, 1971)가 수집한 다이어그램들인 『만달라(*Mandala*)』[4]에서도 재등장했다. 발레리오 올지아티(Valerio Olgiati, 1958)의 경우 그의 『도상적 자서전(*Autobiographie iconographique*)』[5] 속에 다른 스코틀랜드 성의 흑백 평면 및 단면을 수록했다.

[역주2]: 칸의 건축에서 '서비스 받는 공간(served space)'은 주요한 중심 공간, 주공간을 의미하며, '서비스 주는 공간(servant spaces)'은 주공간 주위에 위치해 실용적, 기능적인 역할을 보조하는 하부 공간을 의미한다.

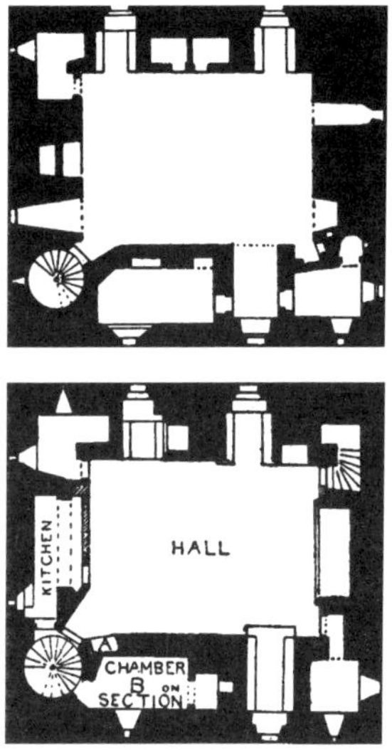

콤롱곤(Comlongon) 성, 스코틀랜드, 평면. 이미지 발췌: Vincent Scully, 『*Louis I. Kahn*』, 1962, figure 116.

오늘날 우리는 어떤 유형의 다이어그램들을 마주하고 있는가? 이 다이어그램들은 어떤 필요에 답하려 하는가? 다이어그램들은 무엇을 형상화하고자 하는가? 다음 두 개의 장에서 이러한 질문들에 답하고자 한다.

1 Jean-Nicolas-Louis Durand, 『*Précis des leçons d'architecture données à l'Ecole royale polytechnique*』, Paris, 1819, 93쪽.

2 해당 도식들이 처음 게재된 곳은 다음 같다. Jan C. Rowan, 「Wanting to Be. The Philadelphia School」, 『*Progressive Architecture*』, 1961년 4월호, 134쪽.

3 칸에 따르면, 그는 포쉐(poché)를 통해 "속이 빈 벽체와 덩어리 벽체의 차이(la différence entre mur creux et mur massif)"를 알게 되었고, 이어서 "채워진 벽 대신 내부에 품을 수 있는 벽체(du mur un contenant au lieu d'un plein)"를 시도하게 이끌었다. (「Kahn on Beaux-Arts training」, in William H. Jordy, 「Kimbell Art Museum, Fort Worth, Texas. Library, Philips Exeter Academy, Exeter, New Hampshire」, 『*The Architectural Review*』, vol. CLV, no 928, 1974년 6월호, 332쪽). 포쉐와 관련해서 다음 참조 : Jacques Lucan, 『*Composition, non-composition. Architecture et théories, XIXe-XXe siécles*』, Lausanne, 2009, 497-499쪽.

4 『*2G*』, no 50 ("Sou Fujimoto"), 2009, 138쪽. 본 책 57쪽 참조.

5 Valerio Olgiati, 「Autobiografia iconografica - Iconographic Autobiography」, 『*2G*』 ("Valerio Olgiati"), no 37, 2006, 138쪽.

왼쪽 페이지: 장-니콜라-루이-뒤랑, 『건축강의개론(*Précis des leçons d'architecture données à l'Ecole polytechnique*)』, vol 1, 1802, 두번째 부분, 도판 20 : "사각형과 평행사변형의 분할, 그리고 원과의 결합에 의한 결과로서의 건물 전체".

제1장

구조틀로서의 다이어그램

Diagrammes comme structures

프로그램(programme)은 건축가들이 항상 고민해야 할 대상이었다. 특히 사회의 진화에 따라 건물의 기능(function)과 용도(usage)가 변할 수 있기 때문이었다. 하나의 "평범한(banal)" 건축적 장치(dispositif)가 여러 용도들에 어떻게 대응할 수 있는가. 혹은 여러 용도들이 그에 적합한 하나의 장치를 어떻게 찾을 수 있는가. 프로그램에 대해 숙고하는 것은 이러한 질문들을 이해하려는 역사적 측면을 내포할 수 있다. 1970년대 비약적으로 발전했던 유형학(typologie)의 공헌이 그렇다. 유형학은 변화보다 영속성(permanence)에 주목해왔다. 그리고 유형학은 건축적, 도시적 장치들의 탐구로 이어졌으며, 그 장치들은 판단 기준이 되거나 그 자체의 형태대로 복원되거나 도시 풍경을 교란시키지 않도록 하기 위한 교훈이 되기도 했다. 알도 로시(Aldo Rossi, 1931-1997), 카를로 아이모니노(Carlo Aymonino, 1926-2010)의 텐덴짜(Tendenza), 그리고 다른 경쟁자들의 이론적 공헌들이 그러했다.

알도로시, 『기념비들의 도시적 구성(*Composition urbaine avec monuments*)』, 1973.

마찬가지로, 유형학으로부터 벗어나는 것, 다시 말해 단순한 프로그램에서도 새로운 건축적 장치를 고안하는 것은 건축 작업의 지속적인 원동력이 되어 왔다. 한편, 다양한 필요사항들에 대응해야 하는 복합 프로그램은 언제나 도전을 요구했다. 예를 들어 19세기에 새로운 기능과 설비를 갖춘 거대 건물을 실현시키기 위해 건축가들은 심층적인 연구를 수행했다. 샤를르 가르니에(Charles Garnier, 1825-1898)는 1861년 파리 오페라(Opéra de Paris) 현상설계 당선 직후 유럽의 중요 극장들을 방문해 분석했다. 그 연구 결과는 파리 오페라 극장의 공사가 한창이던 10년 뒤에 『극장(*Le Théâtre*)』이라는 책으로 정리돼 출판되었다. 그럼에도 불구하고 가르니에의 오페라 극장에서는 더 이상 전통적 원형극장의 형태적 흔적들이 발견되지 않았다. 그렇다면 새로운 프로그램을 위해 중대한 기능적 발명을 해야만 할 때는 늘 이와 같은 방식을 따라야만 하는가?

다이어그램 자체를 다루기에 앞서, 새로운 건물이 충족시켜야 할 새로운 요구와 필요를 강조하는 이들에게는, 계속 보존되거나 새로운 계획안의 모태(matrices)가 될 수도 있는, 이미 존재하는 건축적 장치들을 찾는 것과 같은 유형학적 사고만으로는 충분치 않다는 것을 깨달을 필요가 있다. 만일 그 유형이 존재하지 않거나 그것을 위해 기존의 유형을 변형시켜야만 한다면, 다시 말해 기존의 유형들만으로는 충분치 않다고 판단될 때, 우리는 어떻게 새로운 건축적 장치를 창안할 수 있을까?

1980년 베니스 비엔날레, 『과거의 존재(*La presenza del passato*)』. 최후의 길(Strada novissima). OMA의 입면이 파올로 포르토게지의 것과 나란히 있다.

다이어그램의 체계 (렘 콜하스)

Systematique du diagramme (Rem Koolhaas)

렘 콜하스(Rem Koolhaas, 1944)는 그의 처녀작들과 함께 초기 노선을 표명할 때 "프로그램적 상상(programmatic imagination)"[1]이 필요하다고 단언했다.

1980년 1차 베니스 건축 비엔날레에서 파올로 포르토게지(Paolo Portoghesi, 1931)가 이끌던 전시 『과거의 존재(*La presenza del passato*)』는 포스트 모더니즘(post-modernisme)을 국제적으로 선언하기 위해 향수적이고 역사주의적인 표현으로 '최후의 길(Strada novissima)'을 만들었다. 콜하스의 OMA(Office for Metropolitan Architecture)는 그 길을 형성한 스무 개의 파사드(façades) 중 하나를 실현하도록 초청받았다. '최후의 길'은 베니스 병기창의 옛 밧줄공장 안에 설치되었으며, 그 내부는 "중앙선랑(nef)"과 "측랑들(bas-côtés)"로 이루어진 긴 공간이었다. 선랑을 따라 나란히 있는 열주들 사이에 양쪽마다 열개씩 도합 스무 개의 파사드를 만들어 거리를 형성했으며, 찰스 무어(Charles Moore, 1925-1993), 로버트 벤츄리(Robert Venturi, 1925), 한스 홀라인(Hans Hollein, 1934-2014), 마이클 그레이브(Michael Graves, 1934), 리카르도 보필(Ricardo Bofill, 1939), 레옹 크리에(Léon Krier, 1946) 등 당시 가장 주목받던 건축가들이 참여했다.

OMA는 전혀 다른 파사드를 실현했으며, 그 속에 헤이그의 네덜란드 의회 증축안(1978)과 안헴(Arnhem) 파놉틱(panoptique) 감옥 개조안(1979-1981)의 이미지들을 전시했다. 더 나아가 콜하스는 「우리의 새로운 소박함(Notre nouvelle sobriété)」이라는 글을 썼는데, 이는 근 미래를 겨냥한 프로그램으로서 글 속에 '프로그램적 상상'을 구체화했다. 그에 따르면 프로그램적 상상이란 "밀도, 기술, 사회의 확정적인 불안정성 같은 조건들에 기반한 문화적 내용물을 형성할 때 건축이 직접 관여할 수 있다"[2]는 것이었다. 다만 "최근 건축은 이러한 야망을 포기해 버렸"으며 건축가는 "희생자들의 몸을 침대에 맞추기 위해 늘이거나 줄이는 불한당인"[3] 프로크루스테스(Procuste)가 되어버렸다고 덧붙였다.

그렇다면 건축가는 새로운 프로크루스테스가 되는 것을 어떻게 피할 수 있을까? 다른 표현으로, 어떻게 하면 프로그램이 고문당하지 않도록 할 수 있을까? 부적절한 형태, 부적합한 디자인에, 즉 쓸모없는 유형에 프로그램을 적용치 않도록 하기 위해서 우선은 프로그램 자체에 집중해야 함은 분명하다.

오른쪽 페이지:
OMA-렘 콜하스, 라빌레트(la Villette) 공원 현상설계안 (1982-1983), 파리.
설계안 설명 다이어그램 :
1 프로그램 전체 면적 (건물construite, 지붕couverte, 옥외ouverte) ;
2 부지에 토영되는 동서 평행띠(bandes paralleles) ;
3 점괄적 그리드(grilles ponctuelles), 부지에 분산된 폭발잔해같은 설치물 ;
4 순환동선(circulations), 산책로(le Mail et la Promenade) ;
5 마지막 켜(couche), 거대 크기의 요소들(éléments à grande échelle) ;
6 연결(connexions) ;
7 중첩된 다섯개의 켜들.

이제 나는 다이어그램 시리즈를 통해 지적 이해가 가능토록 유도한 설계안을 다루고자 한다. 바로 파리 라빌레트(la Villette) 공원 현상설계안(1982-1983)이다. 베르나르 추미(Bernard Tschumi, 1944)의 안이 당선됐지만, OMA

1 Rem Koolhaas, 「La nostra nuova sobrieta」, in 『*La presenza del passato*』, Venise, 1980, 214쪽. 이 글은 "「Our "New Sobriety"」라는 제목으로 다른 전시회의 도록 『*OMA. Projects 1978-1981*』(Londres, 1981. 전시회 제목은 도록과 동일)에서 다시 실린다.
2 Ibidem, 214쪽.
3 Ibidem.

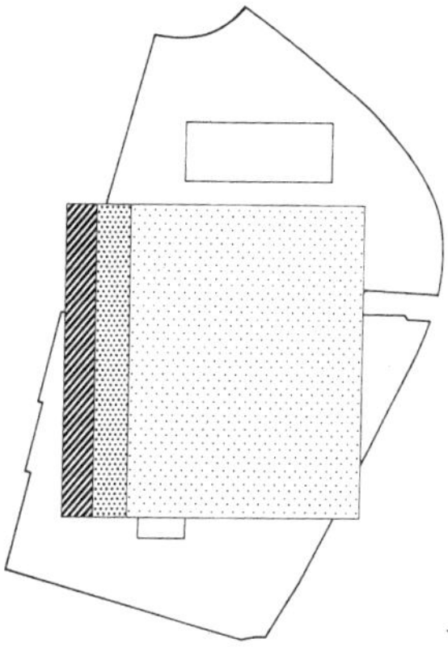

1

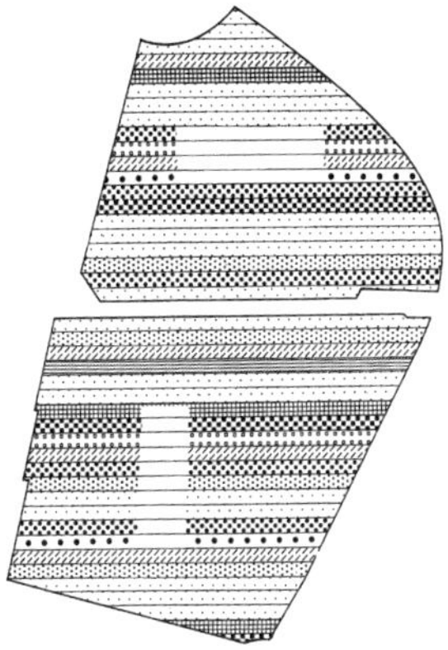

2

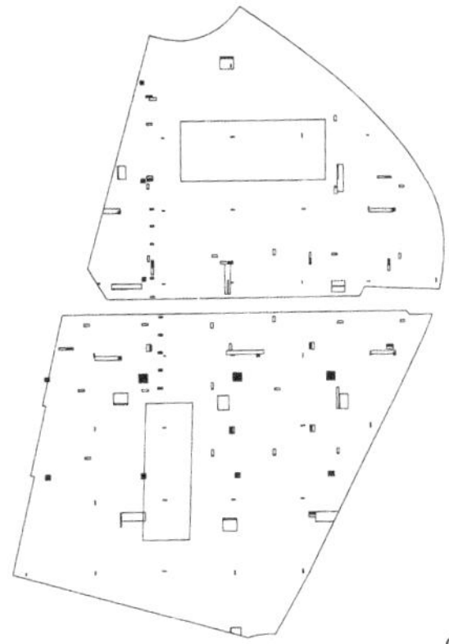

3

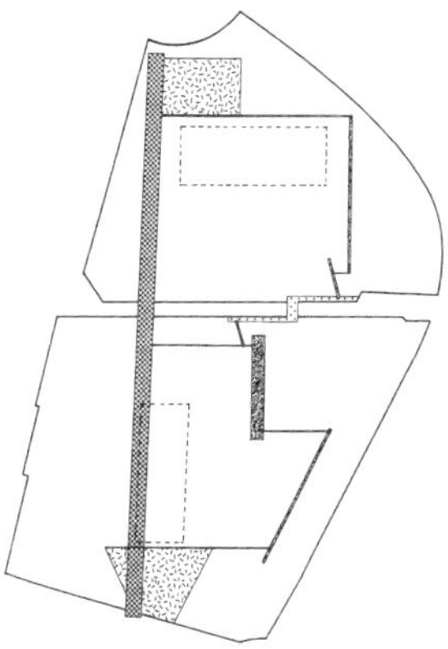

4

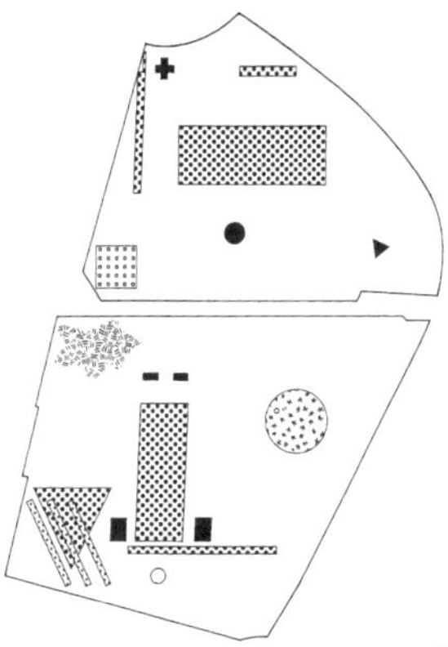

5

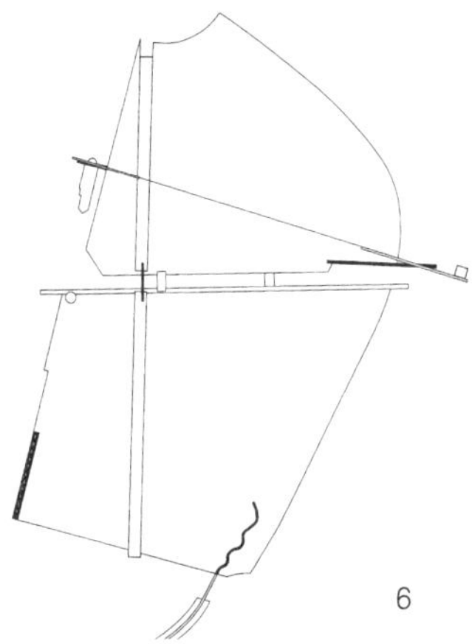

6

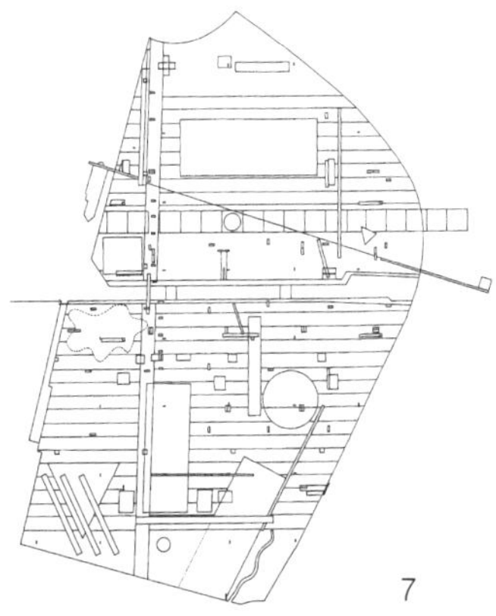

7

의 제출안은 콜하스에게 국제적 명성을 안겼다. 그의 제출안의 급진성은 지속적인 관심을 끌었고, 많은 이들은 새로운 합리성(une nouvelle rationalité)이라 평가했다. OMA 안의 첫째 다이어그램은 공원 내에 건물들이 지어질(construites) 면적, 지붕으로 덮일(couvertes) 면적, 그리고 단순한 옥외(ouvertes) 면적의 바닥면들을 시각화했으며, 콜하스는 이에 대해 다음과 같이 설명했다. "다이어그램이 시사하듯 라빌레트 부지의 경계는 너무 제한적인 반면, 공원 개발계획은 너무 광범위한(vaste) 것이기에 일반적 방식의 공원(un parc au sens propre du terme)을 조성하는 것은 어렵다."[4] 여기서 "일반적 방식의 공원"이란 자연을 복제하며 설치물들은 많지 않은 [전통적] 공원을 의미한다. 결국 라빌레트는 공원의 새로운 유형을 발명할 것을 요구했던 것이다. 보충적인 다섯 개의 다이어그램은 하나의 방법(méthode)을 발전시키는 과정이었다. 이들 다섯 개의 켜들(couches)은 다음과 같다. 1) 특정 프로그램의 카테고리(categorie)를 수용하며 위에 각기 다른 켜들이 새겨지는 배경(fond)같은 체계로서의 평행 띠들(bandes paralleles), 2) 간이식당, 매점, 놀이터 같은 작은 요소들이 규칙 분산되어 있는 점적 격자(grilles pocutuelles), 3) 접근로 및 부지 내부의 순환동선(circulation), 4) 부지 내에 존재하는 큰 규모의 건축 오브제들(objets de grand dimension)의 켜, 5) 도시 환경과의 연결로(connexions)이다. 설계안은 종합적 다이어그램으로, 단순히 다섯 개 켜들의 중첩(superposition)일 뿐이었다. 이 주제에 관해 콜하스는 다음처럼 결론지었다. "[…] 디자인에 의한 풍경(designed landscape)을 만들겠다는 의도는 전혀 없었다. 우리는 하나의 구조틀(une structure / framework)을 제공하는 것에만 집중했으며, 이 틀 위에는 타협, 중언부언, 모순을 피하면서 상이한 의미, 확장, 의도들이 무한대로 새겨질 수 있다."[5] 제안된 구조틀은 훗날 공원 프로그램과 행위에 관한 변형과 수정이 얼마든지 예견될 수 있다는 불안정성(instabilité)의 가정(hypothèse)에 대응하고자 했다. 콜하스의 설명에 따르면 "'디자인' 관점으로 생각하기보다 건축적 특수성(spécificité architecturale)과 프로그램적 불확정성(indetermination programmatique)을 융합하는 어떤 방법(une methode)을 제안하는 것"[6] 이었다. 라빌레트 계획안은 시간에 따라 변할 수 있는 다중적 기능과 용도를 수용할 수 있는 가능성을 열었던 것이다.

여기서 주목할 것은 두 가지이다.

첫째, 이러한 OMA의 제안은 『착란의 뉴욕(*Delirious New York*)』 집필 당시의 콜하스와 가까웠던[7] 오스발트 마티아스 웅거스(Oswald Mathias

4 Patrice Goulet (ed.), 『*Six projets*』, Paris-Rome, 1990, 27쪽. 라빌레트 계획안의 글들은 다시 작품집 『*O.M.A. Rem Koolhaas & Bruce Mau, S,M,L,XL*』 (Rotterdam-New York, 1995, 921-934쪽)에 영어로 실린다.

5 Ibidem, 63쪽. 영어로 수정 번역된 글은 『*S,M,L,XL*』 (op. cit.)를 참조.

6 Ibidem.

7 웅거스와 콜하스의 관계에 대해 다음 참조: Florian Hertweck & Sébastien Marot (ed.), 『*La Ville dans la ville. Berlin : un archipel vert. Un manifeste (1977) d'Oswald Mathias Ungers et Rem Koolhaas avec Peter Riemann, Hans Kollhoff et Arthur Ovaska*』, Zurich-Cologne, 2013.

OMA-렘 콜하스, 라빌레트(la Villette) 공원 현상설계안(1982-1983), 파리. 북쪽 방향 모형 부분.

Ungers, 1926-2007)의 개념과 공명했다. 1976년 웅거스는 구조주의적(structuraliste)이라 분류 가능한 관점에 따라 평면을 두 단계로 구분 정의했다. "첫 단계는 우발적, 충동적이고 필요시 일시적일 수 있는 부차적 사건들을 위한 공간을 조직할 수 있는 액자틀(cadre) 또는 기본 구조틀(structure de base)을 결정한다."[8] 이 문장은 건축전문지 『로투스 인터내셔날(*Lotus International*)』에 게재된 「계획기준(Planning Criteria)」에 실린 글귀였다. 웅거스의 최근 작업을 소개하는 도입부였던 이 글귀는 1975년 1월1일 공식 개소했던 OMA의 다음 선언과도 흡사했다. "거대도시적인(mégalopolitaine) 조건들을 열정적으로 수용하고 메트로폴리스적인(métropolitaine) 라이프 스타일을 재건하기 위해서 건축 시나리오의 새로운 유형의, 그리고 도시론의 돌연변이적 형태(forme mutante)를 발전시키고자 한다. […]"[9]

웅거스는 1959년 오텔로(Otterlo) 회의[역주3]에 참석했으며, 이 때 팀텐(Team X)의 노선에 참여하기도 했다. 그 구성원들 중 앨리슨(Alison, 1928-1993) & 피터 스미슨(Peter Smithson, 1923-2003)의 베를린 중심가 현상설계안(Berlin Haupstadt, 1957), 또는 조르주 캉딜리스(Georges Candilis, 1913-1995) & 알렉시스 조지크(Alexis Josic, 1921-2011) & 샤드라 우즈(Shadrach Woods, 1923-1973) 그룹의 베를린 자유대학(Université libre de Berlin, 1963) 설계안과 같은 메가스트럭처/거대구조의(mégastructurels) 도시적 계획안들의 계획에는 다이어그램이 적극 사용된 바 있었다.

[역주3]: Team X에 의해 주도적으로 진행된 마지막 11회 CIAM 회의였다.

두 번째 주목할 점으로, 라빌레트 설계안 평면에서의 띠들의 병렬(parallelisme des bandes)과 1931년 준공된 뉴욕의38층 마천루인 다운타운 아틀레틱 클럽(Down Town Athletic Club) 단면에서의 층들의 병렬을 함께 병치한 이미지로 시각화했던 콜하스의 의도와 의미는 무엇일까? 『착란의 뉴욕』에서

8 Oswald Mathias Ungers, 「Criteri di progettazione - Planning Criteria」, 『*Lotus International*』, no 11, 1976, 13쪽. 이 글은 1976년 3월 25일 하버드 대학에서의 강연에서 발췌된 것이다.

9 「OMA - Office for Metropolitan Architecture」, 『*Lotus International*』, no 11, op. cit., 34쪽. 위 내용은 『착란의 뉴욕』의 다음같은 마지막 부분을 미리 알리고 있다 : "[…] 이제 20세기 말의 건축은 대도시의 기상천외하고 과대망상적인 요구와 실현을 해결해야할 의무가 있다." (『*New York Délire*』, Paris, 1978, 242쪽)

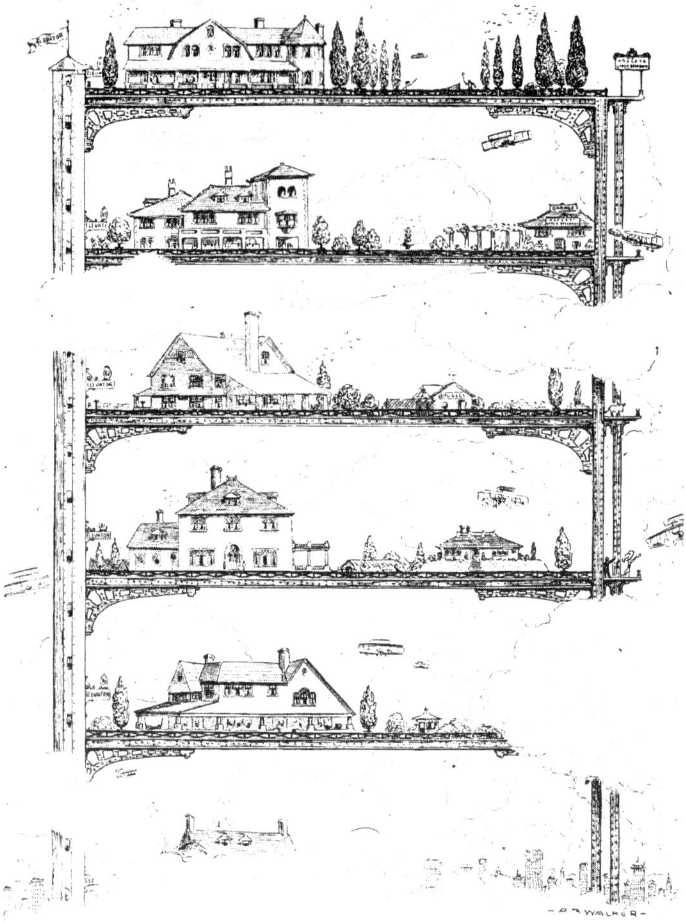

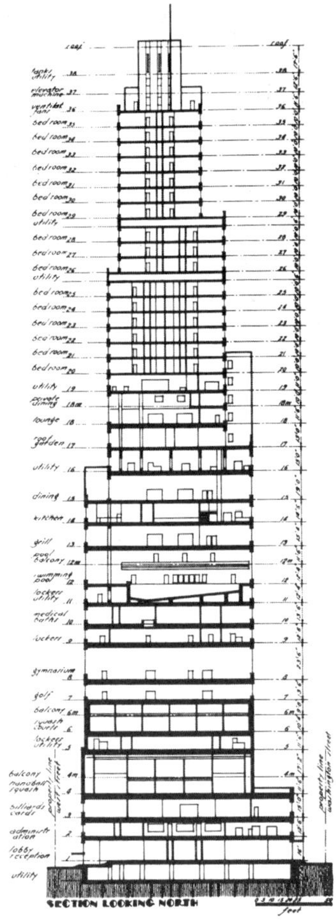

"1909년 정리" 『라이프 잡지(*Life Magazine*)』, 1909년 10월호. 이미지 발췌: Rem Koolhaas, 『*New York Délire*』, 1978.

다운타운 아틀레틱 클럽, 뉴욕, 단면. 이미지 발췌: Rem Koolhaas, 『*New York Délire*』, 1978.

중요하게 다루었던 다운타운 아틀레틱 클럽의 수직 중첩된 층들은 "인공 플랫폼(platesformes synthétiques)인 층들 위에 각기 다른 행태(performance)를 정의하려는 행위들의 추상적 조립(assemblage)"[10]과 같은 불안전성(instabilité)을 강조하기 위한 것이었다. 콜하스는 마천루 단면을 라빌레트의 다이어그램과 동일하거나 최소 동등한(équivalent) 것으로 설정했다. 어떤 다이어그램이 반드시 하나의 특정 형태와만 결착되는 것은 아닌 것이다. [마천루의] 수직적 확장(extension)은 [공원의] 수평적 개발(développement)에도 적용될 수 있었다. 이질적 행위들을 관계 맺고 프로그램적 불안정성이 가능한 건축적 조건들을 제공하는 방식, 그 구조틀이 중요했다.

다이어그램으로서의 다운타운 아틀레틱 클럽은 유사한 추상적 사례가 앞서 존재했다. 1909년 10월호 『라이프 매거진(*Life Magazine*)』에는 84개의 수평 플랫폼들을 지탱하는 철골 구조체의 마지막 다섯 개 층 이미지가 실렸다.

10 Rem Koolhaas, 『*New York Délire*』, op. cit., 130쪽.

콜하스는 『착란의 뉴욕』에서 이 이미지를 "1909년 정리(Théorème de 1909)"[11]로 명명해 소개했는데, 이 때 그는 바로 "다이어그램"[12]을 언급했다. 1909년 정리는 "프로그램의 영원한 불안정성"[13]을 보장하는 "병렬적 행위들의 예측불가하며 불안정한 결합"에 관한 것이었으며, 다운타운 아틀레틱 클럽은 그 개념의 가장 아름다운 적용이었다. 콜하스에 따르면 "1909년 정리에 대한 사색은 22년 뒤 다운타운 아틀레틱 클럽을 통해 현실이 되었다."[14] 라빌레트 공원에서 다운타운 아틀레틱 클럽으로, 다시 "1909년 정리"로까지 거슬러 올라가는 것은, 다른 건축 계획에서도 작동 가능한 어떤 다이어그램을 발굴하는 고고학과 흡사하며, 우리는 이러한 것을 계속 보게 될 것이다. 또 나는 하나의 다이어그램이 복수의 시나리오들[15]을 생산할 수도 있다고 말하고 싶다. 한편 후기 구조주의적(post-structuraliste) 관점에서는, 하나의 동일 구조틀(structure)이 상이한 사건들을 수용할 수 있으며, 그 구조틀은 그것이 허용할 배열들(agencements)을 위해서만 가치를 지닌다고 말할 수 있다.

나의 설명이 라빌레뜨 공원 현상설계안에서부터 출발했던 이유는, 그것이 다이어그램의 발달에 역사적, 이론적 측면을 부여했던 『착란의 뉴욕』 속에 나타난 언급들과 명백히 연결되는 설계안이기 때문이다. 또 불안정한 프로그램 정보들을 개념화하는 수단으로 다이어그램을 제시하는 방법을 발전시켰던 설계안이기 때문이기도 하다.

다이어그램=건축=다이어그램

Diagramme = architecture = diagramme

이후의 OMA 설계안들 중 켜의 중첩(superpositions)을 기법으로 삼는 것들은 다이어그램적 방식, 때로는 라빌레트 공원 설계안과 거의 유사한 방식으로 시작되었다. 다만 저마다 특정한 변수들(paramètres)이 도입되었다. 헤이그 시청 계획안(1986), 파리 프랑스국립도서관(1989), 칼스루헤(Karlsruhe) 예술미디어테크센터(1989-1990), 파리 쥐시우(Jussieu) 도서관(1992), 로스앤젤레스 유니버설사옥(1995-1999), 로테르담의 "데 로테르담(De Rotterdam)" 복합시설(1997-2013), 베를린 네덜란드 대사관(1998-2004), 시애틀 도서관(1999-2004)들이 그러했다. 특히 시애틀 도서관의 설계에서 콜하스는 두 가지 야망을 품었다. 하나는 책들에만 국한되지 않는 새로운 도서관 프로그램을 재정의, 재발명하는 것이었다. 다른 하나는 "실제 세계의 공간적 자극(excitation)과 가상공간의 다이어그램적 명료함(clarté)을 결합하는 건물 개념을 창안하는"[16] 것이었다. 다이어그램적 명

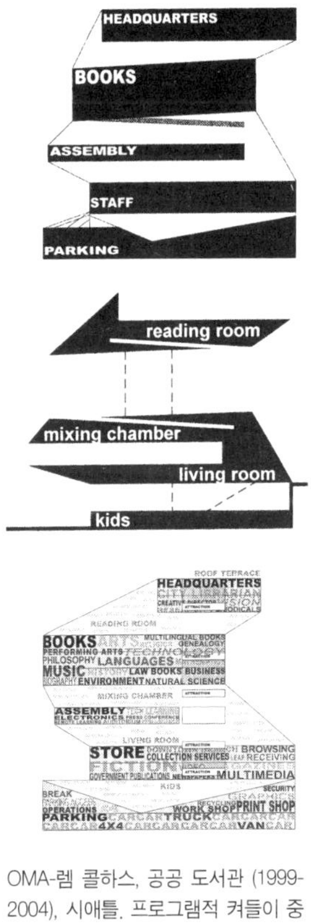

OMA-렘 콜하스, 공공 도서관 (1999-2004), 시애틀. 프로그램적 켜들이 중첩된 단면에 관한 다이어그램들.

11 Ibidem, 70쪽.
12 Ibidem, 69쪽.
13 Ibidem, 70쪽.
14 Ibidem, 128쪽.
15 시나리오의 문제와 관련해 본 책 162-164쪽 참조.
16 『A+U』, "OMA@work.a+u", 2000년 5월 특별호, 84쪽.

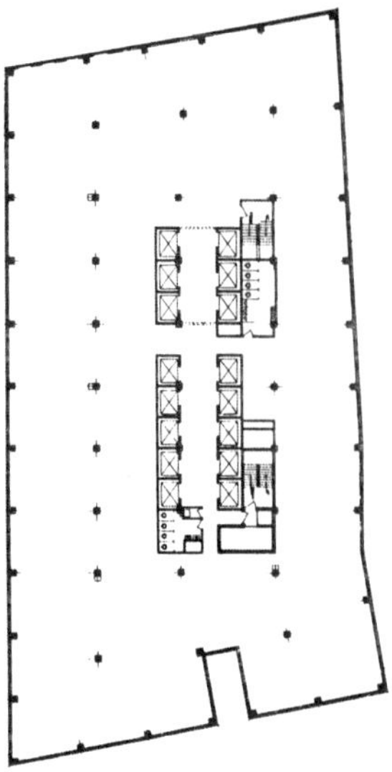

"표준층(plan type)" 사례 : 월스트리트 120번지, 뉴욕, 1930. 이미지 발췌: Rem Koolhaas, 「Typical Plan」, in O.M.A. Rem Koolhaas & Bruce Mau, 『S,M,L,XL』, 1995.

[역주4]: 고층빌딩의 평면 중 '기준층 평면' 또는 '표준층 평면'을 지칭하기도 한다.

료성은 도서관의 "안정적(stables)" 프로그램들로 서로 어긋나있는 다섯 개의 줄무늬(strates)들의 수직중첩에 기반한다. 이들은 다시 "불안정적(instables)" 프로그램들이며 "그 위에 어떠한 행위도 가능할 수 있는 포괄적(génériques) 바닥판들"[17]인 네 개의 보이드/공백(vides)들에 의해 분리된다. 콜하스는 시애틀 도서관 설계를 계기로 "유전적 변형(modification génétique)"을 설명했다. "미국의 고층빌딩에서 보이는 층의 중첩을 유전적으로 변형시키자, 감성적이고(sensible) […], 맥락적이며(contextuel) […] 도상적인(iconique) 건물이 드러나게 된다."[18]

켜의 중첩으로 이루어졌으나 안정적 프로그램들만을 지니는 부류의 건물조차 "유전적 변형"을 통해 직설적이고 상이한 결과들이 생성될 것이다. 나는 "1909년 정리"처럼 초창기의 다이어그램에서 변종된 다이어그램으로 분화(ramifications)될 수 있음을 강조하고 싶다. [2003년 OMA 전시회] 『콘텐트(Content)』에서 구분했던 15개의 "특허(Patents)"는 사실 다이어그램들처럼 생각할 수 있다. 이 중 8개는 미국 전형적 고층빌딩의 유전적 변형[19]에 가까웠다. 이런 측면에서 사무소 프로그램이 다이어그램을 변종(déclinaison)시키기에 제일 용이하다는 것도 알 수 있다.

1985년 암스테르담 모건 은행(Morgan Bank) 현상설계안은 사무소 프로그램을 위한 OMA 초기 설계안들 중 하나였다. [OMA의 작품집] 『S,M,L,XL』 속에서 "전형적 평면(Typical Plan)"[역주4]이라는 글이 끝난 후 바로 모건 은행 설계의 이미지가 이어져 마치 순수한 다이어그램처럼 소개된다. 또는 글이 설계안의 소개문이나 서론으로 사용된 것처럼 보이기도 한다. 콜하스에게 "전형적 평면"이란 "영도의 건축(degré zéro de l' architecture)"[20], "중립적(neutre)"[21]이면서 "특성 없는 평면(plan sans qualités)"[22]이었다. 이듬해 1986년의 헤이그 시청 현상설계안은 "프로그램의 불안정성(instabilité)을 건축적 의미로 번역한 하나의 모델"[23]이었다. 이 설계안이 몇 년 뒤에 게재될 때[24] 제목은 "불확정성(indétermination)과 특수성(spécificité)"이 되었다. 프로그램의 불안정성에 건축적 의미를 부여하는 것은, 개념화된 프로그램을 통해 다이어그램 자체가 건축이 된다는 것을 뜻한다.

십여 년 뒤의 설계안 로스앤젤레스 유니버설 사옥도 동일하게 특수성과 불안정성 사이의 대치로 이해될 수 있다.

17 『Seattle Public Library. OMA/LMN』, Barcelone, 2005, 14쪽.
18 Ibidem, 31쪽.
19 AMOMA, Rem Koolhaas (dir.), 『Content』, Cologne, 2003, 73-83쪽 그리고 510-513쪽.
20 Rem Koolhaas, 「Typical Plan」, in O.M.A. Rem Koolhaas & Bruce Mau, 『S,M,L,XL』, op. cit., 335쪽.
21 Ibidem, 340쪽.
22 Ibidem, 336쪽.
23 Patrice Goulet (ed.), 『Six projets』, op. cit., 187쪽.
24 Ibidem, 181-233쪽. 설계안은 「Indeterminate specificity」라는 제목으로 O.M.A. Rem Koolhaas & Bruce Mau, 『S,M,L,XL』 (op. cit., 544-569쪽)에 소개된다.

유니버설 사옥은 다음과 같이 묘사되었다. "사무실의 수평 층과 [동선을 위한] 수직 타워들로 프로그램을 구분하며 건물 조직체는 특징적인(particulier) 것과 포괄적인(générique) 것의 직설적 다이어그램이 된다. 수직 요소에는 특수성이, 수평은 사무실의 일반적 공간이다. 사회의 구성(composition)이 혼란스럽게 되었듯이 사무실 각 층은 필요한 유동성(flexibilité)을 해소하고, 타워들은 일체성(unité)이 유지될 수 있도록 보장한다."[25] 사무실 층 평면은 "최대적(maximum)"이자 "서정적(lyrical)"이며, "핏 테스트(test-fit)"이거나 "민주적(democratic)"[26]인 것이 모두 가능한 플랫폼이 될 것이었다. 이제 우리는 건물 조직체가 특정한 것과 일반적인 것의 직설적 다이어그램이 된 것을 이해할 수 있다. 또 다시 다이어그램은 건축이 되었다.

OMA에게 유니버설 사옥 설계를 의뢰한 사람은 사무엘 브론프만(Samuel Bronfman, 1889-1971)의 장남이었던 에드가 브론프만(Edgar Bronfman, 1929-2013)이었다. 아버지도 딸 필리스 램버트(Phyllis Lambert, 1927)의 권유로 미스 반 데 로에(Mies van der Rohe, 1886-1969)에게 시그램 빌딩(Seagram Building, 1954-1958) 설계를 맡겼던 바 있었다. 뉴욕과 로스앤젤레스의 두 건물을 비교하는 것은 상이한 두 시대, 두 접근방식을 비교하는 것일 수 있다. 시그램 빌딩의 경우는 5년의 설계기간 동안 비교적 변함없이 안정적이었던 프로그램에 대응하며 그 당시 사회의 "초상화"[27]가 되고자 했었다. 반면 유니버설 사옥은 그 사회의 구성, 재구성, 그리고 그 자회사들의 생성, 소멸로 인해 지속적으로 교란되었기 때문에 그럴 수 없었다. 결국 유니버설 사옥은 "건축의 신영토를 정의하기 위해 거의 모든 사태(éventualité)를 예측 대응할 수 있어야 하고 현재의 불안정성을 개척해 활용할 수 있는 어떤 '구조틀(structure)'의 개념적 모본"[28]을 추구하고자 했다.

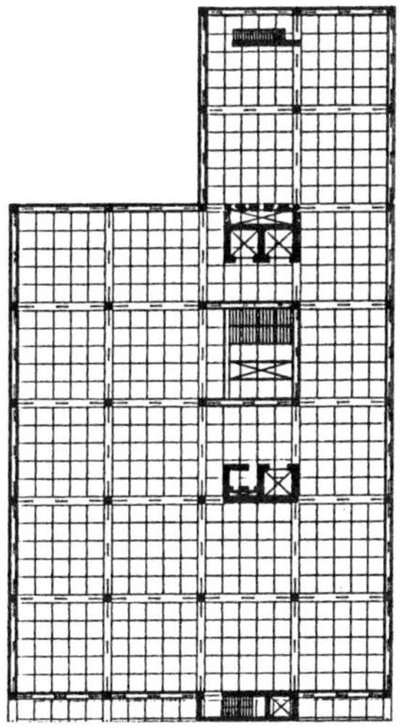

OMA-렘 콜하스, 모르간 은행 현상설계안, 암스텔르담, 1985.
평면. 이미지 발췌: O.M.A. Rem Koolhaas & Bruce Mau, 『*S,M,L,XL*』, 1995.

위: "표준층"과 건물 모형. 이미지 발췌: 『*A+U*』, no 10, 1988년.

25 『*El Croquis*』, no 131-132 ("AMOMA Rem Koolhaas (I) 1996-2006"), 2006, 108쪽.
26 Ibidem, 112쪽.
27 Rem Koolhaas, 「Universal HQ」, in AMOMA, Rem Koolhaas (dir.), 『*Content*』, op. cit., 118쪽.
28 Ibidem.

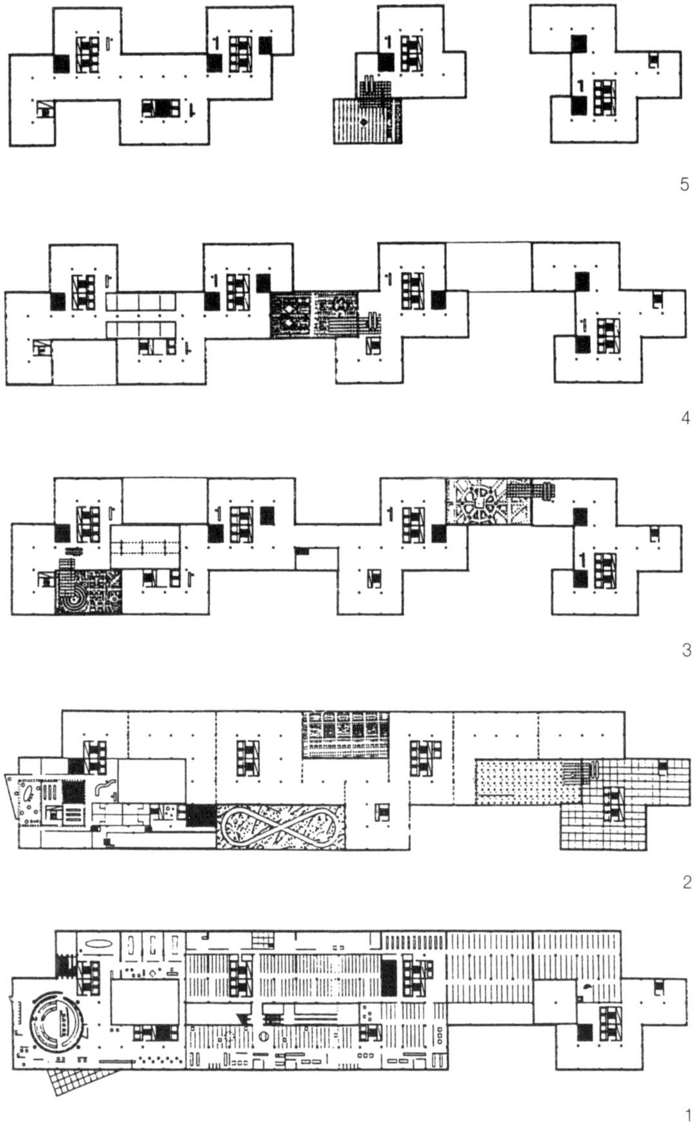

OMA-렘 콜하스, 헤이그 시청사 현상설계안, 1986.
평면 :
1 레벨 3, 도서관, 시립문서고 ;
2 레벨 6, 사무실, 컴퓨터실 ;
3 레벨 8, 사무실 ;
4 레벨 9, 사무실 ;
5 레벨 13, 사무실.

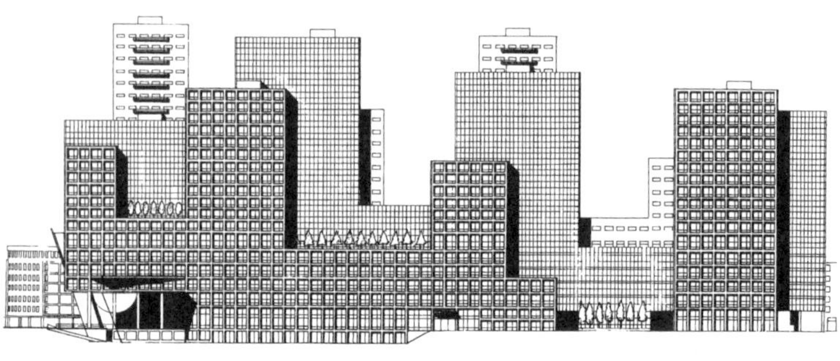

OMA-렘 콜하스, 헤이그 시청사 현상설계안, 1986. 남쪽 정면도.

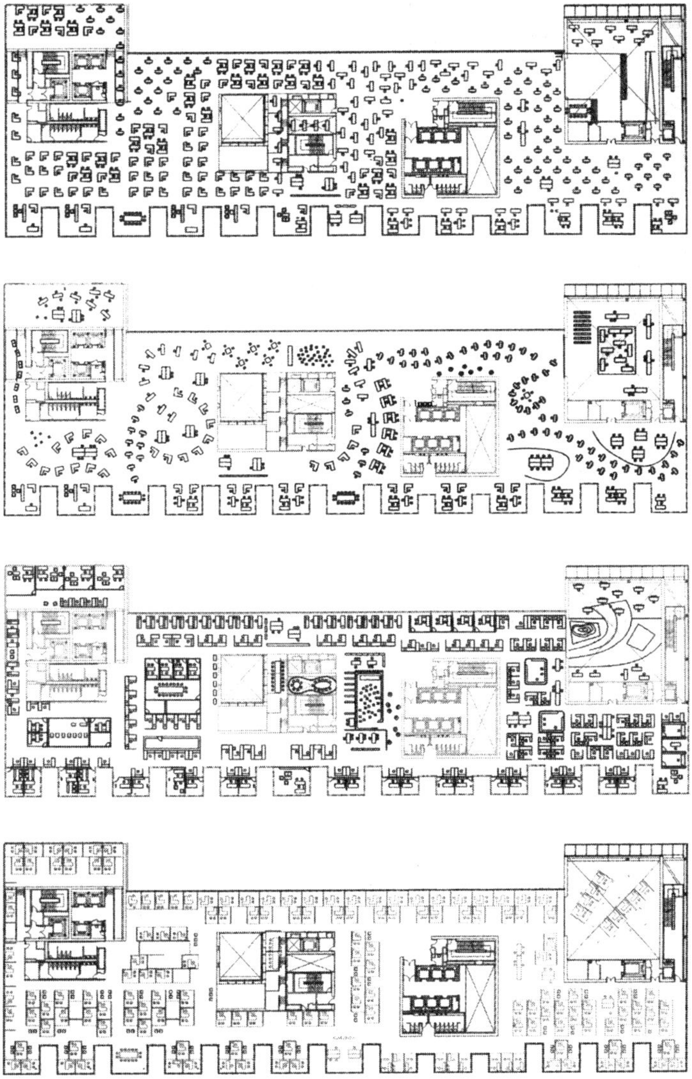

OMA-렘 콜하스, 유니버설 사옥 (1995-1999), 로스엔젤레스.
아래에서 위로, 표준층 인테리어의 가능한 유형, "민주적", "핏 테스트", "서정적", "최대적".

OMA-렘 콜하스, 유니버설 사옥 (1995-1999), 로스엔젤레스. 모형 사진.

콜하스는 건축가보다 프로그램 자체가 더 많은 상상력을 지닌다고 자주 말하곤 했다.[29] 어떤 "구조틀"의 개념적 모본, 다시 말해 다이어그램을 정의하는 것은 어떤 프로그램의 잠재성에 대해 분석하고 문제제기하는 필수적 단계이다. 예를 들어 일반적인 것과 특수한 것으로부터, 그리고 안정적인 것과 불안정적인 것으로부터처럼 말이다. 나아가 콜하스는 건축의 불가사의한 소멸을 향해 한 걸음 더 내딛게 된다. "건축은 단순히 너무 느렸다(*Architecture was simply too slow*)"[30] 느린 건축 실현 속도에 직면한 그는 다음과 같은 질문들을 던졌다. 큰 규모의 설계안의 경우 그 무엇이든 건설되기 위해선 최소 5년은 요구되는 상황 속에서 과연 건축은 "실현되어야 할 요구로부터 해방된, 순수 형태"[31]로 인식될 수 있는가? 건축의 "신영토"는 어떤 새로운 프로그램의 형태, 즉 어떤 새로운 다이어그램의 발화(énonciation)일까? 콜하스는 2003년 개최된 『콘텐트』 전시회를 통해 그 해답을 제시하고자 했다. 이십 여년 동안 다이어그램의 탐구를 통해 도달한 것이었다. 그것은 건축 다이어그램이 진정한 성취(assomption)를 맛볼 수 있도록 제안하는 것이었다. 건축가는 프로메테우스의 사명(mission promethéenne)을 부여받았다. "아마도, 궁극적으로 건축은 바보같은 상태로 남아서는 안 된다. 구축의 압박으로부터 해방된 건축은 모든 것에 대한 사유가 될 수 있다. 다시 말해 관계, 비례, 연결, 효과 등 모든 것의 다이어그램을 재현하는 학문이 될 수 있다."[32]

결국, 건축이 모든 것에 대한 다이어그램을 생산하게 되는 것이며, 다이어그램이 건축이 되는 것은 아닌 셈이다!

오른쪽 페이지 :
OMA-렘 콜하스, 프로그램 중첩 수직 건물들의 단면 :
1 프랑스 국립 도서관 (1989), 파리 ;
2 예술 미디어테크 센터 (1989-1990), 칼스루헤;
3 쥐시우 도서관 (1992), 파리 ;
4 네덜란드 대사관 (1998-2004), 베를린 ;
5 공공 도서관 (1999-2004), 시애틀.

29 예를 들어 콜하스는 1990년 파리에서의 강연(l'Ecole des ponts et chaussées, Paris, 1990년 3월 29일)에서 프랑스 국립도서관 설계안에 대해 이처럼 말한 바 있다.
30 Rem Koolhaas, 「Universal HQ」, op. cit., 118쪽.
31 Ibidem.
32 Ibidem, 20쪽.

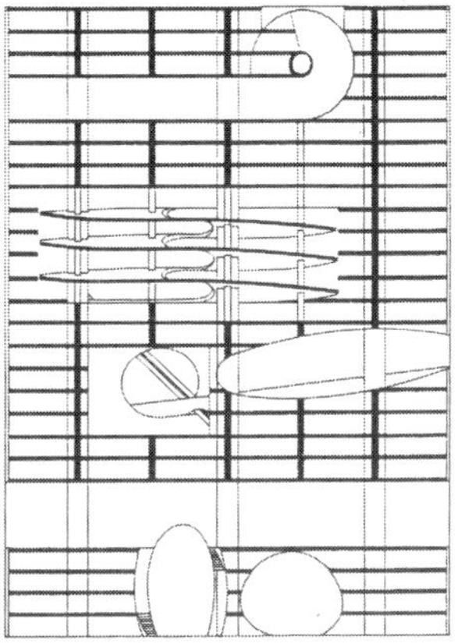
1

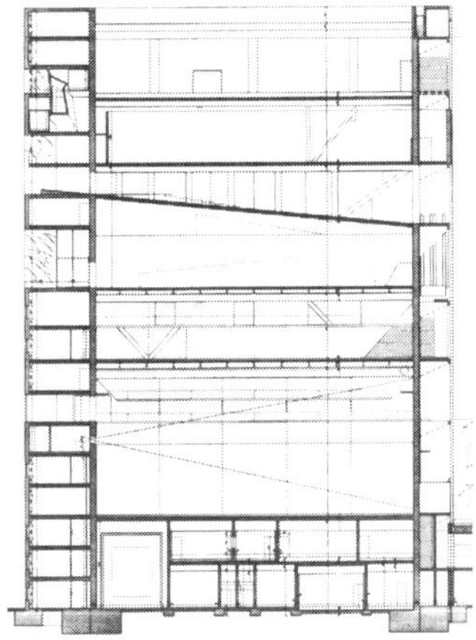
2

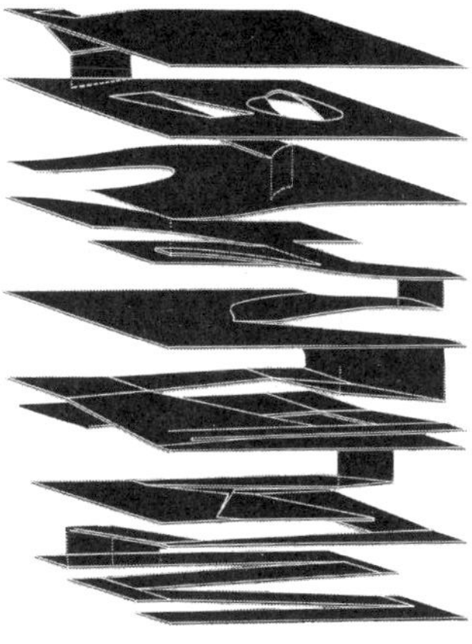
3

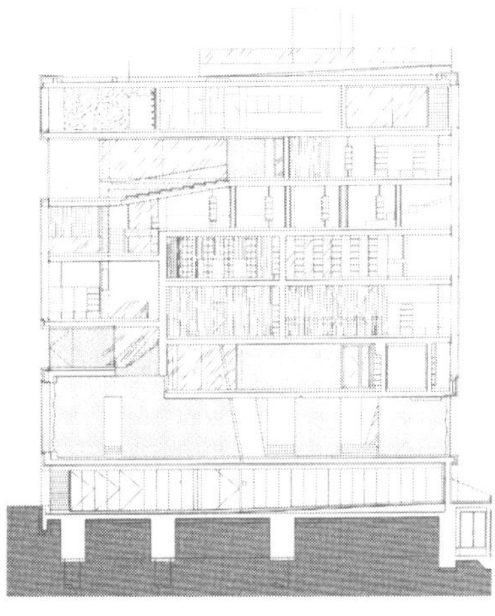
4

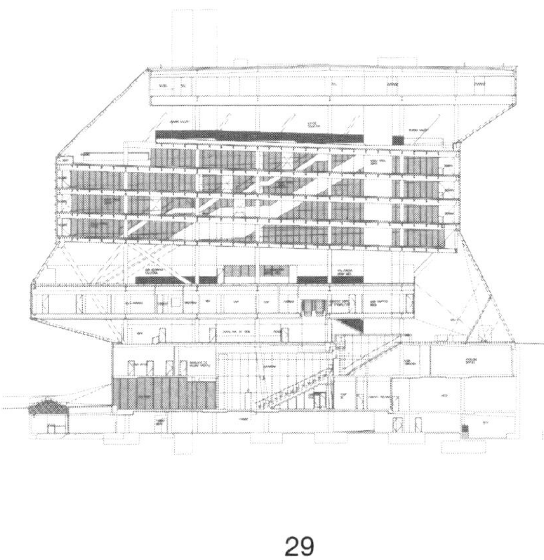
5

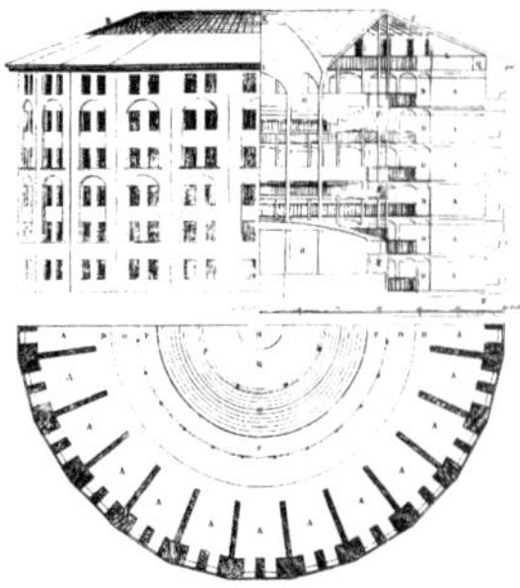
제리미 벤담, "파놉티콘 교도소의 일반적 사고". 이미지 발췌: 『*The Works of Jeremy Bentham*』(volume IV, 1843).

에피소드: 미쉘 푸코의 다이어그램

Parenthèse : le diagramme selon Michel Foucault

『감시와 처벌(*Surveiller et punir*)』에서 미쉘 푸코(Michel Foucault, 1926-1984)는 제레미 벤담(Jeremy Bentham, 1748-1832)이 발명한 교도소의 파놉티콘 장치(dispositif panoptique)에 특별한 관심을 나타냈다. 그러나 푸코는 교도소 프로그램을 초월해 개념을 바라보았다. 그에 따르면 "파놉티콘(Panopticon)은 작동이 일반화될 수 있는 모델이며, 인간 일상에 관한 권력 관계를 정의하는 방식으로 이해되어야 한다."[33] 파놉티콘 혹은 "파놉티콘 도식(schéma)"[34]은 "이상적 형태로 되돌릴 수 있는 어떤 메커니즘의 다이어그램"[35] 이자 "모든 특정 용도와 분리해"[36] 다룰 수 있는 추상적 다이어그램이었다. 이는 규율적 사회에서 파놉티콘이 "죄수를 교도하기 위해 사용될 뿐 아니라 환자를 치료하고 학생을 가르치며 정신병자를 돌보고 노동자를 감시하며 앵벌이와 게으름뱅이가 일하도록 하기 위하는 등, 다양한 적용이 가능하기"[37] 때문이었다. 결국 그 다이어그램은 하나의 유일 장치에만 매어있지 않았다. 감옥, 병원, 학교, 망명소, 공장 등 각각 특정한 형태를 갖는 여러 장치들의 기저에 깔려있는 것이었다. 하나의 다이어그램이 추상적이며 일반적(général)이라면, 그 배치들(agencements)이나 장치들(dispositifs)은 구체적이고 특정한(particuliers) 것이다.

다이어그램을 그 이상적 형태로 되돌아가도록 하는 메커니즘으로 설명하던 푸코의 말을 다시 주목하자. 그 메커니즘은 여러 목표들(objectifs)에 대응한다. 초반에 언급했던 칸에게 "형태"의 도식은 '서비스 주는 공간'과 '서비스 받는 공간'을 구분(différenciation)하기 위한 이상적 다이어그램이었다. 콜하스에게 "1909년 정리" 이미지나, 다운타운 아틀레틱 클럽 단면, 라빌레트 평면의 병렬적 띠는 프로그램적 불안정성과 건축적 특수성 사이의 연결에 있어 이상적이라 말할 수 있는 다이어그램들이었다. 결과적으로 다이어그램은 어떤 프로그램의 분석이나 특정 설계안을 위한 장치 또는 배치에 사용되는 것이다.

질 들뢰즈(Gilles Deleuze, 1925-1995)는 푸코에 대한 해석에서 다이어그램의 문제를 주목하며 『감시와 통제』가 근본적으로 기여한 바를 암묵적으로 강조했다. 그는 다이어그램을 "추상적 기계 […], 스스로는 거의 벙어리이자 장님이지만, 남들로 하여금 보고 말하게 만드는 기계"[38], 그리고 "권력 형성의 역학 관계(rapports de force)의 전시"[39]라고 묘사한다. 다이어그램은 역학 형성(devenir des forces)에 따라서 진화할 수 있다. 푸코의 논쟁을 이어

33 Michel Foucault, 『*Surveiller et punir. Naissance de la prison*』, Paris, 1975, 206-207쪽.
34 예를 들어 Ibidem, 207쪽과 208쪽 참조.
35 Ibidem, 207쪽.
36 Ibidem.
37 Ibidem.
38 Gilles Deleuze, 「Un nouveau cartographe」, in 『*Foucault*』, Paris, 1986, 42쪽.
39 Ibidem, 44쪽.

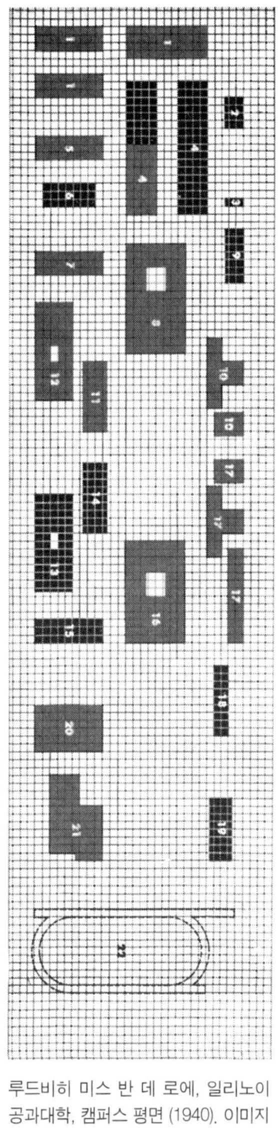

루드비히 미스 반 데 로에, 일리노이 공과대학, 캠퍼스 평면 (1940). 이미지 발췌: Philip Johnson, 『*Mies van der Rohe*』 (1947), 1953 (검정색은 1953년까지 준공된 건물들을 표시한다).

받아, 들뢰즈는 다이어그램이 "하나의 지도(carte) 또는 여러 지도들의 중첩"[40]이라고 말하게 된다. 이 지도들에는 역학 관계가 새겨져 있는 것이다.

앞서 발전시켰던 내용들을 새롭게 돌아보자. 라빌레트 공원과 유니버설 사옥의 경우 거의 지도 작도용(cartographiques) 장치들에 해당되는 것처럼 보이지 않았던가? 바닥판 또는 플랫폼 위에는 여러 행위와 사람들이 분배되어 펼쳐지며, 그 행위들은 변화되거나 대체될 수 있고 사람들의 배치는 다채로운 설정에 따라 재편성될 수 있었다. 콜하스는 유니버설 사옥에 대해 다음같이 결론을 내렸다. "유니버설 사옥은 사무실 평면보다 도시 평면이나 지도(map)에 가깝다. 건물은 상이한 요소들의 조직자(organisateur)와 같다. 조직체다이어그램은 어떤 건물의 평면보다는 지하철 노선도에 더 가깝다."[41]

다이어그램과 추상화 (세지마 & 니시자와)

Diagramme et abstraction (Kasuyo Sejima et Ryue Nishizawa)

로마 병영도시부터 오늘날 신도시에 이르기까지 도시를 조직하는 가장 단순한 다이어그램은 격자(grid)로, 그 위에는 행위들이 규칙적이고 무작위적으로 배분된다. 격자는 정사각 그물망(maille)이나—콜하스가 매료됐던 맨해튼처럼—직사각 그물망으로 이루어질 수 있다. 맨해튼의 격자는 특수성과 불안정성 사이의 관계에 대한 은유(métaphore)로 "질서와 무질서 사이에 새로운 균형을 정의하며, 도시는 그 균형 속에서 경직되면서 유연한, 얼어붙은 혼돈의 상태가 된다."[42]

격자는 도시적 장치와 건축적 장치를 결합시킬 수 있다. 미스 반 데 로에의 IIT 캠퍼스 계획안이 그러했다. 24 피트 정사각 그물망을 기반으로 건물들은 배치되었으며 격자의 그물눈(trame)은 구축의 기초가 되었다. 콜린 로우는 격자를 심지어 민주적 구조틀의 사례로 삼았다. "격자는 건축물의 모든 부분에 거의 동등한 위상을 부여한다. 리듬감 있는 배열(ordonnance)과 '민주적' 구조틀 속에서, 거의 알아차리기 어렵지만, 건물의 한 부분이 나머지보다 상위의 '가치'를 지니게 하는 점증(gradations)이, 과연 여기서 어떻게 가능할 수 있을까?"[43]

이 때 격자는 결과적으로 비구성적[역주5]이다. 미국의 전형적 고층 빌딩의 수직중첩된 층들처럼, 격자는 더 이상 위계(hiérarchie)를 수립하지 않는다. 서로 상이한 건물들의 조성이 공간을 개방하는 일반 원칙에 대립되지 않으며, 건물들은 절대로 폐쇄적 개체들을 형성하지 않는다.

40 예를 들어 Ibidem, 42쪽과 51쪽 참조.
41 『*El Croquis*』, no 131-132, op. cit., 108쪽.
42 Rem Koolhaas, 『*New York Délire*』, op. cit., 15쪽.
43 Colin Rowe, 「Neo-"Classicisme" et Architecture moderne, 2」, in 『*Mathematiques de la villa idéale et autres essais*』, Paris, 2000 (「Neo-"Classicism" and Modern Architecture II」 (1956-1957)의 불어 번역). 원문이 처음 소개된 것은 다음같다: 『*Oppositions*』, no 1, 1973년, 그리고 『*The Mathematics of the Ideal Villa and Other Essays*』, Cambridge (Mass.), 1976), 183쪽.

[역주5]: 알베르티에 의해 정의된 구성(composition)은 부분과 부분, 부분과 전체의 긴밀한 관계, 연결, 비례, 조화를 통해 작품을 완성해나가는 예술을 의미한다. 결과적으로 구성은 절대적으로 부분들 사이의 수직적 위계를 수립한다. 이러한 특징을 벗어나는 현대예술은 비구성적(non compositionnelle, 혹

은 non composition)이다. 격자에 의한 비구성적 건축에 관해서 다음 참조 : Jacques Lucan, 『*Composition, non composition*』, 2009, 24장 『그리드와 중립성』, 444-462쪽.

Sanaa(Kasuyo Sejima, 1956 & Ryue Nishizawa, 1966)가 설계한 알메르 시립 극장(Le Stadstheater d' Almere, 1998-2006) 평면은 그물망에 행위들을 분배하는 격자로 읽을 수 있다. 극장은 물의 표면 위에 떠있는 듯 건설된 얇은 두께의 판(plaque)이다. 일정한 모듈의 외곽 입면은 거의 전부 유리이다. 세 개의 극장 볼륨이 그 위로 솟아나 있다. 격자인 평면은 규칙적이다. 오직 직각으로만 이루어져 있기 때문이다. 직각 관계의 그물눈이 직사각형인 건물 전체에 펼쳐지고, 칸막이들은 이 선들을 따라 정사각형이나 직사각형을 형성한다. 그러나 형상들(figures) 중 그 어느 것도 자신의 위치로 인해 지배적 위상을 갖지는 못한다.

Sanaa (카즈요 세지마 / 류 니시자와), 시립극장 (1998-2006), 알메르. 초기 설계안 모형.

극장 설계안을 소개했던 첫 도면들과 모형은 추상적 재현이었다. 칸막이벽은 두께가 없는 듯 평면에서 단지 선으로만 그려졌고, 모형은 투명 플랙시글라스(plexiglas) 판으로만 단순하게 제작되었다. 구축적 요구사항을 충족시켜야 할, 아주 섬세한 칸막이에 대해 세지마는 정확히 언급했다. "나는 공간분할(partition)과 구조 사이의 위계를 고민하며 그 위계를 약화시키고자 한다."[44] 실현된 건물은 공간분할과 구축적 구조의 위계가 거의 보이지 않을 정도로 약화된 상태에 도달했다. 초기 설계안의 추상적 상태가 보존될 수 있었던 것이다. 결국 완성된 건물은 극장의 칸막이벽 뿐 아니라 가장 보잘 것 없는 부분의 칸막이벽에 이르기까지 거의 모두 같은 두께를 가지며, 또 동등한(équivalents) 부재들로 이루어진 듯 했다. 그 가운데 어떤 칸막이벽은 구축적 구조로 작동하기도 하며, 어떤 것은 투명하고, 또 다른 것은 불투명하나 "모두 같은 가치를 지니"[45]고 있음은 변함없다.

격자는 상이한 용도들을 수용한다. 다만 잠재적으로 이 용도들은 어느 위치에서나 가능하다. 이후에 세지마는 알메르 극장이 "실내의 공공 공원(parc public intérieur)"[46]을 개념화했던 첫 번째 계기[47]였음을 밝혔다. 이 개념은 상호반응의 다양성, 만남의 가능성, 그리고 위치이동의 다양성을 제안하는 것이었다. 위계적 체계 없이 많은 공간들이 순차적으로 연결되고 복도는 최소 상태로 축소되었다. 이렇게 용도의 투명성이 확보되었다.

"우리가 프로그램을 이해하는 방식은 매우 추상적이다".[48] 세지마가 밝힌 이러한 방식은 다이어그램으로 번역 이해될 수 있는가? 이는 세지마의 설계안들에 대해 토요 이토(Toyo Ito, 1941)가 도출해낸 결론이었다. 그의 결론은 다음과 같았다. "그녀[세지마]는 공간들의 최종 다이어그램을 통해 건물이 충족해야할 기능적 조건들을 조직한다. 이 다이어그램은 그

오른쪽 페이지 : Sanaa (카즈요 세지마 / 류 니시자와), 시립극장 (1998-2006), 알메르. 전체 평면.

44 Alejandro Zaera, 「A Conversation with Kazuyo Sejima and Ryue Nishizawa」 (2000), 『*El Croquis*』, no 77(I)+99 ("Kazuyo Sejima + Ryue Nishizawa"), 2001, 16쪽.
45 Ibidem, 18쪽.
46 『*El Croquis*』, no 77(I)+99, op. cit., 289쪽. 이 주제는 본 책 220쪽에서 더 자세히 다룰 것이다.
47 Cristina Diaz Moreno, Efren Garcia Grinda, 「Liquid Playground (Fragments from a Conversation)」, 『*El Croquis*』, no 121-122 ("SANAA - Kazuyo Sejima, Ryue Nishisawa 1998-2004"), 2004, 23쪽.
48 Alejandro Zaera, 「A Conversation with Kazuyo Sejima and Ryue Nishizawa」, op. cit., 20쪽.

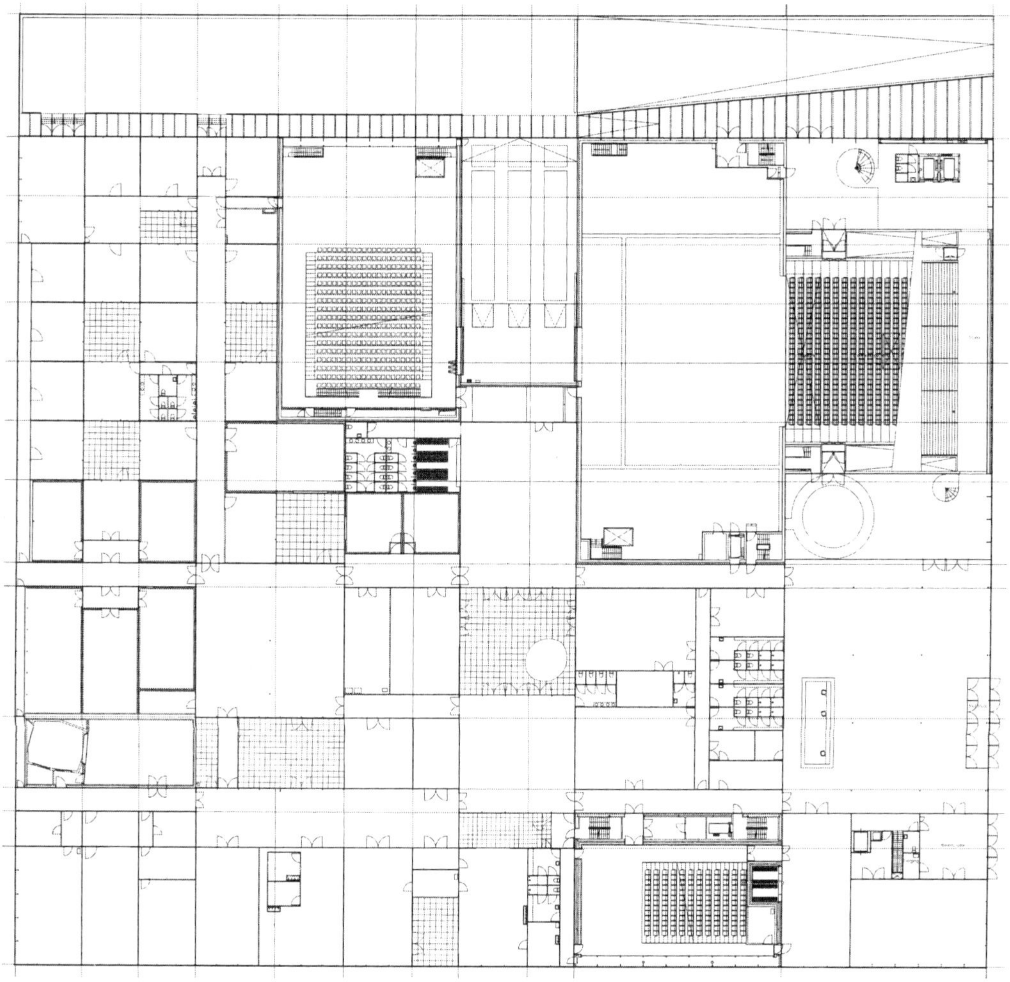

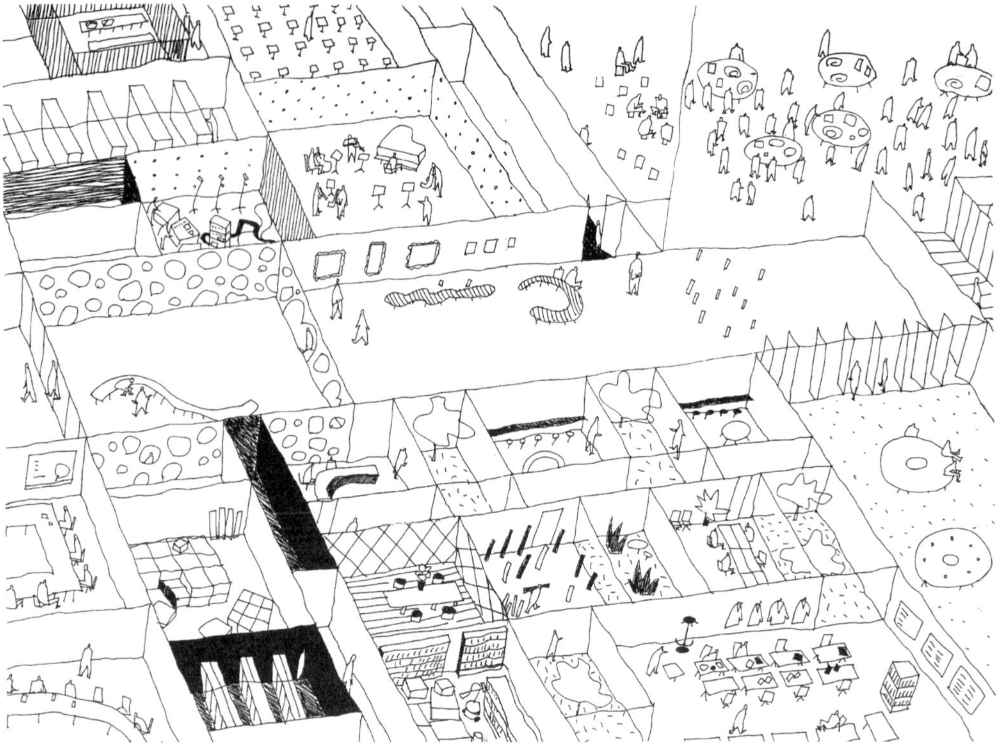

Sanaa (카즈요 세지마 / 류 니시자와), 시립극장 (1998-2006), 알메르. "공간적 투명성"을 나타내는 그림.

녀가 현실에서 즉각 변환시킨 것이다."[49] 여기서 개종(conversion)이 "즉각적(immédiate)"이란 점을 주목하자. 실현된 건물이 다이어그램의 추상적 특성을 명료하고 명확하게(à savoir clarté, luminescence) 유지하기 때문이다. 다시 말해 Sanaa의 많은 건물들에서 나타나는 특정 분위기(atmosphère)[50]이며 내가 "공간적 투명성(transparence spatiale)"으로 표현하고자 하는 특성을 유지하기 때문이다. 이토는 다음과 같이 덧붙였다. "[…] 그녀의 구조틀이 지닌 정신을 묘사하기에 제일 좋은 방식은 다이어그램 건축(diagram architecture)으로 설명하는 것이다. 다른 표현으로 […] 마지막 순간에 건물은 공간 다이어그램과 동등해진다. 그 공간 다이어그램은 구조틀에 의해 예견되는 일상 행위들을 추상적으로 묘사하는데 쓰인다."[51]

Sanaa가 추구하는 분위기, 공간적 투명성이 가능한 조건은 칸막이의 섬세함(finesse)이었다. 구체적으로 세지마는 설명했다. "나는 투명 재료 없이 이루어지는 투명성을 발견하고자 노력하고 있다. 결국 직설적인 방식이 아닌 […] 설계안마다의 특정 방식에 의한 것이다."[52] 한편 칸막이의 섬세함을 갈구하는 것은 사실 일본스러운 집착 아니던가? 니시자와는 궁

49 Toyo Ito, 「Diagram Architecture」, 『*El Croquis*』, no 77(I)+99, op. cit., 331쪽.
50 이 주제는 본 책 제9장에서 다 자세히 다룬다.
51 Ibidem.
52 Alejandro Zaera, 「A Conversation with Kazuyo Sejima and Ryue Nishizawa」, op. cit., 17쪽.

Sanaa (카즈요 세지마 / 류 니시자와), 시립극장 (1998-2006), 알메르. 건물 내부의 "공간적 투명성".

정과 부정으로 답했다. 먼저 그렇지 않은 이유로, 일본 전통건축의 칸막이벽은 공간분할에만 이용되며 전혀 구조체로 사용되지 않는데 시립 극장의 칸막이벽은 이런 방식으로는 절대 규정될 수 없다고 설명했다. 하지만 그럴 수도 있는 이유로는, 전통건축처럼 대단히 얇고 섬세한 칸막이 덕분에 극장 공간이 "매우 투명하고 빛나게"[53] 되었다고 말했다.

최종적으로 알메르에서 다이어그램, 공간 장치, 구축 수단, 추구하는 분위기 사이의 결합(conjonction)은 매우 놀랍다. 이 때문에 이토는, 실현된 건축과 다이어그램 사이가 "동등(équivalence)"하다고 말했던 것이다.

과연 동일 유형의 다이어그램이 가나자와(Kanazawa) 현대 미술관(1999-2004)에서도 시도되었다고 가정할 수 있을까? 물론 이 경우 격자는 물리적으로 표명되지 않으며, 다만 미술 전시실들의 배치 속에 잠재되어 있다. 가나자와 미술관 설계과정은, 2005-2006년 비첸차(Vicenze)의 팔라디아나 바질리카(Basilica Palladiana)에서의 전시를 포함해 여러 전시회들에서 영상물로 소개된 바 있다. 영상물에서는 손 하나가 작은 투명 플랙시글라스 사각형들을 분류한다. 각기 다른 크기의 사각형들은 (상설전시실, 특별전시실, 사무실, 문화 서비스 공간 등의) 프로그램 요소들을 뜻한다.

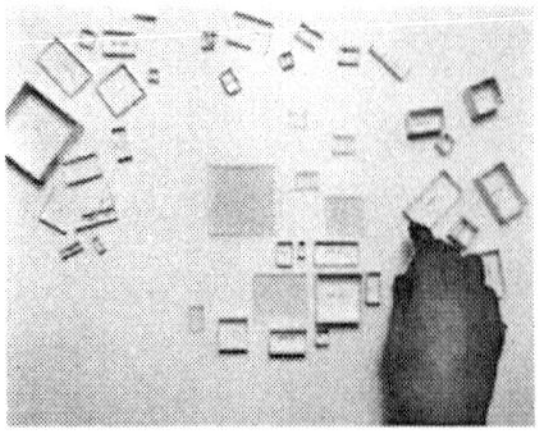

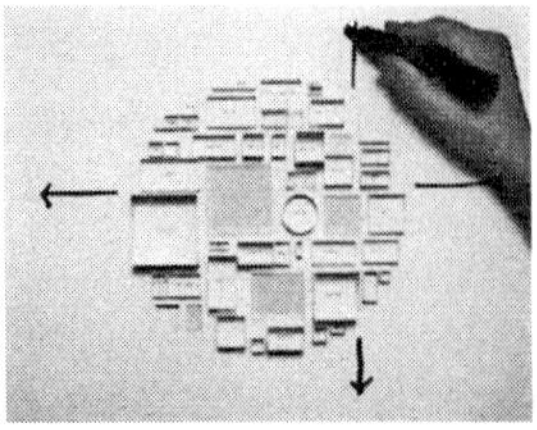

Sanaa (카즈요 세지마 / 류 니시자와), 현대 미술관 (1999-2004), 가나자와. 프로그램 요소들이 격자 위에 놓여진다.

유사해 보이지만 녹색을 띠며 중정을 뜻하는 사각형도 있다. 다시 동일한 손이 이 사각형들을, 일반적 직각체계인 격자에 따라, 동그라미 안에 규칙적으로 배치한다. 이 때의 격자는 알메르 시립극장처럼 단순한 격자무늬(damier) 형태가 아니다.

전시실들은 각기 다른 치수 및 체계를 지닌다. 그러나 어떤 방도 다른 방을 지배하지 않는다. 빛 또는 색의 대조도 없이 전체의 분위기는 균질적이다. 전시실 사이에서 관람객들은 자유롭게 여러 길들을 발견한다. 그 길들은, 마치 격자의 흔적을 지우려는 듯, 완전한 일직선은 없다. 정해진 순환코스나 통로 없이 움직이며 자체적 중심도 없는 공원인 "실내의 공공 공원"은 미술관을 둘러싼 원형 유리외피를 투과해 실외 정원으로 이어진다. 각 방의 입구는 실제로 두께가 얇은 칸막이 쪽에 설치되며, 기계설비들은 그 속을 들여다 볼 수 없는 "비어진(creuses)" 칸막이 내부에 설치되어 숨겨진다. 그 결과 모든 방들은 동일한 두께의 얇은 칸막이로만 구축된 것처럼 보인다.

Sanaa의 공간적 투명성은 구조기술자 사사키(Mutsuro Sasaki, 1946)와 협력해 진행한 구축적 선택과도 상관관계를 갖는다. 미술관을 구축하기 위한 골조 계획 도면에서는 정사각 격자의 존재가 드러난다. 격자는, 전시실 내부만 제외한 채 원형 미술관 바닥 전체를 촘촘히 채우는 기둥들을 배치하는 바탕이 된다. 사사키는—전시실 칸막이벽 속에 숨겨져 있기도 하는—"가는 기둥들과 작은 요소들로 구성되고, 얇은 지붕과 벽체로 완성된, 추상적이고 투명한 건축"[54]이라고 묘사했다. 미술관을 통해 결실 맺은 공간적 투명성은, 바로 이토가 "미스 공간의 극단적인 환경을 다시 구현했다"[55]고 평가한 이유이기도 했다.

다이어그램에 의존하는 것은, 다루어야 할 프로그램에 대해 고민하기 위함이다. 앞서 보았듯 복합적인 프로그램일수록 더욱 그렇다. 물론 "단순한" 프로그램의 경우도 특정 상황에 대처하다 보면 복합적인 것이 될 수 있다. 과도한 유형학으로 인한 "퇴행(régression)"으로부터 벗어나기 위한 것일 수 있다. 이제 나는 콜하스의 두 주택들을 다루며 마무리하겠다. 생-클루(Saint-Cloud)의 빌라 달라바(villa d' all Ava)는 복합적인 설계로 귀결되었다. 이는 특히 "지붕 위의" 수영장을 소유하려는 건축주의 욕망 때문이었다. 물론 건축가 스스로도 공감할 만한 욕망[역주6]이기도 했다. 보르도(Bordeaux) 근방의 플루아락(Floirac) 주택 설계[56]에서는 하반신마비의 장애인 건축주를 위해 승강 플랫폼을 도입했다. 이는 1853년 뉴욕 만국박람회에서 엘리샤 오티스(Elisha Otis)가 엘리베이터 플랫폼을 극적 방식으로 소개했던 『착란의 뉴욕』 속 에피소드를 떠올리게 한다. 위 두

[역주6]: 빌라 달라바의 옥상 수영장은 콜하스의 1978년 계획안 "Floating Swimming Pool"를 연상시킨다. 관련 주제로 다음 참조할 것 : Roberto Gargiani, 「Rem Koolhaas et le mythe de la floating swimming pool」, in 『*Matieres*』, no 7, 2004년, 102-119쪽

53 Juan Antonio Cortés, 「A Conversation With Kazuyo Sejima & Ryue Nishizawa」, 『*El Croquis*』, no 139 ("SANAA - Sejima + Nishisawa 2004-2008"), 2008, 10쪽.

54 Mutsuro Sasaki, 『*Flux Structure*』, Tokyo, 2005, 110쪽.

55 「A Dialogue with Toyo Ito」, in Mutsuro Sasaki, 『*Morphogenesis of Flux Structure*』, Londres, 2007, 56쪽.

56 본 책 73-76쪽 참조.

오른쪽 페이지: Sanaa (카즈요 세지마 / 류 니시자와), 현대 미술관 (1999-2004), 가나자와. 기둥들이 배치될 수 있는 위치 격자.

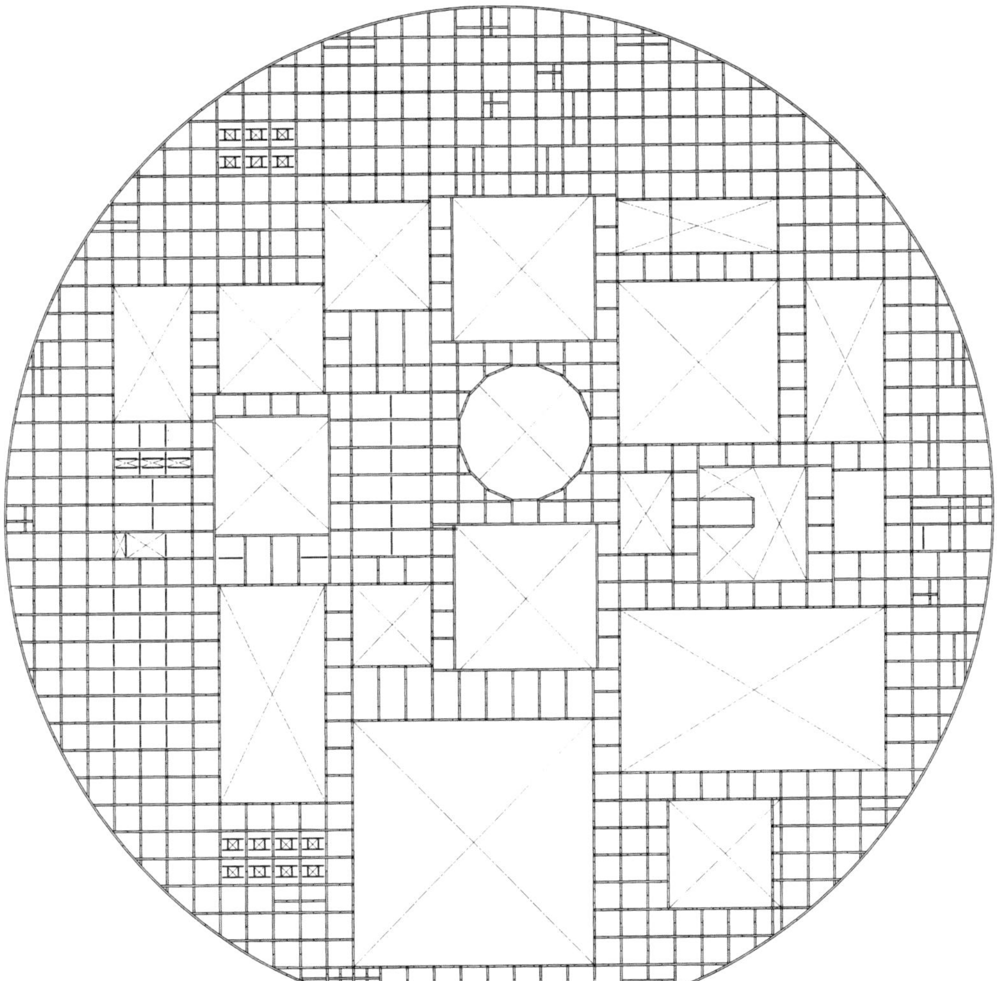

Sanaa (카즈요 세지마 / 류 니시자와), 현대 미술관 (1999-2004), 가나자와.
위: 초기 설계안 모형
아래 오른쪽: 입구 및 미술관 주위 실외공원을 향한 사진.

주택들은 모두 상이한 층들이 "공간적 분절(articulations)" 없이 수직중첩된 것으로 콜하스의 "1909년 정리"에 충실하며, 그렇기에 "작은" 마천루와 흡사한 것으로도 볼 수 있다.

프로그램들에 대한 고민은 상이한 목적들에 의해 인도될 수도 있다. 콜하스의 경우 특수성과 불확정성이었고, Sanaa는 공간적 투명성과 중립성이었다. 두 경우 모두 제시된 것은 어떤 구조틀이었다. 그리고 이들의 일반화된 구조틀은 구성(composition)이나 조립/아상블라주(assemblage) 같은 [전통적] 건축설계 개념에 기반하지 않았다. 하나의 다이어그램은 변종(déclinaison)을 초래하게 된다. 콜하스는 "1909년 정리"의 변종, 그리고 Sanaa는 격자의 변종이었다. 그러나 어떤 다이어그램은 하나의 고유한 설계안에 특화될 수도 있다. 다이어그램은 설계안이 추구하는 건축 목표를 명확히 밝히도록 돕는 개념적 도식이다. 이는 다음 장에서 구체적으로 살펴볼 것이다.

콜하스나 Sanaa의 경우, 다이어그램의 채택은 배치(agencements)의 다채로움을 가능케 했다. 그 과정에서 많은 스터디 모델들이 자주 제작되곤 했다. 각 모형은 특정한 변주(variation)이며 가끔은 그 차이가 미세한 수준이었다. 뒤따르는 후속 작업은 주어진 가능성들을 비판적으로 분석하는 것이었다. 그리고 이 가능성들 중 하나가 선택되어 발전되게 되었다.

그러나 다이어그램은 점진적으로 더 정확해질 수도 있다. 이는 설계안을 발전시키는 과정의 연속적 반복(itérations)을 통해서였다. 결국 다이어그램을 통한 작업은 과정적(processuel)이며, 일련의 절차를 거쳐 명확해지는 합리성의 의지로 각인된다. 이러한 관점에서, 그리고 과정이 진행되면서, 다이어그램이 언제까지나 변하지 않는 상태로만 머무르지 않을 것이다. 다이어그램은 프로그램적 쟁점과 건축적 야망을 결합하는 새로운 사

Sanaa (카즈요 세지마 / 류 니시자와), 현대 미술관 (1999-2004), 가나자와. 중정들 중 하나.

색의 결과인 것이다.

제2장

형상으로서의 다이어그램

Diagrammes comme figures

이토에 따르면, 가나자와 미술관은 "미스 공간(espace misien)"의 구현이었다. "투명성"과 평면의 배치가 격자에 가깝기 때문이었다. 격자는 건물 또는 건물군이 설계, 구축될 수 있는 바탕이다. 그리고 가장 규칙적인 바둑판무늬(damier)부터 다양한 변수(paramètres)[1]에 따라 가변될 수 있는 그물망(mailles), 그리고 바닥포장무늬(pavage)에 이르기까지 다양한 기하학적 구상을 수용할 수 있다. 또 동질적이고 연속적인 방식으로 확장될 수도 있다. 올 오버(all over)[역주1]처럼 잠재적으로 끝없이 성장할 수 있기 때문이다. 이런 관점에서 콜하스의 라빌레트 공원 계획안의 평행띠조차 격자로 보여질 수 있으며 끝없이 재생산될 수도 있다. 다운타운 아틀레틱 클럽도 기술적 제약 내에서 얼마든지 계속 높아질 수 있다. 이토 역시 "미스 공간"에 관해 말할 때 공간적 동질성(homogenetie)과 연속성(continuite)에 초점을 맞추었던 것은 의심할 여지가 없다.

구조틀로서, 그리고 격자로서의 다이어그램은, 콜하스와 Sanaa의 경우처럼, 확장적인(extensif) 공간 논리에 속한다. 경계를 알 수 없으며, 혹 있다 하더라도 그 경계가 외부적 요인에 의해 제한되었을 뿐이다. 그렇다면 다이어그램의 모든 과정은 과연 확장적인가? 반대로 이번에는 내가 집약적(intensif)인 것이라 명명하는 과정들에 대해 논의해보고자 한다.

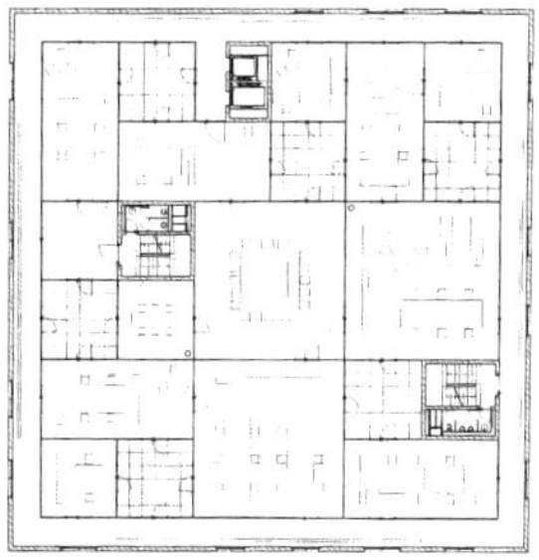

Sanaa (카즈요 세지마 & 류 니시자와), 디자인 경영 학교, 졸베레인(Zollverein), 에센(Essen). 4층 평면도.

[역주1]: 2차 세계대전 이후의 예술에서 등장한 개념으로 잭슨 폴락(Jackson Pollock)의 액션 페인팅(Action Painting)처럼 표면을 단순한 요소들로 무질서하게 무한히 덮어나가는 작품의 상태 및 특성을 뜻한다. 결과적으로 무한대의 이질적 요소들로 포화상태에 도달한 표면은 중심과 가장자리의 위계가 없으며, 동질적이고 연속적이다.

다이어그램과 맥락 (헤르조그 & 드 므론)

Diagramme et contexte (Herzog & de Meuron)

헤르조그 & 드 므론은 1980년대 설계안들 대다수에서 단순한 직사각형 형태들[2]을 의도적으로 선택했다. 이 때 비스프(Visp) 극장(1984)의 형상은 예외적이었다. 오각형 평면은 비규칙적 외곽을 갖는다. 외벽이 동일 각도로 반복되거나 직각을 피해 접혀진 것이다. 곧이어 플라이우드/합판 주택(Plywood House, 1984-1985)과 바젤 헤벨슈트라스(Hebelstrasse) 집합주택(1985-1988)이 뒤따랐다. 모두 폐쇄적 형상으로 남지 않으면서 오목 혹은 볼록하게 접혀져 형성된 것이다. 나는 비스프 극장의 평면 유형이 이와 같은 중요 전기를 만들었다고 가정한다. 이 유형은 십여년 뒤 나타날 헤

1 파라메트릭 변형에 관해 본 책 102-105쪽 참조.
2 이 주제와 관련해 본 책 131-132쪽 참조.

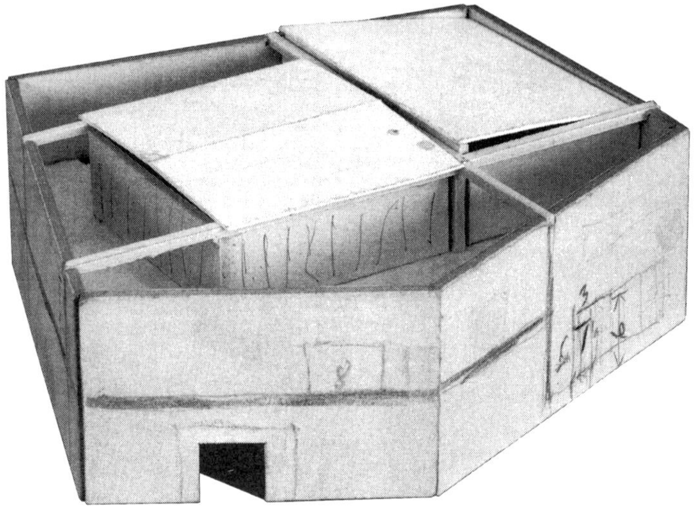

헤르조그 & 드 므론, 극장 설계안(1984), 비스프(Visp).
오른쪽 : 스터디 모형.
위 : 구도심과 최근 외곽지역 사이의 극장 배치 평면도.

[역주2]: 르 코르뷔지에의 1955년 저서 제목.
[역주3]: 1950-60년대 영국의 부르탈리즘(Brutalism)의 개념으로 일상 공간에서 발견한(found) 형태, 상태, 가치 등을 있는 그대로 수용하고 드러내고자 하는 것을 의미한다. 그 표현의 근원은 뒤샹의 레디메이드와 흡사한 예술작품이나 그 요소들을 지칭하는 예술 표현인 Found object(원어는 불어인 Objet trouvé)이다.
[역주4]: 프랑스 출신 전위예술가 마르셀 뒤샹(Marcel Duchamp)이 1913년부터 발전시킨 새로운 기법의 예술로 대량생산된 일상 오브제를 선택해 예술적 전시 대상으로 승화된 작품들을 지칭한다. 1917년 전시가 거부된 소변기인 샘(Fountain)이 대표적이다.

반대쪽 페이지 : 헤르조그 & 드 므론, 모형 시리즈들 : 바젤 칸톤병원 제약연구소(1995-1998) 및 솔레르(Soleure) 주상복합건물 (1993-2000). 이미지 발췌 : Gerhard Mack, 『*Herzog & de Meuron 3, 1992-1996*』, 2000.

르조그 & 드 므론의 작품들, 또 다른 건축가들에 의한 유사한 작품들의 특징을 미리 암시하고 있다. 기하학은 이제 직각적 규칙으로부터 자유롭다. "직각의 시(poème de l'angle droit)" [역주2]가 궁극적으로 과거의 것이 된 것처럼 말이다. 헤르조그 & 드 므론의 설계안 가운데 솔레르(Soleure)의 주상복합 건물(1993-2000), 바젤 칸톤병원 제약연구소(1995-2000), 라우펜(Laufen) 리콜라(Ricola) 마케팅 건물(1997-1998), 바젤 샤울라게(Schaulager, 1998-2003), 런던 라반 무용센터(Laban Dance Centre, 2000-2002) 들이 그런 사례였다. 모두 일정 높이의 두꺼운 수평판 매스에 가깝고, 비규칙적 외곽을 갖는 평판(étendue)의 압출(extrusion), 그리고 다각형 기반의 프리즘(prisme)이라 부를 수 있는 것들이었다.

비스프 극장의 오각형 형태는 도시적 특수 상황인, 옛 도심과 최근의 외곽지역 사이의 빈 공간에 대응하고 있다. 건물은 볼록한 모서리각을 지닌 [주변으로부터] 고립된 오브제(objet isolé)로 주변을 향해 입면을 꺾어 돌린다. 로우(Rowe)의 표현을 빌리자면, 이는 확실히 "고슴도치"[3]로 불릴 만한 것이었다.

반대로 헤르조그 & 드 므론의 다른 설계안들은 건물이 안착하는 부지 경계를 따르는 초기 외곽선에서 출발한다. 그러나 법규, 기능적 이유, 건축 및 도시적 요구와 의지에 따라 그 외곽선은 초기형태로부터 조금씩 벗어나기 시작한다. 채택한 초기 외곽선이 오로지 부지 경계선에서 출발했다면, 이후에는 모든 의도가 삭제된 제로 상태(degrée zéro)로서, 외곽선의 형태를 압출(extrusion)시킨다. 이 외곽선은 "있는 그대로(as found)" [역주 3] 혹은 "레디메이드(ready-made)" [역주4]라고 말할 수 있다. 외곽선이 일련의

3 고슴도치(와 여우)에 대해 다음 참조 : Colin Rowe and Fred Koetter, 『*Collage City*』, Paris, 1993 (『*Collage City*』, Cambridge (Mass.), 1978의 불어 번역), 142쪽과 이후.

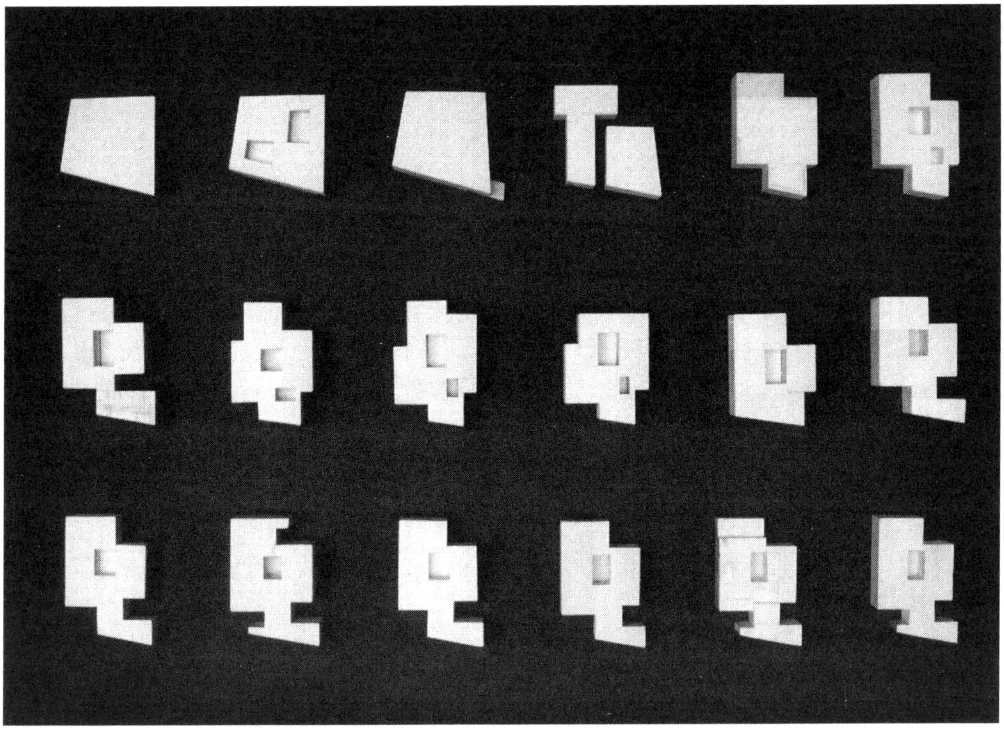

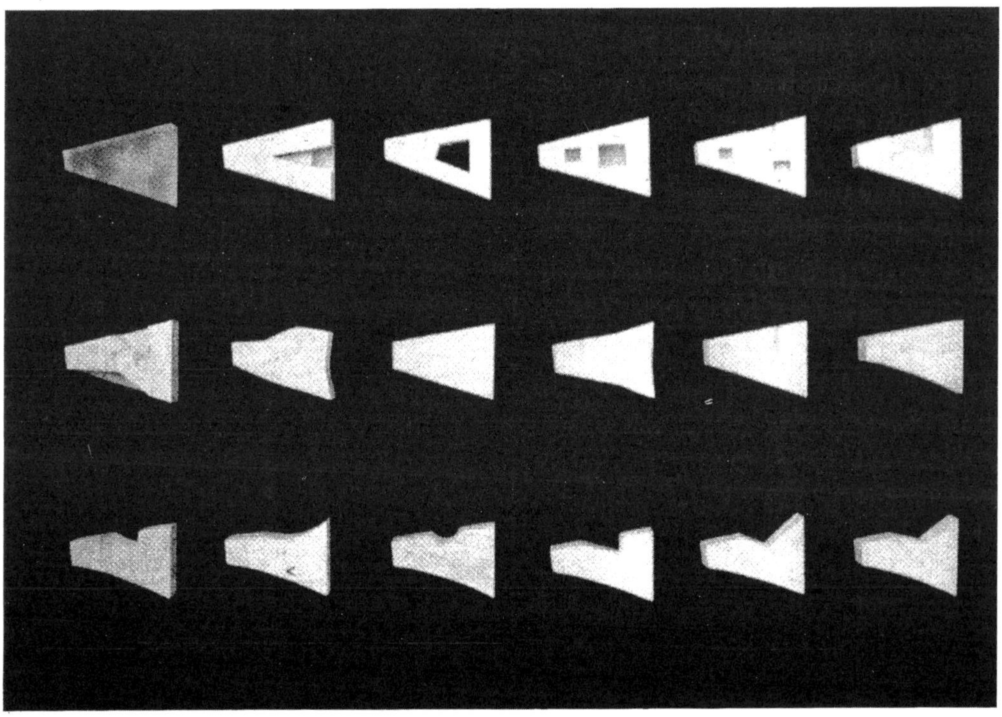

판단으로 가변되나 항상 부지경계선과의 관계가 지속된다면, 마르셀 뒤샹(Marcel Duchamp, 1887-1968)이 "수정된 레디메이드(ready-made aidé)"4라 칭했던 질서와 유사하다고 인식할 수 있다.

헤르조그 & 드 므론, 바젤 칸톤병원 제약연구소 (1995-1998). 도시적 환경 속에서의 건물 사진.

[비스프 극장] 설계가 초기 단계에서 외곽선이 접히며 "가변(déformer)"될 때, 이는 흥미롭다고 판단되는 주변 특성, 법규적 제약, 용도 또는 도로 연결과 같은 기능적 필요들을 해소하기 위해서였다. 앞서 언급한 다른 계획안들도 각자 저마다 일련의 모형 시리즈들을 생산해내며 형태 변이(mutation) 단계들을 선언하고 있다. 설계안은 솔레르에서처럼 부지 경계선에 기반한 프리즘에서나, 혹은 바젤 제약연구소의 사례처럼 부지 내의 중요 부분을 점유한 형태의 프리즘에서 출발한다. 이러한 과정 속에서 초기의 형태는 볼록한 볼륨이지만, 곧 변형되어 오목한 표면을 갖기도 한다. 로우의 표현으로 돌아간다면, 고슴도치는 조금씩 "여우"가 되어가는 셈이다. 특정 환경 조건에 맞추어 스스로를 적합하게 수정하고 생태계에 맞추어 삶을 적응시키는 것처럼 말이다.

돌연변이적 과정(processus de mutation)에 진입하기 전까지의 형태는 "추상적(abstraite)"이다. 이것이 "구체적(concrètes)" 형태의 모태(matrice)가 된다고 생각할 수 있다. 이러한 측면에서 그 [설계] 과정은 다이어그램적이다. 가능한 많은 수의 배치들(agencements)을 생성해낼 수 있기 때문이다. 헤르조그 & 드 므론의 설계에서 다이어그램적 과정은 계속 발전된다. 다만 그 결과로서의 건물은 계속적으로 단일한(unitaire) 상태를 유지한다. 마치 조합된 것으로 보여질 것을 우려하듯 형태가 부분들로 조각나지 않기 때문이다. 모형 시리즈들에 의해 묘사되는 과정의 점진성(progressivité)은 위상학적(topologique) 측면을 지닌다. 외곽면은 굴절(inflexion)될 수 있으나, 형태는 공유, 분할되지 않는다. 거의 연속적 방식으로 형태가 변형된다.

단일하다는 특성을 통해 건물은 하나의 "고체(solide)"가 된다. 이러한 형태 기법 과정은 '재난(catastrophes)' 이론가 르네 통(René Thom, 1923-2002)의 말을 떠올리게 한다. "고체는 정적이다. 그러나 과거 활동들이 쌓인 것이기도 하다. 이러한 특징은 형태의 해석(interprétation)이란 측면에서 고체를 흥미로운 것으로 만든다. 그것은 기억이다. […] 형태학적 과정이 존재하며 그것이 멈춘 것이다. 따라서 우리가 어떤 형태를 얻었을 때, 그것을 해석할 필요가 있다(il faut interpréter). 결국 그 기원(genèse)을 추적할 필요가 있는 것이다."5

'해석할 필요가 있다' …

2003-2004년 바젤 샤울라게(Schaulager)의 "헤르조그 & 드 므론" 전시회 진열 테이블 위에는, 앞서 언급한 여러 설계안들의 모형 시리즈들이

4 Marcel Duchamp, 「A propos des "Ready-mades"」, in Marcel Duchamp, 『*Duchamp du signe*』. Ecrits, Paris, 1994, 191-192쪽. 뉴욕 현대미술관(MoMA)의 전시회 「The Art of Assemblage」의 일환으로 개최되었던 1961년 10월 19일 세미나에서 있었던 뒤샹의 발표 내용이었다.

5 René Thom, 『*Prédire n'est pas expliquer. Entretiens avec Emile Noël*』, Paris, 1993, p. 49.

왼쪽 : 레미 조그, 큐레이터, 『*Herzog & de Meuron*』 전시회, 퐁피두 센터, 파리, 1995.

위쪽 : 『*Herzog & de Meuron*』 전시회, 샤울라게(Schaulager), 바젤, 2003-2004.

배열되어 있었다. 이 때 모형들의 배치방식은 1995년 파리 퐁피두 센터에서 있었던 전시회 『헤르조그 & 드 므론』의 자료 전시 기법과 대비되었다. 후자는 예술가 친구이자 협업자였던 레미 조그(Remy Zaugg, 1943-2005)에 의해 계획되었다. 파리에서는 규칙적으로 평행하게 진열된 테이블 위에 많은 도면들이 전시되었고, 그 가운데 몇몇 모형들이 추가되었는데 매우 정확하게 제작된 것이었다. 바젤에서는 다양한 재료로 만들어진 많은 연구용 모형들이 전시되었으나 반면에 그래픽 자료들은 그 수가 적었다. 또 모형들은 테이블 위에 "무질서하게(en désordre)" 흩어 놓여졌고, 나무로 만들어졌거나 폴리스틸렌이 주로 사용되어 제작되었다. 파리와 바젤의 두 전시 사이에서 건축 설계 방식의 변화와 다이어그램적 방법의 진전이 있었던 것일까?

다이어그램적 과정에 의해 도달된 비규칙적 형태들을, 자크 헤르조그(Jacques Herzog, 1950)는 "찾아가는 형태들(formes cherchantes)"6이라 불렀다. 설계안이 발전됨에 따라 점진적으로 다듬어져 외곽선이 정확해지는 형태들이었다. 일반적으로 이 형태가 내적변수보다 외적변수에 더 의존하고 있다는 점을 주목할 필요가 있다. 즉 맥락주의(contextualisme)에 대해 언급할 필요가 발생하는 것이다. 형태는 주위 환경의 요구나 제약에 따른 외적 "압력(poussées)"을 받아들이는 것처럼 보인다. 혹은 외적 압력과 내적 압력 사이에서 변증법이 작동, 절충되는 것이기도 하다. 이 때의 내적 압력은, 충족해야 할 용도에 관련된 요구 및 선택사항들에 부합되는 경우가 많다.

'찾아가는 형태' 에서, 만약 솔레르 건물의 사무실 층처럼 공간분할이나 칸막이벽이 필요 없는 경우라면, 그 평면은 중립적(neutre)으로, "전형적 평면(typical plan)" 의 동의어에 가깝다. 건물의 전체 형태가 지닌 고유성이 무엇이든, 구축적 해결책으로 가장 단순하고 효과적인 방안은, 바로

6 파리의 스위스 문화 센터의 2001년 전시 「Matière d'art. Architecture contemporaine en Suisse – A Matter of Art. Contemporary Swiss Architecture」에서 전시되었던 시청각 자료에서의 표현이다.

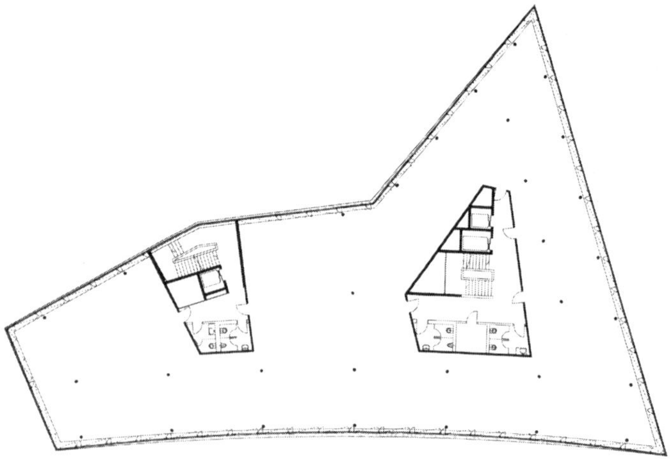

헤르조그 & 드 므론, 주상복합건물(1993-2000), 솔레르(Soleure). 2층 사무실 : 올오버(all over) 자유평면(plan libre).

기둥 중심점 위치를 위해 설정되는 올-오버(all-over) 격자이다. 이러한 격자는 단일한 형태적 특징과 상관관계를 갖는 유일한 방식이다.

이러한 문제의식 속에서 건물은 반드시 고유한 형태를 갖게 된다. 건물은 늘 자신에게 특별한 부지에 속하기 때문이다. 다시 맥락주의와 맥락적 형태에 대해 언급할 필요가 생긴다. 다만 여기서의 맥락주의는 유형학적 의미를 지니지 않는다. 즉, 이미 존재하는 기존의 건축적 장치들[로서의 유형]과, 새로 계획될 건물의 건축적 장치 사이에서의 명확한 관계를 설정하려 하지 않는다. 비스프 극장부터, 함께 언급했던 설계안들을 모두 포함해, 규칙적이고 기하학적으로 묘사가능한 형태에서 해방되어 비규칙적이고 묘사가 어려운 형태를 향해 나아가고 있다. 비규칙적 다면체의 평면적 구상(configurations planaires)에 의한 건물은 불확실한 모서리, 접힘, 곡선을 갖게 되며 인지적 궁금증을 자극시킨다.

1990년대 헤르조그 & 드 므론의 건물들은, 그 전체 형태가 모두 유사한 과정을 통해 귀결되어 정의된 것들이다. 그러나 각 건물은 개별적인 표현을 지닐 수 있다. 이는 맥락에 따라, 혹은 건물이 충족시켜야 할 제도적 프로그램, 또 심지어 그렇지 않은 평범한 프로그램의 경우에도 마찬가지이다. 어쨌든 모두 하나의 방법(une méthode)에 관련된다는 것은 분명하다. 즉 프로그램의 본성이—설계의 어떤 특정 변수에 영향 주지 않는다고 단정할 순 없더라도—최우선적인 영향을 주는 것은 아니라고 명확하게 말할 수 있다. 이러한 방법으로 도달된 결과적 형태(forme résultante)는 매번 유일하다. 다만 헤르조그 & 드 므론이 창조한 여러 [건축적] 고유성들이 간에 유사성이 있다는 것도 역설적이다. 고유성을 지닌 형태(la forme)는, 스스로를 찾아가는 과정 속에서 자신이 위치하는 대지와 분리 불가한 형상(une figure)이 된다는 것이다. 결국 형상은 어떤 특수한 집중력(une intensité specifique)을 얻게 된다.

접힌 외곽선과 "불순한" 프리즘

Contours pliés et prismes "impurs"

이렇게 얻어진 형태가 방정식의 합리적 해답처럼 보이지만, 저마다의 고유성으로 인해 빈번하게 조각적 특성을 드러내곤 한다. 2001년 프리츠커상을 수여받을 때, 헤르조그 & 드 므론은 그 당시 작품들의 조각적 특성을 부인하지 않았다. 이전 작품들이 주로 직육면체 형상[7]에만 의존했던 것과는 상반된 것이었다. 그러나 건축가는 "예술적" 태도(posture)를 도입한 것은 아니라고 밝혔다. 그들에 따르면 이러한 특성은 "고유한 예술적 행위(geste)의 결과가 아니라, 마치 이전에 그들이 형태적 표현들을 발전시켰을 때와 마찬가지처럼 어떤 개념적 전략(une stratégie conceptuelle)의 결과"[8]에 가까운 것이었다. 결국, 헤르조그 & 드 므론이 주장하는 전략은, 각 설계안마다 특수하며 어떤 스타일/양식(style)의 규칙에 종속되는 것은 아니라는 것이다. 이러한 전략은, 자신들이 설계해야 하는 작품 수가 가중되고 직원 수도 증가하고 있는 현실에 대해 반격하려는 하나의 방안일 수 있었다. 건축가에게는 "하나의 스타일을 강화하기보다는 각각의 새로운 설계안과 더불어 건축을 재발명할(réinventer l' architecturre) 자유를 제공하는 것이 바로 전략인 것이다."[9]

새로운 설계안은 저마다 고유하다. 동시에 다른 설계안들에서도 공유하는 다이어그램적 방법에 의해 진행된다. 이러한 방법은 그대로 명확하게 설명되는 것이 아니라, 설계 사례들의 분석에서 돌출되는 것이다. 이 방법은 어느 정도 "합리적"이다. 선험적(à priori) 형태로부터 시작하며, 내적 그리고 외적인 역학들로 하여금 그 형태로부터 객관성과 집중력을 지닌 어떤 형상(une figure)을 만들도록 한다.

도쿄의 프라다 아오야마 건물(Prada Aoyama, 2000-2003)과 함께 헤르조그 & 드 므론은 자신들의 다이어그램적 방법에, 나는 삼차원이라 일컫는 어떤 특징을 부여했다. 이전 건물들이 다면체를 기본으로 한 프리즘의 고체였다면, 도쿄에서는 프리즘의 표면들이 왕관을 형성하듯 감싸며 형태가 완성되었다. 건물은 수정체(crystal)를 닮게 되고, 모든 표면들은 연속적인 마름모꼴 그물망으로 입혀졌다. 다듬어진 건물 볼륨은, 건축가의 말에 따르면, 법적으로 준수해야 하는 규정된 도시 프로필을 따르고 있었다. 그들은 "사선제한을 디자인 지침(*Take zoing as a design guideline*)으로 삼기"로 설명했다. 마치 절대적 합리성에 의한 자동적 프로세스를 의미하는 것과 같았다. "사선제한 법규가 정의한 건물은, 형태를 좇아 구축했다기보다 형태 문제 자체를 망각한 채 [저절로] 창조된 것이다"[11].

헤르조그 & 드 므론, 프라다 아오야마 건물 (2000-2003), 도쿄.

7 이 주제와 관련해서 본 책 131-132쪽 참조.
8 Jacques Herzog & Pierre de Meuron, 「The Pritzker Prize 2001」 (2001년 5월 7일), in 『*A+U*』, 특별호 「Herzog & de Meuron, 1978-2002」, 2002년 2월호, 10쪽.
9 Ibidem.
10 『*Herzog & de Meuron. Prada Aoyama Tokyo*』, Milan, 2003, 88-89쪽.
11 Ibidem, 70쪽.

밀레 & 마란타, 가르발드 빌라 증축 (2001-2004), 카스타세냐(Castasegna). 고트프리드 젬퍼에 의해 설계된 빌라 (아래)와 독립적인 레지던스 증축(위).

프라다 아오야마 건물 평면의 외곽선이, 글의 초반부터 언급되었고 본 주제의 프로토타입 역할을 하고 있는 비스프 극장 평면의 외곽선을 연상시킨다는 점을 주목하자. 비스프처럼 도쿄에서도 "단순" 각도로는 묘사 불가한 비규칙적 오각형이다. 비슷한 오각형 구상을, 밀레(Quintus Miller, 1961) & 마란타(Paola Maranta, 1959)의 가르발드 빌라(villa Garbald) 증축 설계안에서도 우리는 발견할 수 있다. 카스타세냐(Castasegna)에 위치하며 과거 젬퍼(Gottfried Semper, 1803-1879)에 의해 지어졌던 가르발드 빌라를 증축한 설계안은 평면 형상이 빌라 뒤 정원 외벽 일부와 거의 유사한 형태로 변환(homothétique)된다. 증축안은 비규칙적 부지 모퉁이에 위치하며, 마을 건물들과 흡사한 작은 타워 형상이다. 긁어낸 콘크리트는 빌라 부지를 둘러싸고 있는 크레피 벽들의 거친 물성을 재현한다.

내가 밀레 & 마란타의 작품을 언급하는 이유는 그들에게서 비규칙적 다면체 평면이 빈번하게 발견되기 때문이다. 이러한 평면 유형은 건축 오브제가 단일석(monolithique)이 될 수 있는 자율성을 부여한다. 그러나 "접힌 외곽선(contours pliés)"[12]의 형태, '찾아가는 형태' 는 자리잡고 있는 땅의 맥락적 요소들과 공명한다. 그 결과 형태들은 의심할 여지 없이 픽처레스크(pittoresque)적 측면을 띤다. 단순 기하학적 규칙의 고체(solid) 형태와는 다른 것이다. 독특한 형태를 이해하기 위해서는 그 "주변을 돌며(faire le tour)" 다양한 지점에서 바라볼 필요가 있다. 그럼에도 불구하고 각 면들의 상호 관계는 기하학적 비규칙성으로 인해 항상 모호하다.

이러한 형태적 접근은 1950년대의 특정 작품들을 환기시킨다. 물론 언급될 사례들은 자율성을 의도치 않았고 "다른" 종류의 모더니즘에 속한 것으로 주목받았다. 이그나지오 가르델라(Ignazio Gardella, 1905-1999)가

오른쪽 페이지 :
비규칙적 오각형 평면들 :
1 헤르조그 & 드 므론, 극장 설계안 (1984), 비스프(Visp) ;
2 헤르조그 & 드 므론, 프라다 아오야마 건물 (2000-2003), 도쿄(Tokyo) ;
3 밀레 & 마란타, 가르발드 빌라 증축안 (2001-2004), 카스테세냐 (Castasegna) ;
4 설기슨 & 베이츠, 학교 증축안 (2001-2003), 포톤(Potton), 베드포셔 (Bedforshire) ;
5 OMA - 렘 콜하스, 카사 다 뮤지카 (1999-2004), 포르토(Porto) ;
6 페터 줌토르, 브루더 클라우스 (Bruder Klaus) 교회 (2001-2007), 바센도르프(Wachendorf)

12 나는 이러한 표현을 다음의 저서에서 사용하였다: Jacques Lucan (dir.), 『*Matière d'art. Architecture contemporaine en Suisse - A Matter of Art. Contemporary Swiss Architecture*』, Bâle, 2001, 130-131쪽. "접힌 외곽선(contours pliés)" 은 그렉 린(Greg Lynn) 등과 같은 '접힘(folding)' 의 추종자들이 발전시켰던 문제의식과는 개념적 차이가 있다. 이와 관련해서 본 책 92-97쪽 참조.

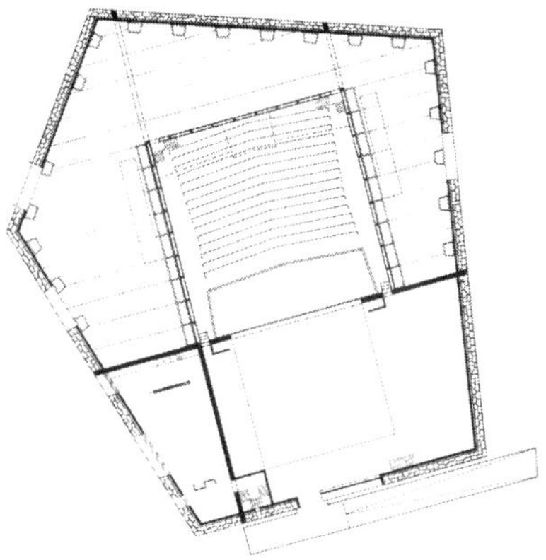
1

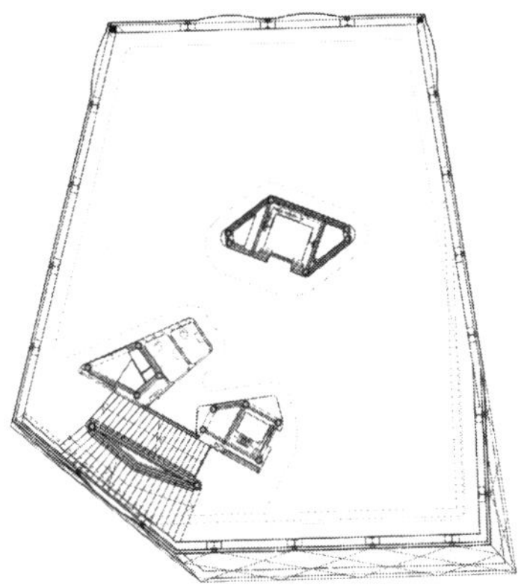
2

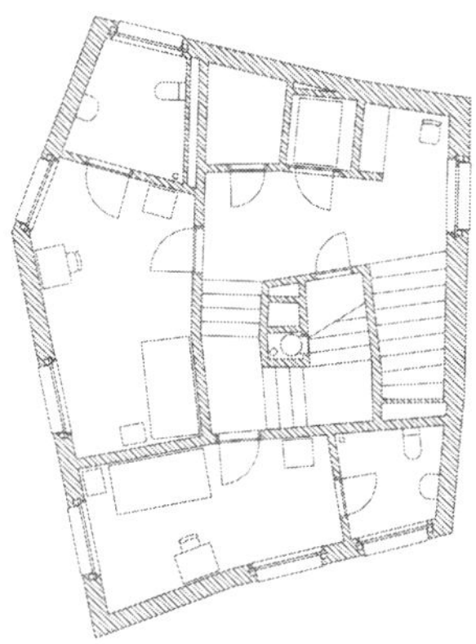
3

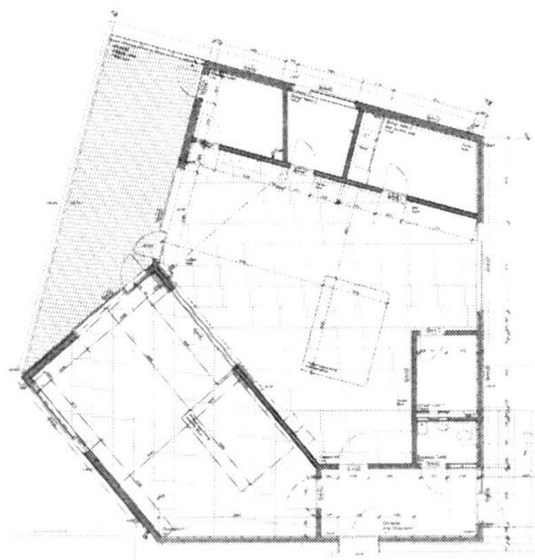
4

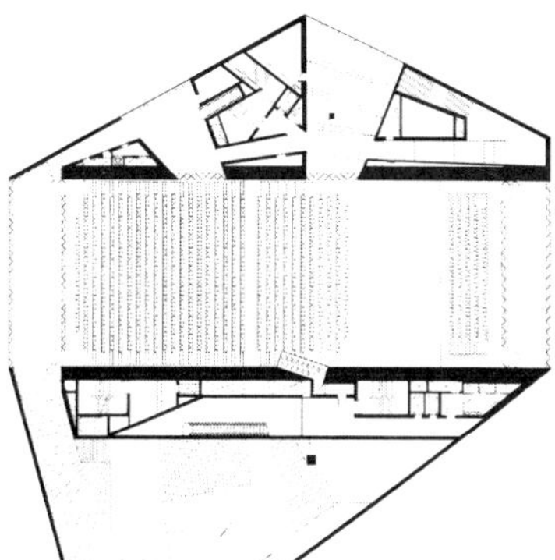
5

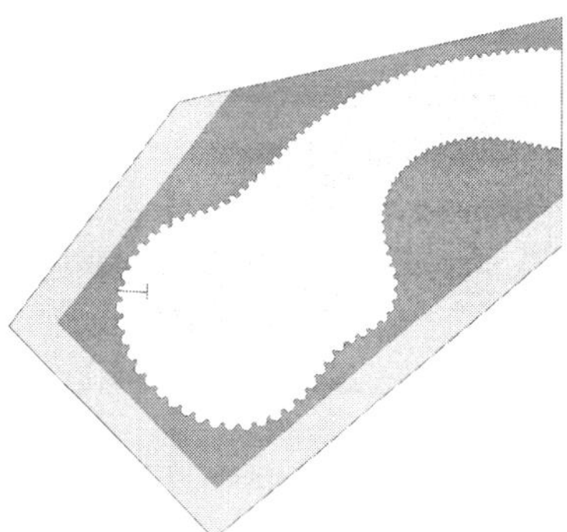
6

설계한 보르살리노(Borsalino) 직원 아파트(1950-1952) ; 호세프 안토니 코데르치(Josep Antoni Coderch i Sentmenat, 1913-1984)의 바르셀로나 집합주택(1952-1954) ; 지오 폰티(Gio Ponti, 1891-1979)의 밀라노 피렐리 타워(la tour Pirelli, 1956-1961)등이 그런 사례들인데, 모두 접힌 외곽선으로 건물 형태에 미묘함과 집중도를 부여했다. 자율적 건축 오브제는 아니지만 다면체인, 헤르조그 & 드 므론의 플라이우드[합판] 주택이나 헤벨슈트라스 집합주택의 원조인 것처럼도 보여진다.

설기슨 & 베이츠(Sergison & Bates)는 베드퍼셜(Bedfordshire)의 학교 세개동 증축을 통해 "미래의 교실(Classrooms of the Future)"을 설계했다. 이 때 그들은 비규칙적인 오각형 형태의 구상을 선택했다. 그 표면들은 특정 방향을 따랐다. "건물 표면(facette)의 형태들은 각 방향을 향해 존재하는 것들과 나란히 선을 맞추며 시각적으로 풍경을 연결시킨다."[13] 카루소 & 세인트 존(Caruso & St John)은 과거 데니스 라드선(Denys Ladsun, 1914-2001)이 지었던 런던 홀필드(Hallfield) 학교에 두 동의 교실 건물들(2001-2005)을 추가했다. 조금씩 가변되는 정사각형 구상을 통해 기존의 주변 건물들과 방향이 살짝 틀어지도록 설계했다.

직각을 피하는 것이 비규칙적 다면체를 그리도록 하는 방법일 때—르 코르뷔지에의 "순수한 프리즘(prisme pur)"이 가르슈의 슈텡 주택(villa Stein, Garches, 1926-1928)같은 직육면체였던 것을 고려한다면—그것은 정사각형이나 직사각형을 벗어난 "불순한(impur)" 프리즘을 만드는 것이기도 하다. 최근 설계작들 가운데 가변(déformation)의 건축적 노선을 따르는 것들이 빈번하다. 올지아티(Olgiati)의 파스펠스 학교(Paspels, 1996-1998)[14], 준야 이시가미(Junya Ishigami, 1974)의 가나자와(Kanagawa) 공대 워크샵 (2006-2008)[15], 프란시스코(Francisco, 1964) & 마누엘(Manuel, 1963) 아이레스 마테우스(Aires Mateus)의 여러 실현작들이 그런 사례이다. 가변의 이유들이 반드시 맥락적인 것은 아니다. 다만 가변은, '찾아가는 형태'와 같은 방식으로, 부정확하고 때로는 잘못된(maladroite) 것으로도 보이는 어떤 형상을 그리려는 목표에 부합한다. 이런 형상은 건물의 존재를 불편한 것처럼 만들며, 그 때문에 "더 가까이 다가가 관찰하도록"[16] 부추킨다.

형태적 고유성의 추구는, 1990년대 말경의 헤르조그 & 드 므론과 콜하스의 공통점인 것처럼 보인다. 이전의 OMA는, 큐브 형태로 그 내부에 품은 장치들이 복합적인 작품들만을 설계했다. 프랑스 국립 도서관, 파리 쥬시유 도서관, 칼스루헤 예술 미디어 센터, 베를린 네덜란드 대사관이 그러했다. 콜하스에게 이 설계안들은 과거의 해체주의(déconstructivisme)와 파편화기법(fragmentations)으로부터 탈피하기 위한 것이었다. "혼란스럽거나 불안정할 수도 있으나, 하나의 유일 개체로 남아있는, (새로운) 전

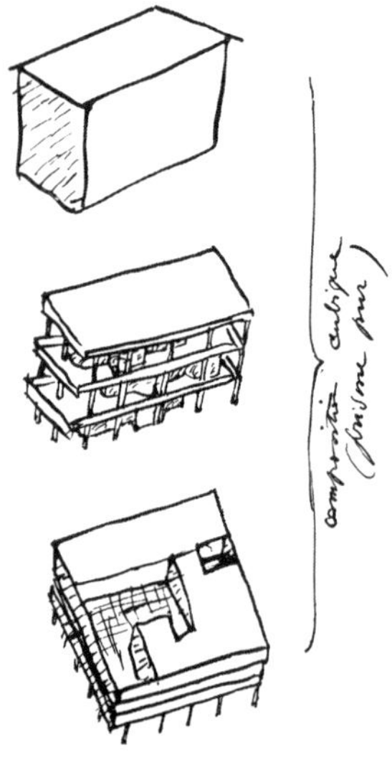

르 코르뷔지에, "큐브 구성 (순수한 프리즘)". 이미지 발췌 : "4 구성 (Les 4 compositions)" in 『*Le Corbusier et Pierre Jeanneret, Œuvre complète 1910-1929, 1929*』, 189쪽.

13 2014년의 묘사: http ://www.sergisonbates.co.uk/.
14 본 책 80쪽 참조.
15 본 책 224-225쪽 참조.
16 인지(perception)의 문제에 대해, 본 책 137쪽 참조.

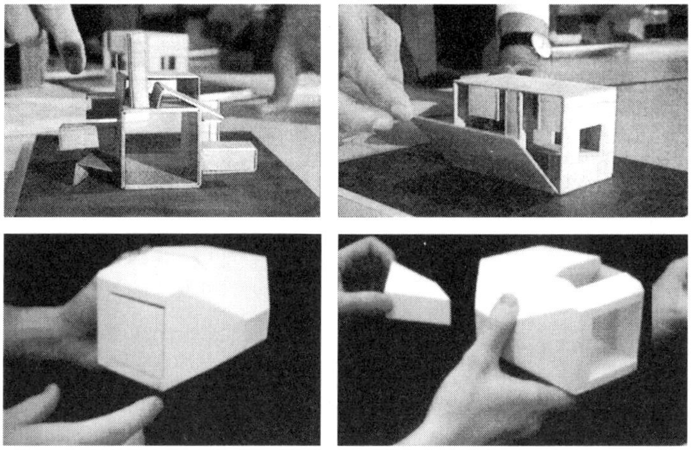

OMA-렘 콜하스, Y2K 주택 설계안 (1998), 로테르담(Rotterdam). 주택 설계의 세 단계. 이미지 발췌 : 『A+U』, 특별호 "OMA@work.a+u", 2000년 5월.

체의 구축"[17]에 부합하는 작품들이었다.

1998년 Y2K주택을 설계하며, 콜하스는 비규칙적이고 거칠게 다듬어진 조각적 형태의 문제에 직면하게 되었다. 주택 형태는 앞서 두 단계를 거쳐 도달한 결론이었다. 그 과정 중에 변함이 없었던 공통의 설계 목표는, 가족 전체가 모이는 주공간인 거실 주변에 부엌, 침실, 욕실 등의 기능적 방들을 배치시키는 것이었다. 거실은 직육면체 보이드(void)였고 주택 전체를 관통하며 외부 전망을 가져야 했다. 첫 번째 단계의 장치(dispositif)는 직육면체 보이드 주위로 무질서하게 방들을 응집시킨 것이었다. 두 번째 장치는 '서비스 주는 공간(servant spaces)'에 비할 수 있는데, 보이드 주변을 감싸는 일정 두께의 외피 내부에 응집된 방들을 집어넣는 것이었다. "최종(final)" 장치는 다시 첫 단계로 돌아가되 어떤 비규칙적 볼륨, 다면체 단일석(monolithe polyédrique)을 형성하도록 전체를 포장해 감싸는 것이었다. 이에 대해 콜하스는, 주택이 여러 작용들(opérations)을 통해 내부가 파여지거나(creuser) 굴삭된(excaver) 고체/솔리드(solide)처럼 되었다고 말했다. 마지막 단계의 장치를 위해 다수의 모형들이 제작되었는데, 모두 동일 원칙, 즉 동일한 다이어그램에 충실한 것이었다. 그러나 주택의 최종 장치는 전혀 다른 설계안의 다이어그램이 되는 것으로 끝맺는다. 바로 포르토(Porto)의 음악당, 카사 다 뮤지카(Casa da Musica, 1999-2004)였다. 이제 주택의 거실은 음악당 대극장으로 대체되게 되었다. 대극장도 비규칙적이면서 단일한 솔리드 내부를 굴삭해 발생시킨 빈 허공(voide)과 같았다. 여기서도 우리는 "1909년 정리"에서 라빌레트 공원 평면이 전환되었던 것과 같은 식의 변종(déclinaison)을 마주하게 된다.

건축전문지 『A+U』에 실린 카사 다 뮤지카의 "굴삭된 공간들(espaces excavés)을 보여주는 다이어그램"[18] 삽화 설명문에서 콜하스는, 칸(Kahn)이

OMA-렘 콜하스, Y2K 주택 설계안 (1998). 모형.

17 「A conversation between Rem Koolhaas and Sarah Whiting」, 『Assemblage』, no 40, 1999년 12월호, 49쪽.

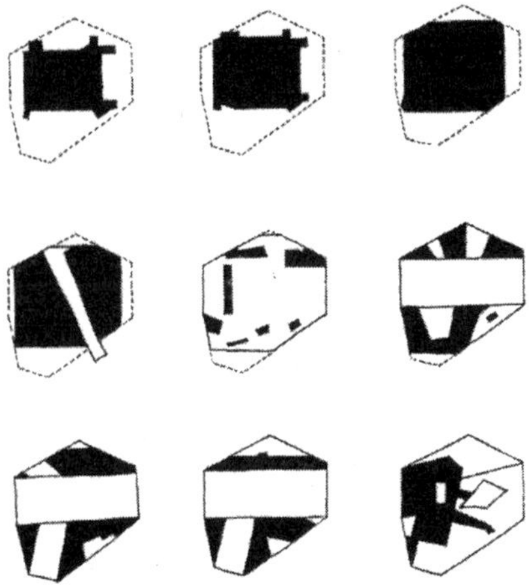

OMA-렘 콜하스, 카사 다 뮤지카 (1999-2004), 포르토(Porto), "굴삭된 공간을 보여주는 다이어그램". 이미지 발췌 : 『A+U』, 특별호 "OMA@work.a+u", 2000년 5월.

구분하는 개념인 '서비스 받는 공간'과 '서비스 주는 공간'을 내세웠다. 이 때 서비스 받는 공간은 프로그램상 중요 요소로 집단적 공간이었다. "굴삭되어 생성된 집단적 공간들과 함께, 수직연결/설비시설/서재/창고 같은 부차적 서비스 공간들로 프로그램을 양분하면서, 건물은 명확하면서도 불가사의해진다. 다어이그램은 건축적 모험이 되었다."[19] 이 모험 속에서 콜하스는 칸이 알고 있었던 오래된 지식을 되찾게 된다. "건축적 관점에서 처음으로 우리는 '포쉐(poché)'라 불렸던 것으로 작업하는 매혹적 상황에 직면했다."[20]

Y2K 주택의 실루엣과 공간적 장치를 포르토 음악당에 적용한 점에서도 사실 그렇고, 또 앞서 분석했던 헤르조그 & 드 므론의 설계안들의 형태와 비교할 때도 그렇듯, 음악당 형태는—보아비스타(Boavista) 정원 중심을 향해 건물이 바라보고 있다는 점을 제외하고는—맥락적이지 않다. 포르토 음악당은 평범한 건물이라기보다 "거주하는 조각(sculpture habitée)"에 가깝다. 음악당에서 발견되는 이러한 변화는, 뉴욕 아스토르 플레이스 호텔(Astor Place Hotel, 2000-2001) 설계를 계기로 헤르조그 & 드 므론과 OMA가 협력했던 시기에 정점에 달한 것은 아닐까? 비록 실현되지 못한 미완성의 기획였으나, 그런만큼 설계안의 고유한 형태는 더 거칠었고, 좀 불편할 수도 있으며, 확실히 원초적인(achaïque)[21] 것이었다…

OMA-렘 콜하스, 카사 다 뮤지카 (1999-2004), 포르토(Porto). 음악당 종단면도 속의 대극장.

이번 장에서 지금껏 설명했던 설계안들 모두는, 조각나지 않은 형태로 단일석, 다면체, 혹은 다면체적 판형(plaques)이었다. 단일석은 형태, 게슈

18 "Transformations" (1999년 6월 25일 앙베르(Anvers)에서의 강연 내용), 『A+U』, 특별호 "OMA@work.a+u", 2000년 5월호 (불어 버전: in 『AMC』, no 109, 2000년 9월호), 147쪽.

19 Ibidem.

20 Ibidem, 110쪽. 물론 우리는 이것이 과연 "처음(première)"이었는지 의문을 던질 수 있다. 이 주제와 관련해 다음을 읽을 것을 권한다: Jacques Lucan, 『*Composition, non-composition. Architecture et théories, XIXe-XXe siècles*』, Lausanne, 2009, 554-559쪽. 칸과 포쉐(poché)에 관해, 본 책 15쪽 참조.

21 아스톨 플레이스 호텔(Astor Place Hotel)에 관해, 본 책 188-190쪽 참조.

탈트(Gestalt)[역주5]로, 로버트 모리스(Robert Morris, 1931)의 글 「조각에 관한 소고(Notes on Sculpture)」[22]에서의 표현에 따라 "단일한 형태(unitary form)"로 즉각 읽혀진다. 또 다가갈수록 그 형태의 인지(perception)는 풍부해진다. 현상학적(phenomenologiques) 접근 혹은 경험을 주제로 다룰 때[23], 이를 다시 살펴볼 것이다.

어떤 형태의 단일성(unité)과 집중도(intensité)를 강화하기 위해서는 동질적인 단색(monochrome)의 외피를 부여하는 것이 그 방법이다. 이 때의 건축적 모놀리티즘(단일석-주의/monolithisme)는 회화적 모노크로미즘(단색-주의/monochromisme)과 거의 동등하다는 가정을 새롭게 던질 수 있다. 궁극적 완결로서 단일석이 단일공간(monospatial)을 갖는 것이다. 방들의 집합으로 형성된 건축에서는 단일성이 내부적으로 성취되기 어려운 것이기 때문이다. 모놀리티즘, 모노크로미티즘, 단일공간성(monospatialtié)… 이러한 3요소(trilogie)가, 많은 현대적 건축 개념들의 이상을 정의하는 것일까…?

모놀리티즘은, 그 당연한 결과로, 팽팽히 당겨진 형태 개념을 갖는다. 형태가 외부 압력을 수용하거나 내부 압력을 내포하고 있기 때문이다. 이 형태들은, 제1장에서 분석했던 설계안들과는 다른 논리인 어떤 집약적(intensive) 논리 안에 있다. 단일석의 형태는 스스로를 향해 응축되며 자신의 조각적 특성을 설명한다. 때로는 포르토 음악당처럼 맥락과 대립하는 기념비와 같다.

OMA-렘 콜하스, 카사 다 뮤지카(1999-2004), 포르토(Porto).

[역주5]: 독어표현. 시각적으로 인지되어 머릿속에서 그 전체가 재구축, 재현된 형상을 지칭하는 심리학적 개념이다.

다이어그램과 공간성

Diagramme et spatialité

이제까지 고려하지 않은 다른 다이어그램적 방식들도 존재할까? 지금 내가 분석하려는 두 가지 사례는 프로그램이나 맥락의 관점보다 공간적 문제의식과 관련된다.

아이레스 마테우스 형제 건축가로부터 시작하겠다. 그들의 많은 작품들 중에, 특히 대저택같은 설계안들에서는, 외부 볼륨과 내부 공간 사이의 대조가 두드러진다. 외부 볼륨은 단순하나 가변된 형상으로 발전하곤 하는 정사각형, 직사각형, 십자가, 팔각형 등을 기반 삼으며, 내부 공간은 방들의 복잡하고 연속적인 배치로 이루어진다. 아이레스 마테우스 형제는 "덜어내기에 의해(par soustraction)"[24] 작업한다고 밝힌다. 덜어내기는, 초기의 볼륨 속을 파내어 형성한 중정처럼, 열린 공간을 만든다. 이후에는 "두 번째 순서의 덜어내기(un second ordre de soustraction)"[25]가 진행되

22 Robert Morris, 「Notes on Sculpture」, 『*Art Forum*』, 1966년 2월과 10월 (불어 버전: in Claude Gintz (dir.), 『*Regards sur l'art américain des années soixante*』, Paris, Editions Territoires, 1979).
23 본 책 제5장 참조.
24 Manuel Aires Mateus, 『*Voids*』, Lisbonne, 2011, s.p.
25 Ibidem. 아이레스 마테우스(Aires Mateus) 형제에 대해, 본 책 176-177쪽도 참조할 것.

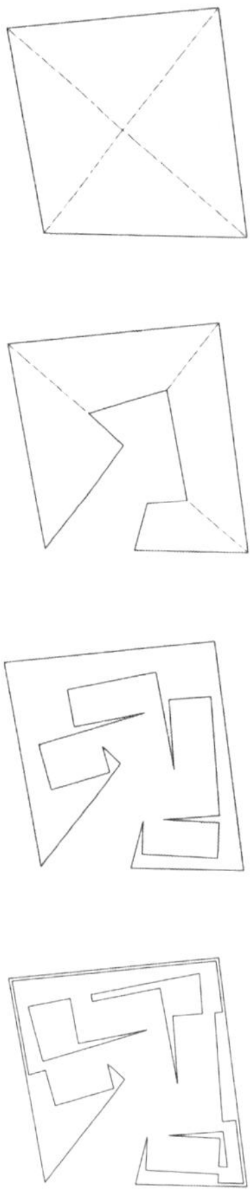

프란시스코 & 마누엘 아이레스 마테우스, 주택 (2007), 코루쉬(Coruche). 주택의 공간 형성의 덜어내기(soustraction) 다이어그램과 모형들.

며, 다양한 기하학에 따라 서로 연결된 방들을 만든다.

여기서 우리는 무엇때문에 다이어그램적 과정을 언급할 수 있을까? 이 작품들의 설계가 하나의 동일한 방법을 따르기 때문이다. 이 방법은 많은 배치들(agencements)을 생성하나, 그 배치들은—다시 들뢰즈[26]를 부연설명하듯—공간적 역학 관계와 관련한 하나의 동일 다이어그램을 따르고 있다.

두 번째 사례는 후지모토(Fujimoto)이다. 그에게 다이어그램은 필연적으로 단순한 이미지들로 "심지어 어린이도 그릴 수 있을 이미지들"[27]이었다. 이는 파리 보자르 학교에서 손바닥에다 그릴 수 있을 정도로 즉각 이해될 만한 "파르티(parti)"를 환기시킨다. 다이어그램을 확정짓는 것은, 다른 방식으로 실행가능한 여러 도식들의 경우의 수를 줄이는 방법이 될 것이다. 후지모토의 비유에 따르면, 다이어그램은 설계안을 지휘하기 위

26 본 책 30쪽.
27 Sou Fujimoto, "Primitive Future", 『2G』, no 50 ("Sou Fujimoto"), 2009, 139쪽.

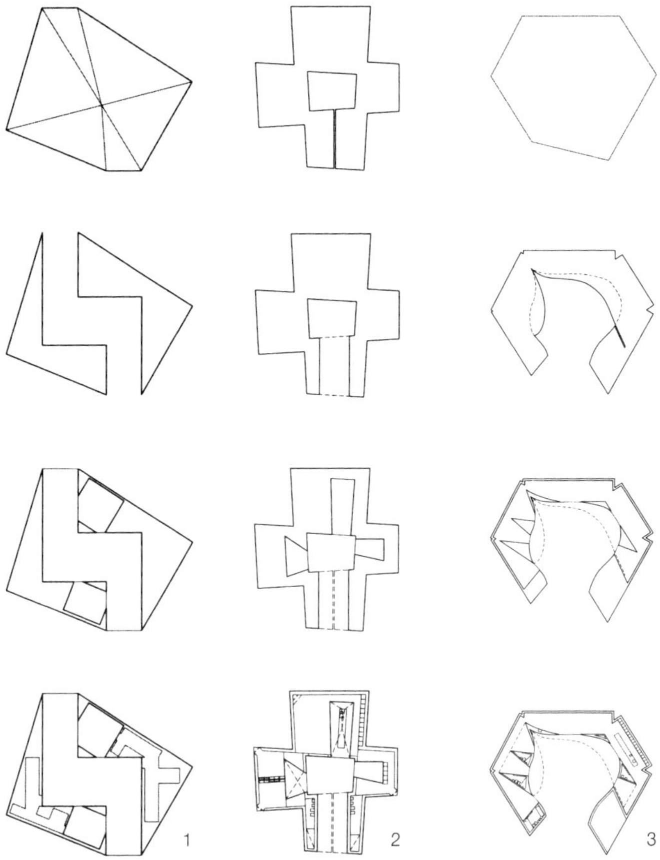

프란시스코 & 마누엘 아이레스 마테우스, 공간 형성의 덜어내기 다이어그램:
1. 주택 (2008), 몬테 카베이라(Monte Caveira) ;
2. 주택 (2010), 세라 도 칼데이라오 (Serra do Caldeirao) ;
3. 주택 (2008-2010), 아로에이라 (Aroeira).

한, 형상화된 "사고(idee)" 였다. 그는 말했다. "나무들의 다양성과 복합성에 놀라면서도 우리는 즉시 '어떤 나무'를 상상할 수 있으며, 간단한 크로키나 다이어그램으로 그려낼 수 있다." 28

그렇기에 후지모토는 다이어그램을 이용했다. 이론적 측면으로 건축[설계]을 시작하기 위해서, 그는 표를 먼저 만들었다. 바둑판 같은 24 칸 표29에는 파르테논, 콜로세움, 샤르트르 대성당의 다이어그램들, 그리고 르 코르뷔지에의 사라바이 주택(villa Sarabhai, 1951-1956), 칸의 피셔 주택(Fisher house, 1960-1967), 또 콤롱곤(Comlongon) 스코틀랜드 성의 다이어그램들도 들어있었다. 뿐만 아니라 자신의 초기 설계안들의 다이어그램들도 여럿 포함되어 있는데, 그가 거의 모든 설계안들을 진행하며 항상 다이어그램을 그려왔기 때문이었다. 수집한 다어이그램들은 격자같은 시스템이라기보다, 공간적 장치들을 생성시키는 형상들이었다. 어떤 다이

28 Ibidem.
29 Ibidem, 138쪽.

어그램은 다수의 설계안에 공통 적용되기도 했으며, 어떤 다이어그램은 단 하나의 설계안에 맞춘 특수한 것일 때도 있었다. 그러나 모든 다이어그램들은, 공간적 모호성일 수도 있는 공간적 상호반응(interactions)을 유발하려는 목적을 위해 존재했다.

무사시노(Musashino) 예술대 도서관(2007-2010)과 중국 오르도(Ordos)의 주택 설계안(2008)의 다이어그램은 나선형으로 연속적인 "벽" 형태를 취했다. 도서관은 책장으로만 이루어진 벽으로 형성되었고, 그 나선형 벽들은 "모든 내부성(intériorité)을 외부화하고, 모든 외부성(extériorité)을 내부화했다"[30]. 곳곳에서 시선이 책장을 관통하며, 그 연속성은 "구심적이고 원심적인 역학"[31] 관계 속에서 불연속성과 화합했다.

아오모리(Aomori) 미술관 현상설계안(2000), 아나카(Annaka)의 아트 포럼 현상설계(2003), 마에바시(Maebashi)의 T 주택(2005), 쉬바(Chiba)의 O 주택(2007)의 다이어그램은, 꺾이거나 휘어지며 스스로 닫혔거나 닫히려 하는 하나의 선(une ligne)이었다. 꺾임(brisure)과 휘어짐(courbure)도 "포쉐"를 생성시킨다. 그러나 [원래 포쉐의] 유일한 연속적 공간과는 달리, 여기저기 숨통이 트여진 포쉐였다. 이러한 논리를 따라 아나카 아트 포럼은 "다양한 사람들이 다양한 사건들의 일부가 되며, 연결되지 않았던 것들이 공존하고 서로 자극이 될 수 있는 어떤 장소, 고유한 공간이 사람들에 의해 공유되는 도시 광장(square urbain)처럼"[32] 되고자 했다. 여기서의 "도시 광장"은, Sanaa가 알메르 시립 극장에 적용했던 "실내의 공공 공원"을 연상시킨다. 다만 서로 다른 다이어그램, 공간적 방법[33]을 따르고 있을 뿐이다.

우리는 후지모토의 각 설계안을 택해서 다이어그램으로 "축소(réduire)" 시킬 수 있다. 물론 이것이 그 복합적 특성을 정당화시키는 것은 아니며, 이 부분은 다시 다루게 될 것이다[34]. 후지모토의 다이어그램은 모든 부분들의 관계를 조율하는 전방위적인 질서(ordre)를 수립하지 않는다. 다만 "불확실성(incertitude)과 무질서(désordre)를 품는"[35] 하나의 질서일 뿐이다. 그러므로 다이어그램은 강제적인 건축적 조성(disposition)으로 번역되지는 않는다.

이토는 다이어그램적 과정에 늘 관심이 많았다. 그는 후지모토에 대해 이렇게 말했다. "[후지모토는] 자연적 세계에서 사물들 사이의 관계들을 느끼며, 그것을 건축적 다이어그램으로 묘사하기를 갈구하는 것처럼 보인다"[36]. 후지모토가 작업을 발전시키는 원칙들에서, 특히 그가 설계안의 부분들을 잇는 관계의 본성에 주의기울인다는 사실에서, "그리드나 축에

오른쪽 페이지 : 소우 후지모토, "만달라(Mandala)". 이미지 발췌 : 『2G』, no 50 ("Sou Fujimoto"), 2009.

30 Ibidem, 92쪽.
31 Ibidem.
32 Sou Fujimoto, 『*Primitive Future*』, Tokyo, 2008, 46쪽.
33 알메르 시립극장에 대해서, 본 책 32-35쪽 참조할 것. "풍경(paysagères)" 문제에 대해 나는 본 책 제9장에서 다룰 것이다.
34 본 책 173-176쪽 참조.
35 도요 이토에 의해 인용: Toyo Ito, 「Casting off "Weak Architecture"」, in Sou Fujimoto, 『*Primitive Future*』, Tokyo, 2010, 9쪽.
36 Toyo Ito, 「Casting off "Weak Architecture"」, op. cit., 10쪽.

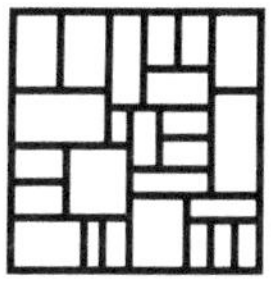
seidai hospital 1998

Jomon House, long ago

aomori museum 2000

Goldberg Variations
J.S.Bach 1742

m-hospital day care house 2000

n house 2001

Cathedrale Chartres 1250

seidai hospital work house 1996

m-hospital group home 2003

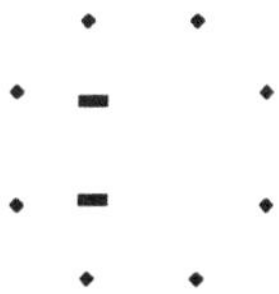
New National Gallery, Berlin
Mies van der Rohe 1968

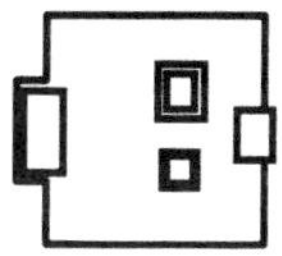
Horyuji Temple

tomihiro museum 2002

Comlongan Castle, Scotland

ora 2002

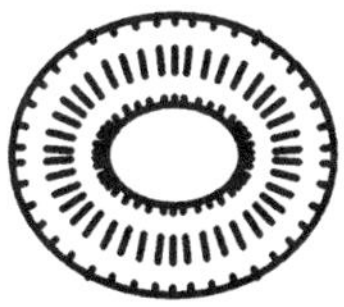
Colosseum, Roma 80

m-hospital work house 2003

m-hospital day care house 2003

j-project 2003

Villa Sarabhai
le Corbusier 1955

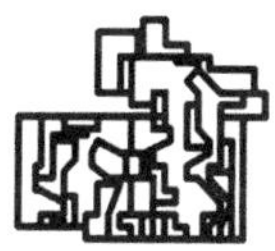
n house 2001

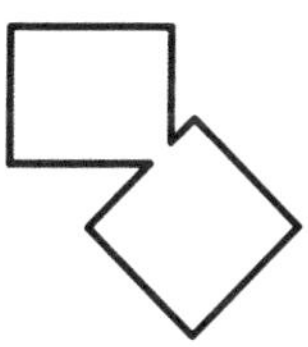
Fisher House, Louis.I.Kahn 1967

m-hospital 1997

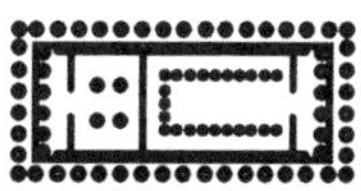
Parthenon B.C.450

onishi 2003

소우 후지모토, 소용돌이 형상의 다이어그램들 : 1. 주택 설계안 (2008), 오르도스(Ordos), 중국 ; 2. 무사시노 예술대학 도서관 (2007-2010).

따라 의도적으로 모든 것을 확정짓던 구성적 규칙(règle compositionnelle)에 대한 안티테제(반제/anthithèse)"[37]가 있음을 이토는 읽어냈다. 다이어그램은, 부분들 사이의 관계에 있어 위상학(topologie)과 관련된 복합성을 부여한다. 후지모토에 따르면, 이는 열린 위상학(topologie ouverte)이었다. "[…] 다이어그램은, 어떤 상황을 제어하기보다는 제어되지 않는 많은 사물들을 수용하려는 어떤 구조틀의 이미지처럼 묘사될 수 있다."[38]

제1장과 제2장에서 보았던 건축가들에게 다이어그램을 정의하는 것은, 작품 설계의 첫 단계였다. 다이어그램은 단순하고 이해될 수 있어야 하며, 일반적으로 작품 설계 전반에 걸쳐 작용되는 일관성(cohérence)을 지닌다. 그러므로 다이어그램은 조직도(organigramme)가 아니다. 비록 조직화에 결정적이라 하더라도, 기능들의 조직 자체에 우선 목표를 두지 않는다. 다이어그램은 어떤 생각의 "번역(traduction)" 이다.

다이어그램은 유형(type)이 아니다. 만일 설계 과정 속에 어떤 유형이 다시 채택된다면, 그것은 이미 설정된 것으로 향하는 폐쇄적 운영자(opérateur de fermeture)가 되려는 경향이 있다. 이러한 경향을 고려할 때, 만일 유형이 다이어그램으로 된다면, 그 순간 변형되어 초기 모습으로부터 멀어지게 되는 현상을 피하기 어렵다. 왜냐하면, 다이어그램은 배치(agencements)가 다중적일 수 있는 것을 우선시하는 개방적 운영자(opérateur d'ouverture)이기 때문이다.

어떤 다이어그램은 하나의 장치가 이루는 조화, 즉―콜하스나 Sanaa의 경우가 그러했던 것처럼―프로그램과 그에 맞추어 제안된 구조틀(structure) 사이의 적합성(adéquation)을 발견하도록 도와준다. 이 구조틀은 오늘날 더이상 필요치 않은 장치들에게 어떤 대안을 제공해야 한다. 그러므로 그 다이어그램은 프로그램적, 혹은 '구조적(*structurel*)' 이라 이름붙일 수 있다.

어떤 다이어그램은―헤르조그 & 드 므론의 경우처럼 일반적으로는 도시적인―환경에 적합한 형상을 찾을 때, 일련의 단계적 실행들(opera-

37 Ibidem, 9쪽.
38 Sou Fujimoto, 「Primitive Future」, op. cit., 139쪽.

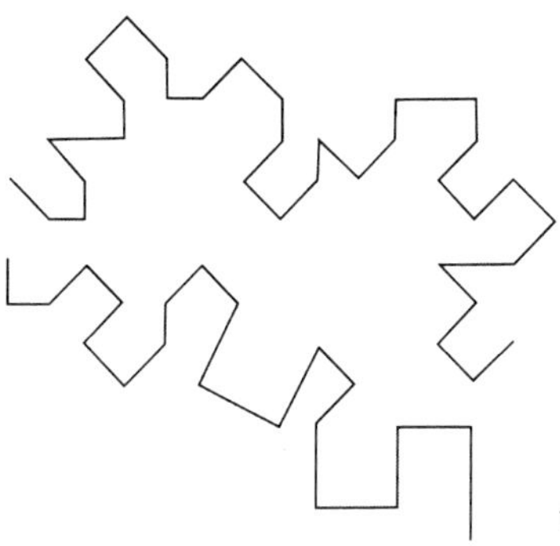
1

2

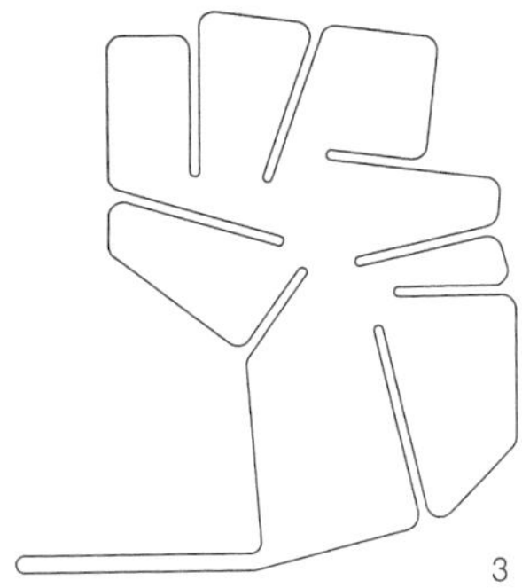
3

소우 후지모토, 소용돌이 형상의 다이어그램들 :
1. 미술관 (2000), 아오모리(Aomori) ;
2. 아트 포럼 (2003), 아나카(Annaka) ;
3. T 주택 (2005), 마애바시(Maebashi).

tions)을 제어(réguler)하기 위해 이용될 수 있다. 그러므로 그 다이어그램은 '맥락적(*contextuel*)' 이라 이름붙일 수 있다.

어떤 다이어그램은—후지모토의 경우처럼—공간적 특성이 해당 프로그램을 상대로 원초적(primordiale)이라 할 수 있는 장치를 정의하도록 돕는다. 그러므로 그 다이어그램은 '공간적(*spatial*)' 이라 이름붙일 수 있다.

구조적이든, 맥락적이든 혹은 공간적이든, 이 다이어그램들이 상호 교차하거나 중복되는 것이 불가능한 것은 아니다. 예를 들어 구조적 다이어그램들은, 형상의 도움 없이, 특수한 공간적 특성을 유도한다. 맥락적 다이어그램들은 프로그램적 또는 심지어 공간적인 문제들로부터 쉽게 분리될 수 있다. 그러나 형상을 정의하고자 하는 필요성으로부터는 그렇지 못하다. 여기서의 구분은 다이어그램적 문제의식들을 꿰뚫는 긴장감들을 강조하는 것이다. 그리고 표현과 설계의 중요 수단으로 컴퓨터를 주목하게 될 때에는, 이 문제의식들이 또 다른 지평의 주제들을 이끌게 될 것이다.[39]

다이어그램이 설계안의 장점을 창출하는 유일한 것으로 볼 수는 없다. 그렇지 않다면 작품이 단지 도식의 실현일 뿐이라 폄하될 우려가 있다. 건물의 "존재감(présence)"을 정의하기 위해서는 보충적 변수들도 중요해진다. 특히 구축적이고 재료적인 변수들이 그런 사례로, 다이어그램적 선택 사항들과 조화롭거나 적합해야만 한다. 이 때문에, 다른 관점에서—특히 현상학적(phénoménologique) 관점에서—앞서 언급했던 건축가들의 몇몇 실현작들을 우리는 다시 마주하게 될 것이다. 같은 이유로 후지모토는, T 주택 다이어그램이 명확함을 강조하면서도 그 자체로는 충분치 않다고 말했다. 그에게 건축적 실현이란 "단순한 다이어그램으로 요약될 수 없으며, 다만 기억 상태로 남아있는 어떤 풍경(landscape)처럼 그 모습이 서서히 드러나도록"[40] 하는 것이었다.

39 본 책 제4장을 볼 것.
40 「Conversation between Ryue Nishizawa and Sou Fujimoto」, 『*El Croquis*』, no 151 ("Sou Fujimoto 2003-2010"), 2010, 7쪽. 풍경(paysage)의 문제에 관해, 본 책 제9장을 참조할 것.

상호의존성
Interdépendances

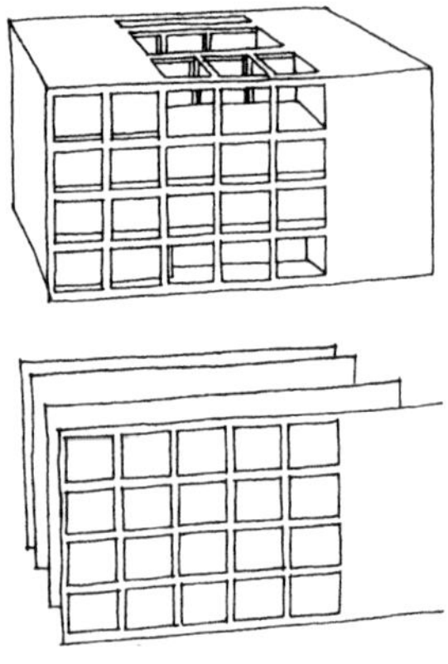

피터 아이젠만의 형태 다이어그램 : 쥐세페 테라니의 코모 파시스트 전당(Casa del Fascio). 이미지 발췌 Peter Eisenman, 『The Formal Basis of Modern Architecture』 (1963), 2006.

[역주1]: 로버트 벤츄리는 건축을 '장식된 창고(Decorated Shed)' 와 '오리(Duck)' 의 두 가지 유형으로 구분했다. 관련해 Robert Venturi […], 『Learning from Las Vegas』, 1972 참조할 것.

[역주2]: 알도 로시는 1972-1974년 취리히 연방 공대(ETHZ)에서 초청교수로 가르쳤다. 당시 학생들은 이후 역량 있는 스위스 건축가들로 성장했고 그들은 로시의 영향이 적지 않았음을 숨기지 않았다. 그 중 헤르조그 & 드 므론도 포함되어 있었는데, 자크 헤르조그는 1997년 사망한 로시의 오마쥬로 그 해 건축전문지 『L'architecture d'aujourd'hui』에 인터뷰 글을 실었다. 헤르조그는 학생시절에 로시와 함께 밀라노를 함께 답사했고 로시의 건물들을 처음 맞닥뜨렸을 때의 충격을 묘사했다. 건물의 검소하고 심지어 보잘 것 없는 구축이 사실은 의도된 것이었다고 느꼈음을 밝혔다. 관련해 Jacques Herzog, 「Rossi, le passeur」, 『L'architecture d'aujourd'hui』, no 313, 1997년 10월호 참조할 것.

앞의 두 장에서 다룬 다이어그램적(diagrammatiques) 문제의식에 대한 강조는 그 다음 단계로서 구축적(constructives) 문제의식으로 이어진다. 건축의 역사에서 구축적 선택은 건축 표현을 위해 결정적인 것으로 작용하곤 했다. 그러나 최근에는 그렇지 않은 몇몇 에피소드들도 등장했다. 1970년대의 핵심적 선구자들 가운데 대표적 인물이었던 벤츄리(Venturi)와 로시는(Rossi) 다른 이슈들에 매진했다. 벤츄리는 "장식된 창고(hangar décoré)" [역주1]를 선호한다고 표명하며, 구축적 문제를 축출해 해결하는 방법으로 삼았다. 창고는, 창고라는 존재는, 구축적으로 반드시 평범(banal)하고 "관례적인(conventionnel)" 것이다. 또 로시의 글 덕분에 무관심했던 현상을 깨달을 수 있었다고 인정하던 사람들조차, 건축가가 실현한 건물들의 구축 수준에 실망감을 품곤 했다. 예를 들어, 그에게 잠시 가르침 받았던 취리히의 제자들도 마찬가지[역주 2]였다.

다른 건축가들도 언급될 수 있는데, 그들에게는 건축 형태에 관한 문제가 기술적, 구축적 선택에 종속되지 않았다. 예를 들어 피터 아이젠만(Peter Eisenman, 1932)은 자신의 박사 논문 『근대 건축의 형태적 기본 (*The Formal Basis of Modern Architecture*)』[1]에서 르 코르뷔지에 & 피에르 잔네레(Pierre Jeanneret, 1896-1967), 프랭크 로이드 라이트(Frank Lloyd Wright, 1867-1959), 알바 알토(Alvar Aalto, 1898-1976)와 쥐세페 테라니(Giuseppe Terragni, 1904-1943)의 작품들로부터 일명 "형태적 체계(*systemes formels*)"를 분석했으며 이 건축가들이 구축이나 기능에 지배당하지 않았다고 명시했다. 주택 I (1967)부터 주택 X (1975-1978)까지 초기 아이젠만의 주택 시리즈들은 형태적 체계의 추구를 그대로 보여주었다.

그럼에도 구축에 기반한 건축적 표현의 실현작들이 1970-80년대에 유독 두드러졌던 것도 사실이다. 특히 다음 세 건물들이 대표적이었는데, 렌조 피아노(Renzo Piano, 1937) & 리차드 로저스(Richard Rogers, 1933)의 파리의 조오지 퐁피두(Georges Pompidou) 센터(1971-1977), 로저스의 런던 로이드(Lloyd) 은행(1978-1986), 마지막으로 노먼 포스터(Norman Foster, 1935)의 홍콩상하이 은행은 전례 없던 기술 수단을 적극 사용했고, 때로는 아키그램(Archigram)과 레이너 밴함(Reyner Banham, 1922-1988)을 위시해 여러 메가

1 Peter Eisenman, 『The Formal Basis of Modern Architecture』, Baden, 2006 (캠브리지 대학 트리니티 칼리지의 1963년 박사논문의 재출판). 논문의 일부 요소들은 다음처럼 건축 잡지에 게재 출판된 바 있다: 「Towards an Understanding of Form in Architecture」, 『Architectural Design』, no 10, 1963년 10월.

좌 : 렌조 피아노 & 리차드 로저스, 퐁피두 센터(1971-1977), 파리. 공사 중 건물 사진.

아래: 노먼 포스터, 홍콩상하이 은행(1979-1986), 홍콩. 은행 내부 사진.

스트럭쳐 건축가들이 매료되었던 산업 오브제들, 정유 공장, 원유 채취장 등과 비교될 만큼 도발적이었다. 이 건물들은 건축의 표현에 있어 골조(ossature)의 표현이 본질적이라는 태도에 충실했다. 13세기의 건축을 분석했던 비올레-르-뒤크(Eugéne Viollet-le-Duc, 1814-1879)의 경우 같은, 과거의 구조적 표현주의(expressionnisme structurel)를 계승하고 있는 것이다.

우리는 어느 순간 다시 구축을 향해 되돌아보아야 하는 것은 아닐까? 물론 [방금 언급했던 세 건물의 사례 같은] 하이테크 표현주의를 벗어나는 새로운 구축에 한해서 말이다.

나는 서로 정반대라기보다 의심할 여지없이 상호보완적인 두 가지 길을 가정한다. 하나의 길은, 건물의 모든 요소들이 상호의존성(interdépendance)을 이루기를 추구하며, 섬유조직(texture)과 동등한 건축을 만드는 설계를 지향한다. 다른 길은, 유기적인 것(l'organique)을 새롭게 설계하는 가능성을 탐구하는 것으로, 이 경우 특히 컴퓨터는 계획안을 묘사적으로 표현(description)하는 수단 이상의 것이 된다.

제3장

섬유조직적

Texturique

건축은 반드시 구축(construction)과 연관된다. 이를 외면했던 에피소드들은 드물었고, 그렇지 않더라도 결국은 일시적이었다. 건축은 구축과 분리될 수 없는 것이다. 특히 건축이 "체계(systémes)" 의 발전이라고 생각하는 순간부터 더욱 그렇다. 이러한 관점에서 어떤 "건축의 체계"는 하나의 문명, 시대에 부합한다. 그리고 문명과 시대는 특정 기술에 최적화되고, 이용 가능한 재료들과 관계 맺는다[1]. 하나의 체계는, 내재적으로, 서로 구분되는 요소들의 구축적 관계로 형성되어 특징적 전체를 만들어낸다. 오귀스트 슈와지(Auguste Choisy, 1841-1909)가 그러했다. 『로마의 구축예술(*L'Art de bâtir chez les Romains*)』(1873), 『비잔틴의 구축예술(*L'Art de bâtir chez les Byzantins*)』 (1883), 『이집트의 구축예술(*L'Art de bâtir chez les Egyptiens*)』 (1904) 그리고 그 유명한 『건축의 역사(*Histoire de l'architecture*)』 (1899)에 이르기까지 그는 "구축 예술들(arts de bâtir)" 의 시리즈를 출판하며 이러한 개념을 완성시키려 했다.

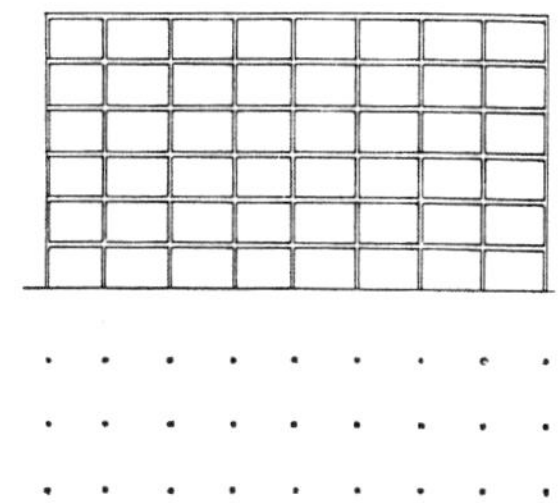

르 코르뷔지에, 「Calendrier d' architecture – Les architectures de l' histoire(건축의 일정표 – 역사의 건축들)」: "Les Temps modernes (le ciment arme) (근대 시대 : 철근 콘크리트)". 이미지 발췌 : 『*Almanach d'architecture moderne*』, 1926.

르 코르뷔지에의 저서 『근대 건축 연감(*Almanach d'architecture moderne*)』은 자신의 건축 어휘들의 기초를 세우는 순간이었다. 이 때, 그는 슈와지의 개념을 자신의 것으로 삼았다. 『건축의 역사』 속의 여러 이미지들을 취하며 "역사 속 다양한 건축[양식]들로 귀결되었던 순수 체계들(systèmes purs)" [2]을 시각화하고자 했던 것이다. 이 체계들의 순차적 단계는 "철근 시멘트[콘크리트] (ciment armé)" 로 된 하나의 순수한 골조(une ossature pure)로 종결된다. 이 골조 이미지는 기둥들의 격자에 의해 떠받쳐진 바닥판들(planchers)로 이루어져 있어, 우리가 익히 알고 있는 "돔-이노 골조(l'ossature Dom-ino)" 를 거대한 크기로 체계화한 것처럼 보였다.

르 코르뷔지에는 2차 세계대전 이후 건물을 형성하는 요소들 사이의 "섬유조직적(texturiques)" 관계에 대한 생각을 발전시켰다. 물론 섬유 조직적으로 분류될 수 있는 것이 엄격한 의미의(stricto sensu) 구축과 직결되는 것은 아니었다. 이것은 『르 모듈로르(*Le Modulor*)』 (1950)[역주1]를 통해 이해될 수 있다. 다시 말해, 요소들의 치수를 정하는 방법이나, 건물내 각기 다른 치수들 사이의 조화를 만들어내기 위해 조율된 척도와 관련된 개념이었다. 그러나 내가 제시하려는 가정에서 섬유조직적인(texturique) 것이란, 형태적이고 구체적인 관계들을 설계하는 방식이며 건물을 형성하는 요소들의 관계를 삼차원 공간 속에서 규정하는 "다른 체계(autre système)" 를 의미한다.

[역주1]: Modulor는 일반적으로 국내에서 '모듈러' 로 읽혀져 통용되어왔다. 다만 의미가 전혀 다른 단어 modular와 엄밀하게 구분될 필요가 있어, 본 역자는 '모듈로르' 로 표기하고자 한다. 르 코르뷔지에의 Modulor는, 건축가의 설명에 따르면, 'module' 과 'nombre d'or(황금비율)' 의 붙어 표현을 합성해 창조한 단어였다.

1 이 주제와 관련해 다음 참조할 것: Jacques Lucan, 『*Composition, non-composition. Architecture et théories, XIXe-XXe siécles*』, Lausanne, 2009, 13장 : 「건축의 체계들(Des systèmes d'architecture)」.
2 Le Corbusier, 『*Almanach d'architecture moderne*』, Paris, 1926, 7쪽.

르 코르뷔지에, 『*Le Modulor* (르 모듈로르)』, 1950. 책 표지.

에피소드: 르 코르뷔지에, 섬유조직과 섬유조직적

Parenthese : Le Corbusier, texture et texturique

1950년 출판된 『르 모듈로르』에서 르 코르뷔지에가 게재했던 네 개의 이미지 시리즈를 살펴보자. 만일 그가—1927년의 「새로운 건축의 5가지 정리(Cinq points d'une architecture nouvelle)」, 1929년의 「4 구성(Quatre compositions)」, 『아테네 헌장(*Charte d'Athenes*)』의 네 가지 기능 이후에—보충적인 분류(classifications)를 추가해야 할 필요가 있었다면, 이는 새로운 무언가를 말해야 할 필요가 생겼기 때문이리라.

첫 번째 이미지는 가르슈의 슈탱 주택(villa Stein, 1926-1928) 정면 파사드(façade)의 도식을 재현하였는데, 이것은 그의 유명했던 개념인 규준선(tracé régulateur)의 가치를 강조하기 위함이었다. 르 코르뷔지에는 이 파사드를 수직적 회화로 비유했다. 관객은 전면(frontal) 시점에 위치한다. 건축가에 따르면 "여기에서 펼쳐지는 유희(jeu)는 완벽하고 엄격하게 객관적(objetctif)이다."[3]

두 번째 이미지는 "풍경을 바탕으로 거대한 건물들을 모아 배치한 도시적이고 건축적인 구성(composition)"[4]이었다. 건물들은 전면 시점에서가 아닌 "서로 겹쳐진 채로"[5] 감상된다. 또 건물들은 그 시각이 관찰자의 위치에 의존하는 픽쳐레스크적 풍경(paysage pittoresque)을 창조한다. 이 이미지가 재현하고 있는 것은—계단식 피라미드를 보면 알 수 있듯이 —제네바의 문다네움(Mundaneum) 계획안(1928-1929)이었다. 그 평면은 까발리에[말을 타고 다가갈 때][역주2]의 시각으로 경험된다. 르 코르뷔지에의 설명은, 과거부터 그를 항상 매료시켰던 두 구성인 아테네의 아크로폴리스와 피사의 미라콜리(Miracoli) 광장을 연상시키기도 한다.

[역주2]: 캬발리에 투시도(perspective calvalier)는 말은 타고 가는 기수의 시각에서 보이는 원경 투시도를 의미한다. 움직임 속에서 인지되어 지속적으로 변화하는 풍경으로, 정적 상태의 전통적 일점 투시도와는 구분된다.

세 번째 이미지는 1931년 무한성장 박물관(musée à croissance illimitée) 계획안에 관한 것이었다. 진입 방식은 전면(frontal)으로나 픽쳐레스크적(pittoresque) 방식이 아니었다. 건물 입구가 그 중심에 위치하기 때문이며 "유기적 단일체(unité organique)"[6]의 감각에 가깝기 때문이다. 평면은 기하학적으로 재현된다. 평면이 어떠한 "생각(idée)", 즉 르 코르뷔지에가 계획안을 설명했던 표현처럼 "부분에 대한 생각보다 우선시되는 전체의 생각"[7]에 부합하기 때문이었다.

마지막 네 번째 이미지는 특히 내게 가장 흥미로운 것인데, 왜냐하면 이 마지막 이미지가 새로운 분류의 근본적 이유가 되었기 때문이다. 어떤 측면에서 본다면, 앞선 세 이미지들은 네 번째를 도입하기 위한 것 뿐이다. 다시 말해 건축의 유희(jeu)를 실행하는 어떤 다른 방식을 도입하는 것이었다. 이는 "섬유조직적(texturique)" 놀이로, [첫 번째 이미지의] 회화적

3 Le Corbusier, Le Modulor (1950), Boulogne-sur-Seine, 1963, 7쪽.
4 Ibidem.
5 Ibidem, 80쪽.
6 Ibidem.
7 Le Corbusier et Pierre Jeanneret, *Œuvre complète* 1929-1934 (1934), Zurich, 1984, 72쪽.

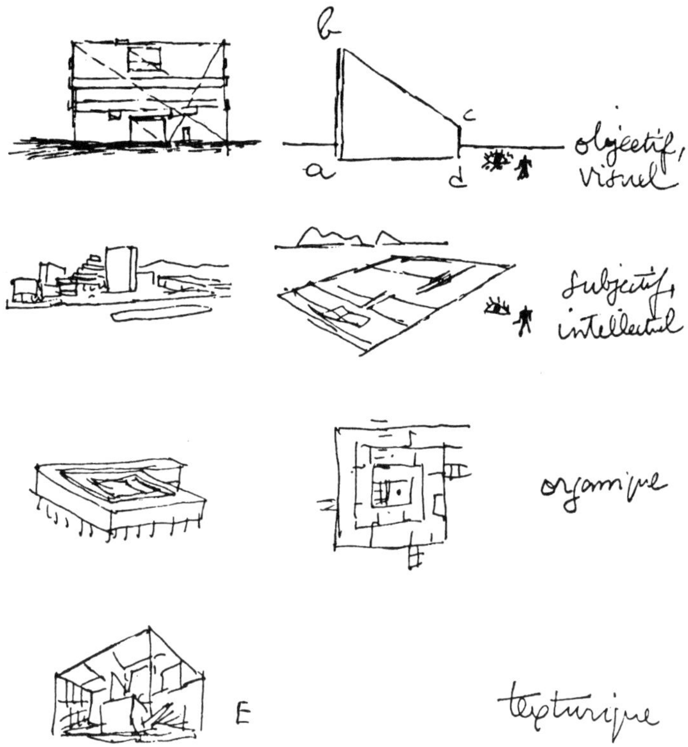

르 코르뷔지에, 〈*Le Modulor* (르 모듈로르)〉, (1950), 1963, figure 30 : 하나의 건축적 장치를 설계하는 네 가지 방식(quatre façons de concevoir un dispositif architectural).

(pictural)이고 객관적(objectif)인 유희, [두 번째의] 풍경적(paysager)이고 주관적(subjectif)인 유희, [세 번째의] 유기적(organique)인 놀이와는 다른 세계에 속한 것이었다. 네 번째 이미지는 "마르세이유의 유니떼 다비따시옹(l'Unite d'Habitation)의 내부 사건(événement)" 이다. 이 사례에서는 " '모듈로르' 라는 조화로운 척도(mesures harmoniques)의 체계적 적용을 통해 '섬유조직적인' 것으로 규정할 수 있는 단일한 집합체(agrégation)의 상태를 창조"[8]하고자 했다. 모듈로르의 사용은 명확히 정의된 척도들 사이의 조화를 창조하며, 더불어, 이후 그 내부에 수용될 것들의 척도까지 모두 포함했다. 달리 말해 모듈로르는 "건축 작품의 섬유조직(texture)을 통일하기에 적합하며, 그 자체의 건강함(santé)을 의미하는 내적 확고함(fermeté interne)을 부여"[9]했다.

네 번째 이미지와 관련해 르 코르뷔지에는 재정의했다. "외부에서 볼 때 다른 모습과 같은 어떤 모습(une face), 내부 시설들의 볼륨들(volumes), 바닥과 천장의 수평면들과 벽의 수직면들(surfaces), 건물의 모든 단면들에 끼치는 결정적인 영향 등은, 척도의 조화와 모든 양상에 의해 내밀하게 통제된다. 결과적으로 모든 감각들은 서로 조화를 이루며 존재한다."[10] 그는 섬유조직

8 Le Corbusier, 『*Le Modulor*』, op. cit., 80쪽.
9 Ibidem, 225쪽.
10 Ibidem, 80쪽.

헤르조그 & 드 므론, 타볼 주택 (1982-1988). 주택의 벽 및 바닥 끝단의 십자가 형태 입면.

이 단지 평면적(plannaire)일 뿐 아니라 공간적(spatiale)이라고 밝혔다. 네 번째 이미지의 삼차원성(tridimensionnalité)이 이것을 증명했다. 그리고 그 평면성의 구현으로 인한 경제성은 5년 뒤 출판될 『르 모듈로르 2』에 의해 보강된 상세설명들(précisions)에 의해 재확인된다. "섬유조직적인 것(le texturique)은 표면과 깊이에, 즉 볼륨에, 조화로운 치수들을 부여하는 모듈로르의 직접적 산물이다. 그것은 일련의 모듈로르 표들의 (그러나 당신의 눈에 보이지 않을 수도 있는) 적용에 의해 자동적으로 그렇게 되는 것이다 [⋯]." 11

골조와 외피의 엮임 (헤르조그 & 드 므론)

Entrelacs de l'ossature et de l'enveloppe (Herzog & de Meuron)

다시 구축의 문제로 돌아가자. 굉장히 단순화시켜 비트루비우스(Vitruvius)부터, 물론 마크-앙투완 로지에(Marc-Antoine Laugier, 1713-1769), 비올레-르-뒤크(Viollet-le-Duc), 슈와지를 포함해, 오귀스트 페레(Auguste Perret, 1874-1954)에 이르기까지, "고전(classique)" 또는 "고딕(gothique)"의 전통에 자리매김했던 이들에게 건축이란, 흔히 구축적 분석에서 그 사고가 시작되었고, 이 때의 분석은 골조(ossature)와 채움벽(remplissage), 뼈대(squelette)와 피복(vêtement), 골격구조체(charpente)와 외피(enveloppe)를 구분하는 방식이었음을, 나는 강조하고 싶다. 이 때의 골조 / 뼈대 / 골격구조체는 "지탱하는" 것이며, 채움벽 / 피복 / 외피는 가림벽을 형성하는 것이다. 또 골조는 영속적이고, 채움벽은 낡아지게 될 수 있다. 골조 자체도 구분이 가능한데, 흔히 첫 번째로 형성된 요소와 두 번째로 형성된 요소로 나뉘고, 그 일차적 골조에 부차적 골조 요소들이 종속된다. 만약 우리가 이런 방식의 구분을 설계안의 기반으로 삼지 않고, 오히려 골조와 채움벽 사이의 매듭(tressage)에 가까운 관계로부터 출발한다면 그 연쇄적 결과는 어떠할까?

나는 한 건물을 사례로 설명하고자 하는데, 위의 대립적 관점에서 이해하기 쉬운 건물로, 헤르조그 & 드 므론이 타볼(Tavole)에 건설한 주택(1982-1988)[12]이다. 타볼 주택은 직사각형 블록으로, 파고라가 옆으로 이어져 있다. 건식 석재벽과 선형의 콘크리트 요소 간의 차이는 우리에게 아주 친숙한 대립적 상황을 만들어 낸다. 자연적이며 "전통적인" 재료와 인공적이며 "근대적인(moderne)" 재료의 대립, 조적벽과 관련된 전통과 철근 콘크리트의 근대적 전통의 대립, 두터운 칸막이벽과 세장한 그물모양 구조체의 대립 등이다. 그러나 더 많은 것을 다른 방식으로 말하기 위해서는 더 가까이 다가가 관찰할 필요가 있다.

주택의 4면은 십자가[형태]가 철근 콘크리트 벽 및 바닥의 끝단에 의해 형

11 Le Corbusier, 『*Le Modulor 2*』 (1955), Boulogne-sur-Seine, 1964, 153쪽.
12 타볼 주택에 대한 분석을 위해 다음 참조할 것: Jacques Lucan, 「Architecture : Face to Face with Matter」, 『*A+U*』, no 500 ("500"), 2012년 5월호 (이 글은 원래 『*A+U*』, no 300 ("Herzog & de Meuron"), 1995년 9월호에서 먼저 게재되었다).

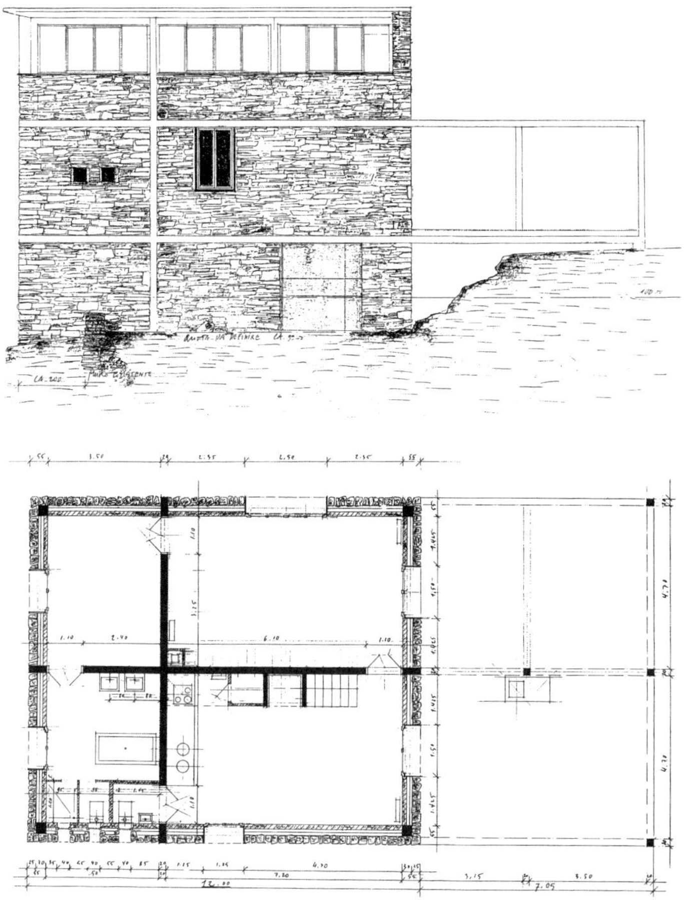

헤르조그 & 드 므론, 타볼 주택 (1982-1988). 입면과 1층 평면.

성되어 있다. 다른 십자가가 내부 벽체에 의해 형성되며 주층의 방들을 4개로 나누어 구획한다. 평면과 입면의 형태적 유추(analogie)는, 평면을 본따 입면이 만들어진 것처럼, 혹은 반대로 평면이 입면의 투영(rabattement)인 것처럼 보이게 만든다. 즉 삼차원적 조화로 귀결되는 것이다. 이제 우리는 헤르조그 & 드 므론의 설명을 이해할 수 있다. "이 주택의 디자인 개념은 평면, 입면, 단면의 융합(fusion)에 기초한다. 십자가에 의해 건물이 특징지어진 것이다."[13]

이것이 끝은 아니다. 주택의 철근 콘크리트 요소들은—페레의 건물 다수에서처럼—전통적으로 칸막이 벽체들을 "둘러싸며(encadrer)" 지배하던 단순한 골조 요소와 다르다. 타볼에서는 골조와 칸막이의 관계는 매우 특이하게 다루어져 있으며, 이것은 여러 선들의 표현에 의해 선언된다.

주택의 각 모서리는 벽기둥이 보이는 것이 아니라 (사실 벽 속에 감추어져 있다) 90도로 꺾인 석재벽으로 마감되었다. 골조는 칸막이를 둘러싸며

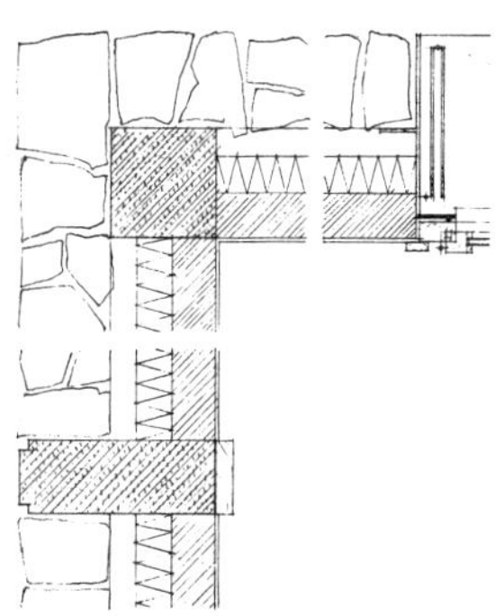

헤르조그 & 드 므론, 타볼 주택 (1982-1988). 철근 콘크리트 벽기둥을 감추는 석재벽 모서리, 그리고 석재벽과 같은 표면으로 노출된 벽 끝단의 디테일.

13 『A+U』, no 300, op. cit., 30쪽.

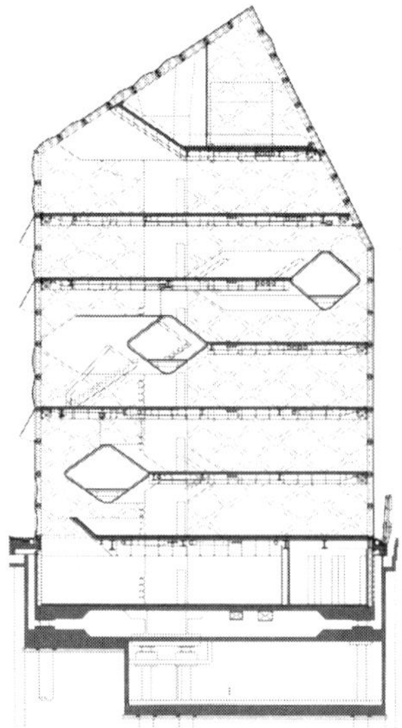
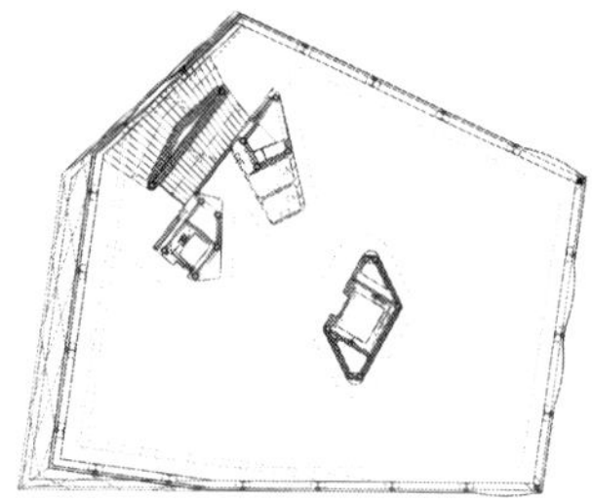

헤르조그 & 드 므론, 프라다 아오야마 건물 (2000-2003), 도쿄.
좌에서 우로 :
바닥과 수직 마름모꼴 튜브를 보여주는 건물 단면.
6층 평면.
2층 평면 (오른쪽 페이지).

구획하지 않는다. 골조와 칸막이는 서로 동등한 것이다. 그것들은 같은 가치를 지니며, 어떤 것이 다른 것을 지배하지 않는다. 이러한 동등성(équivalence)은, 골조의 표현이 중요했던 건축의 경우와는 다르게, 더이상 골조가 칸막이벽보다 돌출되지는 않는 방식으로 이어진다. 석재벽과 철근 콘크리트 요소는 외부에서 볼 때 정확히 동일한 표면상으로 마감된다. 서로 어긋나 돌출되거나 칸막이를 골조에 종속시키지 않는 것이다.

모든 종속적 관계의 부재와 형상적 동등성에 의거해 주택을 형성하는 주 요소들—골조와 칸막이—모두가 동일한 위상으로 전체의 조화에 기여하고있다고 결론지을 수 있다. 다르게 말해서 전체를 형성하는 모든 요소들은 서로 동등하기에 상호의존적(interdépendants)인 것이다.

처음 볼 때 타볼 주택은 전통적 건축 "진리(vérités)" 에 관련된 것처럼 믿도록 만든다. 더 "가까이(proche)" [14], 조금 더 주의깊게 관찰할 때의 주택은 골조와 칸막이 사이의 복합적 섬유조직(texture)이나 매듭(tressage)을 연상시킨다. 시각적으로, 요소들이 분리될 경우 전체가 약화될 위험이 있어 보이는 것이다.

헤르조그 & 드 므론은 도쿄 프라다 아오야마 건물(2000-2003)을 설계하며 타볼 주택의 경우와 유사한 문제의식을 다시 적용한다. 다만 그 방식은 훨씬 복합적이고 섬세했다. 프라다에서도 골조 체계에 속한 것과 칸막이 체계에 속한 것 사이에 상호의존성(interdépendance)이 존재한다. 그러나 이 경우는, 타볼처럼 시각적이고 형태적일 뿐만 아니라, 구축적이며 구조적이었다. 건축가는 밝혔다. "도쿄 프라다 아오야마는 구조, 공간, 입

14 가까운 거리에서의 인지(perception)에 관한 현상학적(phénoménologique) 문제는 본 책 137-139쪽에서 다룬다.

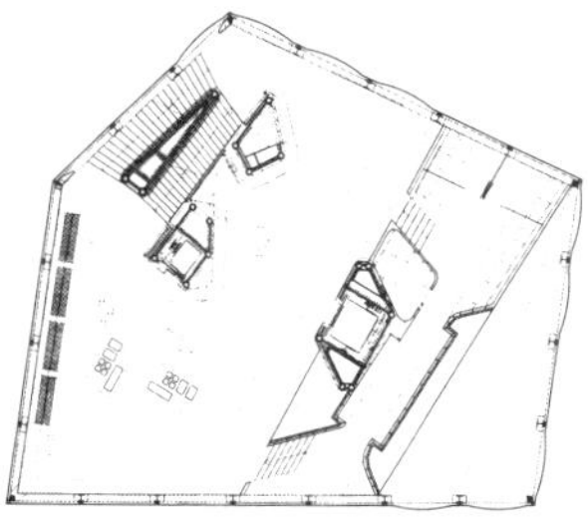

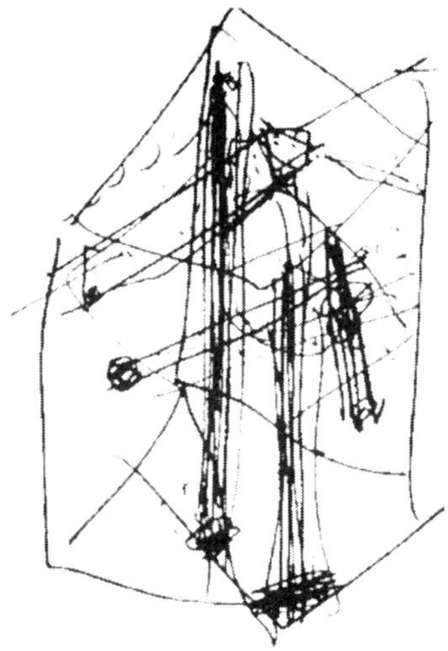

헤르조그 & 드 므론, 프라다 아오야마 건물 (2000-2003), 도쿄.
반대편 : 수평과 수직의 마름모꼴 튜브들의 삼차원적 격자 ;
아래편 : 연구용 모형, 도식과 사진. 이미지 발췌 : 『*Herzog & de Meuron. Prada Aoyama Tokyo*』, 2003.

면이 하나의 단일체를 이루는 헤르조그 & 드 므론의 첫 번째 건물이다. [···] 유리를 제외하고, 건물에서 보이는 모든 부분들은 동시에 구조, 공간, 입면이 된다."[15] 내부 골조와 외부 입면은 전체의 안정성(stabilité)에 함께 기여한다. 내부 골조의 요소들을 위해서는 다른 종류의 상호의존성이, 그리고 수직적 응력과 수평적 확장 사이에서 다른 종류의 균형이 시도되었다. 결국 건축가의 선택은 "수직적 응력을 지나치게 강조하지 않는"[16] 것이었으며, 수직과 수평 마름모꼴 튜브들의 결합을 통해 그들이 "삼차원적 격자"라 명명하는 것을 만들어냈다.

골조와 외피 간의 구축적 상호의존성의 문제는 본 장의 후반부에서 다시 되짚을 것이다. 그러나 지금은 상호의존성에서 이어지는 유기성(organicité)의 문제를 환기하고자 한다. 반드시 서로를 필요로 하는 방식으로 모든 요소들을 연결 짓는 것, 그것이 바로 어떤 [유기적] 조직체(organisme)에 해당되는 건축을 설계하는 것이 아니었던가? 프라다 아오야마 건물에 관해 헤르조그 & 드 므론은 말했다. "건물은 하나의 조직체처럼 기능한다. 형상적(figurative)이거나 구술적인(narrative) 방식이 아니라, [···] 다른 부분들이 서로 연결된 방법에서 [···] 느껴질 수 있는 방식에 의해서이다."[18] 암묵적으로 건축가들은, 조직체에 대해 언급하는 것이 "자연적(naturelles)" 형태들을 필연적으로 참조해야 하거나, 형상적 혹은 구술적인 형태들을 추구해야 하는 것을 뜻하지는 않는다고 말했다.

헤르조그 & 드 므론 : "우리는 수직적 응력을 지나치게 강조하는 것을 원하지 않았다. 우리는 다수의 면으로 이루어진 다이아몬드처럼 더 복합적인 내부를 원했다. (···) 그래서 수평 튜브 아이디어를 적용했다. 이것들이 수직 코어와 더불어 건물을 강화시켰다. 마치 삼차원적 격자처럼." (『*Herzog & de Meuron. Prada Aoyama Tokyo*』, 2003)

15 『*Herzog & de Meuron. Prada Aoyama Tokyo*』, Milan, 2003, 125쪽.
16 Ibidem, 112쪽.
17 Ibidem.
18 Ibidem, 263쪽.

한스 나무쓰(Hans Namuth), 화실에서 작업 중인 잭슨 폴락, 1950.

회화적 에피소드 : 엮임과 매듭

Parenthese picturale : entrelacs et tressages

르 코르뷔지에가 제기했고, 헤르조그 & 드 므론 및 기타 사례들에서도 발견되는 섬유조직적(texturique) 문제의식은, 특정 현대예술가들의 작품에 관한 몇몇 예술사학자들의 문제제기와도 호응하는 것처럼 보인다. 일반적인 해석이 어려운 이 작품들에 대해, 우리는 어떤 개념으로 접근해야 할까?

1956년 메이어 샤피로(Meyer Schapiro, 1904-1996)는 미국 회화에 대해 언급할 때, 그 해 사망한 잭슨 폴락(Jackson Polloc, 1912-1956)의 대형 그림들을 특별히 설명했다. 전혀 색다른 기법에 의한 이 그림들은 순종적(soumises)으로, 흔적, 솔질, 흘러내림, 즉 "화가의 활동적 존재감으로 인한 모든 징후들"이었으며, 그림 표면 자체는 "섬유조직과 실행 영역(texture and field of operation)처럼"[19] 인식되었다.

섬유조직같은 캔버스…

폴락의 그림 『넘버 원(*Number One*)』에 관해, 마이클 프라이드(Michael Fried, 1939)는 그 선자국들(trainées)을 "표면이 거의 완전하게 덮일 때까지 끊임없이 돌아오는 고리(boucles)와 같은 연속적 선"[20]이라고 표현했다. 물론 다른 그림들에서도 손자국, 얼룩같은 요소들이 개입될 수 있지만 "이 [그림의] 모든 요소들은 '서로 엮인' (woven together) 것으로, 근본적으로 폴락의 선으로만 이루어진다"[21]라고 명시했다.

다시 폴락의 작업에 관해, 위베르 다미쉬(Hubert Damisch, 1928)는 "엮임(entrelacs)"[역주3] 을 언급하는데, 이것은 "한 작품의 생성의 연속적 단계들을 기록한 것이며 그 중의 각 행위(geste)는 [전체] 구조를 변경하거나 완성시켜 나가는 것"[22], 그리고 "첫 번째 아라베스크(arabesque) [무늬]를 그려 어떤 바닥 조직체를 인식시키며, 연이어 그려진 두번째 무늬선은 그 이전의 선을 계속 완성시키거나 반박하기 위해 대응해 나가는 것"[23]과 같았다. 각 행위가 이전 것을 변경, 완성한다는 다미쉬의 단계성(succession)이 엮임을 만들어내는 바로 그것이며, 이는 최종적 아라베스크를 형성하는 모든 선들의 상호의존성 혹은 섬유조직이다.

마지막으로 이브-알랭 브와(Yve-Alain Bois, 1952)는, 피에트 몬드리안(Piet Mondrian, 1872-1944)의 마지막 작품들 가운데—폴락의 작품처럼 수평적으로 [바닥에 눕혀진 채로] 실현된—『뉴욕 시티 I (*New York City I*)』 (1942)에 대해 설

[역주3]: entrelac과 유사 단어로 tressage, tissage가 있다. tressage는 머리 매듭과 같이 입체적으로 매듭된 방식을, tissage는 베틀에 의해 직조된 천의 방식을, 그리고 entrelac은 실, 밧줄을 엮어 만든 무늬의 방식을 지칭한다. 본 역자는 entrelac을 '엮임' 으로, tressage를 '매듭' 으로, tissage를 '직조' 로 구분해 번역하나, 사실상 본 책에서는 내용상 거의 동의어로 사용되고 있으며, 모두 상호의존적인 섬유조직체를 생성하는 기법, 방식, 상태, 형태를 의미하고 있다.

19 Meyer Shapiro, 「The Liberating Quality of Avant-Garde Art」, 『*Art News*』, LVI, 4, 1956년 여름, 38쪽.

20 Michael Fried, 「Trois peintres américains」, 『*Revue d'esthétique*』, no 1 ("Peindre"), 1976 (『*Three American Painters : Kenneth Noland, Jules Olitski, Frank Stella*』, Cambridge (Mass.), Fogg Art Museum, 1965의 불어번역).

21 Ibidem.

22 Hubert Damisch, 「La figure et l'entrelacs (형상과 엮임)」 (1959), in 『*Fenêtre jaune cadnium ou les dessous de la peinture*』, Paris, 1984, 84쪽.

23 Ibidem, 85쪽.

24 Yve-Alain Bois, 「"New York City I", 1942, de Piet Mondrian」, 『*Cahiers du Musee national d'art moderne*』, no 15, 1985, 67쪽.

명할 때 "매듭(tressage)"[24]을 언급했다. 동일 폭으로 적, 황, 청색의 얇은 띠들로 뒤덮인 올오버(all over) 직물조직은 어떤 "조각적 두께(epaisseur sculpturale)"[25]를 만들어낸다. 브와는 다른 기회에 폴 세잔느(Paul Cézanne, 1839-1906), 몬드리안 그리고 폴락을 근접시켜 비교했다. 모두 "엮임"을, 그리고 "순수하게 시각적이고 허구적인 동시에 촉각적인(tactile) 공간을 시도하는 직조(tissage)"[26]를 실현했기 때문이다.

만일 내가 섬유조직(texture), 엮임(entrelacs) 혹은 매듭(tressage)의 문제로 수렴하는 네 가지 접근방식을 환기시키고자 했다면, 이 접근방식들은 가상적으로 서로 분리될 수 있는 "요소들(éléments)"의 조립(assemblage)으로 진행된 것이 아니라, 진정한 엮임 방식(entrelacement)의 섬유조직적 과정(processus texturique)으로 인해 서로 분리 불가한 요소들로 진행되는 작품들을 만들기 때문이다.

섬유조직화된 골조

Ossature texturée

골조와 외피의 엮임은, 헤르조크 & 드 므론의 타볼 주택과 프라다 아오야마 건물에서 묘사되었던 것처럼, 상호의존성의 문제의식에만 국한되는 것은 아니다. 두 가지의 다른 양상(modalités)으로 구분될 수 있는데, 다음과 같이 정의될 수 있다. 첫 번째 양상은 건물의 구축적 골조에 참여하는 모든 요소들이 상호의존적인 것이며, 나는 이를 '섬유조직화된 골조(ossature texturée)'라 칭한다. 두 번째 양상은 건물 외피를 만드는 요소들이 골조 요소까지 포함하나 구분될 수 없는 상태로 외피는 연속적인 매듭이 된다. 나는 이를 '골조화된 섬유조직(texture ossaturée)'이라 칭한다.

섬유조직화된 골조를 이해시키기 위해, 나는 콜하스가 구조 엔지니어 세실 발몽드(Cecil Balmond, 1945)와 함께 설계했던 보르도 인근 플루아락(Floirac)의 주택을 예로 들겠다. 다만 더 이상 앞 장에서 다루었던 것[27]처럼, 『착란의 뉴욕』의 주춧돌과 같은 다이어그램인 "1909년 정리"를 시각화한 것으로는 설명하지 않겠다. 주택은 세 개의 층이 수직중첩된 형태를 띠고 있다. 각 층은 공간적으로 매우 다른데, 용도의 관점에서도 그렇다. 세 개의 층은 "위아래 관계의 세 주택들"[28]로 표현되기도 했다. 1층은 사실상 절

25 Ibidem, 85쪽.

26 Yve-Alain Bois, 「L'ecart : théorie et pratique cézanniennes (간극: 세잔의 이론과 실기)」, in 『*Cézanne aujourd'hui*』, Paris, Reunion des musées nationaux, 1997, 97쪽. 브와(Bois)는 "전적으로 개인적인 다다 (un dada qui [lui] est tout personnel)"라고 밝힌다 (ibidem). 다미쉬(Damisch)는 다음과 같이 말했다 : "내게 프랑스와 루앙(François Rouan)의 작업을 이어주는 매듭(tresse) 개념은 이제 근본적인 것으로 보인다. 회화에 있어 그는, 마치 르네상스 회화의 원근법의 경우에 비할 만큼의 역할을 한 것일 수 있다."(in 「Aristote, Arizona, entretien avec Patrick Redelberg」 (1984), in Hubert Damisch, 『*Les grands entretiens d'artpress*』, Paris, 2013, 32쪽). 촉각적(tactile) 개념에 관해 본 책 137-139쪽 참조할 것.

27 본 책 22-23쪽 참조.

28 『*A+U*』, 특별호 "OMA@work.a+u", 2000년 5월호, 54쪽.

OMA-렘 콜하스, 플루아락 주택 (1994-1998). 주택의 "날아 오르는" 침실 상자 사진.

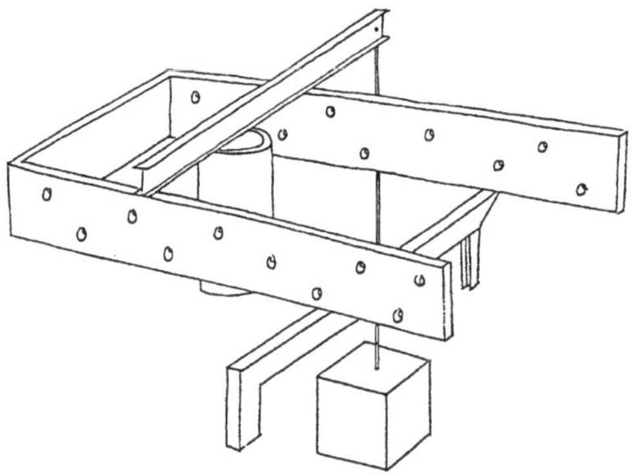

OMA-렘 콜하스, 플루아락 주택 (1994-1998). 주택을 형성하는 주요 요소들의 상호의존성을 설명하는 도식.

반이 땅 속에 묻혀있어 주택의 가장 은밀한 부분을 위한 동굴(caverne)과 같다. 3층은 침실 층으로 공중에 떠있는 상자(boîte en l'air)이다. 둘 사이의 2층은 지상 레벨의 거실로, 유리 방(glass room)과 보르도 방향의 전망 테라스인 옥외부분으로 나뉜다. 세 개의 층은 승강용 플랫폼에 의해 관통되는데, 이 승강용 플랫폼은 주택 설계를 의뢰한 이후 사고로 휠체어에 의존해 살아야만 하는 건축주에게는 반드시 필요한 요소였다.

콜하스는 [3층] 침실 상자가 부유하는(flotter) 것으로 보이길 원했다. 발몽드에 따르면 콜하스는 "보르도 주택이 '날아오르도록(voler)' 해 달라는 괴상한 요구"[29]를 했다고 한다. "역동적(dynamique)" 설계방식을 위해서는 결국 "정적(statique)" 설계방식로부터 탈피해야 함을 의미했다. 플루아락 주택은 그 논리가 한 눈에 파악될 수 없는 구조를 갖고 있다. 직육면체 침실 상자는 두 개의 지지점을 갖고 있다. 한쪽 끝은 두개의 각기둥으로 된 철골 포르티코(portique), 다른 쪽은 나선형 계단인 철근 콘크리트 원통이다. 포르티코 위의 상자는 기둥 기준으로 대칭적이지 않다. 상자는 미끄러져 한 쪽이 캔틸레버 상태가 되었고, 포르티코는 콘솔(까치발장식/console)로 마감

29 Cecil Balmond, 『*Informal*』, Munich-Berlin-Londres-New York, 2000, 21쪽.

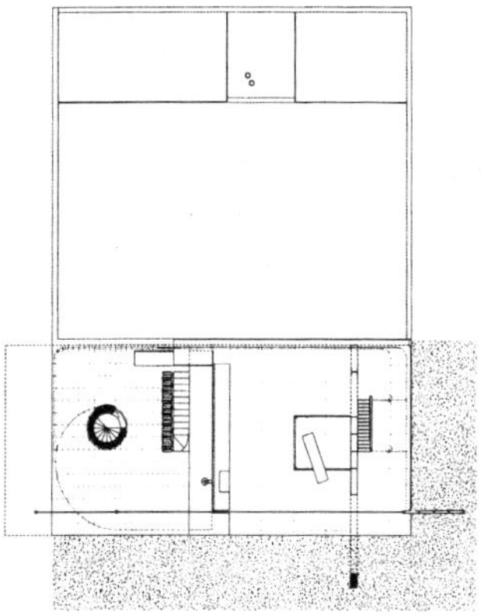

2

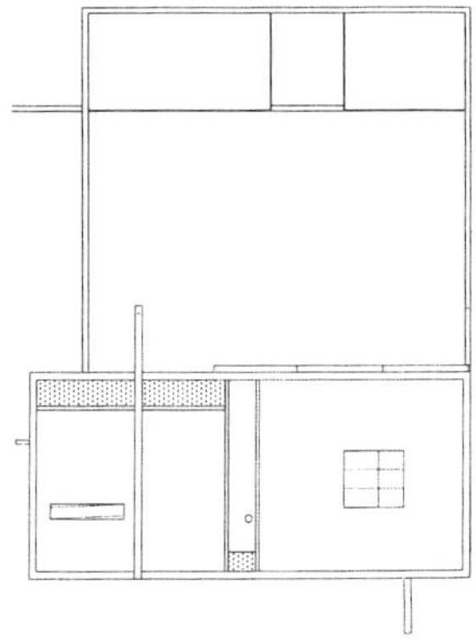

4

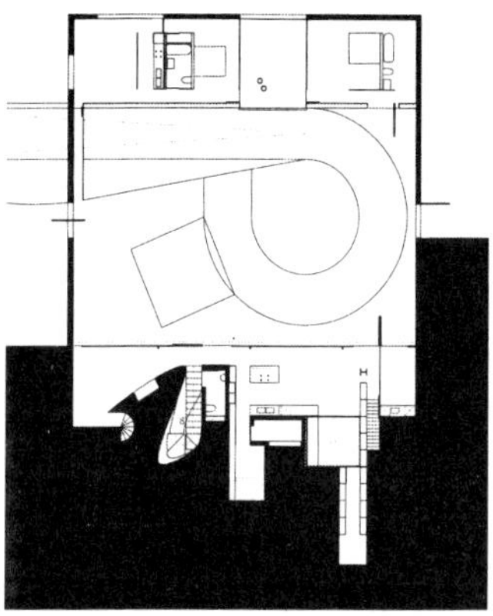

1

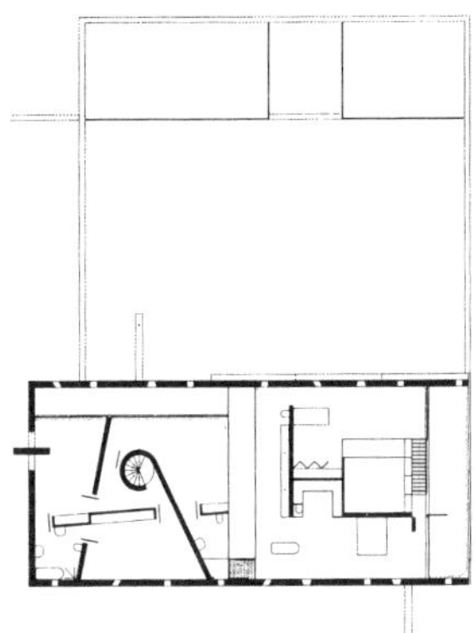

3

OMA-렘 콜하스, 플루아락 주택 (1994-1998)
1 일부가 땅 속에 파묻힌 층의 평면;
2 지상층의 거실 평면 ;
3 침실 상자 층의 평면 ;
4 지붕층 평면.

되었다. 원통 위의 상자도 약간 비대칭인 상태이며, 지붕 위의 수평보가 균형을 되찾기 위해 원통 위에 놓여져 캔틸레버를 형성한다. 철골로 된 수평보는 마치 그네처럼 땅 속 콘크리트 매스 속에 심어진채 당겨진 수직 케이블로 지탱된다.

이처럼 묘사가 난해한 것은, 건축적이고 구축적인 장치들(dispositifs)에 의해 발생된 다양한 비대칭들(dissymétries)의 결과 때문이다. 비대칭들은 연쇄적 반작용들(réactions en chaine)을 유발한다. 마치 앞서 다미쉬가 묘사했던 "첫 번째 아라베스크 [무늬]를 그려 어떤 바닥 조직체를 인식시키며, 연이어 그려진 두번째 무늬선은 그 이전의 선을 계속 완성시키거나 반박하기 위해 대응해 나가는 것"과 흡사하다. 비대칭들의 연쇄작용은, 하나의 결정이 있을 때마다 예상치 못한 결과들이 매순간 발생하도록 한다. 마지막 순간의 비대칭화 작업은 비로소 전체의 안정성을 이끌어낸다. 그리고 그 속의 모든 요소들은 반드시 필수적이다. 예를 들어 수직케이블이

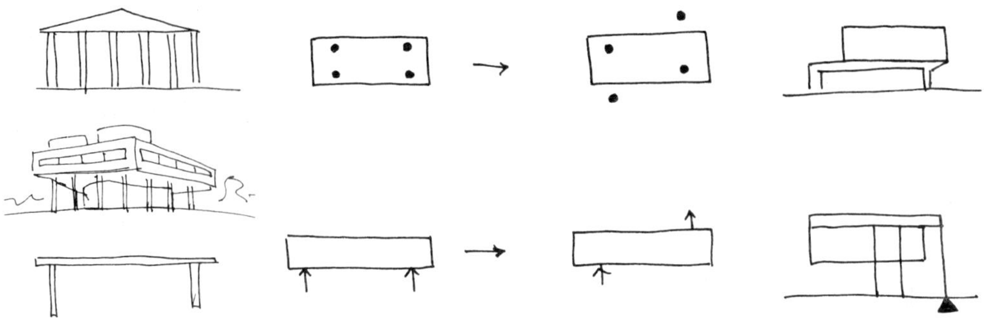

세실 발몽드, 책상 패러다임과 플루아락 주택의 정적인 도식. 이미지 발췌 : Cecil Balmond, 『*Informal*』, 2000.

끊어진다면 침실 상자는 기울어져 버릴 것이다. 무너지진 않더라도, 케이블을 교체해야 하며, 이렇게 상자는 점진적으로 다시 수평으로 회복될 것이다. 그러므로 우리는 주요 골조 요소와, 이에 종속된 부차적 골조 요소가 존재한다고 말할 수 없게 되었다. 반대로 모든 요소들은 상호의존적이다. 발몽드는 다음과 같이 확언했다. "보르도 주택은 비대칭적이고 상호의존적인 구조의 본성 덕분에 '날아 오르게' 되었다." 30

상호의존성의 구조에 대해 설명하기 위해 발몽드는 두 개의 대립적 이미지를 채택한 바 있다. 첫 번째는—다리 네 개로 지지되는 하나의 판(plateau)인—책상 이미지이다. 그가 "정적 대칭(symétrie statique)" 31의 (우리가 다이어그램이라고도 말할 수 있을) 패러다임으로 인식하며, 그리스 신전이나 사보아 주택(villa Savoye)이 연상되는 이미지이다. 두 번째는 동일한 책상판이지만 다리 두 개가 바깥으로 밀려나 있다. 앞의 정적 대칭과는 다른 논리가 요구되는 것이다. 발몽드는 "역동성이 개시되었다(La dynamique est lancée" 32라고 표현했다. 그는 다시 "공간을 설계하는 가장 현대적 방식은 대칭으로부터 시작해, 곧이어 엄격한 체계에 따라 그것을 깨뜨리는 것이다" 33 라고 규정했다. 첫 단계는 대칭이고, 다음 단계는 비대칭이다. 첫 번째는 안정적이고 두 번째는 모험적이다. 로제르 카이요(Roger Caillois, 1913-1978)의 모음집 『모험적 일관성(*Cohérences aventureuses*)』 속에 실린 아름다운 글 "비대칭" 에서, 그는 대칭을 "안정성의 요소, 결과적으로 정지된 요소" 로, 이와는 반대로 비대칭을 "진취적 생명성(vitalité)의 요소, 그러므로 위험과 모험" 34으로 묘사했다. 그리고 아래 글귀는, 더 이전에 쓰여졌음에도 불구하고, 그가 마치 플루아락 주택을 묘사하고 있는 것처럼 느끼게 만든다. "설정된 모든 대칭 속에서, 부분적이며 의도적일 수 있는 단절(rupture)이 작동할 수 있으며, 이미 형성되었던 균형을 복잡하게 만들 수 있다. 이 같은 단절이

30 Ibidem, 118쪽.
31 Ibidem, 24쪽.
32 Ibidem, 27쪽.
33 「Entretien avec Cecil Balmond. Tresser, tisser, entrelacer (세실 발몽드와의 대화: 매듭하다, 직조하다, 엮어내다)」, 『*L'Architecture d'aujourd'hui*』, no 369, 2007년 3-4월호, 60쪽.
34 Roger Caillois, 「La dissymetrie」 (1973), in 『*Cohérences aventureuses*』, Paris, 1976, 265쪽.

바로 비대칭이다. 비대칭은 그것이 속한 구조(structure)나 조직체(organisme)를 풍성하게 만드는 효과를 지닌다. 다시 말해 새로운 속성을 부여하거나, 조직화에 있어 상위 단계로 진입하도록 한다."[35]

여기 언급된 것과 비슷한 시각에서, 발몽드는 '형태적인 것(Formal)' 과 '비형태적인 것(Informal)' 을 대조시킨다. 형태적인 것이 딱딱하고 위계적이며 대칭적이라면, 비형태적인 것에는 "정의된 규칙들, 맹목적으로 따라하는 상태의 모델들이 존재하지 않는다"[36]. 그러므로 상황은 열려 있고 예측불가능하다. 그리고 "비형태적인 것의 특성들은 분리, 고립되지 않으며, 다만 상호의존성의 단계들을 가질 뿐이다"[37].

이러한 상호의존적 장치들에 대해 발몽드는 "상호적 네트워크(reciprocal network)", "상호적 구조틀(reciprocal structure)", "상호적 격자(reciprocal grid)" 혹은 "상호적 격자망(reciprocal grillage)"[38]이라 이름 지었다. 그는 상호적 구조틀과 위계적 구조틀을 대조시켰다. "보통은 연속적 격자망을 이용하거나 일차적/이차적 보들의 위계적인 체계에 따라 표면이 덮여진다. 반대로, 상호적 격자에서는 복잡하게 엮인 고리(complex nested loops)처럼 하중이 흐르도록 하는 형태를 만드는 개별 요소들의 네트워크이다."[39] 이 때의 하중은, 컬럼(colonne)/아키트레이브(architrave), 벽기둥(pilier)/인방(linteau), 기둥(poteau)/바닥판(dalle)과 같은 시스템이나, 다리 네 개로 지탱되는 책상의 이미지처럼 단순하게 수평, 수직의 흐름을 따르지 않는다. 하중은 고리나 매듭처럼 복잡한 흐름을 따르는 것이다.

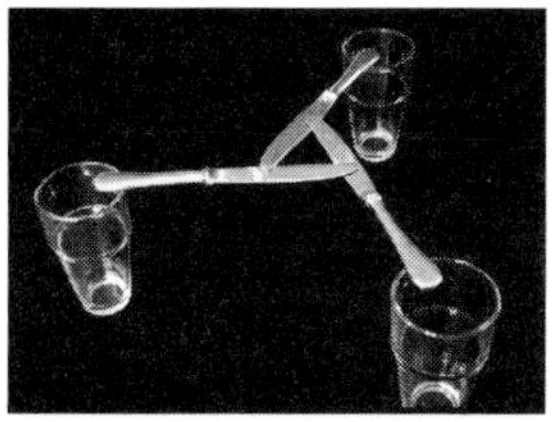

세실 발몽드, "상호적 네트워크". 이미지 발췌 : 『A+U』, 특별호 "Cecil Balmond", 2006.

앞의 것과 매우 상이한 사례로 지금 다루게 될 또 다른 건물은 다른 문제의식으로서의 '섬유조직화된 골조' 를 이해할 수 있도록 돕는다. 바로 올지아티(Olgiati)의 2004년 로잔연방공대 러닝센터(Learning Center) 현상설계안으로 단 하나의 재료, 철근 콘크리트로만 계획된 것이었다. 이미 한 해 전의 루체른 대학 신축 현상설계안에서 엔지니어 파트릭 가르트만(Patrick Gartmann, 1968)과 협업해 선보였던 개념을 따른 것이기도 했다. 올지아티에 따르면, 러닝센터를 위해 제안한 그의 구조물은 첫눈에 이해하기 어려운 것이었다. 두꺼운 바닥판들로 이루어져 있는데, 모두 각기 다른 각도로 기울어진 두터운 각기둥들로 지지되고 있다.

러닝센터 설계안은 초기에는 부지의 규칙적인 사각 격자를 따랐다. 여덟 개의 각기둥들은 정사각 격자의 가장자리에, 그리고 하나는 가운데 있었다. 아홉 개의 기둥 중 네 개는 지진과 같은 수평 횡력에 대응하고, 세 개는 추가적인 기둥 하나가 보조한다. 그리고 가운데 기둥은 십자가가 된다. 가장자리의 여덟 개 기둥은 각자 다른 경사를 가지게 되며, 각 층의 바닥

35 Ibidem, 267쪽.
36 Cecil Balmond, 『*Informal*』, op. cit., 114쪽.
37 Ibidem, 117쪽.
38 「Reciprocal Networks」, 『*A+U*』, 특별호 "Cecil Balmond", 2006년 11월호, 143쪽.
39 Ibidem, 143쪽.

상호의존성

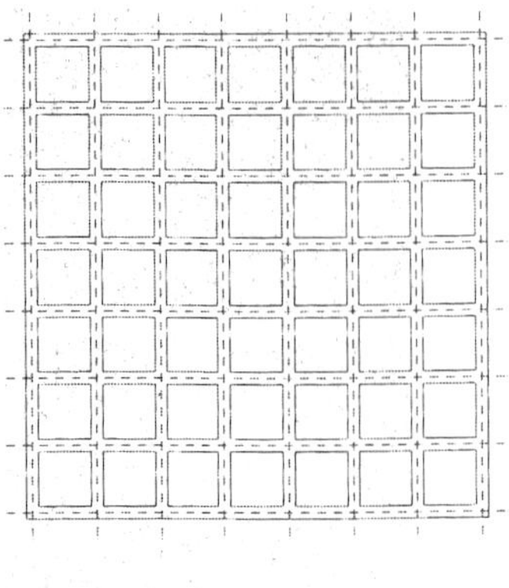

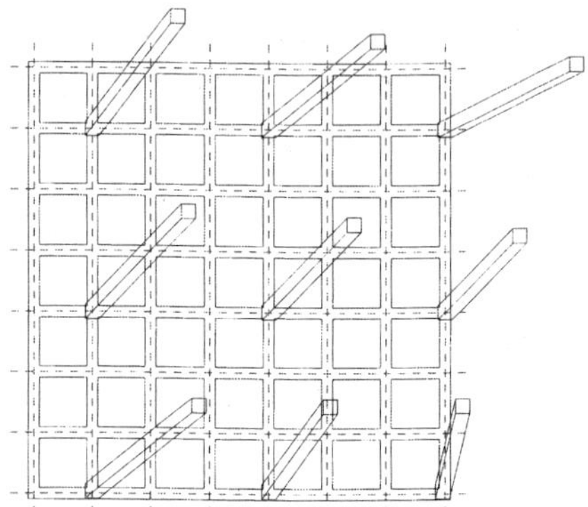

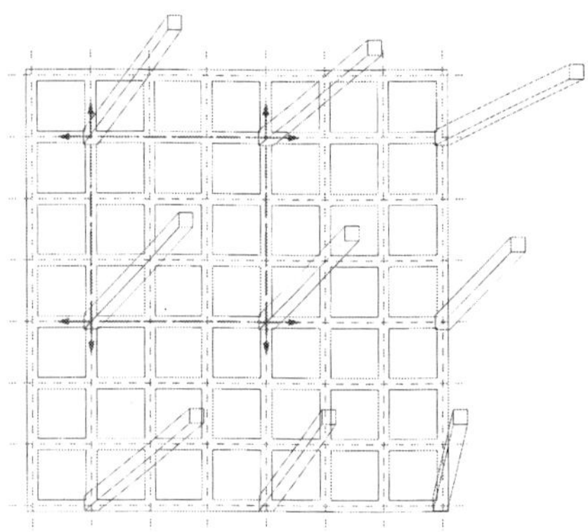

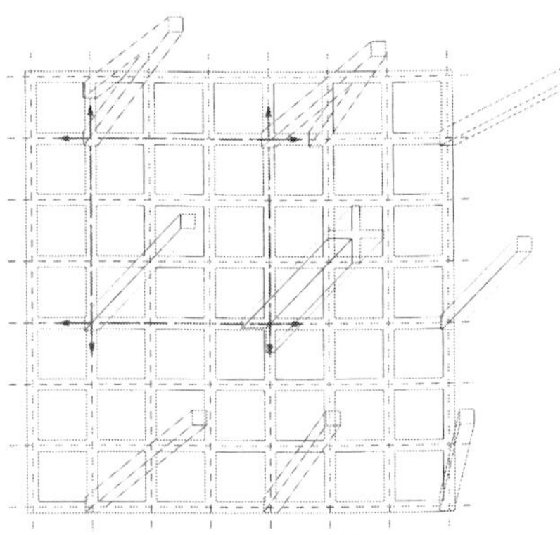

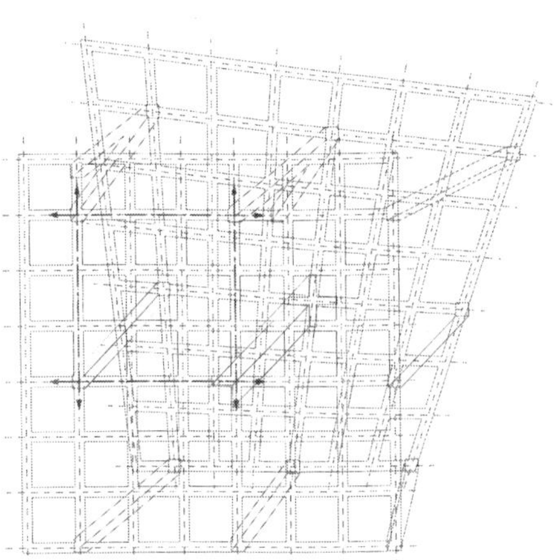

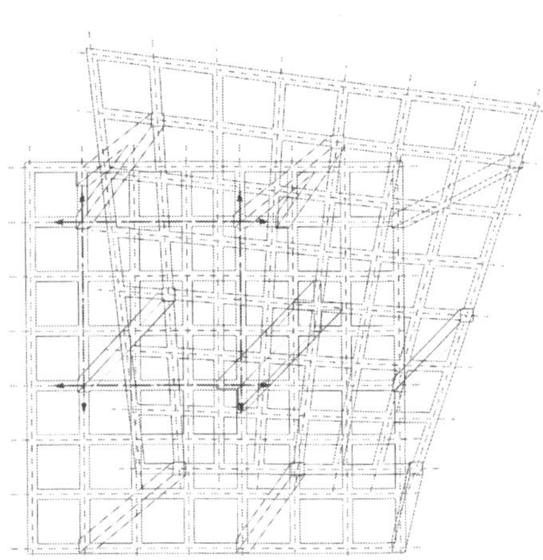

발레리오 올지아티, 로잔연방공대 러닝센터 현상설계안, 2004. 모형.

외곽은 비틀기의 움직임으로 조금씩 점진적 가변을 일으킨다. 초기의 직각체계는 유일하게 건물을 관통하는 십자형 중앙 기둥만으로 확인할 수 있다. 마치 삼차원 구조체가 역동적인 것처럼, 요소들은 층마다 각기 서로 다른 위치에 있게 된다. 올지아티는 설명했다. "이 구조체는 요소들이 서로 옆과 위아래에 반복적으로 위치하는 전통적 바닥판-기둥 체계로 기능하는 골조의 구축이 아니다."[40] 그는 덧붙였다. "모두 상호의존적이다. 각 부분은 그 전의 것으로부터 왔으며 그 다음 것과 통합한다". 그리고 "만일 단 하나의 보나 기둥을 제거하면, 첫 지진에 의해 전체가 바로 무너져 버릴 것이다. 부분이 아니라 전부가 그렇게 될 것이다".[41]

올지아티에 따르면, 모든 요소가 상호의존적인 그의 골조는 철근 콘크리트에 의해서만 존재할 수 있다. 철, 나무 또는 벽돌 같은 타 재료들은 요소들의 조립(assemblages)으로 연결된다. 이 조합은 전체 구조 속에서 [각 요소들의] 독립(indépendance)을 보장하지만, 진정한 상호의존적 구조체(structure interdépendante)를 형성하지는 못한다. 올지아티의 신념은 다음과 같았다. "오로지 콘크리트만이 진정한 [유기적] 조직체(véritable organisme)라 부를만한 것을 구축할 수 있도록 한다."[42] 올지아티가 추구하는 유기성(organicité)에서, 역설적으로 라이트(Wright)와 같은 인물을 떠올릴 수 있지 않을까? 라이트도 부분들(parties)과 비교할 때 전체(tout)의

좌측 페이지 :
발레리오 올지아티, 로잔연방공대 러닝센터 현상설계안, 2004. 각 층의 외곽선과 기울어진 각기둥 배치 격자의 가변(déformation) 평면.

40 Valerio Olgiati의 2011년 바젤 강연, s.p.
41 Ibidem.
42 Ibidem.

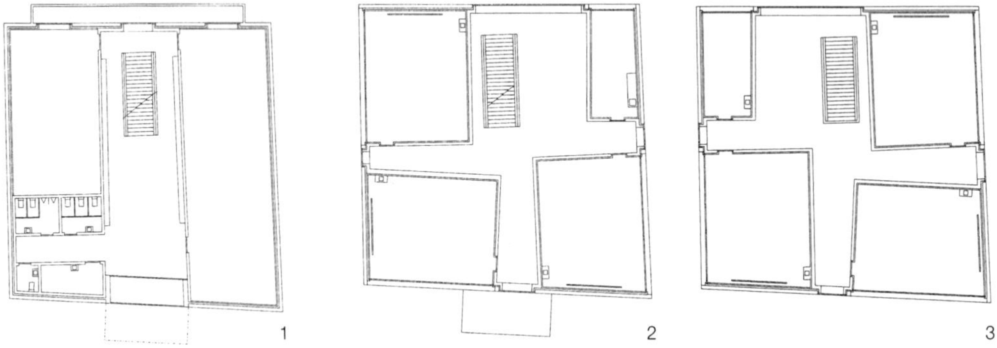

1 2 3

발레리오 올지아티, 파스펠스 학교 (1996-1998).
건물 사진과 각 층 평면 :
1. 지상층 ;
2. 2층 ;
3. 3층.

절대적 우위를 꿈꾸었으며, 자신의 신념을—이는 다음 장에서 다시 살필 것이다[43]—다음처럼 표현했다. "유기적인 것은 전체가 부분에 속한 것처럼 부분이 전체에 속하는 것을 의미한다(organic means part-to-whole-as-whole-is-to-part)."[44]

러닝센터 설계안은 결국 상호의존적 골조의 설계안이다. 몇 년 앞서 올지아티가 실현시켰던 파스펠스 학교(Paspels, 1996-1998)는 갑각류(carapace)와 같은 설계안으로, 건축가가 명확히 설명하지 않았을 뿐 이미 상호의존성의 원칙들에 따라 설계된 것이었다. 학교 평면은 정사각형에서 약간의 각도로 미묘하게 가변되어 비틀림(torsion)을 겪은 것처럼 보여진다. 이러한 가변(déformation)은 2층, 3층의 교실층 [평면]들을 각각 회전(rotation)시킨 또 다른 결정과 결합되어, 교실을 연결하는 십자형 복도를 중심으로 발생되는 다양한 공간적 결과들을 유발시킨다.[45] 이러한 모든 선택 및 결정들은 절대로 전체의 분절(partition)을 이끌지 않는다. 건물은 부분들의 조합이 아니라 "하나(un)"이다.

파스펠스 학교는 골조, 뼈대로만 축소될 수 없다. 오히려 벽체들과 바닥판들로 형성된 갑각류에 가깝다. 그 벽체들은 위아래 층을 관통하는 방식이 아니며 바닥판들은 하중을 수평 전달해야 한다. 하중의 흐름은, 발몽드의 표현처럼 "복잡하게 엮인 고리(complex nested loops)"와 같은 방식이다. 수평과 수직 사이의 관계는 책상구조 이미지를 통해서 형상화될 수 없다. 구축된 전체는 분할될 수 없게 되며, 어떠한 조각의 선이나 접합부도 부분 혹은 요소들의 잠재적 분리를 표현할 수 없게 된다.

상호의존성은, 전체를 형성하는 모든 요소들을 연결하면서, 오로지 건물 자신의 내면으로 향한다. 건축 고유의 논리로만 파고드는 것이다. 이상적으로 건축은 "비-참조적(non référentielle)"이 될 것이다. 올지아티의 방식으로 표현하자면, 어떤 유형(type)이나 모델(modèle)을 참조할 필요가 없는 상태인 것이다. 올지아티는 비-참조성(non-référentialité)의 이상이 어

43 본 책 89-91쪽 참조.
44 Frank Lloyd Wright, 「Vocabulaire de l'architecture organique (The Language of an Organic Architecture)」, in 『*L'Avenir de l'architecture*』, Paris, 2003 『*The Future of Architecture*』, New York, 1953의 불어 번역), 559쪽.
45 이러한 장치의 현상학적 결과들에 대해 본 책 171-172쪽 참조.

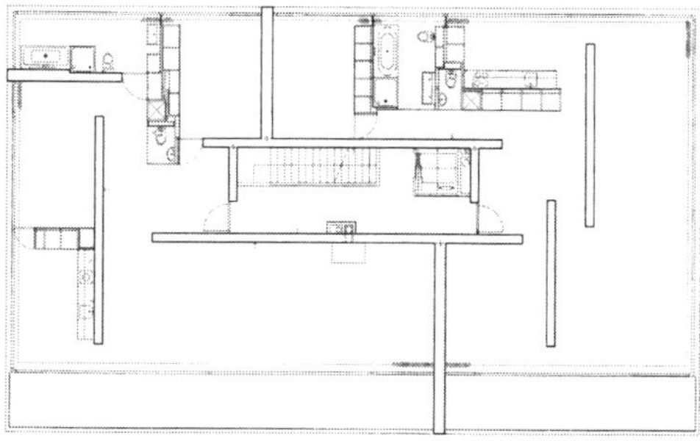

1

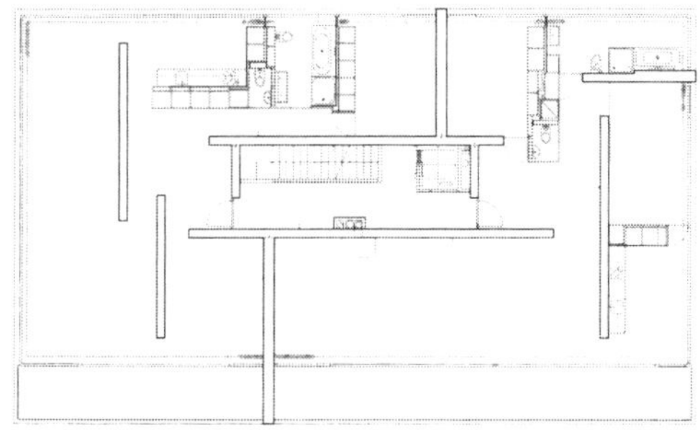

2

렵거나 도달하기가 불가능하다는 것을 알고 있었다. "나도 그것이 매일 맞닥뜨리게 되는 딜레마임을 인정한다. 나 역시 여태까지 완벽하게 비-참조적인 건물을 구축할 수는 없었다. 최종적으로, 내 건축은 아직 어느 정도의 추상성(abstraction)에 머물러 있는 셈이다." [46]

구축적 상호의존성(interdépendance constructive)은, 요소들이나 부분들의 구성 혹은 조립이 아닌 하나의 전체, 즉 부분들이나 요소들이 서로 분리될 때 바로 위기에 빠지게 되는 하나의 전체를 설계하는 것을 목표로 한다. 내가 헤르조그 & 드 므론과 올지아티를 선택한 것은, 그들이 상호의존성의 문제의식을 명백하게 드러내고 있기 때문이다. 그러나 별도의 설명 없이도 구축적 상호의존성을 작품으로 실현하는 건축물들도 존재한다. 예를 들어 크리스티안 케레츠(Christian Kerez, 1962)의 여러 건물들이 그러하다. 특히 포르스테르슈트라스(Forsterstrasse)에 위치한 아파트(1998-2003)와 취리히의 '벽하나의 주택' (maison à un seul mur, 2004-2007)이 대표적이다. 아파트에 대해 케레츠는 다음과 같이 밝혔다. "특징적인 것은 바로 상호의존성의 정도(degré)로, 건축을 몇 개의 벽체들로 축소 생성하는 것이다" [47]. 여기 벽체들의 배치는 미스 반 데 로에의 자유평면(plan libre)을 연상시키며, 그 "연속적" 공간성은 칸막이벽의 구축적 연속성과 공명한다. 철근 콘크리트 벽체와 바닥판들은 동일한 두께와 동일한 물성을 가진 동일한 칸막이 표면처럼 보인다. 이는 전통적 의미의 골조가 아니라 갑각류를 연상시키는 어떤 것을 만든다. 한편 케레츠가 추가로 설명하길 "한 층의 어떤 벽체를 움직이면 모든 다른 층들에 파문을 일으키게 된다". 그럼에도 불구하고, 벽체들의 정확한 위치 확정, 다시 말해 "그 본질적인 구조적 조직화는, 자유롭고 열린 결말 개념의 외양 뒤로 감추어져 내재하고 있다" [48].

크리스티안 케레츠, 취리히 포르스테르슈트라스 아파트 (1998-2003). 건물 사진과 각 층 평면 :
1. 2층 ;
2. 3층.

46 Valerio Olgiati, 「On the Non-Referential」, 『*Domus*』, no 974, 2013년 11월호, 46쪽.
47 「Les échelles de la réalité. Une discussion entre Christian Kerez et Martin Steinmann (현실의 스케일. 크리스티안 케레츠와 마르틴 슈타인만의 논의)」, in 『*Les échelles de la réalité. L'architecture de Christian Kerez*』, Lausanne, 2006, s.p.
48 『*El Croquis*』, no 145 ("Christian Kerez 2000-2009"), 2009, 76쪽.

토요 이토, 서펜타인 갤러리 파빌리온 (2002), 런던. 건물 사진.

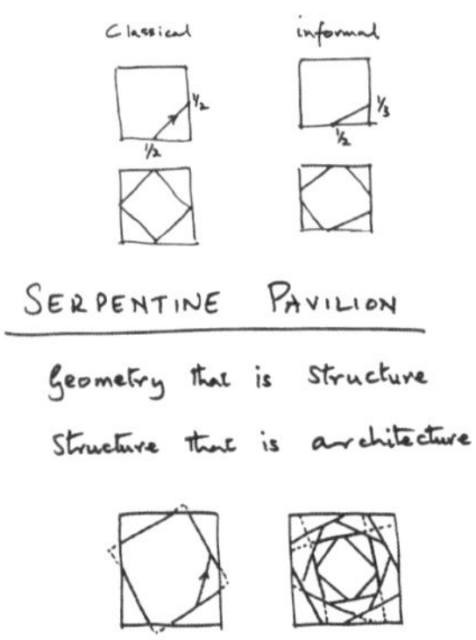

세실 발몽드, 서펜타인 갤러리 파빌리온 (2002), 런던. 형태적인 것과 비형태적인 것의 대조, 그리고 기하학적 알고리즘의 개발.

골조화된 섬유조직

Texture ossaturée

상호의존성의 문제의식과 관련해서, 우리는 직조되거나 매듭으로 이루어진 오브제들에 대한 발몽드의 특별한 관심을 쉽게 발견할 수 있다. 그는 말한다. "나는 직조나 매듭과 유사한 방법으로 형태를 창조하는 것에 관심을 가지고 있다. 끊임없이 방향을 바꾸는 하나의 줄에서 시작할 수도 있다. 토요 이토(Toyo Ito)와 함께 계획했던 서펜타인 파빌리온(Serpentine Pavilion)에서 나는 하나의 표면인 동시에 하나의 구조를 창조하는 방식의 체계를 발전시켰다."[49] 만약 발몽드가 런던 서펜타인 파빌리온(2002)에 관해 직조나 매듭을 설명하고자 했다면, 이토는 상호의존성을 강조했다. "각 요소가 인접한 다른 요소들과 복합적 상호의존성에 놓여지며 전방위적인 균형(équilibre overall)이 보장된다."[50]

서펜타인 갤러리 파빌리온은 하나의 표면, 혹은 구조인 하나의 "두꺼운 평면(plan épais)"[51], 또는 두꺼운 평면인 하나의 표면을 발전시켰다. 상부의 수평적 '두꺼운 평면' (지붕)과 측면의 수직적 '두꺼운 평면' (입면)은 하나의 연속적 외피(une enveloppe continue)를 형성한다. 외피가 펼쳐질 때, 특히 모서리조차도, 어떠한 구분이 없었다. 이런 점에서 우리는 서펜타인 갤러리 파빌리온을 '골조화된 섬유조직' 으로 분류할 수 있다. 반대로 앞서 분석했던 콜하스의 플루아락 주택 사례는 연속성의 유형을 지니지 않는다. 오히려, 철근 콘크리트 상자, 철골 포르티코, 콘크리트 원통, 철골 보, 케이블 등 서로 상이하고 이질적인 요소들을 바탕으로 한 설계이다. 물론 이 요소들도 전체의 균형을 만들기 위해 서로 상호의존적이며, 그렇기 때문에 이 주택과

49 「Entretien avec Cecil Balmond. Tresser, tisser, entrelacer」, op. cit., 57쪽 (불어 번역문).
50 『*El Croquis*』, no 123 ("Toyo Ito 2001-2005"), 2005, 174쪽.
51 나는 "plan épais (두꺼운 평면)" 에 대해 다시 다룰 것이다. 본 책 135-137쪽 참조할 것.

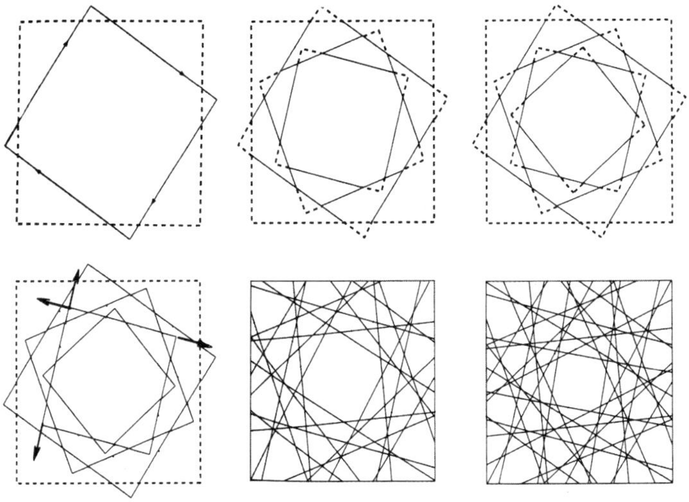

토요 이토, 서펜타인 갤러리 파빌리온 (2002), 런던. 외피의 섬유조직을 생성하는 기하학적 알고리즘 개발.

같은 구조체를 '섬유조직화된 골조'라 칭하기로 나는 제안했던 것이다.

골조화된 섬유조직을 특징짓는 것이 그 섬유조직 자체의 연속성이라면, 이러한 시각적 연속성은 기저에 깔려있는 차이들을 감출 수 있다. 기하학적 알고리즘에서 시작된 서펜타인 갤러리 파빌리온의 선들에 대해 말할 때, 발몽드는 그 선들이 항시 구축적으로 같은 역할이나 필요성을 지니는 것이 아니라고 밝혔다. 그에 따르면 "먼저 몇몇 선은 하중의 전달(transfert)을 맡으며, 다음 몇몇 선은 횡력에 대한 보강(contreventement)을, 그리고 다른 것들은 상자 표면의 무작위적 모티브(motif aléatoire)를 따르고 있을 뿐이다."[52]

2000년대 초부터 골조화된 섬유조직[의 사례들]은 모든 종류의 프로그램들을 위해서 발전되어 왔다.[53] 그리고 부분적인 요소들이나 전반적인 외피들에 적용되며, 평범하거나 심지어 지루하게 느껴질 정도가 되기도 했다. 물론, 지금까지 내가 다루지 않았지만, 컴퓨터 수단들은 그래픽 묘사, 구조 계산, 공장제작에 매우 자주 필수적인 것이 되었다. 이는 섬유조직화된 골조[의 사례들]에서도 마찬가지였다.

다양하게 설정된 망사 형상으로 이루어진 외피들 가운데, 그리고 많은 장식적 모티브들이 연이어 나타나기 전에, 가장 단순한 것은 기본적으로 마름모꼴 그물망에 가까웠다. 앞서 다루었던[54] 헤르조그 & 드 므롱의 프라다 아오야마 건물이나 콜하스의 시애틀 공공도서관의 경우가 그러한 사례였다. 시애틀 공공도서관의 마름모꼴 모티브 형상을 묘사하기 위해

52 「Serpentine Gallery Pavilion 2002」, 『A+U』, 특별호 "Cecil Balmond", op. cit., 49쪽.
53 이 주제[구조적 장식]와 관련해 Cornelia Tapparelli Portilla Kawamura의 박사논문을 참조할 것 : 『*Histoire d'une contamination. Du "hangar décoré" à l'ornement structurel*』, Ecole polytechnique fédérale de Lausanne, 2013.
54 본 책 23-24쪽과 70-71쪽 참조.

OMA-렘 콜하스, 시애틀 공공도서관(1999-2004). 마름모꼴 그물망인 건물 외피 사진.

설계 당시의 콜하스는 섬유조직적인 측면을 강조하는 단어들을 순차적으로 사용했다. "정말 흥분시키는 것은, 피부가 전체를 짊어지고 있다는 점이다. 결국 피부는 구조이기도 하다. 그것은 보들의 엮음(lattice/entrelac)이며, I 형강과 튜브형 보들의 매듭(weave/tressage)이다 […]. 우리는 철골, 콘크리트, 유리로 된 어떤 섬유(tissue/tissu)—어떤 매듭을 어떻게 창조할 것인가 고민하는 중이다."[55]

전체 안전성을 위해 선택된 기능하는 외피는, 바람이나 지진에 의한 움직임 때문에 발생하는 수평적 역학의 전달을 용이하게 한다. 이러한 선택은 공공 공간을 방해할 정도로 과도한 수의 수직 기둥들을 줄일 수 있도록 한다. "자유로운 지지대(supports libres)의 개념은 플랫폼을 철골의 정글로, 외피를 외골격(exosquelette)으로 변모시킬 수 있다. 반면에 전통적인

55 「A conversation between Rem Koolhaas and Sarah Whiting」, 『*Assemblage*』, no 40, 1999년 12월, 50쪽.

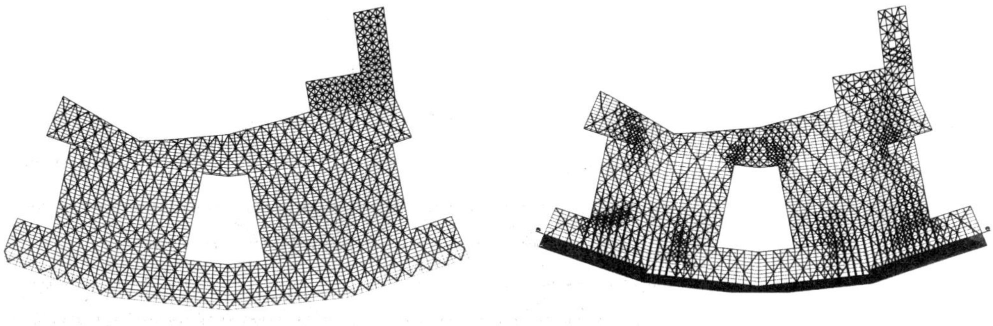

OMA-렘 콜하스, 북경 CCTV (Central China Television, 2002-2012). 기본 패턴과 발전된 건물 외피 그리드 패턴.

세실 발몽드 :
"패턴이 다양해지는 것처럼, 위에서 아래로 하중이 전달되는 일반적 의미가 상실된다. 패턴은 연속성 위에서 강조된다 [⋯]." (『A+U』, 특별호 "Cecil Balmond", 2006).

골격구조체(charpente)는 공공 공간을 숲으로 만들었다."[56] 결국 상호의존성은 구축적일 뿐 아니라 프로그램의 요구에 응답하는 것이기도 했다.

북경 CCTV 건물(Central China Television, 2002-2012)의 설계에서는, 시애틀과 동일한 외피 개념이 채택되었다. 다만 이번에는, 발몽드가 묘사한 것처럼, 비규칙적인(irrégulaire) 매듭으로, 장소에 따라 느슨해진 그물망의 섬유를 형성하는 듯한 격자였다. "사선의 네트워크가 건물 외피－입면들과 지붕들－를 삼각 분할한다. 모든 외피가 하중을 배분, 분산시킨다. [⋯] 하중이 집중되는 곳에는 더 많은 사선들을 추가한다. 반대로 과도하게 설정된 곳에는 요소들을 제거한다. 그 결과는 비규칙적 격자로, 일반적 하중에서부터 심각한 지진의 가능성까지 고려한 다양한 역학적 조건 속에서 구조의 현실적 긴장감을 그대로 반영하고 있다."[57] 비규칙적 사선 격자와 관련해, 발몽드는 역학의 반응적 특성을 강조했다. "230미터 높이의 CCTV 건물 전체에서 역학은 반응적(réactives)이며, 지속적 교류 순환(boucle d'un échange continuel) 상태에 잘 적응한다."

2008년 북경 올림픽 경기를 계기로 지어진 다수의 거대 프로젝트들이 섬유조직화된 외피의 문제의식을 보여주고 있다. 그 중 PTW 건축사무소의 올림픽 수영장, "워터 큐브(Water Cube)"(2003-2008)가 있으며, 무엇보다 헤르조그 & 드 므론의 올림픽 주경기장(2002-2008)이 대표적이다. 후자의 설계안에 대해 건축가는 외피 자체가 공간임을 주장했다. 관람석에 입장하려는 관중들이 그 속에서 움직여 다니기 때문만이 아니라, 외피 전체가 그 어떤 요소도 제거될 수 없는 하나의 격자를 형성하고 있다는 사실에 기반한 주장이었다. 건축가는 말했다. "주경기장의 모습은 순수한 구조이다. 입면과 구조는 동일하다. 구조적 요소들이 서로 상호보완적으로 지지한다. 그리고 하나의 격자를 형성하는데, 서로 엮인 잔가지들(intervowen twigs)로 이루어진 어느 새둥지(un nid d'oiseau)와 흡사한 것을 형성한다."[59] 건축가가 참고하는 서로 다른 유추와 이미지들, 예를 들어 바구니 또는 새둥지는, 모두 매듭으로 이루어진 구조, 섬유조직들이었다.

56 『*Seattle Public Library*』. OMA/LMN, Barcelone, 2005, 112쪽.
57 『*A+U*』, 특별호 "CCTV by OMA", 2005년 7월호, 56쪽.
58 『*A+U*』, 특별호 "Cecil Balmond", op. cit., 275쪽.
59 『*El Croquis*』, no 129-130 ("Herzog & de Meuron 2002-2006"), 2006, 350쪽.

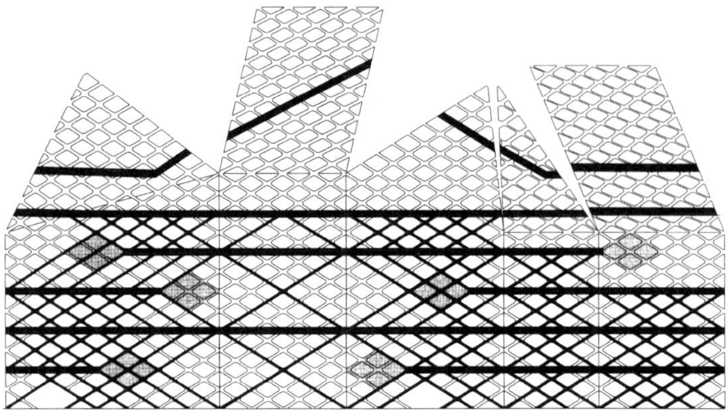

헤르조그 & 드 므론, 프라다 아오야마 건물 (2000-2003), 도쿄. 바닥층을 잇는 사선 요소들을 흑색으로 표현한 건물 외피 발전안.

여기서 주목할 것이 있다. 잔가지들의 상호의존성은 마지막 순간에 [전체의] 엮인 형태를 태동시켰다. 그러나 사실 특정 잔가지는 다른 것과 구분되는 구조적 역할을 하고 있으며, 이를 파악할 수 있는 기회는 공사 중인 순간이 유일했다. 실제 주 구조체는 경기장의 타원형 개구부에 접하며 교차하는 포르티코들(portiques)로 형성되었다. 그리고 다른 잔가지들은 이차적인 구조물로 포르티코들을 서로 이으면서 주경기장의 단일한 이미지를 만드는 전반적인 장식 외피를 창조했다.

다시 도쿄 프라다 아오야마 건물로 돌아가자. 건물의 마름모꼴 모티브 외피는 "수정(cristal)"의 동질적인(homogène) 전체의 표면처럼 보인다. 이는 외부 뿐 아니라 내부에서도 마찬가지이다. 그러나 마름모꼴 격자가 결국 동질적인 것으로 보이더라도, 그것의 형성 자체는 그렇지 않았다. 건물 바닥판 연결을 위해 사선을 따라, 그리고 외피에 특별히 요구되는 특정 밀도에 따라, 외피 격자는 부분적으로 강화되어야 했다. 그렇지만 이러한 사실은 똑같은 덮개 부재로 격자를 씌워 마감해 감추어졌다.

그러나 하나의 전체를 형성하는 요소들 사이의 위계를 완전히 없애는 것이 바로 상호의존성이 추구하고자 하는 이상 아니었던가?

섬유조직화된 골조나 골조화된 섬유조직이 취하고 있는, 사실 너무나 많은 형태들의 목록을 작성해 열거하는 것은 불가능하다. 내가 했던 구분은 텍토닉적(tectonique)[역주4]문제와 관련해 두 가지 요점을 이끌 수 있다.

첫 번째는 섬유조직화된 골조와 관련된다. 이것은 컬럼과 아키트레이브, 각기둥과 인방, 기둥과 바닥판 사이의 보완성(complémentarité)에 의해 강제되거나, 또는 책상구조의 패러다임에 의해 강제되는 것과는 다른 텍토닉을 제안하고 있다고 고려할 수 있다. 구조적 상호의존성, 즉 구축적 사고가 항상 중심이 되고 있는 와중에, 우리는 지속적으로 텍토닉의 표현에 대해 말할 수 있게 되었다고 생각할 수 있다. 물론 "형태의 본질이 자신의 골격구조체(charpente)인 것을 멈추게"[60] 될 때 텍토닉의 차원이 사라

[역주4]: Tectonic(텍토닉)은 목수 또는 석공을 의미하는 그리스어 tekton에 기원을 둔다. 건축의 본질, 건축의 형태나 표현의 본질이 건축구조나 건물 전체를 구축하는 기술에 근거한다는 개념이다. 이와 관련해 다음 참조할 것 : Kenneth Frampton, 『*Studies in Tectonic Culture: The Poetics of Construction in Nineteenth and Twentieth Century Architecture*』, MIT Press, 1995

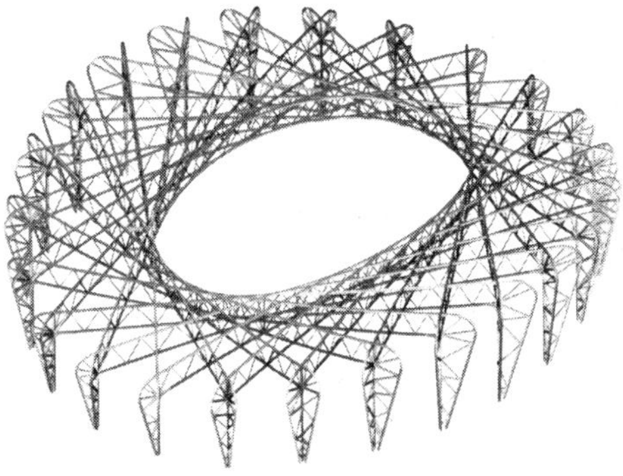

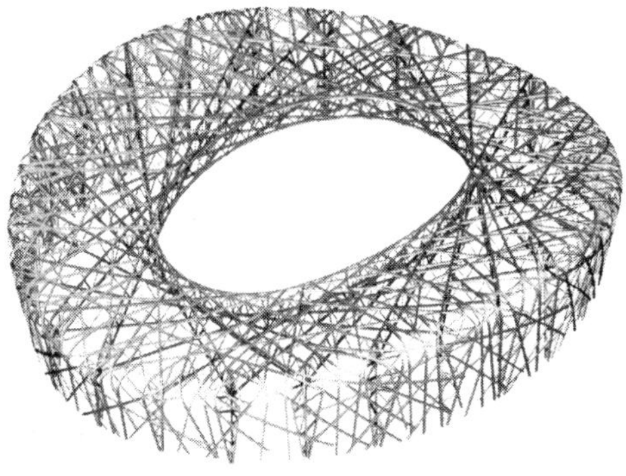

지게 된다고 말했던 하인리히 뵐프린(Heinrich Wolfflin, 1864-1945) 같은 이가 부여하던 [전통적 텍토닉의] 의미와 점점 멀어지거나 아예 관련이 없어질 수 있더라도 말이다. 어떤 경우는, 플루아락 주택에서 본 것처럼, 그 균형 논리가 지적으로 즉각 인식되지 않는다. 또 다른 경우는, 파스펠스 학교에서 본 것처럼, 골격구조체라기 보다 감각류와 관련된 것들이다.

두 번째 요점은 골조화된 섬유조직과 관련된다. 사례들 중 다수는 빈번하게 외피와 관계되는데, 텍토닉의 표현은 가려지고 지워지거나 용해된다. 그 기하학적 모티브는—시애틀 공공도서관이나 프라다 아오야마 건물의 경우처럼—규칙적이거나, 아니면—북경 CCTV 건물의 경우처럼—비규칙적이고 상대적으로 복합적이다. 그리고 연속성에 의해 건물 볼륨을 표현하는 그물 무늬(filet)를 만들어낸다. 따라서 텍토닉의 표현을 말하는 것은 어려우며, 장식적(ornementale) 측면이 매우 빈번하게 중시되고 있다.

헤르조그 & 드 므론, 올림픽 주경기장(2002-2008), 북경. 건물 사진과, 위의 외피를 두 단계로 형성하는 일차적 구조 및 이차적 구조 이미지.

60 Heinrich Wölfflin, 『*Principes fondamentaux de l'histoire de l'art. Le problème de l'évolution du style dans l'art moderne*』, Paris, 1966 『*Kunstgeschichtitliche Grundbegriffe*』, Munich, 1915의 불어 번역), 148쪽.

제4장

유기적

Organique

앞 장에서 다루었던 섬유조직적 건축은 자주 "유기적(organique)"이란 단어를 사용해 표현되도록 한다. 섬유조직을 만드는 관계들이 하나의 전체 속에 있는 모든 요소들을 내적으로 통일하기 때문이며, 또 어떤 요소가 제거되면 그 전체가 곧 위태로워지기 때문이다.

부분과 전체의 관계를 수립하는 방식은 예술적, 건축적 문제의식들의 중심에 있어왔다. 오랫동안 구성(composition)은 전체를 형성하기 위해 요소들과 부분들의 위계를 만들어왔고, 그 균형을 이루어내고자 했다. 과연 유기적 설계개념은 이와 다른 방식으로 발전되는 것일까? 또 새로운 형태적 관심사들로 이어지는 것일까?

이 질문들을 다루기에 앞서 나는 유기적 설계개념이 "자연 속에서" 발견된 형태를 충실히 모방(imitation)하는 것을 뜻하지는 않는다고 분명히 밝히고 싶다. 건축적 형태와 자연적 형태 사이의 "유기적" 관계는 단지 구조적인 것일 뿐, 모방적 혹은 유추적인 것은 전혀 아니라고 인식한다.

이와 같은 유기적 문제의식이 명확하게 제기되고 발전되었던 것은 바로 라이트(Wright)에 의해서였다.

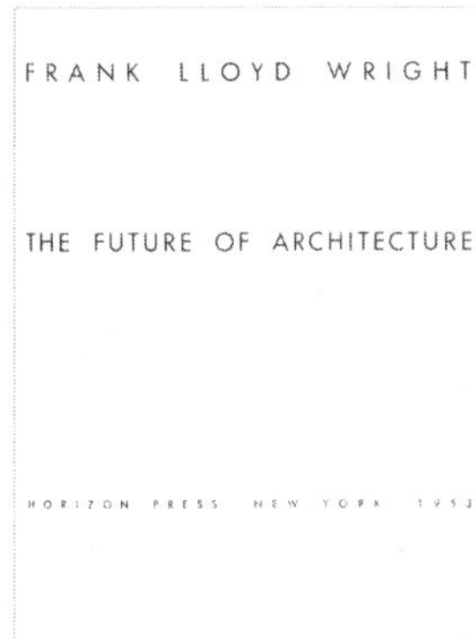

『*The Future of Architecture*』, New York, 1953. 책의 시작페이지와 맞은편 페이지의 프랭크 로이드 라이트의 사진.

프랭크 로이드 라이트, "전체가 부분에 속한 것처럼 부분이 전체에 속하는 것"

Frank Lloyd Wright, "Part-to-whole-as-whole-is-to-part"

1953년 5월 17일 라이트의 라디오 인터뷰 내용과 그 당시의 사진들은 그의 저서 『건축의 미래(*The Future of Architecture*)』에 실리게 되었다. 여기서 그는 "유기적인" 구축의 문제를 제기했다. "유기적 건축과 관행적 건축의 차이는 무엇인가"[1]라는 질문에 답하며 라이트는 먼저 각기둥-보로 구축되는 방식인 관행적 건축을 묘사했다. 이 때의 사진에서 보이듯, 그는 주먹진 손(기둥/post) 위에 열린 손(보/beam)을 얹는 몸짓으로 표현했다. 이와 대조적으로 그는 양손의 손가락들이 얽혀 떨어질 수 없는 몸짓으로 유기적 구축을 의미해 표현하고자 했다.

1 Frank Lloyd Wright, 「Entretien」 (1953), 『*L'Avenir de l'architecture*』, Paris, 2003 『*The Future of Architecture*』, New York, 1953의 불어번역), 29쪽.

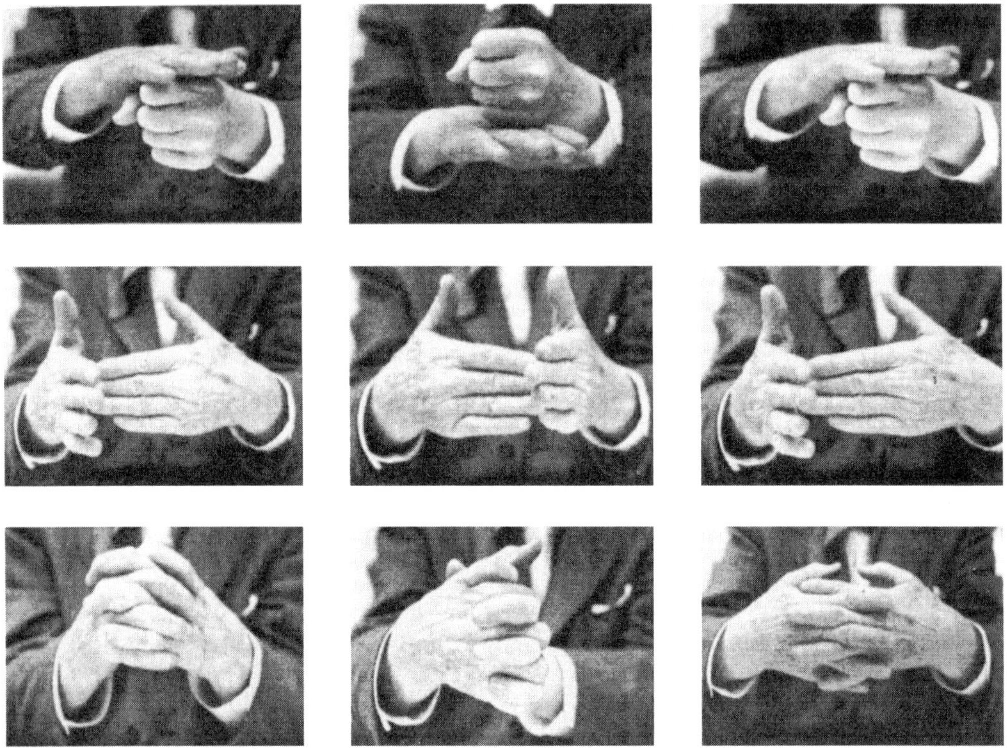

유기적 건축을 설명하는 프랭크 로이드 라이트의 손과 몸짓. 이미지 발췌 : Frank Lloyd Wright, 『*The Future of Architecture*』, 1953.

말과 몸짓을 통한 라이트의 설명은 옛 건축개론서들에서 수없이 언급되었던 컬럼(colonne)과 아키트레이브(architrave)와 같이 각기둥과 보에 의존했던 기존의 구축체계에 대한 그의 반감을 드러내고 있었다. 그가 반대하는 [전통적] 구축체계는 로지에(Laugier)가 중요하게 다루었던 원시오두막(cabane primitive) 개념에서 [건축의] 기원으로 대했던 것이었다. 과거 그리스 신전에서도 사용되었던 이 구축체계와 패러다임은 앞서 보았듯이 발몽도에게는 판과 다리들로 이루어진 책상[2]일 수도 있겠다. 라이트는 모든 요소들을 연결시키는 건축을 "유기적"이라 칭했다. 그 건축은 상호의존성(interdépendancé)과 상호성(réciprocité)의 일반적 관계 속에 형성되는데, 그 안에서는 "전체가 부분에 속한 것처럼 부분이 전체에 속한다(*organic means part-to-whole-as-whole-is-to-part*)"[3].

유기적 설계개념이 유발하는 본질적 결과로 요소들과 전체 사이, 부분들과 전체 사이에는 상호성과 연속성(continuité)이 존재하게 된다. 특별히 구축적 연속성도 부각된다. 기둥/보 체계가 "비연속적(discontinu)"이라면 유기적 구축은 "연속적(continu)"이다. 그의 도쿄 제국호텔(1915-1923)에

2 본 책 76쪽.
3 Frank Lloyd Wright, 「Vocabulaire de l'architecture organique (유기적 건축의 어휘)」 (1953), 『*L'Avenir de l'architecture*』, op. cit., 359쪽.

대해 라이트는 1923년 대지진 때에도 그의 건물이 견딜 수 있었던 이유로 철근 콘크리트의 연속적 구축을 설명했다. 지진충격파에 호텔이 저항할 수 있었다면 "하나의 갑옷(un cuirasse)"4, 자체로 견고한 갑각류 등껍질(carapace)에 흡사했기 때문이었다.

"전체가 부분에 속한 것처럼 부분이 전체에 속한다"는 명제가 초래하게 되는 추가적 결과인 캔틸레버의 사용은, 라이트의 유기적 건축 즉 연속적 구축의 특징적 성격이자, 고유한 어휘가 되었다. "구조적 연속성을 지향하며 기둥과 보를 삭제"5하기 위해 수직요소와 수평요소 간의 연속성이 존재해야 했고 "벽은 바닥판과 혼합되어 서로 영향을 미치"6는 것이 필요했다. 라이트는 쟁반을 받치는 카페 종업원의 이미지를 통해 제국호텔을 설명했다. "[…] 카페종업원이 팔을 올려 손가락 끝으로 쟁반 중앙을 받치며 그 하중의 균형을 잡는 것처럼 우리가 바닥판을 지지할 수는 없을까? 결국 하중 전체를 바닥판 아래 중심으로 집중시켜 지지함으로, 바닥판을 벽끝단 위에 올려놓던 일반적 방식을 대체할 수 있을 것이다."7

라이트는 유기적 구축의 연속성을 "가소성(plasticité)"이라 명명했다. 자신의 건축을 이해할 수 있는 본질적 개념으로 다음과 같이 의미를 부여했다. "결정적 단어 '가소적(plastique)' [이란 개념]은 재료들의 특질과 본성이 '흐르거나 성장하는(flowing or growing)' 형태로 보이는 상태를 의미하며, 잘린 조각덩어리들의 조립(assemblage)을 대체한다."8 물론, 가소성은 반-구성적(anti-compositionnelle)이다. 즉 "기둥과 보"의 구축체계처럼 구분되는 요소나 부분들의 구성 또는 조립으로 만들어지지 않는다. 연속성, 가소성의 이상은 뉴욕 구겐하임 미술관(1943-1956)에서 발견될 수 있었다. 1957년 출판된 그의 책 『유언(*Testament*)』에서 라이트는 이 건물에 대해 다음과 같이 명시했다. "우리는, 격실들의 세포적 구성(composition cellulaire)이 아니라, 하나의 연속적 바닥판 위에 하나의 거대한 공간을 구축하는 중이다."9 그는 구축체계에 대해 추가 설명을 이어나갔다. "기둥/보의 관례적 형식이 아니라, 캔틸레버, 연속성의 구조적 산술이다. […] 건물 내부의 모든 것은 통일되어 파괴가 불가능하다."10

프랭크 로이드 라이트, 구겐하임 미술관 (1943-1956), 뉴욕. 수평, 수직적 표면들의 연속성을 볼 수 있는 미술관 내부의 거대 공간.

4 Frank Lloyd Wright, 「Aspects de l'architecture de l'avenir (미래 건축의 성향)」 (1937), in 『*L'Avenir de l'architecture*』, op. cit., p. 333쪽.
5 Frank Lloyd Wright, 『*Autobiographie*』, Paris, 1998 (불어번역본으로 영어 원서는 『*An Autobiography*』 (1932)이며 『*Frank Lloyd Wright Collected Writings*』, Volume 2, New York, 1992에서 재인용), 165쪽.
6 Ibidem.
7 Ibidem, 194쪽.
8 Frank Lloyd Wright, 「L'architecture modern (근대 건축)」 (1930), 『*L'Avenir de l'architecture*』, op. cit., 110쪽.
9 Frank Lloyd Wright, 『*Testament*』, Marseille, 2005 (『*A Testament*』, New York, 1957의 불어번역), 147쪽.
10 Ibidem.

주름접힘

Folding

1990년대 초 아이젠만(Eisenmann)은 건축 설계와 그 구현을 위해 디지털 수단에 관심 갖기 시작했다. 그러면서 그는 "기계적(mécanique) 패러다임"과 "전자적(électronique) 패러다임"을 대조시켰다[11]. 기계적 패러다임은 근대주의(modernisme)의 패러다임이었다. 이 패러다임은 르네상스에서 계승된 인간중심의 단안적(monoculaire) 투시원근법과 연결되어 "축, 장소, 대칭 등에 따라 배치된 요소들과 더불어 조직된 공간이 지적으로 인식 가능한 구축(construction intelligible)인 것처럼 이해되었다." [12] 아이젠만은 이러한 "시각적 기계(mécanique de la vision)" [13]에 대한 대안, 기존 건축과 그 형태체계로부터 탈피한 자유로운 선험적 틀(cadre a priori), 자크 데리다(Jacques Derrida, 1930-2004) 철학의 도움으로 해체주의적(déconstruire) 틀을 찾아내고자 노력했다. 아이젠만은 "시각을 분해(disloquer)"하고 "시각을 지배하는 내외부 사이 위계를 분해"하거나 "데카르트적[합리주의적] 질서의 좌표계 격자에 대한 대안적 가능성" [14]을 제공할 수 있는 주름접힘(pli) 전략을 주장하면서 들뢰즈(Deleuze) 철학을 인용했던 첫 번째 건축가 중 하나였다. 주름접힘은 새로운 형태체계 등장의 전제조건이었을까. 아이젠만은 밝혔다 : "나의 주름접힌 설계안들은 원초적 시작이었다." [15]

1993년 건축전문지 『아키텍츄럴 디자인(*Architectural Design*)』은 그렉 린(Greg Lynn, 1964)의 주도로 "건축의 주름접힘(Folding in Architecture)" [16]을 다루었다. 이는 주제와 관련한 최초의 주요 출판물이었다. 여기서 들뢰즈의 책, 『주름접힘. 라이프니츠와 바로크(*Le Pli. Leibniz et le baroque*)』(1988)의 첫 장 「물질의 펼쳐짐(Les replis de la matière)」의 번역문이 마치 시연(avant-première)인 것처럼 실렸다. 아직은 들뢰즈의 책이 철저히 해석되지 못했던 때이기도 했다[17]. 『아키텍츄럴 디자인』에는 린의 글, 「건축적 곡선성: 접힘, 구부러짐, 유연함(Architectural Curvilinearity : the Folded, the Pliant and the Supple)」도 실렸는데, 그는 비교적 최근인 이삼십 여년 전부터 새로운 문제의식들이 발전되어 왔다고 가정했다. 그에 따르면, 벤츄리(Venturi)의 『건축의 복합성과 대립성(*Complexity and Contradiction in Architecture*)』(1966)부터 로우 & 프레드 코에터(Fred Koetter, 1938)의 『콜라쥬 도시(*Collage City*)』(1978), 그리고 데리다의 기여가 중요했던 1980년대 해체주의(déconstructiviste) 일화에 이르기까지, 건축적 사고는 모두 다음의 현상들에 매료되

11 Peter Eisenman, 「Déplier la vision : L'architecture á l'ère des medias électroniques」, 『*Marnes. Documents d'architecture*』, no 1, 2011 (「Visions' Unfolding : Architecture in the Age of Electronic Media」, 『*Domus*』, no 734, 1992년 1월호의 불어번역).

12 Ibidem, 392쪽.

13 Ibidem.

14 Ibidem, 401쪽 (들뢰즈의 책은 1988년 출판되었다: 『*Le Pli. Leibniz et le baroque*』, Paris). 데카르트적 시각에 대하여 본 책 164-165쪽 참조할 것.

15 Ibidem, 400쪽.

16 Greg Lynn (ed.), 『*Architectural Design*』, Profile 102 ("Folding in Architecture"), 1993.

17 Gilles Deleuze, 『*The Fold : Leibniz and the Baroque*』, Minneapolis, 1993.

그렉 린(Greg Lynn Form), 카디프 베이 오페라하우스(Cardiff Bay Opera House, 1994), 카디프, 웨일스. 현상설계안으로 당선작은 자하 하디드의 안이었음.

었다. "불연속적, 조각난, 이질적인 것의 전개, 특정 프로그램과 부지 사이의 관계에 있어 부적합, 병치, 대조적인 것에 기반한 형태적, 사선적 전략들의 전개이다. 이러한 분열들(disjonctions)은, 서로 다른 요소들 간의 잠재적 대립들을 확인하려는 어떤 논리로부터 귀결된 것이다."[18]

조각난 이질적인 것의 전개, 대립들을 부각시켜 드러내는 건축들에 대한 반응은 린의 눈에 "단일성(unité)에 대한 반동적 호소"[19]로 보였다. 이러한 호소는, 린의 대략적 분류에 따르면, 네오클라식(néoclassique), 네오모던(néomoderniste), 지역주의적(régionaliste) 운동들이 재현시키고 있었다. 그의 목표는, 단일성과 조각화(fragmentation) 사이의 대조를 초월하는 것이었고, "그 발전이 현재 진행중으로, 변증법적 대조의 전략을 피할 수 있는 매끄러운 조직(smoothness)"[20]을 추구하기 위함이었다. 또 다른 개념인 복합성(complexité)을 위해 새로운 아방가르드(avant-garde)가 탄생한 것이다. "아마도 처음으로 복합성이, 단일성이나 대립성이 아니라, 매끄러운 것(lisse)과 유연한 것(souple)의 혼합에 의존할 수 있게 되었다."[21] 위상학적(topologique) 기하학, 형태학(morphologie), 그리고 수학자 르네 통(René Thom, 1923-2002)의 카타스트로피 이론(théorie des catastrophes), 형태발생학(morphogénèse) 등에서 그 원천을 발견할 수 있었다. 그러나 핵심적인 기반은 들뢰즈 & 펠릭스 가타리(Felix Guattari, 1930-1992)의 책 『천개의 고원(*Mille plateaux*)』이었다. 그것은 "매끄러운 공간(espace lisse)"의 묘사였는데, "홈패인 공간(espace strié)"과의 대조적 개념으로서, 책 속에 실린 다양한 분야의 사례들을 통해 시각화되었다.

그 중 한 사례인 직물(tissu)과 펠트(feutre)의 대조는 린의 특별한 주목을 끌었다. 직물이 직조되기 위해서 선적 연결과 짜임이 필요하다면, 이와

18 Greg Lynn, 「Architectural Curvilinearity : the Folded, the Pliant and the Supple」, 『*Architectural Design*』, Profile 102, op. cit., 8쪽.
19 Ibidem.
20 Ibidem.
21 Ibidem.

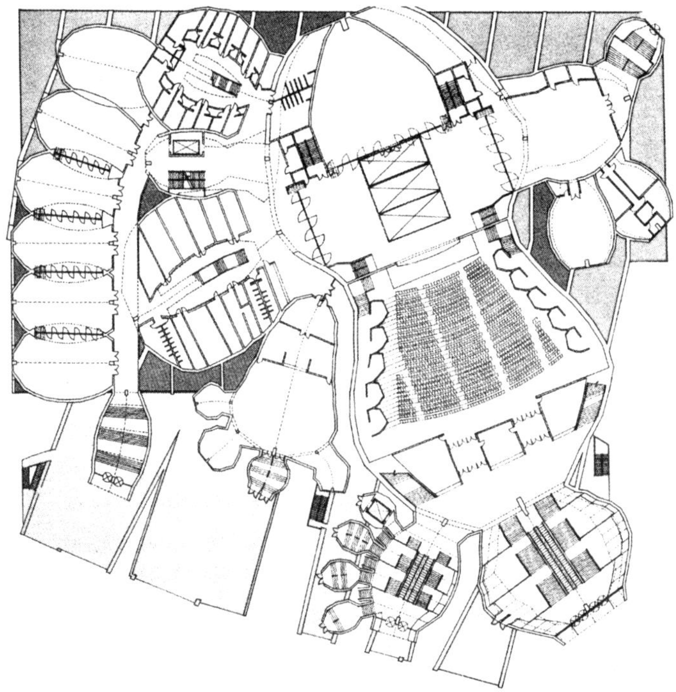

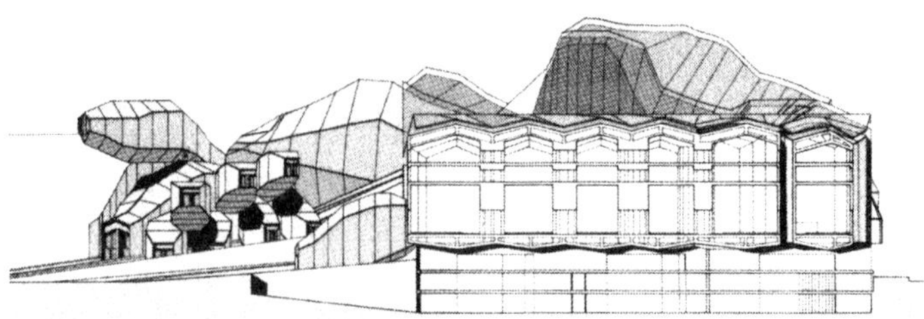

그렉 린(Greg Lynn Form), 카디프 베이 오페라하우스(Cardiff Bay Opera House, 1994), 카디프, 웨일스.

그렉 린 : "이 계획안에서 우리가 가진 야망은, 동시에 맥락적으로 감각적이며 급진적으로 외계의 것(alien)같은 건물을 설계하는 것이었다." (Greg Lynn Form, 2006).

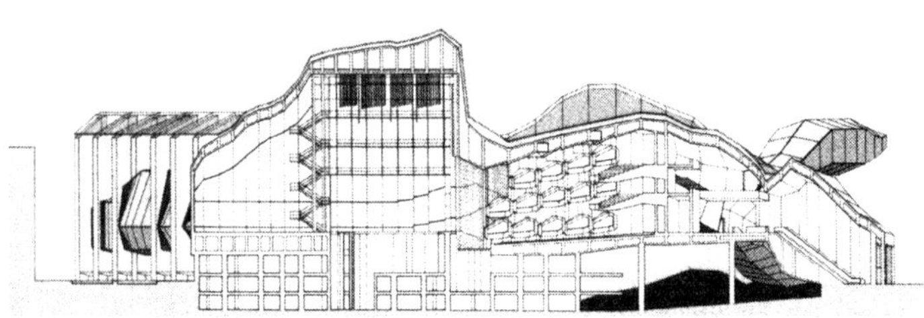

대립적인 펠트는 "반-섬유(antitissu)"로 추론되었다. 펠트와 관련해, 린은 들뢰즈 & 가타리를 다음과 같이 길게 인용했다. "[…] 실을 빼어 내거나 엮음(entrecroisement) 없이 압착(foulage)에 의해 섬유의 복잡한 얽힘(enchevêtement)이 만들어진다 […] 서로 얽혀진 극소 비늘(micro-écailles)이다. 이같은 뒤엉킴(intrication)의 결합체는 전혀 동질적이지 않다. 그럼에도 불구하고 매끄럽고, 또 직물의 공간과 정확히 대조된다 (그것은 직선 방향으로 끝이 없으며, 모든 방향으로 열려있고 무한하다. 이면도, 장소도, 중심도 없다. 확정된 것과 유동적인 것을 정하지 않고 연속적인 변동(variation continue)을 배분한다)." 22

들뢰즈 & 가타리가 펠트를 통해 묘사하고 있는 것은 어떤 건물을 쉽게 연상시킬 수 있다. 건물의 외피는 부드럽고 휘어진 선형 형태를 취할 수 있다. 린의 표현처럼 "매끄러운 혼합물들(mélanges lisses)은, 다른 자유로운 요소들이 연속적 영역 속에 섞여 있음에도 통합성을 유지하고 있는 잡다한 요소들로 이루어졌다"23. 그렇기에 '매끄러운 혼합물들'은 '홈패인 오브제들(objets striés)'과 대척점에 있다. 또 특별히 건축과 관련해서는, 자율성(autonomie), 뼈대(squelette), 골격구조체(charpente), 골조(ossature)를 드러내던 [건물] 오브제들과 대척점에 있다. 강력한 가소성(plasticité)이 돋보이는 매끄러운 혼합물들은 휘어지고 부드러운 표면들을 수반한다. 들뢰즈 & 가타리가 규정했고 린이 인용한 표현에 따르면 그것은 "연속적 변동, […] 형태의 연속적 발전"24이었다. 형태는 곧 전무후무한 복합성에 도달하게 되나, 대부분 (이상적인) 이미지의 상태에 머무르게 될 것이다. 섬유의 복잡한 얽힘을 지칭하고자 들뢰즈 & 가타리는 뒤엉킴(intrication)이란 단어를 사용했다. 린도 영어 동의어 intricacy를 사용했음을 주목하자. 주름접힌 형태를 이해하는데 있어 이 단어는 핵심적 관건이 될 것이다. 주름접힘, 구부러짐, 유연함이란 단어가 외형적 형태들, 빚어진 형태들, 실루엣의 형태적 특성들을 지칭한다면, 뒤엉킴이란 단어는 구조적 질서에 속한 관계들을 묘사하고 있기 때문이다.

"건축의 주름접힘"을 다룬 『아키텍츄럴 디자인』는 해당호에서, 전자 패러다임 시대의 집합주택단지로서 아이젠만의 프랑크푸르트 레브스톡파크(Rebstockpark) 도시설계안(1990-1994)을 중요하게 소개했다. 설계안의 설명문에는 들뢰즈가 다시 언급되었다. 아이젠만에 의하면, 주름접힘은 합리주의적 좌표의 설계개념에서 멀어진 "공간과 시간의 신 설계개념"25을 선보이는 것이었다. 양대 세계대전 사이에 계획된 집합주택단지(Siedlung)들이 (기계적) 반복과 표준화(standardisation)로 특징지어졌다면, 레브스톡

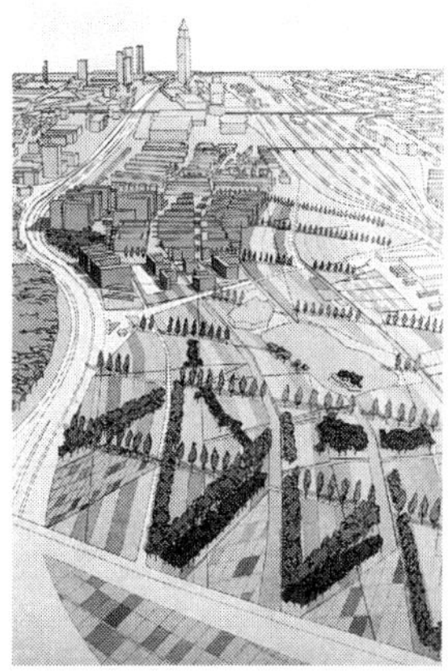

피터 아이젠만, 레브스토크파크 설계안(1990-1994), 프랑크푸르트. 주거 지역의 부지 전체 이미지.

22 Ibidem, 9쪽. Gilles Deleuze & Félix Guattari, "14. 1440 - Le lisse et le strié", in 『*Capitalisme et schizophrénie 2 - Mille plateaux*』, Paris, 1980, 594쪽의 인용. 다른 문제의식과 관련된 펠트 주제에 대해 본 책 141-142쪽 참조.
23 Greg Lynn, 「Architectural Curvilinearity : the Folded, the Pliant and the Supple」, op. cit., 8쪽.
24 Gilles Deleuze & Félix Guattari, 「14. 1440 - Le lisse et le strié」, op. cit., 597쪽.
25 Peter Eisenman, 「Folding in Time. The Singularity of Rebstock」, 『*Architectural Design*』, Profile 102, op. cit., 23쪽.

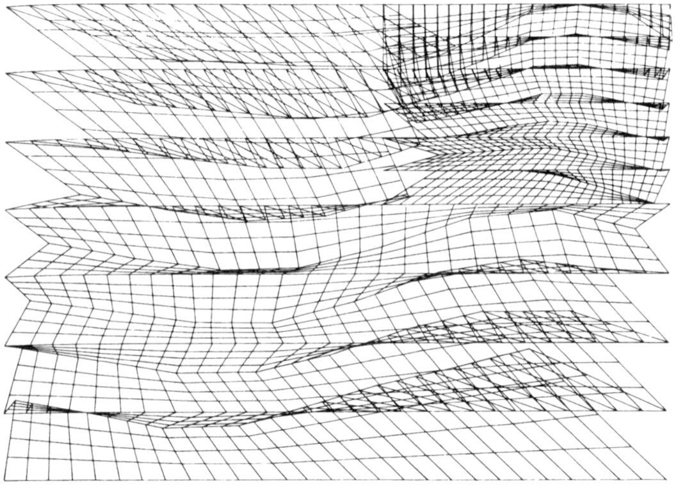

피터 아이젠만, 레브스토크파크 설계안(1990-1994), 프랑크푸르트.
위 : 설계안 전체 모형.
반대편 : 평면 배치용 바탕의 변형 개념 다이어그램 ; 위 모형 외곽은 다이어그램의 상부 오른쪽의 가장 밀도높은 홈 부분과 일치한다.

파크는 반복과 개별성 사이의 새로운 현대적 연합(aillance)으로 조화를 부여하는 유형으로 인식될 수 있다. 레브스톡파크는 특이성(singularité)을 문제제기하는 새로운 방식으로 특징지어진다. 아이젠만에 따르면, "특이성은 그 배경(ground) 혹은 어떤 형상(figure form)으로부터 드러나지 않는다. 특이성을 가능하게 하는 것은, 바로 시간 속에서 펼쳐지는(unfolding in time) 질적 특성에 의해서이다."[26] 레브스톡파크는 판상형 건물들(barres)과 개방형 단지블록들(ilots)로 배치가 일반화되었던 "[근대주의의] 전통적" 집합주택단지를 닮기도 했다. 그러나 그 선들은 직선 또는 곡선으로 접혀 직각격자에 비해 훨씬 유연했다. 이 설계안이 차별화되는 것은, 단위화(modulations)의 과정, 수평 수직의 가변(déformations) 과정, 단계적(sérials)인 주름접기(pliages)에 흡사한 과정적 결과로서의 건물들로 이루어진 건축 자체에 의해서였다. 건물 각각은 결국 상대적인 특이성을 지닌다.

피터 아이젠만, 레브스토크파크 설계안(1990-1994), 프랑크푸르트.
위 : 주름접힌 건물들의 단지 모형.
바로 위 : 건물들이 연속되는 도로 이미지.

이제 두 가지 요점들을 정리할 수 있겠다. 첫째로 레브스톡파크 설계안은 주름접기를 무수히 실행(opérations)한 결과로서 여전히 해체주의적 에피소드 사례로 볼 수 있다. 반드시 컴퓨터 구현수단을 필요로 하는 것이 아니기 때문이기도 했다. 두 번째 요점으로 레브스톡파크 설계안의 발전 과정은 다이어그램적으로 인식될 수 있다. 아이젠만은 명시했다. "특이성은 어떤 사물이 반복되면서도 매번 다르게 증가될 수 있는 가능성을 허용한다"[27]. 이것은 어떤 다이어그램으로부터 무수한 배합들이 발생할 수 있음을 의미한다. 그럼에도 불구하고 이 발생들은 위상학의 진정한 성취인, "연속체(continuum) 속에서 형상과 배경의 분해(dissolution)"[28]를 추구하려는 목표와는 거리가 멀다. 비록 특정 이미지들이 마치 그런 것처럼 믿게 만들지만 말이다. 이러한 시각에서, 아이젠만은 다이어그램을 통해 자신이 수행한 "형태론적(morphologique)" 사용을, 실상은 콜하스의 방식일 수 있으며 그가 "유형학적(typologique)" 사용으로 지칭하는 것과 구별하고자 했다[29].

위상학적 혁명은 완수되었나?

Une revolution topologique est-elle accomplie?

1995년 작품집 『S,M,L,XL』를 출판한 후의 콜하스는, 새로운 디지털수단 추종자들이 그들의 신념 속에서 콜하스 자신이 "끝났다(fini)"[30]고 여기고 있음을 인식했다. 그는 린(Lynn)이나, 파르쉬드 무사비(Farshid Moussavi, 1965)와

26 Ibidem, 25쪽.
27 Ibidem, 24쪽.
28 Ibidem, 25쪽.
29 린과 아이젠만의 대화를 참조할 것: Greg Lynn (dir.), 『*Archéologie du numérique*』 (디지털의 고고학), Montreal-Berlin, 2013, 57쪽. 아이젠만은 그의 입장과 로우(Rowe)의 입장을 역시 구별했다. 후자는 다이어그램이 아니라 "파르티(parti)"에 관심을 가졌으며, 그것은 구성적(compositionnel)이라고 인식했다.
30 이러한 우려는 다음 글에서 드러난다: 「A conversation between Rem Koolhaas and Sarah Whiting」, *Assemblage*, no 40, 1999년 12월, 46쪽.

Foreign Office Architects를 창립한 알레한드로 자에라 폴로(Alejandro Zaera Polo, 1963), 카롤린 보스(Caroline Bos, 1959)와 UNStudio를 세운 벤 반 버켈(Ben van Berkel, 1957) 등의 작업들에 매료되었다고 고백이기도 했다. 그럼에도 불구하고 콜하스는 결국 "일반화주의적 태도를 지닌(généralisatrices) 그들의 야망을 신뢰할 수 없다"[31]고 느꼈다. 이 야망은 "형태를 초월한 순수 퍼포먼스, […] (의미론적) 의미를 초월해 순수 도구와 엄격한 실행"[32]을 겨냥한 디지털적 생동감들의 기교(virtuosité)에 도움 받았다. 옛 OMA 출신들도 다수 포함된 디지털 도구 추종자들의 입장은, 과연 콜하스가 당시 느꼈던 감정처럼, 정말 그를 우스꽝스럽게 만들려는 의도였을까? 다만 건축 설계개념에 곧 격변기가 닥칠 것이라는 그들의 확신은 의심할 여지가 없었다. 1990년대에는 설계과정에서 컴퓨터를 필수적 수단으로 인식하는 개념들이 급속도로 발전하고 있었다. 들뢰즈와 그의 『주름접힘』 속의 비교적 덜 난해한 문구들을 참조해 많은 보충설명들을 추가하고, 진지하나 때로는 모호한 해석들을 남발하고 있었다. 새로운 건축 세계의 선지자들은 급진적 변화를 주도하고자 했다. 과연 이를 혁명으로 부를 수 있을까?

베르나르 카슈 & 파트릭 보세, 오브젝틸 (무제), 1991-1998.

『주름접힘』에서 들뢰즈 스스로 여러 번 인용했던 베르나르 카슈(Bernard Cache, 1958)[33]를 살펴보자. 카슈는 뵐플린(Wölfflin)을 언급하나 그 사상에 고착되지 않은 채, 르네상스와 바로크 사이의 시기의 것과 동일한 전이(transition)에 우리가 직면하고 있다고 판단했다. "컴퓨터를 이용한 설계기술과 디지털 기기에 기반한 생산기술은 르네상스에서 바로크로 진입할 때 시각예술에서의 영향과 대동소이한 변형(transformation) 수단들을 제공할 것이다."[34] 디지털 수단을 통한 형태 설계개념은 부분들을 구성하거나 조립하는 것이 아니라 어떤 연속적 플럭스/흐름(flux continu)[역주1]과 비교될 수 있었다. 이러한 과정에 대해 카슈는 말했다. "귀착된 설계안의 형태는 비디오 영상의 플럭스 속에서 일시정지된 이미지일 뿐이다"[35]. 플럭스 개념은, 직각형태의 경직성과는 대척점에 있는, 유동적이고 유연한 형태 개념으로 이어졌다. 유연한 형태는 카슈와 파트릭 보세(Patrick Beauce, 1960)가 구상한 오브제들에서 나타났다. 이 오브제들을 들뢰즈는 "공간 주형틀(moule)과 관련되지 않고, 즉 형태-물질의 관계를 넘어 물질의 연속적 변동화와 형태의 연속적 발전을 유발하는 일시적 변조(modulation temporelle)와 관련된 오브제의 새로운 위상"[36]으로 설명하며 "오브젝틸(objectiles)"[역주2]이라 불렀다. 오브젝틸은 산업 시대 오브제처럼 표준(standard)으로 귀결되지 않고 "규격(norme)의 파동(fluctation)으로 법칙(loi)의 영속성(permanence)을 대체하며, […] 변동에 의한 연속체(contimum par variation) 속에 위치한다"[37]. 평범하

[역주1]: 물리적 개념으로 플럭스는 기체처럼 유기적, 유동적으로 변화하며 이동하는 어떤 요소들의 집단체를 의미한다.
[역주2]: 오브젝틸은 베르나르 카슈가 발전시킨 개념으로 본질적, 확정적 형태가 아니라 "변동에 의한 연속체(continum par variation)" 속에 위치한 수학적 기능에 의한 새로운 오브제를 의미한다. 카슈는 파트릭 보세와 함께 새로운 디지털 기술을 이용해 '비 표준(non standard) 오브제들' 을 창조하고자 하며 같은 이름의 연구소를 1996년 설립했다.

31 Ibidem.
32 Ibidem.
33 변곡(inflexion)에 대해 다음 참조 : 『*Le Pli. Leibniz et le baroque*』, op. cit., 20-27쪽. 들뢰즈는 베르나르 카슈의 책이 출판되는 것을 알렸다. 카슈의 책은 조금 뒤 영어로 우선 출판되었다 : 『*Earth Moves, The Furnishing of Territories*』, Cambridge (Mass.), 1995.
34 Bernard Cache, 『*Terre meuble*』, Orléans, 1997 (『*Earth Moves, The Furnishing of Territories*』, op. cit.의 불어 번역), 150쪽.
35 Ibidem.
36 Gilles Deleuze, 『*Le Pli. Leibniz et le baroque*』, op. cit., 26쪽.

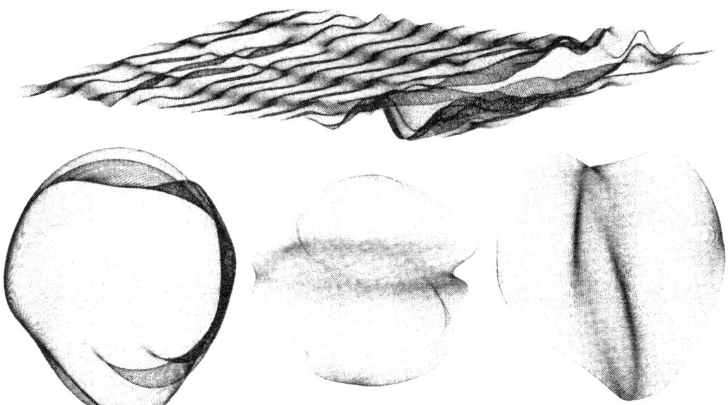

베르나르 카슈, 서브젝틸과 오브젝틸. 이미지 발췌 : 『*Terre meuble*』, 1997.

베르나르 카슈 : "우리는 열린 표면들처럼 산술된 다양한 오브제들을 '서브젝틸(subjectiles)' 로, 그리고 자신으로 휘어져 볼륨으로 형성하는 표면들처럼 산술된 다양한 오브제들을 '오브젝틸(objectiles)' 로 부를 것이다." (『*Terre meuble*』, 1997).

게 말하면 오브제는 비표준(non standard)으로, 그 과정은 주문제작(customization)으로 규정할 수 있다.

"텍토닉은 왜 지루하고 위상학은 왜 근사할까(Why tectonics is square and topology is groovy)"[38]. 이것은 1996년 린이 또 다른 전환점으로서의 덩어리(blobs) 건축 개입을 이해시키기 위한 설명글이었다. 그는 들뢰즈와 라이프니츠(Leibniz, 1646-1716)를 재인용했다. "라이프니츠가 데카르트에 대응해 위상학적 모델을 원천 삼았다면 [...], 우리는 아마 삼세기에 걸친 환원적 데카르트주의(cartésianisme réducteur)를 회피할 수 있었을 것이"[39]라 린은 제안했다. 특히 오랫동안 데카르트주의를 벗어나지 못했던 텍토닉 개념과 관련되어 잃어버렸던 시간을 되찾고자 한 것이었다. 그에 따르면, 그 어느 학생이라도 "구조적 역동성이 단순 수직 하중전달보다 훨씬 복잡하다는 것, 그리고 직각이 아닌 사선 방향의 다양한 역학을 요구한다는 것을 이해할 수 있다"[40]고 말했다. 이제는 위상학이 새로운 텍토닉 개념의 원천이 될 것이었다. 이러한 관점에서, 내부에 "형태, 구조, 텍토닉적 양상이 얽혀있는(entwined)"[41] 핵심적 경험대상인 지붕(couverture)의 문제는 덩어리(blobs) 덕분에, 과거 1960-70년대에 횡횡했던 거대한 피난처(grands abris)의 형태들을 초월한 다른 해답들을 찾아낼 것이었다[42]. 자에로 폴로와 무사비가 제안한 요코하마 해상터미널(1995-2002) 설계안이 그러했다.

아이젠만도 자신만의 디지털 건축의 가능성을 탐구하기 시작했다. 물론, 그가 자신의 형태체계분석에서부터 이미 구문론적(syntaxique) 질문을 던져왔고 이런 종류의 탐구를 계속 진행해왔다는 것[43]을 떠올릴 필요도

37 Ibidem.
38 Greg Lynn, 「Blobs (or Why Tectonics Is Square and Topology Is Groovy)」, 『*Any*』, no 14, 1996년 5월호.
39 Ibidem, 59쪽.
40 Ibidem, 60쪽. 수직적이지 않은 하중의 문제는 앞 장에서 이미 다루었다.
41 Ibidem.
42 이러한 거대한 피난처(grands abris)와 관련해, 우리는 노먼 포스터(Norman Foster)의 세인스버리 센터(Sainsbury Center for Visual Arts, East Anglia University, 1974-1978)를 언급할 수 있다. 본 책 220쪽 참조.
43 본 책 62쪽 참조.

있다. 그의 질문은 의미론적(sémantique) 측면을 띠지는 않았는데, 도날드 저드(Donald Judd, 1928-1994)와 모리스(Morris)처럼 "오브제들은 그 내면 이외의 외부적 의미를 지니지 않는다"[44]고 믿었던 1960-70년대 미니멀리스트 예술가들을 참조하곤 했다. 체계 분석을 위해 아이젠만은 (형태적) 다이어그램들을 풍부하게 사용했고, 동시에 자신의 설계안들, 특히 그의 주택들을 위해서도 (생성적 / génératifs) 다이어그램들을 개발했다. 디지털 수단들을 통해서 생성적 다이어그램들이 새로운 발전들을 이끌어 냈는데, 차이들(différences)을 만들어내는 과정의 핵심과 같았다. 아이젠만은 1999년의 저서 『다이어그램 일기(*Diagram Diaries*)』[45]에서 과거부터 최근까지의 모든 다이어그램과 관련된 경험들을 수집해 주해를 달기도 했다.

뒤엉킴

Intricacy

1993년 『아키텍츄럴 디자인』의 해당주제호가 2004년 재편집되어 출간될 때, 린은 그 서론을 기술했다[46]. 그의 눈에 뒤엉킴(intricacy)은 본질적 개념으로 상호의존성(interdépendance) 개념에 가까웠다. "뒤엉킴은 극도로 작은 스케일, 요소들이 지닌 놀라운 다양성 사이의 새로운 연결 모델을 가리킨다. 뒤엉킴은 하나의 연속성 속에서, 하나의 전체 속에서 잡다한 요소들의 융해(fusion)이다. 이 요소들은, 더 넓은 의미의 구성 안에서, 조각덩어리로서의 위상을 그대로 유지한다."[47] 뒤엉킨 오브제(objet intriqué)에서, 모든 요소들은 서로 연결, 소통, 관계하며 진화한다. 또 모든 부분적 변경은 전체적 변경을 촉발시킨다. 물론 디지털 도구에 호소해야할 필요도 발생한다. "컴퓨터는 뒤엉킨 계획안들(projets intriqués)을 설계할 수 있도록 한다. 그 속에서 아무리 작은 디테일도 연속적이고 노출된 대화 속에서 전체와 연결된다."[48] 뒤엉킴은 마지막으로 유기적인(organique) 것을 이끌어낸다. "뒤엉킨 구성은 유기적이다. 모든 부분들, 요소들이 상호작용적(interactifs)이고 동시소통하며 각 순간이 다른 모든 순간들에 영향받기 때문이다."[49]

뒤엉킴의 논리 속에서 아직도 요소들(éléments)과 부분들(parties)에 대해 말할 수 있는가? 조오지 라이어로푸로스-레겐드레(George Liaropoulos-Legendre, 1966)에 따르면, 디지털 도구의 사용은 매개변수지정(paramétrage)

44 Peter Eisenman, 「Notes on Conceptual Architecture : Towards a Definition」, 『*Design Quaterly*』, no 78-79, 1970 (다음에서 재출판: 『*Eisenman Inside Out : Selected Writings*』, *1963-1988*, New Haven et Londres, 2004), 13쪽.

45 Peter Eisenman, 『*Diagram Diaries*』, Londres, 1999.

46 Greg Lynn (ed.), 「Introduction」, 『*Folding in Architecture*』, Chichester (UK), 2004.

47 Ibidem, 9쪽.

48 인용된 글은 2003년 비엔나의 MAK (österreichisches Museum für angewandte Kunst)의 전시회 『*Greg Lynn. Intricate surface*』 당시 그렉 린과의 대화에서 발췌한 것으로 「L'espace dynamique de Greg Lynn (그렉 린의 역동적 공간)」, 『*L'Architecture d'aujourd'hui*』, no 349 ("Questions de forme"), 2003년 11-12월호에 실렸음.

49 Greg Lynn (éd.), 「Introduction」, 『*Folding in Architecture*』, op. cit., 12쪽.

그렉 린(Greg Lynn Form), 발생학적 주택(Embryological House), 1998-1999. 평면과 단면을 정의한 첫번째 스플린들(splines)의 모형과 데생.

그렉 린 : "발생학적 주택은 정체성과 다양성을 수용할 수 있고 (…) 유백색의 퍼져가는 색깔들로 꾸며지고 물결치는 표면들의 향락적 미학과 현대적 아름다움에 전념할 수 있는 (…) 주거공간의 발명을 위한 전략으로 묘사될 수 있다." (Greg Lynn Form, 2006)

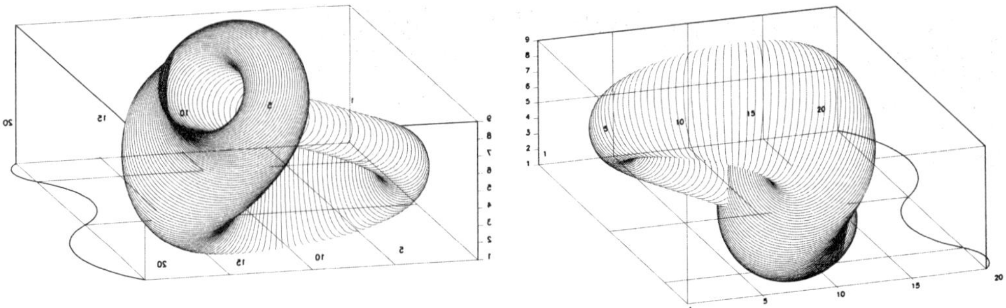

조오지 라이어로푸로스-레겐드레, 클라인(Klein)의 병. 이미지 발췌 : 『*The Books of Surfaces*』, 2003.

조오지 라이어로푸로스-레겐드레 : "귀결된 삼차원 형상이 내외부 사이의 구분을 무산시킨다고 흔히 인정할 수 있다. 마치 뫼비우스 띠가 앞과 뒷면의 구분을 무너뜨리는 것처럼 말이다." (『*The Books of Surfaces*』, 2003).

[역주3]: 파라메트릭 디자인은 함수와 같이 수학적 알고리즘에 의해 체계가 설정되고, 그 알고리즘 속의 파라미터 즉, 매개변수 값을 입력 또는 변경하거나 특정 매개변수를 강조하고 증폭시켜 그 결과로서 형태를 획득한다. 전체는 매개변수 조정에 따라 항시적이고 또 유기적으로 변화할 수 있는 가능성을 내포하고 있다.

[역주4]: 코니스(corniche)는 건물의 수직 외벽과 경사지붕이 만나는 부분의 기술적, 형태적 디테일로 지역, 시대마다 다른 형태적 양식을 갖는 건축의 중요한 요소였다.

에 따른 형태를 설계하도록 했다. 설계안의 발전과정은 연속적이다. 구성이나 조립처럼 불연속적이지 않은 것이다. 저서 『표면들의 책들(*The Books of Surfaces*)』에서, 라이어로푸로스-레겐드레는 고전적(classique) 설계개념과 파라메트릭/매개변수적(parametrique) [역주3] 설계개념을 대립시켰다. "최초의 고전적 건축개론이 출판된 이후, 전체를 조각덩어리들로 분절하는 것은 형태분석의 항시적 선결조건이자 동의어가 되었다. [···] 파라메트릭 표면은 이러한 사고방식에서는 자연스럽게 무감각하다. 전체를 형성하는 부분들은 파편들(fragments) (예를 들어 코니스[역주4]는 건물 정면의 한 파편이다)이 아니다. 단지 관계(relationships)일 뿐이다."[50] 그러므로 그는 '파편의 논리' ―하나의 파편은 전체를 형성하기 위해 항상 다른 파편들을 필요로 하며 20세기까지의 건축개론서들 다수에서 이를 "요소(élément)"라 불렀다―와 '관계의 논리' ―관계는 반드시 전체를 통합한다―를 대조시킨다. 그는 또 밝힌다. "파라메트릭 관계들은 부분들이 아니다 [···] 그러므로 파라매트릭 변동들의 수단에 의해 확정된 형태에서는 지체(membre)를 논할 수 없다. 조각덩어리로 절단할 수 없으며, 부분들을 따로 분리해 각자 치환(permutations), 대체(substitutions), 치수재조정(redimesionnements)을 할 수 없기 때문이다."[51]

파라메트리즘, 새로운 양식?

Parametrisme, nouveau style?

2009년 "디지털 도시들"을 주제로 다루었던 『아키텍츄럴 디자인』 속에서 패트릭 슈마허(Patrik Schumacher)는 급진적 결론을 도출해냈다. 그 결론은, 간략하고 약간은 성급하게 몇몇 일화들로 풀어낸 건축사적인 결론이었다. "최근 건축적 아방가르드에서는 자칭 새로운 양식을 내세우는 전방위적 수렴(convergence) 현상이 보인다. 이것은 파라메트리즘(parametrisme)이다. [···] 최근 십오여 년 동안 발전하며 아방가르드 건축 실천의 헤게모니를 주

50 George Liaropoulos-Legendre, 『*IJP : The Book of Surfaces*』, Londres, 2003, chapter 2 (7), s.p.
51 Ibidem (Antoine Picon, 『*Culture numérique et architecture*』. Une introduction, Bâle, 2010, 136-137 쪽 재인용).

장하고 있다. 근대주의(modernisme)를 계승하며, 체계적 발명의 새롭고 긴 흐름과 같다. 파라메트리즘은, 과거 근대주의의 위기가 촉발시켰으며, 포스트모더니즘, 해체주의, 미니멀리즘과 같이 비교적 짧았던 일화들이 연속되며 각인되었던 전이(transition)의 시대, 불확실(incertitude)의 시대를 최종 종식시켰다."

슈마허에게 디지털 구현도구와 수단은, 뒤엉킨 관계들(intricate correlations)의 정확한 공식화, 즉 "새롭고 주도적이고 견고한 건축 패러다임"의 조건을 가능케 했다. 그의 신념들은 자연스레 교조주의적 선택으로 이어졌다. 사각형, 삼각형, 원 등 경직된 기하학 형태 ; 요소들의 단순 반복 ; 요소나 체계의 중첩 등은 이제 모두 피하거나 폐기해야 할 나쁜 쪽이 되었다. 반대로 "모든 형태가 파라메트릭/매개변수적으로 유연할(malleable) 수 있음을 인식하는 것"[54]; 체계적으로 차별화, 굴절, 상관관계를 맺는 것은 좋은 쪽이 되었다.

이 원칙들은 자하 하디드(Zaha Hadid, 1950-2016)의 설계안들 특히 도시계획적 설계안들에 적용되었다. 이스탄불 카르탈-펜디크(Kartal-Pendik) 마스터플랜(2006)의 전체배치 이미지는 슈마허의 글에도 실렸는데, 그 도시풍경(cityscape)은 연속적이고 물렁한 실루엣으로 구체화되었으며, 도로 및 교통 매개변수에 따라 연결된 유연한 그물망 같은 가변 격자(grille déformee)를 따랐다. 그 높이도 국소적 집중도의 차이에 따라 다양해졌다. 결과는 요컨대 메가스트럭처들(mégastructures)을 떠올리게 했다. 하디드의 건축적 적용은 헤게모니적이었다. "여기 질서 잡힌 복합성(complexité ordonnée)은 과거 계획개발들의 단조로움, 현대도시의 무규칙 확장들을 가상적으로 특징짓는 황망한 시각적 혼돈(chaos)을 모두 대체한다."[55]

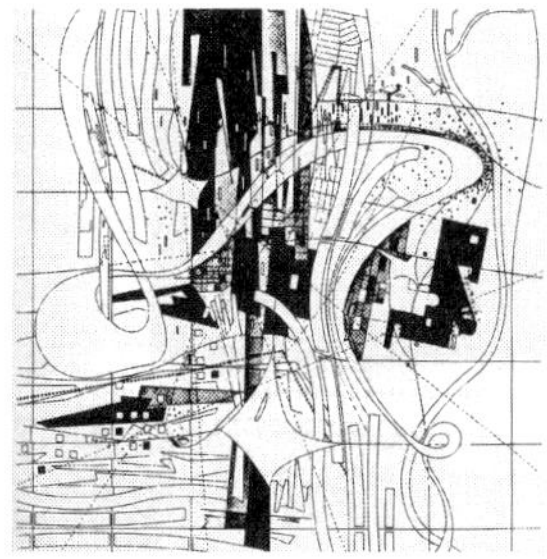

자하 하디드 & 패트릭 슈마허, 유비쿼터스(Ubiquitous) 도시론, 1993년 뉴욕 콜럼비아 대학 설계스튜디오의 작업. 이미지 발췌 : Patrik Schumacher, 『The Autopoiesis of Architecture. Volume I : A New Framework for Architecture』, 2011.

슈마허의 표현 "모든 형태가 파라매트릭적으로 유연할 수 있다"는, 매개변수의 값을 입력하거나 그 비중을 강조함에 따라 모든 형태가 연속적으로 변경된다는 것을 뜻한다. 이 표명은 공간 개념의 소멸과 상관적이다. 2011년 그의 저서 『건축의 오토포이에시스. 건축의 새로운 기본체제 (The Autopoiesis of Architecture. A New Framework for Architecture)』에서 슈마허는, 근대주의가 "자유로운-흐르는 공간(free-flowing space)"[56]을 선택했고 이를 위한 건축 설계의 모든 결과들을 이끌어내었음을 강조했다. 1970-80년대에는 반대로, 새로운 야망들과 새로운 발명기에 걸맞는 건축과 도시론이 요구되었다. 새로운 조건들 내에서 "근대주의적 레퍼토리는 […] 더 다양화되고 더 복합적인 사회적 관계 모델들을 조직, 연결하기 어렵게 되었다."[57] 포스트모더니즘은 역사적 레퍼토리를 발굴하고자 했다. 뒤를 이어 미니멀

52 Patrik Schumacher, 「Parametricism. A New Global Style for Architecture and Urban Design」, 『*Architectural Design*』, vol. 79, no 4 ("Digital Cities"), 2009년 7-8월호, 15쪽.
53 Ibidem.
54 Ibidem.
55 Ibidem, 21쪽.
56 Patrik Schumacher, 『*The Autopoiesis of Architecture. Volume I : A New Framework for Architecture*』, Chichester (UK), 2011, 415쪽.
57 Ibidem, 421쪽.

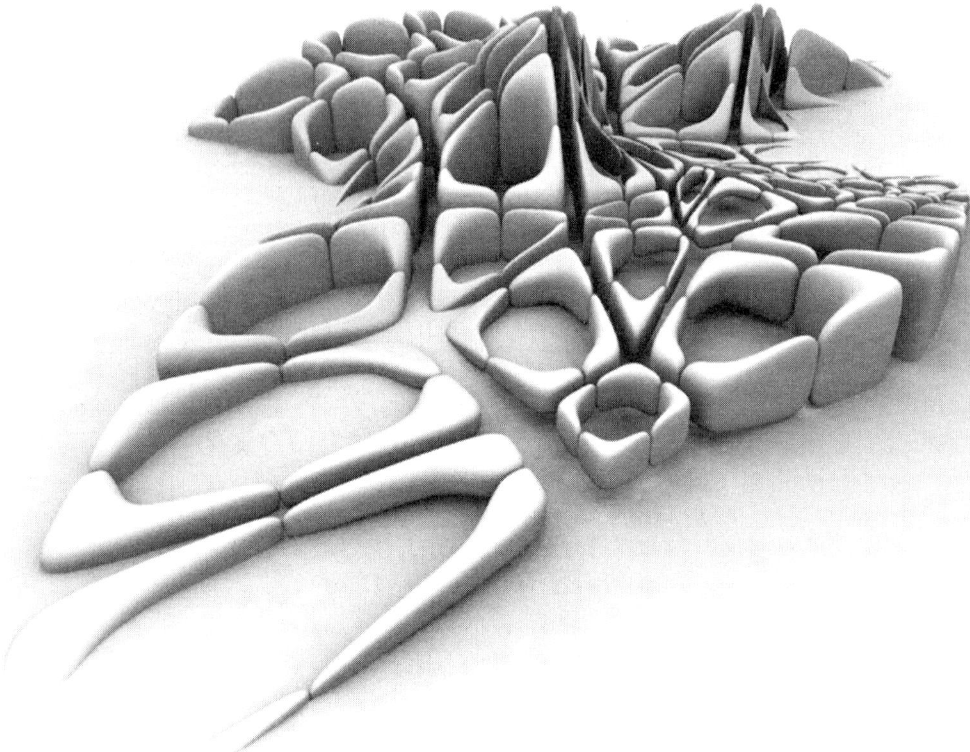

자하 하디드 & 패트릭 슈마허, 마스터 플랜 (2006), 카르탈-펜디크(Kartal-Pendik), 이스탄불.
위 : "패브릭(Fabric) 연구. 도시적 패브릭은 타워들과 단지들을 포함한다. 이 이미지는 유형 단지들 외곽의 형태학의 다양성을 보여준다."
(『*Architectural Design*』, 2009).

옆 : "도시적 패브릭의 플럭스 리듬이 유기적 조화의 느낌을 만든다."
(『*Architectural Design*』, 2009).

리즘은 "현대적 삶의 현실과는 반명제적인(antithétique), 급진적 환원(réduction)을 기반삼는 […] 어떤 질서 감각"58을 유지하고자 했다. 슈마허에게는 20세기 건축의 중심개념이었던 공간 헤게모니가 지배했던 80여년 이후인 지금 새로운 결론이 도출되어야 한다는 것이었다. 이 결론은 위 책 1권의 마지막인 24번째 명제(thése)에서 나타났다. "공간 개념은 근대주의의 핵심적 원동력이었다. 이제 이것은 파라메트리즘의 핵심적 원동력 중 하나인 장/필드(field) [역주5] 개념으로 대체된다."

슈마허가 장 개념을 규정할 때, 영감을 준 두 가지 원천이 있었다. 첫째는 물리학과 전자기장이었으며, 둘째는 게슈탈트(Gestalt) 심리학과 그 인지(perception)에 따른 접근이었다. 물론 간략하게나마 들뢰즈 & 가타리의 매끄러운 공간과 홈패인 공간도 또다시 인용되었다. 홈패인 공간은 ("전통적") 건축 공간으로 점과 선이며, 매끄러운 공간은 "집중도의 벡터들(vecteurs d' intensité)"60에 의해 조직되었다. 결국 장 개념 적용의 전조적 운동은 1960년대 "네덜란드 구조주의(structuralisme hollandais)"일 수 있겠다. 그들은 "매트빌딩(mat-buildings)" [역주6], 펼쳐지는 웹(web) 메가스트럭쳐 설계안들을 선보였다. [개념이] 순환하며 원점으로 되돌아온 것일까…

『건축의 오토포이에시스』 2권의 부제는 "건축의 새로운 아젠다(A New Agenda for Architecture)"였다. 결론은 파라메트리즘이 새로운 양식의 조건이라는 것이었다. 2009년 『아키텍츄럴 디자인』 당시의 논쟁이 되살아난 것이었다. 다시 이스탄불 도시설계안이 실렸는데, 이는 "예외적 파라메트릭 다이어그램"61의 매체로 유체나 기체 상태 효과를 모의실험하기 위한 '마야 플루이드(Maya Fluid)' 소프트웨어를 사용한 설계안이었다. 책의 58번째 명제는 선언했다. "보편성(universalité)을 겨냥한 양식의 합리성은 조화롭게 구축된 환경 속에 내재된다. 20세기의 근대주의는 보편성에 도달했다. 21세기의 파라메트리즘은 동일한 성공을 겨냥한다."62

내가 많은 분량을 할애해 슈마허를 소개하고 있는 이유는, 그가 파라메트리즘의 필요성에 대한 어떤 일반적 이론(théorie générale)을 만들고자 노력하고 있기 때문이다. 그의 제안은 체계적으로, 근대주의적 교조주의(dogmatisme)에 못지않을 정도였다. 그의 제안은 절대적(absolus)으로 제시되는 원칙들을 규정하고자 하며, 그 원칙들이 목표하고 있는 보편성은 지적으로 전제주의적(totalitaires)이었다.

물론 슈마허의 제안만으로 현실적 배경을 간과하자는 뜻은 아니다. 파라메트리즘은 흔히 실용적 이유들로 건축 설계과정에서 점점 더 중요한 위치를 차지하게 되었다. 특히 규제적 관점이나 지속가능성의 환경 조건들과 긴밀히 관계되어 발전을 거듭했다. 도시규제(헤르조그 & 드 므론의 "사

[역주5]: 물리학에서 필드는 물질 또는 힘이 각 지점마다 다른 값으로 분포될 수 있는 공간 개념을 뜻한다. 예를 들어 자기장, 전기장, 중력장 등으로 이해될 수 있다. 건축에서는 Stan Allen의 "Field Conditions" 개념을 참조할 것.

[역주6]: 매트빌딩은 메가스트럭쳐 건축 가운데 거미줄이나 넝쿨처럼 표면을 덮으며 수평적으로 확장, 성장하는 규칙 또는 비규칙적 네트워크 형 건축을 지칭한다. 웹(web) 유형의 메가스트럭쳐 건축을 다르게 표현하는 방식이다. 이와 관련해 Alison Smithson이 1974년 건축전문지 『***Architectural Design***』 9월호에 기고한 글 「How to Recognise and Read Mat - Building. Mainstream Architecture as it has Developed Towards the Mat - Building」 참조할 것.

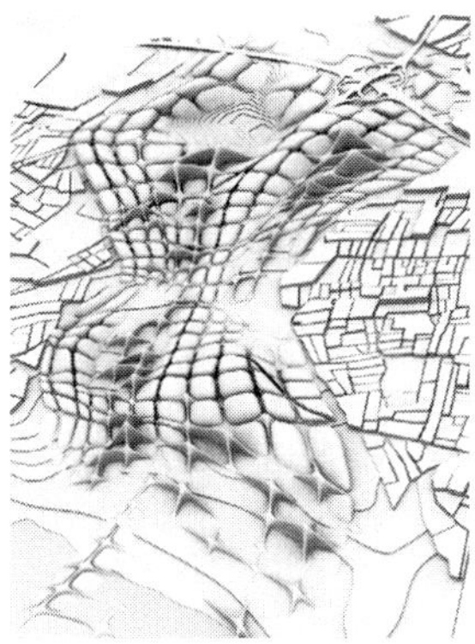

자하 하디드 & 패트릭 슈마허, 글로벌 마야 모델(Global Maya Model, 2006), 이스탄불. 이미지 발췌 : Patrik Schumacher, 『*The Autopoiesis of Architecture. Volume II : A New Agenda for Architecture*』, 2012.

58 Ibidem.
59 Ibidem, 444쪽.
60 Ibidem, 425쪽.
61 Patrik Schumacher, 『*The Autopoiesis of Architecture. Volume II : A New Agenda for Architecture*』, Chichester (UK), 2012, 696쪽.
62 Ibidem, 747쪽.

선제한을 디자인 가이드라인으로 취하기"[63])와 위상학(아이젠만의 사례)의 적용, 그리고 기후변동, 풍향, 우배수 관리, 일조(컴퓨터로 재해석된 향일성/héliotropisme) 등과 같이, 상호적 최적화를 위한 [건축] 장치들(dispositifs)의 연구는 체계적 치수, 상호의존성 또는 모든 인자들의 뒤엉킴을 드러냈다. 혼돈 이론들(나비 효과), 카타스트로피(재난) 이론들이 구체적인 해결대상 문제들에 적용될 수도 있고 또는 비유로 사용될 수도 있었다.

플럭스 구조

Flux Structure

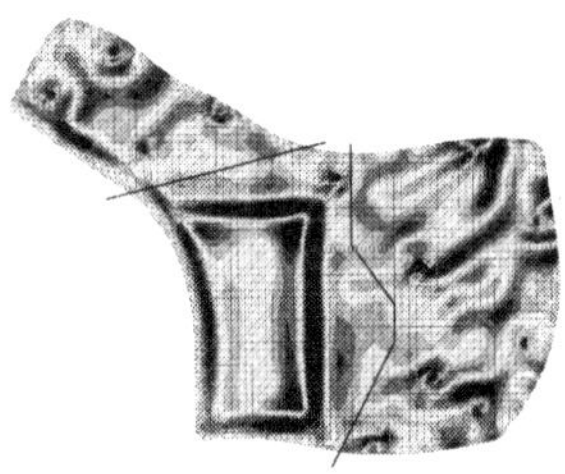

토요 이토, 화장터 (2004-2006), 가카미가하라. 지붕덮개 "장막(voile)"에서 작동하는 역학 다이어그램.

이번 장을 종결하기 위해 구축과 관련된 문제의식들로 돌아가자.

구조기술자 사사키(Sasaki)는, 이토(Ito)가 먼저 그 형태를 제안했던 가카미가하라(Kakamigahara) 화장터의 형태를 완성하기 위해 감각분석기법(sensitivity analysis method)을 적용했다. 사사키는 자신의 방식을 다음과 같이 묘사했다. "(감각분석) 형태설계기법은 토요 이토가 애초 상상했던 지붕형태를 변경한다. 가능한 최소의 비틀림, 그리고 응력과 가변이 최소화될 최적 구조형태를 생성한다(générer)."[64] 최적형태(forme optimum)는 자유곡선의 껍질/쉘구조(coque)이었다. "가변(déformation)" 혹은 위상학적 기하학의 질서에 속한 초기형태를 연속적으로 진화시켜 획득한 형태였다. 우리는 여기서 위상학의 "발명가"인 앙리 푸앵카레(Henri Poincaré, 1854-1912)를 떠올릴 수 있다. 그는 '아날리시스 시투스(Analysis Situs : 위치해석학)'라 이름붙인 학문을 정의했다. "이 학문에서는, 어떤 한 형상이 연속적 가변에 의해 다른 형상으로 전이될 때마다 항상 두 형상들은 동등하다. 가변법칙이 연속성을 존중하는 이상, 그 무엇이든 마찬가지이다."[65]

이토 역시, 화장터 지붕의 최종 형태가 "최적구조 답안을 생성하는 알고리즘에 의해 확정되었다"라고 밝혔다. 그는 덧붙였다. "이러한 구조분석의 유형은 연속적으로 변형되는 자연의 법칙을 내포한 어떤 식물의 성장과 흡사하다. 이 때문에 그 과정은 '진화'라 부를 수 있다". 화장터는 하나의 거대한 피난처/덮개(abri), 하나의 장막(voile), 오목하고 볼록한 곡선으로 이루어진 하나의 표면, "풍경이 되며 이웃산 실루엣들과 조화되는 곡선"[67], 땅과 연속적으로 연결되어 물결치는 표면이었다. 늑재(nervure)나 어떤 보강도 없이 더 이상 기둥으로는 부를 수 없는 것을 창조해냈다. 이토는 결국, 연속성과 가소성을 추구했던 라이트의 주관심사들에 합류하는 것은 아닐까?

63 본 책 47쪽.
64 Mutsuro Sasaki, 『*Morphogenesis of Flux Structure*』, Londres, 2007, 85쪽.
65 Henri Poincaré, 「Pourquoi l'espace a trois dimensions (왜 공간은 삼차원인가)」, 『*Dernières pensées*』, Paris, 1913, 58쪽.
66 『*El Croquis*』, no 147 ("Toyo Ito, 2005-2009"), 2009, 72쪽.
67 Ibidem.

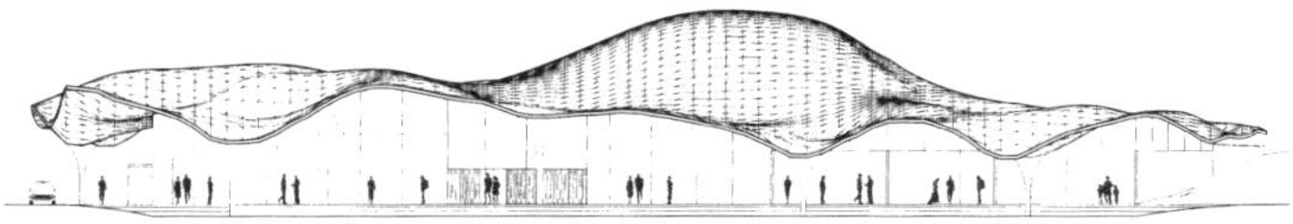

토요 이토, 화장터 (2004-2006), 가카미가하라. 전체 사진과 입면도, 그리고 기둥이 되었다가 땅으로 합류하는 지붕덮개 "장막".

이토는 "움직임 개념을 통합한 기하학의 나선형, 복합적인 삼차원 표면 같은 역동적 기하학(dynamic geometry)"[68]으로 규정할 수 있는 새로운 기하학에 점점 더 관심을 갖게 되었다고 밝혔다. 발몽드(Balmond)와의 대화에서 그는 근대주의적 접근방식처럼 당면과제에 대한 최선의 답을 구하는 것이 유일 목표가 아니며, 다른 방식의 건축 설계개념을 추구할 것이라고 말했다. 그 설계개념은 "비-선형적(non linéaire)" 접근, "특정지점에 도달하기 전엔 다음 단계의 것을 예측할 수 없고, 비일상적 공간들을 연속적으로 발견하게 되는" 접근방식을 발전시켰다.

이토는 가카미가하라 화장터 설계과정을 "연속적으로 변형되는 자연의 법칙을 내포한 어떤 식물의 성장"으로 비유했다. 이는 반드시 그 과정이 내재적 발전논리와 자율적 생성법칙들을 지니고 있으며, 그 건물에게 가능한 많은 수의 변수정보들이 주어지나 결국 건물이 내부[논리]로 회귀함을 의미했다. 이러한 방식의 과정에서 분할될 수 없는 하나의 전체로 귀결되었다. 전체에서 어떤 요소도 뺄 수 없기 때문이었다. 특별히 화장터의 경우 그 어떤 이음새도 존재하지 않으므로 [지붕] 껍질은 부분들로 전혀 분리될 수가 없었다.

자연의 유기적 과정의 유추는 사사키에게서도 나타난다. 그는 자신이 "생명체들의 자율조직(auto-organisation)과 그 형태생성(morphogénèse)"[70]에 빠

68 Kumiko Inui, 「Interview with Toyo Ito」, 『*A+U*』, no 404 ("Toyo Ito/Under Construction"), 2005년 4월, 8쪽.

69 「Conversation : Cecil Balmond and Toyo Ito. "Concerning Fluid Spaces"」, 『*A+U*』, no 404 ("Toyo Ito/Under Construction"), op. cit., 47쪽.

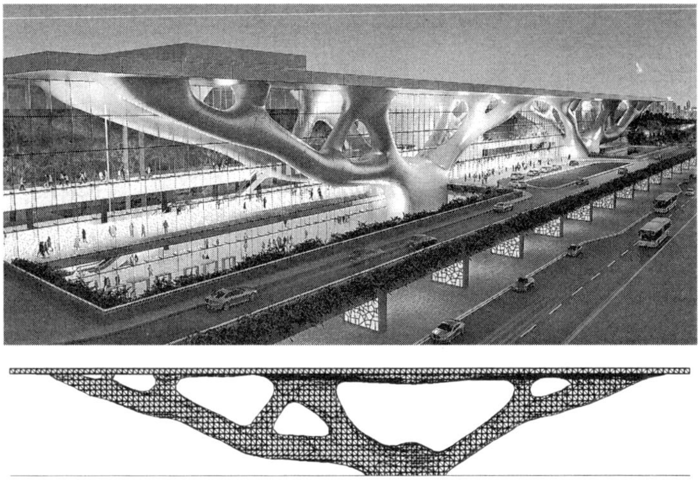

아라타 이소자키, 카타르 국립컨벤션 센터 (2003-2011), 도하. 전체 이미지와 두 "나무들" 중 하나의 일반적 프로필.

져들었다고 밝혔다. 특히 환경에 적응하는 식물들의 놀라운 능력에 그는 감탄했다. 무화과나무 종이며 "지상의 수많은 뿌리 덕분에 기울어져도 견딜 수 있도록 강화되었고"[71] 캔틸레버 효과를 견딜 수 있도록 하부를 두텁게 변화시켜 해결하는 반얀나무의 균형이 대표적 사례였다. 사사키는 2002년 피렌체 신역사 현상설계안에서 이러한 구조적 개념을 채택했다. 이 설계안의 건축가 아라타 이소자키(Arata Isozaki, 1931)도 신 디지털 설계 및 구현도구인 ESO 기법(Extended Evolutionary Structure Optimization method)의 실험에 동참했다. 당시 이소자키도 언급한 "플럭스 구조(flux structure)"에 대해 사사키는, "그 유체적 구조형태들이 동일장력(tension uniforme)을 지향하며 진화한다"[72]고 규정했다. 동일 장력은 물론 연속적이며, 그 형태는 "식물의 형태발달과 같은 논리"를 따르므로 나무줄기, 가지들을 닮게 되었다.

2003년 이듬해, 사사키는 이소자키와 다시 협업했다. 이번에는 도하(Doha) 카타르 국립컨벤션센터(2003-2011)였으며, 결국 실현시켰다. 사사키는 여기서 피렌체에서의 설계 개념을 되살렸는데, 이번에는 시드라(sidra) 나무 이미지로부터 차용한 연속적 나무 모양의 개념이었다. 두 개의 줄기와 가지들로 형성된 유체적 구조를 발전시켜 "구조 전체에 작동하는 형태와 응력 간의 긴밀한 관계들을 유기적으로 감지하는 합리적 구조형태"[74]를 생성해냈다. 시드라 나무는 카타르의 표징(embléme)이므로 더욱 정당화될 수 있는 선택이었음도 주목할 필요가 있다. 쉼터나무 아래에서 지식들을 공유하던 과거 전통의 계승을 의미하는 것이기도 했다.

70 Mutsuro Sasaki, 『*Flux Structure*』, Tokyo, 2005, 69쪽.
71 Ibidem.
72 Ibidem, 71쪽.
73 Ibidem.
74 Mutsuro Sasaki, 『*Morphogenesis of Flux Structure*』, op. cit., 106쪽.

컨벤션센터에서 의도했던 도상(icônique)에 대한 관점은, 본 책의 후반부 75에서 다루게 될, 신 의고주의(nouvel archaïsme)[역주7]나 신 원초주의(nouveau primitivisme)[역주8]로 이어진다는 신호일까? 설계안이 자기만의 원칙과 발전법칙을 지닌다면, 외적 요소의 도움은 전혀 필요치 않을 것이다. 반대로 건축영역 외부의 이미지들이 유추적 지시대상들(référents analogiques)로서 참고될 수 있음을 이해할 수 있다. 유기적(organique)이거나 수정구조체와 같은 무기적(inorganique) 본성은 과거 건축가들의 상상 속에서 항상 주요한 관심사로 다루어져 왔다.

[역주7]: 옛 것, 즉 고대의 전형을 숭배해 모방하는 예술 경향.
[역주8]: 선사시대나 원시시대의 원초적인 상태의 예술을 존중하고 추구하는 경향.

상호의존성과 관련된 일반적 문제의식에서, 섬유조직적(texturique) 질서에 속한 건축과 유기적 질서에 속한 건축 사이의 접합선(ligne de partage)에 대해 질문할 필요가 있을까? 물론 각 추종자들은 많은 관심사를 서로 교감할 수 있고 때로는 아예 입장을 서로 바꿀 수도 있다. 이러한 질문에 답하기 위해서는 다음의 전제가 필요하다. 그 어떤 연속적 가소성(plasticité continue)의 질문 위에서 하나의 경계선이 그려질 수 있으나, 그 경계선은 얼마든지 움직일 수 있고 전혀 불투과적인 것이 전혀 아닌 것이다.

앞 장 「섬유조직적」에서 제기해 분석했던 사례들에서, 나는 상호의존성이 형태적이거나 구조적일 수 있다고 강조했으며, 특별히 곡선이나 유연한 형태에 대해 우위를 부여하지는 않았다. 이러한 시각 속에서 건물의 형성 요소들은 이질적일 수도 있고 또 아닐 수도 있으나, 서로 구별되는 것만은 분명하다. 그것들의 관계, 즉 상호관계와 상호의존성은 "역동적(dynamiques)"이라 부를 수 있는 균형들(équilibres)을 이루어낸다. 이 균형들은, 지지하는 것(portant)과 지지되는 것(porté) 사이의 불확실성이 전혀 없었던 "정적(statiques)" 균형들과 대조된다.

본 장 「유기적」에서는 반대로, 여기서 우리가 살펴보았던 주요 사례들 대부분에서처럼, 유연한 형태들과 연속적 가소성의 형태들이 우선시되었다. 이 형태들은 더 이상 요소들로 구분될 수가 없다. 또 그 요소들이 융해되어 전체 속에서 "소멸된다". 이 형태들은 거의 대부분 점진적 돌연변이 과정들(processus de mutations progressives)의 결과였다. 이 과정들은 정지상태로 고정되거나 실현될 최종 설계안의 형태로 굳어지는 상태에 이르기까지 거듭 발전한다.

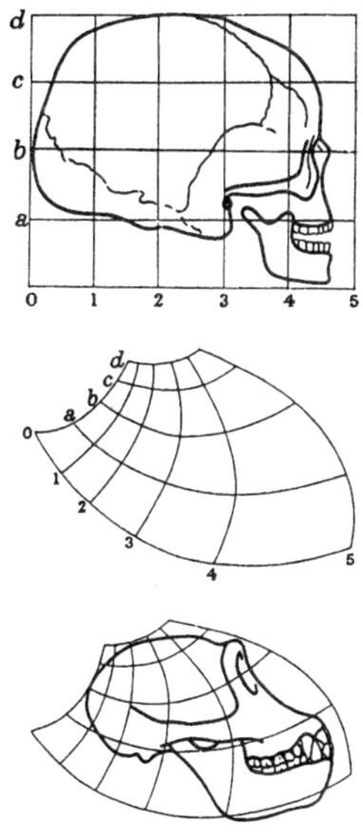

다아시 톰슨, "변형이론".
위에서 아래로 : 인간 두개골 ; 인간 두개골의 "합리주의 좌표계를 투영시켜 얻어낸 침팬지 두개골의 좌표계" ; 침팬지 두개골. 이미지 발췌 : 『*Forme et croissance*』 (1917/1942).

다아시 톰슨(D'Arcy Thompson, 1860-1948)은 저서 『형태와 성장(*On Growth and Form*)』에서 모범적으로 점진적 돌연변이 사례들을 제시했다. 특히 어류, 파충류, 조류, 그리고 포유류의 두개골 등과 같은 동물들의 "가변들(deformations)"이 그러한 것이었다. 그의 사례들은 건축형태와 자연유기체형태를 나란히 비교하기 원했던 모든 이들에게 늘 참고기준이 되어왔다.

톰슨은 일명 "좌표법(methode des coordonnees)"을 통해 진화가능한 진행노선도들을 그리며 "가변(déformations)"[사례들]을 연구했다. 합리주의의

다아시 톰슨 : "침팬지나 고릴라 두개골의 특정 점들을 기록하자. 이 점들은 인간 두개골 크로키와 좌표계 사이의 교차점과 일치한다. 우리는 곧 교차선들을 규칙적 곡선으로 변형시키며 이 점들을 연결지을 수 있음을 깨달았다. 새로운 좌표체계가 만들어졌는데, 인간 두개골의 '투영(projection)' 이었다."(『*Forme et croissance*』, 1917/1942).

75 본 책 제8장 참조.

적 격자는 연속적으로 변경, 가변되었는데, 이는 생명조직 자체의 가변이나 인척관계처럼 서로 결연된 생명조직체들의 가변적 관계가 그 위에 새겨질 수 있도록 하기 위해서였다.

다른 한편, 톰슨은 "어떤 오브제의 형태는 단지 '역학 다이어그램(diagram of forces)' 일 뿐이며, 다이어그램을 통해 그 형태 위에 작용되었거나 여전히 작용하고 있는 역학들을 밝히고 추론할 수 있다"[76]고 주장했다. 직각, 방사형, 사선 등의 평면좌표체계, 그리고 역시 삼차원일 수도 있는 좌표체계로부터 나온 "변형이론(Théorie des transformations)"을 규명하며 그는 말했다. "우리는 신속하고 자연스럽게, 정적 외관 속 형태의 수학적 개념에서 역동적 관계 속의 형태 개념으로 넘어간다. 형태개념으로부터 우리는, 그 탄생을 이끈 역학들에 관한 통찰을 향해 돛을 올렸다."[77]

형태들이 상호의존적 역학들의 "역동적(dynamique)" 관계의 결과라는 사실, 그리고 이 형태들이 가소적(plastique)이고 연속적(continue)이라는 사실이 우리로 하여금 텍토닉을 다시 언급하도록 하는걸까? 최소한 뵐플린의 사상은 이제 잊어야 할 필요에 직면한 것이리라. 이는 [건축의] 쟁점이 더 이상 골조구조체(charpente)를 표현하는 것에 머물러있지 않기 때문이다. 상호의존성의 문제의식들은, 이제 요소와 요소 사이, 부분과 부분 사이의 종속적 질서와는 다른 방식으로 현상들의 복합적 특성에 대해 사유할 것을 요구한다. 힘의 선들(lignes de force)[역주9]의 선언이, 새로운 텍토닉으로 가능할 수 있는 표현일 수도 있다. 우리의 사고는 장막(voiles)의 텍토닉, 껍질(coques)의 텍토닉에 머무르게 될 것이다. 그것은 1950-60년대 유행했던 대칭적, 규칙적 형태들과 반대로 비규칙적이다. 또한 더 이상 뼈대와 척추동물의 텍토닉이 아니라, 등껍질과 갑각류의 텍토닉이다.

[역주9]: 이 표현은 미쉘 푸코(Michel Foucault)의 철학개념에서 차용한 것임.

오른쪽 : 다아시 톰슨, "변형이론". 이미지 발췌 : 『*Forme et croissance*』(1917/1942). "말, 말의 조상 혹은 가장 가까운 종의 사례 : A－히라코테리움(Hyracotherium) 두개골 ; H－말 두개골, 동일축척으로 히라코테리움 두개골의 변형으로 얻어진 좌표체계 ; B부터 G까지－A와 H 사이의 중간단계로 가정된 두개골들." (『*Forme et croissance*』, 1917/1942).

76 D'Arcy Thompson, 『*Forme et croissance*』, Paris, 1994 (『*On Growth and Form*』의 부분 번역으로 원본 초판은 1917년, 재출판본은 내용이 추가되어 1942년 출판됨), 38쪽.
77 Ibidem, 268쪽.

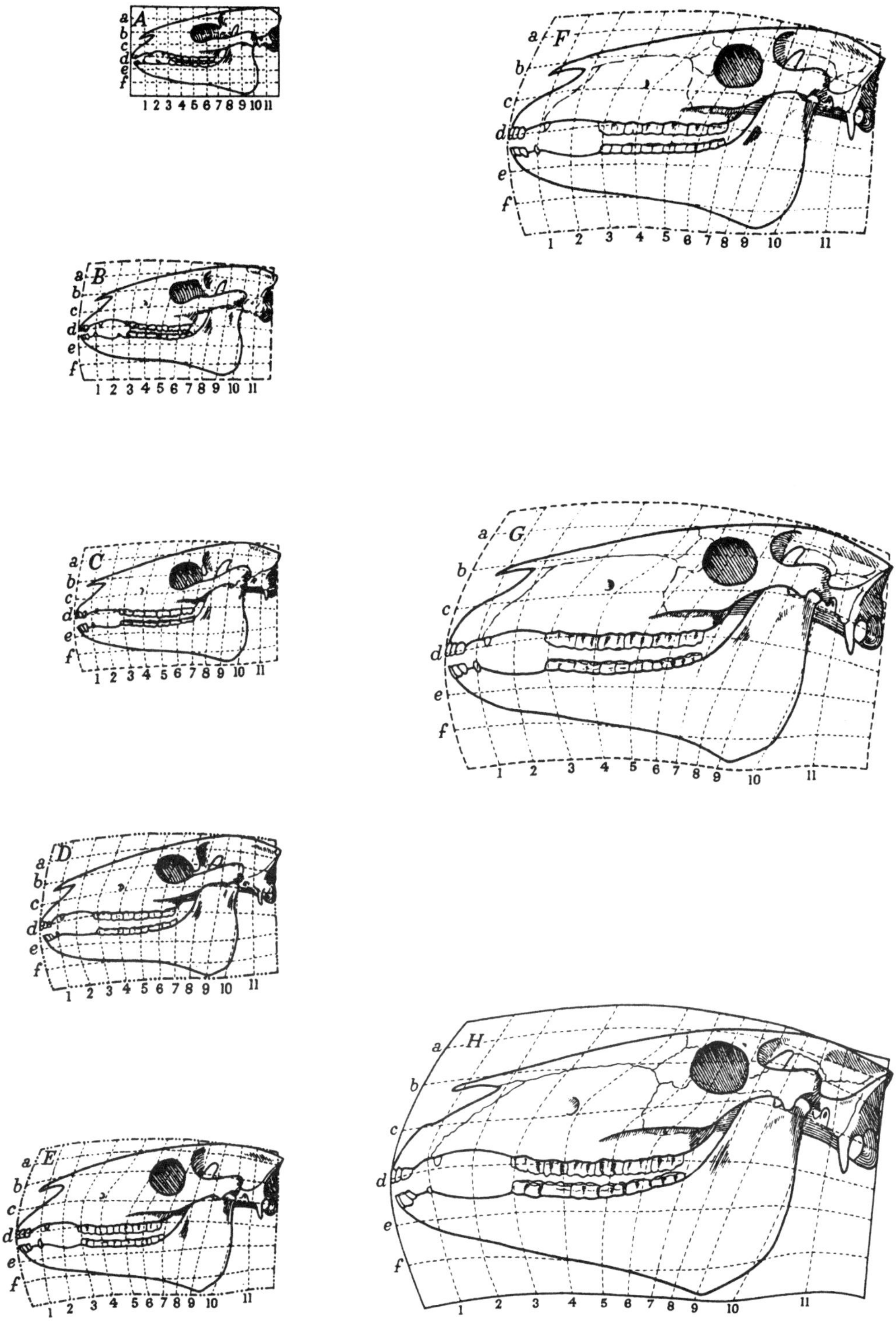
A
B
C
D
E
F
G
H

현상학

Phénoménologie

앞장들과 관련해서 관점을 바꾸어 보도록 하자. 회화에서 일컫던 방식과 비교하여, [건축에도] 형식주의적(formaliste) 문제의식을 적용해보는 것이다. 클레먼트 그린버그(Clement Greenberg, 1909-1994)가 「근대주의 회화(Moderni Painting)」에서 선보였던 유명한 선언을 다시 살펴보자. 이는 "그 매체(médium)의 본성에서 볼 때 고유한 점과"[1] 일치하며, 각 예술마다 소유한 "역량의 영역(area of competence)"에 관련되는 것이다. 이러한 관점에서 하나의 예술은 그 자신의 매체 및 효과를 다른 예술에게 빌려주거나 빌릴 수 없다. 각 예술은 "자신의 질적 규범과 독립을 보장"[2]하는 "순수성(pureté/purity)"을 지향해야 한다. 우리가 이미 알고 있듯이, 그린버그에게 있어 근대주의 회화는 평면성(planéite/flatness)을 지향했다.

건축의 경우는 어떠했을까? 그다지 독점적이지 않은—그 자체로 순수한 형식주의(formalisme pur)를 위반하는 것일 수도 있는—두 가지 가능성들을 고려해보자. 첫 번째 가능성은 건축이 항상 물질적임을 인식하는 것이다. 다시 말해, 문자 그대로 구축 재료들은 그 매체가 된다. 두 번째 가능성은 생산된 건축이 반드시 공간임을 인식하는 것이다. 즉 공간이 그 매체라는 것이다. 지금부터 다루게 될 세 개의 장들은 현상학적(phénoménologique) 접근에 따른 이 두 가지 방향을 따라 탐구하게 될 것이다.

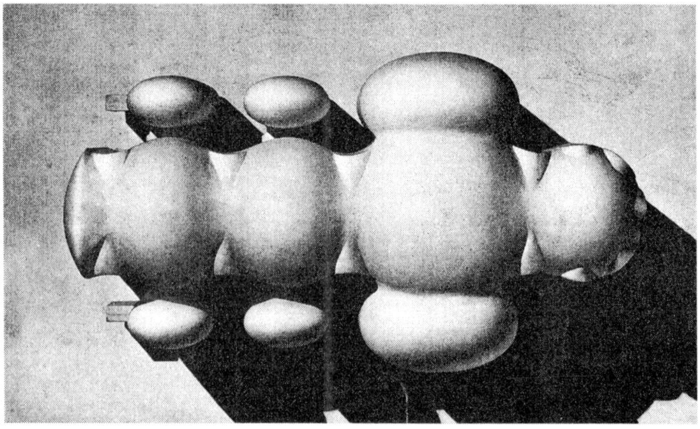

구아리노 구아리니(Guarino Guarini), 산타 마리아 델라 디비나 프로비덴짜(Santa Maria della Divina Provvidenza) 교회 설계안, 리스본. 내부 공간들의 볼륨 재현. 이미지 발췌 : Luigi Moretti, 「Strutture e sequenze di spazi」, 『*Spazio*』, no 7, 1952년 12월 - 1953년 4월.

1 Clement Greenberg, 「Modernist Painting」, 『*Arts Yearbook*』, no 4, 1961. Thierry de Duve, 『*Résonances du readymade. Duchamp entre avant-garde et tradition*』 (1989), Paris, 2006, 196쪽에서 재인용.

2 Clement Greenberg, 「Modernist Painting」, op. cit. Michael Fried, 『*Contre la théâtralité*』, Paris, 2007 (「Art and Objecthood」, 『*Art Forum*』, vol. 5, no 10, 1967년 6월호의 불어 번역), p. 155쪽에서 재인용.

두 접근방식 중의 하나는 재료들(matériaux)과 그 작품구현(mise en œuvre)에 초점을 맞춘다. 다른 하나는 공간 장치들(dispositifs spatiaux)에 집중한다. 물론, 앞서 강조했듯이, 이 두 방향들은 서로를 배제하지는 않는다. 어떤 건물은 동시에 두 가지 관점들을 통해서 읽혀지고 이해될 수 있다. 어떤 하나의 관점이 다른 관점을 향해 확장되면서 사실은 주도하게 되는 현상 없이도 말이다.

때로는 공간에 대한 사유가 소재(matière)로부터 추상화하려는 시도로 존재할 수 있다. 이와 관련해 루이지 모레티(Luigi Moretti, 1907-1973)는 역설적인 입장을 선택했다. 그는 여러 건물들의 내부공간(spazi interni)을 물질화시켰다. 즉 [내외부를] 역전시킨 모형을 제작해 내부공간에 가득차 있는 형태를 만들고자 한 것이다. 건물 자체는 일차적 주형틀이 되었다. 이러한 역전(inversion)에서 우리는 건축적 변증법 같은 것을 볼 수 있게 된다. 동일한 설계 작업 속에서 어떻게 채워진 것(plein)과 그것의 물성을 계획할 수 있으며, 또 어떻게 비워진 것(vide)을 계획할 수 있을까? 결국 비워진 것이 공간이 되려면 물질로 이루어진 외피가 필요함을 인식하면서 말이다.

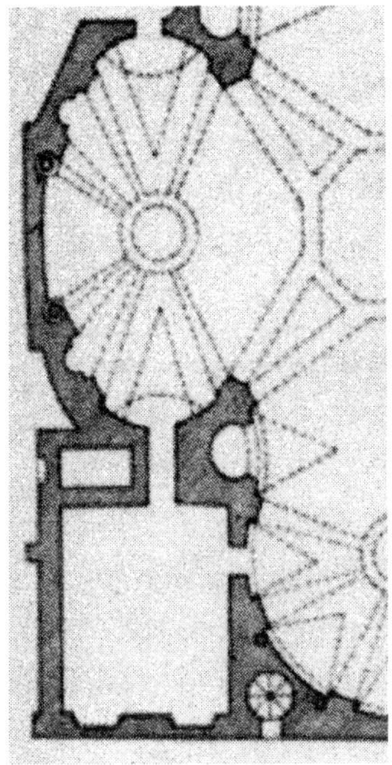

구아리노 구아리니(Guarino Guarini), 산타 마리아 델라 디비나 프로비덴짜(Santa Maria della Divina Provvidenza) 교회 설계안, 리스본. 부분 평면. 이미지 발췌 : Luigi Moretti, 「Strutture e sequenze di spazi」, 『*Spazio*』, no 7, 1952년 12월 - 1953년 4월.

현상학적 접근의 가능성을 살펴보기 위해 쟝-프랑소와 리요타르(Jean-François Lyotard, 1924-1998)의 "단순한" 정의를 환기하자. 이 정의는 현상 자체로 돌아가고자 했던 운동의 첫 번째 시도였다. "왜 '현상학(phénoménologie)' 인가? 이 용어는 '현상들' 에 대한 연구를 의미한다. 즉, 의식에 등장하는 것이며 '주어진(donné)' 것에 관한 것이다. 이 주어진 것을, 즉 우리가 인지하고 생각하며 언급하는 '그 사물 자체(la chose même)'를 탐구하는 것이다 [...].[3]"

3 Jean-François Lyotard, 『*La Phénoménologie*』 (1954), Paris, 1999, 5쪽.

제5장

현상학 1. 재료 그리고 그대로의 인지

Phénoménologie 1. Matériaux et perception brute

1933년 헤르조그 & 드 므론(Herzog & de Meuron)은 십여 년이 넘는 기간 동안의 자신들의 작업과 실현작들에 대해 다음과 같이 단언했다. "우리의 접근은 현상학적(phénomenologique)이다!"[1] 내가 시작점으로 삼은 이 선언은 건축가들이 직면했던 다음 질문들에 대한 고찰을 이끌어낸다. 어떤 건물을 인지(perception)한다는 것은 무엇인가? 건물은 어떤 방식으로 보이는가? 건물은 어떤 효과를 어떻게 창출하는가?... 마지막 순간, 그 건물의 존재감에 관련된 것을 파악하는 것과 이는 관계될 것이다. 또 그 존재감이 무엇에 의해서 어떻게 표명되고, 어떤 환경 속에서 수립되는가를 파악하는 것이다.

이번 장은 건축과 현상학적 접근 사이의 관계에 대한 것이다. 따라서 건물을 형성하는 재료들을 인지하는 것에 대한 질문들을 고민할 것이다. 여기서 재료들의 본성 자체에 대해 질문할 것이다. 이 재료들은 "자연적"이거나 "인공적"이며, 옛날 방식의 익숙한(habituels) 것이거나 친숙한 건축 프로그램에 사용되더라도 익숙하지 않은(inhabituels) 것일 수 있다. 더불어 특수 효과들을 노린 재료들을 어떻게 다루는지도 질문하고자 한다.

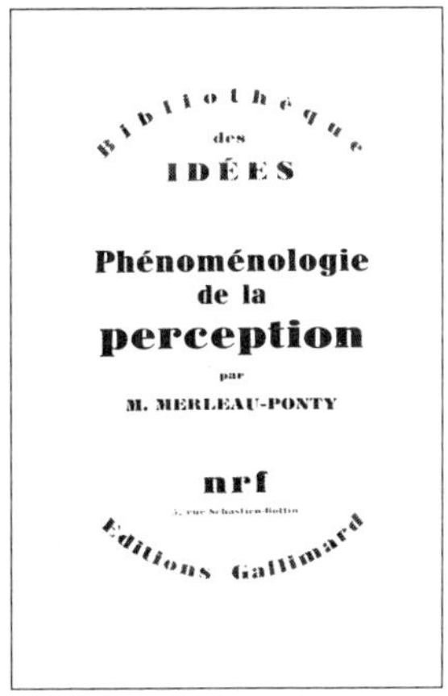

모리스 메를로-퐁티, 『*Phénoménologie de la perception*』, 1945. 1967년 출판본.

에피소드 : 모리스 메를로-퐁티와 가스통 바슐라르

Parenthése : Maurice Merleau-Ponty et Gaston Bachelard

두 명의 철학자들이 그 길을 안내할 것이다. 『지각의 현상학(*Phénoménologie de la perception*)』(1945)의 저자 모리스 메를로-퐁티(Maurice Merleau-Ponty, 1908-1961) 그리고 『공간의 시학(*La Poétique de l'espace*)』(1957)의 저자 가스통 바슐라르(Gaston Bachelard, 1884-1962)가 그들이다.

메를로-퐁티에게 현상학의 목적은 "묘사하는(décrire) 것이며, 설명이나 분석하는 것이 아니다"[2]. 물론 인지(perception) 그대로의 경험을 묘사하는 것으로, "세상(monde)에 대한 경험을 [···] 일깨우기"[3], "사물(choses) 자체로의 회귀, [···] 항상 지식(connaissance)이 그것에 대해 설명하는 지식 이전 세상으로의 회귀 [···]"[4]였다. 메를로-퐁티는 다시 현상학에 대해 "실제(réel)는 묘사의 대상으로, 구축이나 형성의 대상이 아니다"[5]라고 명시했다. 이해를

1 「Continuities」, 알레한드로 자에라(Alejandro Zaera)와 헤르조그 & 드 므론(Herzog & de Meuron)의 인터뷰, 『*El Croquis*』, no 60 ("H & de M 1983-1993"), 1993, 15쪽.
2 Maurice Merleau-Ponty, 『*Phénoménologie de la perception*』 (1945), Paris, 1971, II쪽.
3 Ibidem, III쪽.
4 Ibidem.
5 Ibidem, IV쪽.

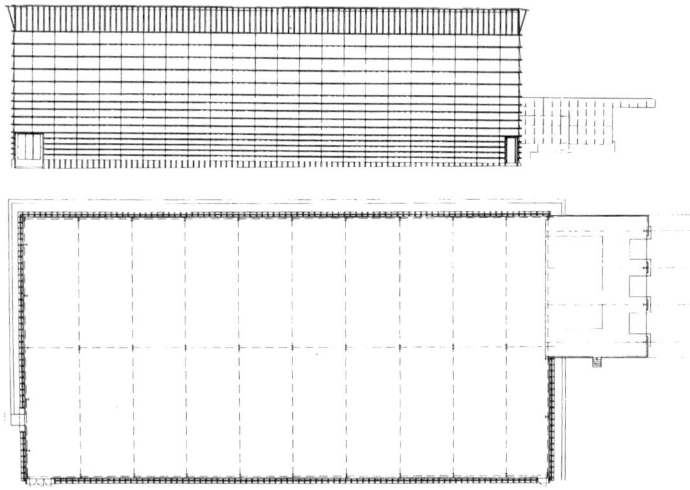

헤르조그 & 드 므론, 리콜라 창고(1986-1987), 라우펜. 정면도와 평면도.

위한 모델을 구축하던 지식이 오히려 현상들의 경험을 방해하는 것이다. 그러므로 실제의 경험으로 돌아와야 할 필요가 있다. "또 심리학적 기원이나, 학자, 역사학자 혹은 사회학자들이 제공하는 인과적 설명들은 전혀 고려치 않아야"[6] 한다. 이러한 요구사항들과 관련해 스스로 현상학주의자를 자처하거나 현상학의 영향을 드러내는 건축가의 태도는 어떠할까 ? 예를 들어 건물을 보는 사람이 지식의 도움 없이 감각(sensations)을 느끼기를 건축가는 원할까? 지금부터 내가 이해하고자 노력하는 것이 바로 이런 것이다. 물론 건축가의 최종 목표는 묘사가 아니라 구축이다. 그가 취한 행동의 결과 때문에 사람들은 건물을 바라보게 되고 그 건물의 경험이 사람들에게 제공된다. 다만 어떤 방식들을 이용하는 것일까?

가스통 바슐라르, 『*La Poétique de l'espace*』, 1957. 1974년 출판본.

바슐라르는 "상상(imagination)의 현상학"을 개발하고자 노력했다. 다른 표현으로 "시적 이미지(image poetique) 현상의 연구"[7]이며, 창작과 관련된 분야를 대상으로 했다. 메를로-퐁티의 표현 "지식 이전(avant la connaissance)"의 세상은, [바슐라르의] 『공간의 시학』에서 표현된 '시적 이미지'와 호응한다. 후자는 "사상 이전(avant la pensée)"[8]의 것으로 "학식(savoir)을 필요로 하지 않는다"[10]. 이는 심지어 "비-학식(non-savoir)"[10] 보다 앞선 것이다. 시적 이미지는 점진적인 출현(émergence) 또는 "급격한 발현(fulgurance)"[11]이며, 계획적인 결과가 아니다. 만일 시인이란 직업과 관련된다면 "이미지들을 결합시키는 하위(subalterne) 작업 속에 있다"[12]. 그렇다면 건축적 감각에서 "급격한 발현"에 관한 질문을 묻는 것은 적절한 것일까 ? 만일 그러하다면 그것은 어떻게 진행되는 것일까?

6 Ibidem, I쪽.
7 Gaston Bachelard, 『*La Poétique de l'espace*』 (1957), Paris, 1970, 2쪽.
8 Ibidem, 4쪽.
9 Ibidem.
10 Ibidem, 15쪽.
11 Ibidem.
12 Ibidem.

헤르조그 & 드 므론 : ("도시적") 재료들의 현존

Herzog & de Meuron : l'être-là des matériaux ("urbains")

앞에서 보았던 헤르조그 & 드 므론의 표현 "우리의 접근은 현상학적이다!"로 돌아가자. 이는 무엇을 뜻하는가? 헤르조그 & 드 므론은 현상들, 특히 자연 현상들에 관심 깊었다. 헤르조그는 1988년 자신의 글 「자연의 숨겨진 기하학(The Hidden Geometry of Nature)」에서 이를 설명했다. 헤르조그 & 드 므론의 관심사는 우선 "자연 속에 존재하는 관계들의 체계가 지닌 복합성(complexité)"[13]을 체감하는 것이었다. 나중에 그는 "화학적 과정이나 결정학적 묘사들(descriptions cristallographiques)"[14]에 대한 관심을 드러내며 말했다. "우리는 사물들(choses)을 주제로 더 깊이 알려는 호기심을 지니고 있었다. 이 사물들은 맨눈으로 보이지 않을 수도 있지만(invisible à l'œil nu) 매우 실제적인 것들이다. 또 그것들은 결국, 예를 들어, 어떤 오브제(objet)의 형태, 색상, 물리적 안정성을 결정한다."[15] 그러므로 보는 것에 대한, 보여질 수 있는 것과 그렇지 못한 것에 대한, 혹은 보여질 수 있는 것(visible)과 보여질 수 없는 것(invisible) 사이의 관계에 대한, 또는 형태적 외관을 결정짓는 것 등에 대한 질문들이었다.

이러한 질문은 라우펜(Laufen)의 리콜라(Ricola) 창고(1986-1987)와 같은 건물을 설계할 때 그들이 택했던 태도를 이해하는데 도움이 된다. 이 건물은 「자연의 숨겨진 기하학」이 쓰여지기 직전에 실현된 것이었다. 우리가 갖게 될 이 [건축] 오브제의 인지(perception)는 우리가 위치한 거리에 의존한다. 멀리서 볼 때 창고는 하나의 직육면체(parallélépipède)로 정면은 층층이 구성되고 코니스(corniche)같은 최상부 장식을 갖고있다. 다가가면 정면의 내적 성격(complexion interne)이 드러난다. 마치 우리의 시각이 추가적인 조사용 기구들의 도움을 받게 되는 것 같다. 초기엔 "맨 눈으로 보이지 않을 수 있던(invisible à l'œil nu)" 것이 이제 보일 수 있게(visible) 된다. 이전에는 하나의 표면으로 보였던 것이 이제 두께를 지닌 것으로 보인다. 이 두께는 그것이 형성된 방식을 이해시킨다. 에테르닛(Eternit) 패널들이 어떻게 수직중첩되는지, 살짝 기울어진 이 패널들이 어떤 방식으로 지지되는지, 외피를 어떤 방식으로 덮었기에 내부 단열재가 노출되는지 등을 보여준다. 브루노 라이슐린(Bruno Reichlin, 1941)은 말했다. "정면파사드는 숨기지 않고 드러낸다. 내적 특성, 구조, 재료들을 노출시킨다."[16] 리콜라 창고를 완공한지 얼마 되지 않아 헤르조그는 "자연의 숨겨진 기하학"이 제시하는 직관에 따라 시행 과정을 설명했다. "나는 우리가, 분해가능한, 따라서 이해할 수 있는 현실의 단편을 바로 세우고자 노력했다고 믿는다.

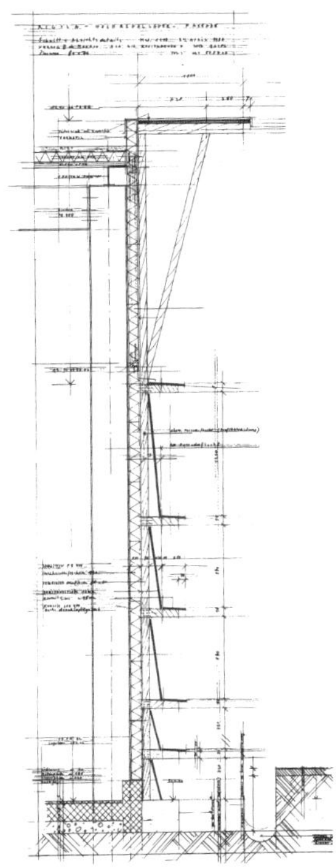

헤르조그 & 드 므론, 리콜라 창고(1986-1987), 라우펜. 기울어진 에테르닛 패널로 된 외피와 내부의 철재 구조체를 구분하는 건물 입면의 횡단면도.

13 Jacques Herzog, 「The Hidden Geometry of Nature」 (1988), in Wilfried Wang, 『*Herzog & de Meuron*』, Zurich, 1992, 145쪽.
14 「Continuities」, op. cit., 8쪽.
15 Ibidem.
16 Bruno Reichlin, 「L'entrepôt dans une ancienne carrier (옛 채석장 내의 창고)」, 『*Herzog & De Meuron*』, Bâle, 1989, 26쪽.

헤르조그 & 드 므론, 리콜라 창고 (1986-1987), 라우펜. 건물 근접 사진과 입면 형성 근접 사진.

자크 헤르조그: "보일 수 있게 된 모든 구조는 자재판들의 적층(empilement)에서 그 생각이 비롯된다. 각 요소들 사이에서 '받치는 것(porter)'과 '누르는 것(peser)'이 공존한다." (『*Herzog & De Meuron*』, 1989).

우리는 해독할 수 없고 접근불가한 많은 사물들과 사건들에 둘러싸여 있다. 그래서 우리는 스스로의 언어를 제공하는 오브제를 만들고자 했다." 17 오브제는 스스로의 언어를 제공한다. 그리고 그것은 자신을 형성하는 것들을 통해서였다. 즉, 오브제의 내재적 형성 재료들과 그것들의 작품구현(mise en œuvre)을 통해서였다. 그러므로 재료가 건축의 "그대로의 기표(signifiant brut)"로 부를 수 있는 것으로 정립되거나 재정립된다.

헤르조그 & 드 므론의 태도는 그들과 가까운 여러 건축가들과 공유되었다. 아네트 기공(Annette Gigon, 1959)이 마이크 가이어(Mike Guyer, 1958)와 함께 발전시켰던 작업들에 대해 묘사했던 내용을 보면, 유사한 단어들이 다시 발견된다. "우리 작업의 동력은 주변 세계를 알려는 호기심과 필요에서 오는 것이다. 우리는 더불어 살아가는 사물들(choses)에 대해 거의 이해하지 못한다. 사물, 재료, 실체들의 직시 그리고 그것들을 보고 관찰하고 만지고 비교하고 적응하고 사용할 수 있는 능력을 되찾는 것은, 우리를 둘러싼 세상과의 관계 속으로 진입하는 하나의 수법이다." 18

작품으로 구현되는 재료들은 당연히 건물을 구축하는 재료들이다. 그리고 맥락에 속한 다른 재료들이나 건축적 이미지의 창조에 기여하는 다른 재료들과 관계 맺기 시작한다. 이 주제와 관련해서, 리콜라 창고에 대해 헤르조그 & 드 므론은 다음과 같이 명시했다. "창고가 지어진 옛 채석장의 석회암 절벽은 […] 건물 정면 옆에서 생기를 되찾는다" 19. 벽체와 절벽이 대면하면서 두 물성은 서로 대립되고 강조된다. 이 대조는 고유한 인지적 경험을 부여한다. 건축가에게 경험은 즉각적인 것으로, 다른 설명을 필요로 하지 않는다. "우리 건축은 존재하는 것을 강조하고 그것을 인지

17 Jacques Herzog and Theodora Vischer, "Entretien (대화)", in 『*Herzog & De Meuron*』, op. cit., 56쪽.
18 Annette Gigon & Mike Guyer, 「The Grammar of Materials」, 마티아스 브람(Matthias Bräm)과의 대화, 『*Daidalos*』, 1995년 8월호, 「Magie der Werkstoffe II - Magic of Materials II」, 53쪽.
19 Rémy Zaugg, 『*Herzog & de Meuron, une exposition*』, Dijon-Paris, 1995, 49쪽.

가능한 영역으로 이끌고자 시도한다. 여기[리콜라 창고]서 의미를 지닌 것은 건물과 암벽의 본질적 형성(constitution) 그 자체이다. 유사점과 차이점은 해독 없이(without coding) 이해될 수 있다." 20

절벽과 건물이 "해독 없이" 이해되기 위해서는 "그들 자신만의 언어"를 스스로 제공해야 한다. 다시 말해 "외부의(extérieurs)" 도움을 필요로 하지 않은 채, 그것 자체의 현실, 그것의 현존(être-là/Dasein)에서부터 이해되어야 한다. 이러한 현상학적 접근에 관련된 본질적 문제들은 다시 다루질 것이다. 그리고 라우펜 리콜라 창고에 관한 묘사는 이 문제들을 도입할 때 다시 유용하게 될 것이다.

헤르조그 & 드 므론, 리콜라 창고 (1986-1987), 라우펜. 건물이 위치한 옛 채석장 절벽과 건물 후면과의 대면.

헤르조그 & 드 므론에게, 특히 그들의 실무 초기에 소규모와 저예산의 프로그램들을 다루곤 했을 때, 그들의 재료들은 실로 다양했다. 그러나 특히 단열재, 금속판, 아스팔트지, 에테르닛 패널, 합판 등과 같이 "일상적(ordinaires)"이거나 "초라한(pauvres)" 재료들을 선호했다. 재료들 다수는 "도시적"이고 인공적으로, 당시에 흔히 유통되곤 하던 산업재들이었다. "우리의 접근은 현상학적이다"라고 단언할 때, 헤르조그 & 드 므론은 다음과 같이 덧붙였다. "우리가 설계하는 모든 것은 관찰과 묘사로부터 온 것이다. 우리가 했던 모든 것은 길에서 발견한(trouvé) 것들이다! 우리 설계안 모두는 오브제들에 투영된 우리 인지의 결과물이다!" 21 그들은 결국 길에서 배움을 얻은 것이다. 이후에 헤르조그는 바젤을 바라보는 그들의 시각을 설명했다. "우리가 채택한 것은 현상학적 방법이다 : 우리의 시각은 비판적(critique)이나 역시 '순진무구한(naïf)' 것이다. 도시에서 항상 가깝지만 보지는 않았던 사물들을 발견하는 방식이다." 22 그러므로 현상학적 시각에서 비춰지는 장소와 도시는 각각 특수적(spécifique)이다. 콜하스의 "포괄적 도시(Generic City)" 개념과 은연중 비춰지는 입장을 취하면서, 헤르조그는 도시들이 "동일한 현상들에, 특히 세계화 현상에 대해 서로 다르게 반응한다" 23 고 인식했다. 유사점보다 차이점에 더 관심 갖고 있었던 것이다. 이러한 시각에서 1999년 헤르조그, 피에르 드 므론(Pierre de Meuron, 1950), 마르셀 마일리(Marcel Meili, 1953) 그리고 로제르 디네어(Roger Diener, 1950)는 취리히 연방공대(ETHZ) 부속기관인 스튜디오 바젤(Studio Basel)을 창설해 특수성(spécificité)에 입각한 도시연구를 시작했다. "국제역학적 흐름(flux)에 연결되면서, 그것들[도시들]은 자신의 물리적 설정(configuration physique)을 어떻게 발전, 변화, 적응시키게 될까? 자신의 특수한 모습(physionomie specifique)을 어떻게 재설정하는가? 무엇이 그것들을 독특하게 만드는가?" 24 디네어에게 있어 포괄적 도시의 개념은 하나의 해석적 관점으로 유효한 것이었지만

다음 페이지, 122쪽과 123쪽 : 헤르조그 & 드 므론의 재료와 표면들 :

1 리콜라 창고 (1992-1993), 물루즈. 폴리카보네트 외피 위에 실크스크린 처리된 모티브인 칼 브로스펠트(Karl Blossfeldt)의 사진.
2 집합주택 (1984-1993), 슈젠마트슈트라스(Schützenmattstrasse), 바젤. 주철 덧문.
3 도미누스(Dominus) 포도주 저장고, 캘리포니아 욘트빌(Yountville), 1995-1998.
4 샤울라게 미술관 (1998-2003), 바젤. 창문을 내기 위해 틈이 벌어져 갈라진 외벽.
5 주립병원 제약연구소 (1995-2000), 바젤. 녹색점들로 실크스크린 처리된 유리 외피.
6 주택 (1982-1988), 타볼(Tavole), 이탈리아.
7 레미 조그 아뜰리에 (1995-1996), 물루즈. 아뜰리에 지붕으로부터 흘러 측벽 표면위에 남겨진 우수 자국의 흔적.
8 도서관 (1994-1999), 에베르스발드(Eberswalde). 토마스 러프(Thomas Ruff)에 의해 선택되어 철근콘크리트 패널들과 수평 창문 앞유리 위에 실크스크린 처리된 사진들.

20 Herzog & de Meuron, 「Towards an Intuitive Understanding」, 리네트 비데르(Lynnette Widder)와의 대화, 『*Daidalos*』, 1995년 8월호, op. cit., 58쪽.
21 「Continuities」, op. cit., 15쪽.
22 「Ornement, structure, espace. Entretien avec Jacques Herzog」, in Jean-François Chevrier, 『*La Trame et le hasard*』, Paris, 2010 (『*El Croquis*』, no 129-130 (『*Herzog & de Meuron, 2002-2006*』), 2006에서 최초 게재), 90쪽.
23 Ibidem, 92쪽.

1

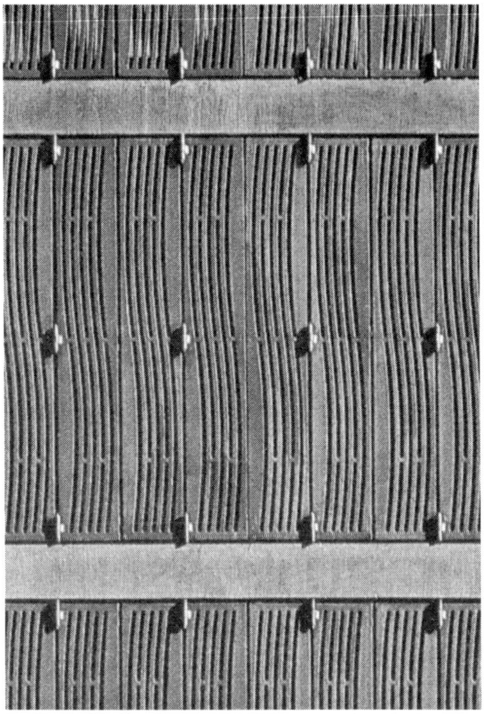

2

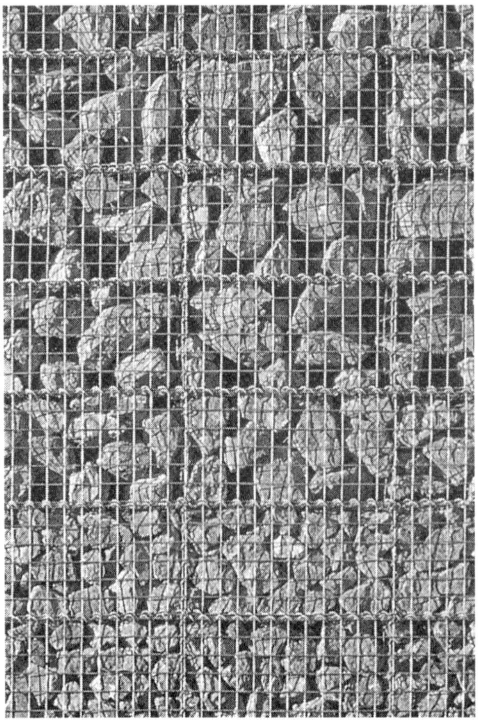

3

4

5

6

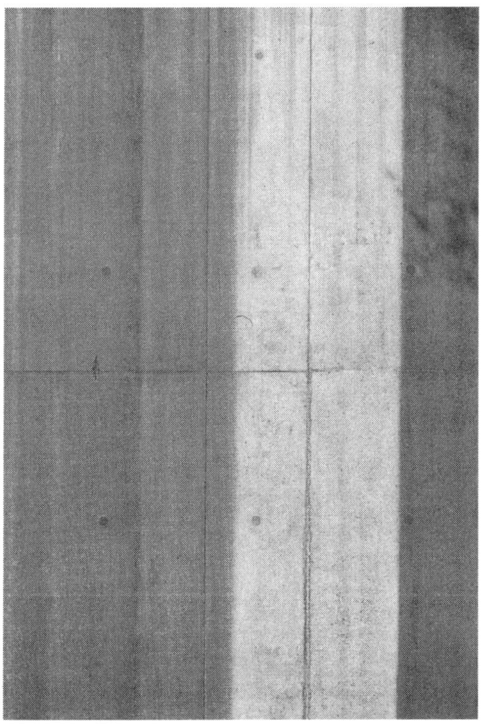

7

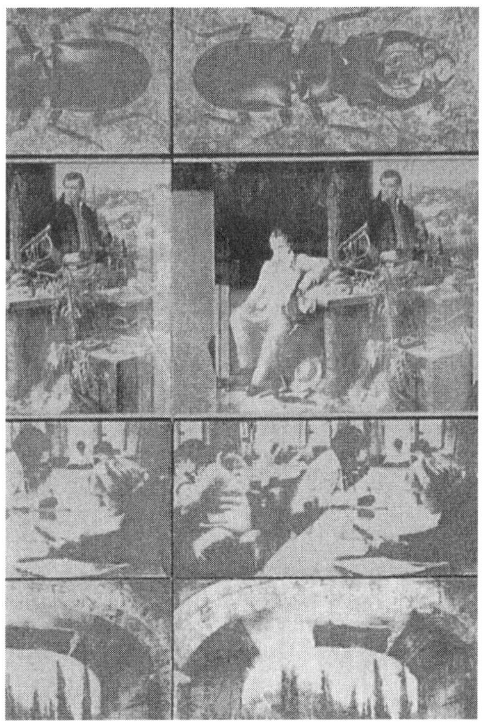

8

그것만이 유일한 것은 아니었다. "스스로 달라지려 노력하진 않더라도 [도시적] 조직들은 각자 다르게 반응"[25]하며 "때로는 포괄적 도시의 내부에서조차 [다른] 조직들이 존재할 수 있다"[26]고 믿었기 때문이다.

나는 마지막으로 헤르조그 & 드 므론의 접근방식이 기념용(souvenirs) 이미지들이나 자서전의 방식과는 덜 연관된다고 덧붙여 말하고 싶다. 헤르조그는 페데리코 펠리니(Federico Fellini, 1920-1993)의 영화들에 대한 거부감을 고백한 바 있다. 그의 영화들이 지나치게 자서전적(autobiographiques)[27]이기 때문이었다. 건축가에 따르면, 자신들의 접근방식은 요셉 보이스(Joseph Beuys, 1921-1986)와의 만남에 영향받았다. "그는 과거의 우리가 전혀 쳐다보지 않던 것들을 우리에게 보여주었다. 예를 들어 여느 건축가들의 단일기능적(monofonctionnelle) 방식과는 전혀 다르게 재료를 다루는 것이었다."[28] 다만 보이스의 감각적 접근에 매료되었더라도, 헤르조그 & 드 므론은 상징적 의미를 부여했던 예술가의 방식을 거부했다. "상징적 측면은 […] 전혀 우리 작업의 일부가 되지 않았다"[29]고 그들은 밝혔다. 동등한 시각에서 그들은, 로시(Rossi)가 취리히에서 그들에게 가르쳤던 교육적 영향이 중요했고 그로부터 건축을 보는 방법을 전수받았음을 비록 인정하더라도, 건축이 도시와 관계 맺는 부분에 대해서는 로시의 방식을 거부했다. "그의 이미지들은 전혀 흥미롭지 않았다. 건축적 기억의 이미지들(images of architectural memories)을 수집하는 것도 마찬가지였다."[30]

페터 줌토르 : ("자연적") 재료의 현존

Peter Zumthor : l'être-là des matériaux ("naturels")

페터 줌토르(Peter Zumthor, 1943)는 글을 통해 장소들을 묘사할 때, 그 장소의 "스티뭉(Stimmung)" 다시 말해 무드(ambiance)나 분위기(atmosphère), 빛과 소리를 표현하곤 했다. 이 장소들은 어떤 풍경, 시골, 도시 혹은 건물 내부의 독특한 장소에서 거주하며 얻게된 경험과 연관되었다. 이 주제에 관해 그는 어린 시절 기억들을 언급하곤 했는데, 이는 헤르조그 & 드 므론에게서는 잘 발견되지 않던 방식이었다. 줌토르에게 어린 시절은 "사유 없이 건축을 경험하는 시기"[31]였다. 자신이 만졌던 오브제들의 기억, 자갈밭, 보도블록 혹은 아스팔트 위에서의 걸음, 문이 닫힐 때의 소리와 같은 기억

24 Studio Basel의 소개 참조할 것 : http ://www.studio-basel.com/eth-studio-basel.html (2014).
25 2010년 로제르 디네어(Roger Diener)와의 대화, in Francoise Arnold, (dir.), 『*L'Hypothèse Aldo Rossi*』, s.l., 2013, 113쪽.
26 Ibidem.
27 「Entretien avec Jacques Herzog(자크 헤르조그와의 대화)」, 『*Le Moniteur Architecture – AMC*』, no 9, 1990년 3월호, 38쪽.
28 Jeffrey Kipnis, 「A conversation with Jacques Herzog (H & de M)」, 『*El Croquis*』, no 84 ("H & de M 1993-1997"), 1997, 15쪽.
29 Ibidem.
30 Ibidem.
31 Peter Zumthor, "Une vision des choses (사물들의 비전)" (1988), in 『*Penser l'architecture*』 (2010), Bale, 2012, 7쪽.

들을 그는 떠올렸다. 줌토르도 로시의 영향을 받았다. 로시 덕분에 그는 "자신만의 전기적 기억(mémoire biographique)을 갖는 건축들을 […] 볼 수 있게"[32] 되었다. 줌토르가, 로시의 저서 중에서 『도시의 건축(*L'Architettura della città*)』[33] 보다는 『과학적 자서전(*Autobiografia scientifica*)』[34]을 선호할 것은 분명해 보인다.

페터 줌토르(Peter Zumthor), 온천장(1990-1996), 발스(Vals).

줌토르는 기억에 의존하며 사물들을 처음 발견했던 순간 품었던 첫감각으로 돌아가고자 했다. 그에게 있어 사유적이지 않은 어떤 경험은 아르트 포베라(Arte povera)나—헤르조그 & 드 므론의 경우처럼—보이스의 작업이 주던 교훈과 동등한 것이었고, 따라서 그도 "어떤 문화로부터 계승되는 모든 의미로부터 자유롭게 재료 본연의 본질을 재정립"[35]하고자 했다. 마르틴 슈타인만(Martin Steinmann, 1942)은 계승된 의미들의 거부와 관련해 줌토르의 건물들을 예로 들어 설명한 바 있다. 그는 줌토르의 건물들이 유발하는 "호소력(fascination)"의 주요 특징들을 규명했다. 그의 건물들이 "신호(signes)를 거부"하고 "마치 발스(Vals) [온천장]의 석재 판이나 비엘-벤켄(Biel-Benken) [집합주택]의 목재판처럼, 신호에 미치지 못하는 사물들(les choses en deca des signes)에 머무르는 경험"[36]으로 이끈다는 것이다.

재료들을 설명할 때의 줌토르는 마치 하이데거 방식의 어법을 취하는 듯했다. 즉 건축가는—"예술작품 속에서는 존재자의 진리가 구현되기"[37] 때문에 철학자가 작품에 부여하고자 했던—"존재자의 존재(l'être de l'étant)"를 개방하거나 드러내기 원했다. 그 결과 재료 가까이로의 경험이 지속적으로 일깨워지게 되었다. 이는 "사물들로부터 출발해 사물들로 되돌아오는 건축을 창조하기"[38] 위해서였다. 메를로-퐁티의 언어로 표현하면 "세상의 어떤 경험, 세상에 대한 모든 사상에 선행하는 세상과의 어떤 접촉"[39]을 위해서였다.

줌토르가 그 안에 살며 정진하려는 세상은 바로 가까이로 근접하는 세상이었다. 이러한 세상 속에서 도시는, 그에게 비록 자극을 줄 수는 있더라도, 불신을 유도하는 것이었다. 줌토르는 "자연적" 풍경을 선호했다. 그는 말했다. "풍경에 대해 눈떴을 때 나는 자유와 평안을 발견했다."[40] 추가적으로 그는 "생산 수단"[41]일 뿐인 농업의 풍경은 관심 없다고 말했다.

다음 페이지, 126쪽과 127쪽 : 페터 줌토르, 재료와 표면들 :

1 미술관 (1989-1997), 브르겐츠(Bregenz). 건물 외피의 반투명 유리 패널들.
2 조근 베네데트(Sogn Benedetg) 예배당 (1985-1988), 줌브티히(Sumvtig). 나무 널판.
3 줌토르 아뜰리에 (1985-1986), 할덴슈타인(Haldenstein). 나무 피복.
4 노인요양소 (1989-1993), 마잔스(Masans). 응회암(tuf).
5 온천장 (1990-1996), 발스(Vals). 얇게 층층이 적층된 돌판.
6 브루데르 클라우스(Bruder Klaus) 예배당 (2001-2007), 바흔도르프(Wachendorf). 가문비나무를 태워 콘크리트 표면 위에 남긴 그을음 자국.
7 구갈룬(Gugalun) 주택 (1990-1994), 베르잠(Versam). 목재판.
8 콜룸바(Kolumba) 미술관 (1997-2007), 쾰른. 벽돌 벽체의 채광구.

32 Thomas Durisch (dir.), 『*Peter Zumthor. Réalisations et projets, Tome 1—1985-1989*』, Zurich, 2013, 9쪽.
33 Aldo Rossi, 『*L'Architettura della città*』, Padoue, 1966 (불어 번역본 : 『*L'Architecture de la ville*』, Paris, 1981).
34 Aldo Rossi, 『*Autobiografia scientifica*』, Parme, 1990 (최초 출판은 영어본이었음: 『*A Scientific Autobiography*』, Cambridge (Mass.), 1981 ; 불어 번역본 : 『*Autobiographie scientifique*』, Marseille, 1988).
35 Peter Zumthor, 「Une vision des choses」, op. cit., 8쪽.
36 Martin Steinmann, 「Connaître avec les sens. Une approche de l'oeuvre de Peter Zumthor (감각들과 더불어 알아가기. 페테르 줌토르의 작품의 어떤 접근방식)」, in Martin Steinmann, 『*Forme forte. Ecrits 1972-2002*』, Bâle, 2003, 266쪽 (해당 글의 최초게재: 『*A+U*』, no 1, 1998). 여기서 슈타인만은 발스 온천장(thermes de Vals, 1990-1996)과 바젤 근처의 비엘-벤켄 집합주택(ensemble d'habitation à Biel-Benken, 1987-1996)에 대해 설명하고 있다.
37 Martin Heidegger, 「L'origine de l'oeuvre d'art (예술작품의 기원)」, 『*Chemins qui ne menent nulle part*』, Paris, 2012, 37쪽.
38 Peter Zumthor, 「Le noyau dur de la beauté (아름다움의 단단한 속)」 (1991), 『*Penser l'architecture*』, op. cit., 31쪽.
39 Maurice Merleau-Ponty, 「Le roman et la métaphysique (소설과 형이상학)」 (1945), 『*Sens et non-sens*』, Paris, 1995, 36쪽.
40 Peter Zumthor, 「Architecture et paysage」 (2005), 『*Penser l'architecture*』, op. cit., 96쪽.

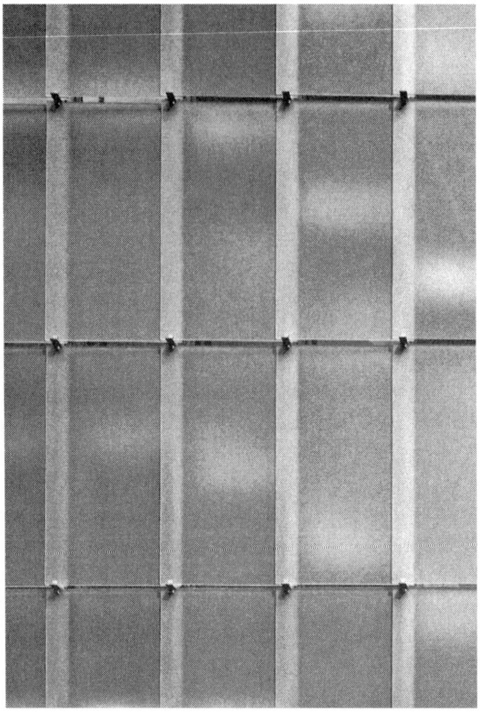

1

2

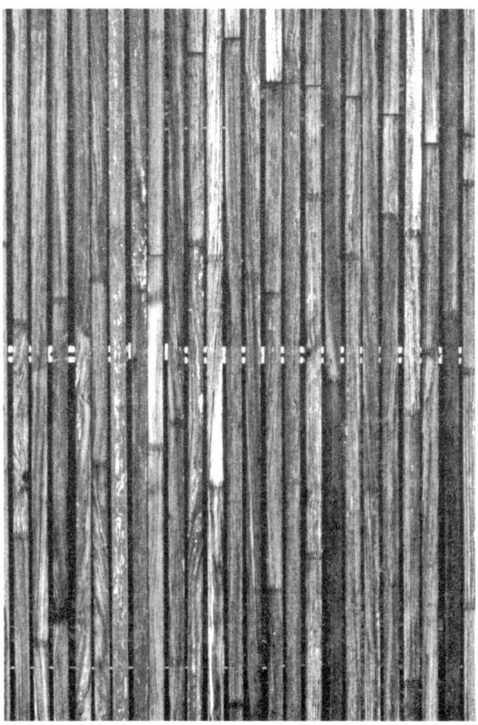

3

4

5

6

7

8

페터 줌토르, 주택 (2006-2009), 라이스(Leis).

페터 줌토르 :
"건축 설계안의 맥락 속에서, 산이나 바위 혹은 물처럼 구체적인 것들을 지배하는 자신만의 법칙을 고민하고 작업하는 것이야 말로, 모든 문명적 영향으로부터 요소들의 순수성을 유지하는, 그러므로 독창적인 본질을 파악할 수 있게 하는 가능성을 제공한다. 또 사물들로부터 출발해 사물들로 되돌아오는 어떤 건축을 창조하고 표현을 부여하도록 하는 가능성을 제공한다. 여기서 양식의 모델들과 규범들은 단지 족쇄가 될 뿐이다." (『*Penser l'architecture*』, 2010).

물론 전통적 방식으로 경작된 농촌 풍경은 예외로, "감각적이고 미적인 경험"[42]처럼 흥미로워했다. 이러한 시각에서 그는 재료들이 "가까운(proches)" 것이기를 선호했다. "재료와 구축은 장소와 관계맺어야 한다. 때로는 직접 그 장소로부터 나온 것이어야 한다. 그렇지 않다면 풍경은 새로운 구축물(édifice)을 받아들이지 않을 것이다."[43] 결국 이상적으로 다음 두 가지 조건을 결합시켜야 했다. 첫째, 건물은 지역적 환경(environnement local)을 위해 설계되어야 하며 둘째, 구축화(édification)에 필요한 수단들은 지역적 환경에서 유래해야 했다.

그가 라이스(Leis)에 실현한 두 채의 주택(2006-2009)을 묘사할 때, 줌토르는 [부인] 아날리사(Annalisa)로 하여금 "목판, 이음쇠붙이, 합판, 덧씌우기 마감이 전혀 없이 두꺼운 원목으로만 구축된 주택들은 [⋯] 독특한 광채"[44]를 보여준다고 느끼게 만들었다. 그러나 주택의 구축에 정밀한 기술 수단이 필요치 않을 거라 단정지어선 안된다. 두꺼운 원목으로 결구한 모서리 조립이 "우아하면서 매우 오래된 기술"[45]로부터 온 것이라면, 사실 오천여 개의 원목재들은 공장에서 기성제작 되었고 각 구멍, 이음꺾쇠, 빗장구멍, 문틀홈 모두가 극도의 정확성에 의해 실현되었다. 원목재들을 가공하기 위해서는 디지털 특수기계가 요구되었다. 또 주택 구조를 위해서는 프리텐션 케이블과 글루램(Glued laminated timber) 목재도 필요했다. 그럼에도 불구하고 모든 자재들의 준비가 끝난 이후부터 "그 뒤의 공사작업은 천 년 전의 방식처럼 진행되었다" ⋯ 물론 줌토르의 다른 작품들의 경우에도 전통수공예적 노하우의 개념을 초월하는 기술들이 자주 수반되었다. 대표적 사례로 발스 온천장에서 석재판으로 층층이 쌓아 벽체를 만들 때, 그 시공은 극단적인 정밀성이 요구되었다. 특별한 복합적 구축의 결과였던 것이다.

41 Ibidem.
42 Ibidem, 97쪽.
43 Ibidem, 99쪽.
44 Peter Zumthor, 「Les maisons de Leis」 (2009), 『*Penser l'architecture*』, op. cit., 103쪽.
45 Ibidem, 105쪽.
46 Thomas Durisch (dir.), 『*Peter Zumthor. Réalisations et projets, Tome 4 - 2002-2007*』, op. cit., 124쪽.

근대 / 반근대

Moderne / Antimoderne

헤르조그 & 드 므론과 줌토르는 "현상학적" 관심사의 두 방향을 대표한다. 헤르조그 & 드 므론이 자서전적 기억과 인상에 의존하지 않는다면, 줌토르는 반대로 다음과 같이 명시했다. "어떤 설계안을 작업할 때 나는, 기억으로 돌아가 내가 찾으려는 건축과 결합할 수 있는 어떤 이미지들과 분위기들(Stimmungen)이 나를 이끌도록 내버려 둔다."[47]

헤르조그 & 드 므론과 줌토르는 환경에 대한 두 가지 양상을 대표한다. 초기의 헤르조그 & 드 므론에게 우선 관심을 끌었던 이미지들은 도시적 이미지들이었다. 영화를 통해서 흔히 볼 수 있는 이미지들인 것이다. "우리 경험의 대부분, […] 우리 전통의 결핍은 도시와 장소의 경험으로 충족되었다. 영화가 우리에게 소통하던 것처럼 말이다."[48] 전통의 결핍이란, 우리가 전통들과 거리를 두고 있는 세상에 속해있음을 의미한다. 특히 건축 실현에 동참하는 모든 직업의 전통들로부터도 그러했다. 노스탤지어로 간직될지언정, 이 전통들은 더 이상 효력이 없는 것들이었다. 헤르조그 & 드 므론은 이러한 현실적 상황을 받아들였다. 이후 그들은 특별하게 정밀한 산업적 제작수단과 구현도구들을 적용해 건물들을 구축하게 된다. 이 점에서 헤르조그 & 드 므론은 "근대적(modernes)" 이다.

줌토르는 도시와 동떨어진 세상에 매여 있다. 네덜란드 건축비평지 『*OASE*』에 기고를 준비하며 할덴슈타인(Haldenstein)을 방문했던 클라스케 하비크(Klaske Havik)와 구스 티엘렌스(Gus Tielens)는, 줌토르의 아틀리에 및 주택, 그 곳에서 벌어지는 활동을 다음과 같이 묘사했다. "도시적 삶과 동떨어진 할덴슈타인의 산골마을에 위치한 두 건물 속의 작은 공동체에 속한 젊은 건축가들은 물리적이고 물질적인 감각 속에서 건축에만 전념하고 있다."[49] 물론 줌토르도 정밀한 제작수단들을 채택하곤 하지만, 이 수단들은 전통을 추구하기 원하는 건축을 위해 이용될 뿐이다. 그러므로 줌토르는 "반근대적(antimoderne)" 이다.

내가 근대와 반근대로서 대립을 세우고자 하는 것은, 앙투안 콤파뇽(Antoine Compagnon, 1950)의 문학이론[50]으로부터 영향 받은 것이다. 그는 "진보의 도그마(dogme du progres)" 에 찬동했던 문학가들과 "근대주의(modernisme)" 의 특정 경향에 반대하며 그 합리주의를 의문시했던 문학가들을 구분했다. 반근대주의자들의 사례로 샤를르 보들레르(Charles Baudelaire, 1821-1867)가 있는데, 그는 예술을 둘로 양분하며 다음과 같이 말했다. "근대성(modernité)은 과도적인(transitoire) 것, 사라지는(fugitif) 것, 우발적인(contingent)

47 Peter Zumthor, 「Une vision des choses」, op. cit., 26쪽.
48 Jacques Herzog and Theodora Vischer, 「Entretien」, op. cit., 46쪽.
49 Klaske Havik and Gus Tielens, 「Concentrated Confidence. A Visit to Peter Zumthor」, 『*OASE*』, no 91 ("Building Atmosphere"), 2014, 73쪽.
50 Antoine Compagnon, 『*Les Antimodernes. De Joseph de Maistre à Roland Barthes*』, Paris, 2005.

페터 줌토르, 아틀리에 (1985-1986), 할덴슈타인.

것으로 예술의 절반을 차지한다. 나머지 절반은 영원한(éternel) 것, 불변한(immuable) 것이다"[51]. 콤파뇽에 따르면, 롤랑 바르트(Roland Barthes, 1915-1980)는 "아방가르드/전방(avant-garde)의 후방(arriere-garde)"에 위치하기를 좋아했으며, 또 "아방가르드에 위치하는 것은 죽음을 알게 되는 것이고, 후방에 위치하는 것은 여전히 숙는 이를 계속해서 애도할 수 있는 것"[52]이라 말하기 좋아했다고 그는 밝혔다.

줌토르가 규정했던 "현실(le réel)의 마술"과 "사상(la pensée)의 마술" 사이의 차이와 그가 전자를 선호했던 사실로부터 나는 그를 반근대주의 진영으로 분류할 수 있다. 우리는 이를 다시 살펴보게 될 것이다.

그대로의 인지와 "무의미적" 장식

Perception brute et ornement "insignifiant"

헤르조그 & 드 므론에 따르면 재료는 "해독 없이" 읽혀질 수 있어야 했다. 그 목적도 "건축가들이 갖고 있던 기존 의미(existing coding)를 상실하게 하고 […] 즉각적 감각을 위해 카테고리들을 파괴하고 양식에 관한 참고사항들(references stylistiques)을 회피할 수 있도록"[54] 재료들을 사용하는 것이었다. 마지막 순간 건축가는 자서전이나 상징주의를 배제하면서 "재료들을 '보이도록(visibles)' 만들어야 하며 […] '존재(être)' 이외의 다른 기능에서 벗어나도록 만들어야"[55] 했다. 앞서 보았듯이, 줌토르에게 재료는 "문화로부터 계승된 모든 의미로부터 해방" 되어야 했다.

헤르조그 & 드 므론도 줌토르처럼 재료를 새롭게 적용시키기(s'approprier) 원했고, 재료의 시적 측면을 발견하거나 재발견하기 원했다. 다시 말해, 바슐라르의 표현처럼, 재료의 감각적 "발현(fulgurances)" 능력을 발

51 Charles Baudelaire, 「Le peintre de la vie moderne」 (1863), 『Œuvres complétes』, II, Paris, La Pléiade, 1985, 695쪽.
52 Antoine Compagnon, 『Les Antimodernes…』, op. cit., p. 13. 콤파뇽은 1971년 가을 『Tel Quel』에 실린 장 티보도(Jean Thibaudeau)와 바르트의 대화를 인용했다.
53 본 책 166쪽.
54 Herzog & de Meuron, 「Towards an Intuitive Understanding」, op. cit., 59쪽.
55 「Continuities」, op. cit., 23쪽.

헤르조그 & 드 므론, 고에츠(Goetz) 갤러리 (1989-1992), 뮌휀. 세 개의 수평적 직육면체를 보여주는 건물 전체 사진.

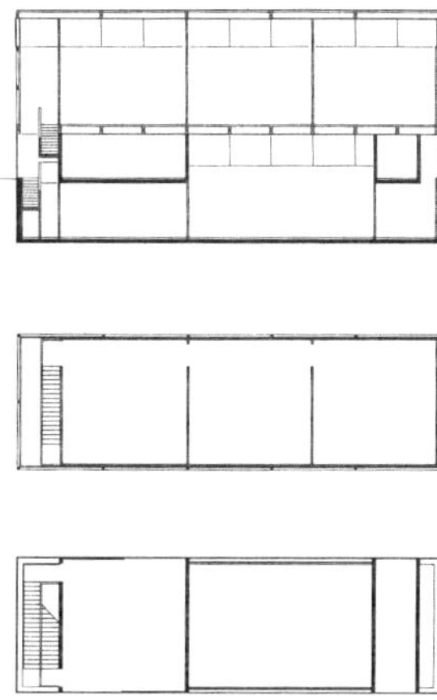

헤르조그 & 드 므론, 고에츠(Goetz) 갤러리 (1989-1992), 뮌휀. 정원과 접한 1층 평면도와 세 개의 전시공간이 있는 2층 평면도; 지하 전시공간, 지상층 그리고 2층의 세 개 전시공간들의 뒤얽힌 관계(imbrication)를 보여주는 종단면도.

견하거나 재발견하기 원한 것이다. 그러므로 선호되는 것은 모든 명상(méditation)을 거부, 생략하는 감각을 추구하는 것이다. 헤르조그 & 드 므론도 줌토르처럼 이성을 우회하는 방법을 추구했다. 그들은 메를로-퐁티가 끝임없이 던졌던 다음의 질문에 답하고자 노력했다. "문화가 빚어내던 인지로부터 벗어나, '그대로의 인지(perception brute)' 나 '야생의(sauvage)' 인지를 향해 어떻게 회귀할 수 있을까?"[55] 메를로-퐁티가 명시한 것처럼 만일 현상학이 "세상과의 순진무구한 접촉을 재발견하기"[57] 위해 노력하는 것이라면, 건축가들의 노력은 건축 재료와 있는 그대로 접촉하는 것을 되찾고 고양시키려 하는 것이 아닐까?

재료의 즉시적 존재감과 발현을 체감할 수 있기 위해, 다른 불필요한 정보들 때문에 산만해지지 않도록 하기 위해서, 단순한 형태들(formes simples)로만 다루는 것이 유리하다.

이 때문에 줌토르가 저드(Donald Judd)의 작품들에 관심이 깊었음은 당연했다. 그 영향은 그가 할덴슈타인 아틀리에(1985-1986)를 지을 때에도 발견된다. "나는 기초적인 기하학 형태로 축소된 도날드 저드의 작품이나 동시대 다른 예술가들의 작품들에 깊은 감명을 받았다."[58]

헤르조그 & 드 므론도 오랫동안 단순한 형태들만 고집했다. 그 형태는 주로 직육면체였고, 이는 라우펜 리콜라 창고부터 시작해 최소한 뮌헨 고에츠 갤러리(galerie Goetz, 1989-1992)까지 지속되었다. 2001년 프리츠커 상을 수상하며 1980년대 초기 작업에 대해 설명할 때, 당시 "그 누구도 평면과 단면에 직사각형을, 즉 설계의 기본으로 상자를 사용하지 않았다"[59]고 그들은 밝혔다. "그 누구도"라는 표현은 물론 지나친 감이 없지 않다. 당시의 건축비평들이 "스위스 상자(swiss box)"란 표현으로 헤르조그 & 드 므론과 더불어 여러 다른 건축가들－예를 들어, 기공 & 가이어(Gigon & Guyer), 마리안느 부르크하테르 & 크리스티앙 수미(Marianne Burkhater & Christian Sumi, 1950), 마일리 & 마르쿠스 페테르(Meili & Markus Peter, 1957)

56 Maurice Merleau-Ponty, 『*Le Visible et l'invisible*』, Paris, 1964, 265쪽.
57 Maurice Merleau-Ponty, 『*Phénoménologie de la perception*』, op. cit., I쪽.
58 Thomas Durisch (dir.), 『*Peter Zumthor. Réalisations et projets*, Tome 1－1985-1989』, op. cit., 23쪽.
59 Jacques Herzog & Pierre de Meuron, 「The Pritzker Prize 2001」 (2001년 5월 7일), 『*A+U*』, 특별호 "Herzog & de Meuron, 1978-2002", 2002년 2월, 8쪽.

헤르조그 & 드 므론, 도서관 (1994-1999), 에베르스발드. 토마스 러프(Thomas Ruff)에 의해 선택되어 철근콘크리트 패널들과 수평 창문 앞유리 위에 실크스크린 처리된 사진들.

등-의 설계안들을 공통적으로 묶어 특징짓고자 했던 것을 환기하면 말이다. 한편 헤르조그는 직육면체를 선택한 이유를 분명하게 밝혔다. "라우펜 리콜라[창고]는 최초의 '미니멀리스트(minimaliste)' 설계안이었다. 뮌헨 고에츠 갤러리는 그 단계의 정점으로 해당 유형 중에 아마도 가장 아름다운 작업이었다. 왜 우리는 이러한 선택을 했을까? 이는 바로 포스트모더니즘(postmodernisme)과 해체주의(deconstructivisme)에 대한 거부였다."[60]

헤르조그 & 드 므론은 스스로 "미니멀리스트"라 자칭하며 모든 종류의 상징주의를 회피하는 건축, "비 재현적(non représentative)" 건축을 추구했다. 슈타인만의 분석에 따르면, 결국 그들은 앞서 내가 언급한 여러 스위스 독어권 건축가들과 함께 팝아트(Pop Art)와 대립했다. 벤츄리(Venturi) 등이 상업적 세계의 이미지나 신호들을 사용하는 방식을 거부한 것이다. 반면 벤츄리가 발전시켰던 개념인 "장식된 창고(decorated shed)"가 그들의 관심을 끌어내었다는 것은 역설적이다. "스위스 상자들"은 사실 "장식된 창고"로 읽을 수 있지 않을까. 특히 스위스 상자들에서 장식적(ornemental) 처리가자주 실험되었던 사실을 환기할 때 더욱 그렇다.

헤르조그 & 드 므론 스스로-슈타인만의 표현으로-"작품 바깥의 것과는 모든 관계를 거부하는"[61] 미니멀아트(Minimal Art)의 편에 섰다면, 그들의 많은 설계안들에서는 여러 장식적 모티브들(motifs)의 사용이 발견된다. 그 예인 물루즈(Mulhouse) 리콜라 창고(1992-1993)에서는 칼 브로스펠트(Karl Blossfeld, 1864-1932)의 사진 하나를 선택해 폴리카보네트 외피의 실크스크린 모티브로 적용했다. 에베르스발드(Eberswalde) 도서관(1994-1999)에서는 사진작가 토마스 러프(Thomas Ruff, 1958)가 선별한 사진들을 바탕으로 철근콘크리트 패널의 표면에 실크스크린으로 적용했다. 건축가들에 의하면 이 사진들은 "재현적이기보다 비재현적"[62]이고, 그렇기에 내재적 상징이나 우의적(allégorique) 가치를 지니고 있지 않았다. 이것들은 패턴(patterns)이었다. 우리는 반대적 추론으로 앤디 워홀(Andy Warhol, 1928-1987)의 실크스크린 이미지와 그 "메세지"를 떠올릴 수 있다. 아더 단토(Arthur Danto, 1924)는 다음과 같이 묘사했다. "워홀은 희망과 결핍이 표현된 광고지들을 그리기로 했다. 이 전환점 이후 그의 이미지들은 친숙한 익명의 이미지들이 되었다. 저급한 잡지의 마지막 페이지, 스캔들 언론의 표지, 펄프(Pulp) 잡지, 공상과학 동호지, 무료 신문, 광택지로 된 광고, 인쇄된 신문간지 등으로부터 찢어낸 것들이었다."[63] 이런 유형의 "메시지"는 헤르조그 & 드 므론에겐 전혀 존재치 않았다. 그들의 문양(orne-

60 William J.R. Curtis, 「The Nature of Artifice, a Conversation with Jacques Herzog」, 『*El Croquis*』, no 109-110 ("Herzog & de Meuron, 1998-2002"), 2002, 23쪽.
61 Martin Steinmann, 「La présence des choses」 (1994), 『*Forme forte, Ecrits/Schriften 1972-2002*』, op. cit., 114쪽.
62 Jeffrey Kipnis, 「A conversation with Jacques Herzog (H & de M)」, op. cit., 18쪽.
63 Arthur C. Danto, 『*Andy Warhol*』, Paris, 2011 (『*Andy Warhol*』, New Haven-Londres, 2009의 불어 번역본), 33-36쪽.

1

2

3

헤르조그 & 드 므론, 리콜라 창고 (1992-1993), 물루즈.
같은 위치에서 다르게 보이는 건물의 세 가 지 모습 :

1 저녁 무렵, 창고 내부와 처마의 불이 켜지면서 실크스크린 문양의 모티브가분명하게 드러난다.
2 비가 온 후, 지붕의 우수가 측벽 위로 흘러 내린다. 창고의 내부는 불이 꺼져 있어 실크스크린 처리된 수직 패널 벽체는 불투명으로 보여진다.
3 한낮에는, 외부의 빛과 내부의 빛의 상호 작용으로 실크스크린 문양의 모티브의 인지가부정확해진다.

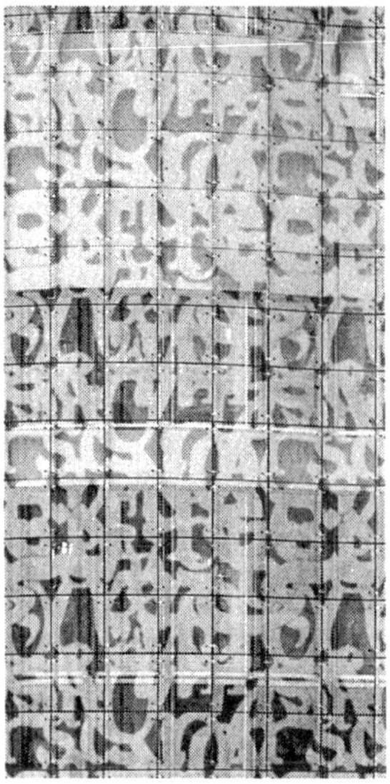

헤르조그 & 드 므론, 도서관 (1994-2004), 코트부스(Cottbus). 도서관 유리 외피 위에 인쇄된 문장과 문자들은 최종적으로 읽을 수 없는 어떤 패턴을 만들어낸다.

ment)은 심지어 "무의미적(insignifiant)"일 수 있었다. 그들의 모티브들이 건물의 프로그램과 은유적(métaphorique)이거나 우의적(allégorique) 관계인 경우도 예외적으로나마 존재할 수 있었지만 이 경우조차 그 관련성이 매우 약하며, 또 [건축가가] 적용한 처리에 의해 점점 희미해졌다. 예를 들어 코트부스(Cottbus) 도서관(1994-2004)의 유리 외피 위에 인쇄된 단어와 문자들은 결국 읽을 수 없게 된 패턴을 형성하게 되었다. 다른 경우 모티브는 점이나 선처럼 추상적일 수도 있었다. 물루즈 [리콜라 창고]와 에베르스발드 [도서관]처럼 차용된 이미지일 수도 있었다. 생-루이(Saint-Louis) 파펜홀츠(Pfaffenholz) 스포츠 센터의 단열재 모티브는 재료 자체에 자신의 형태를 투영시켰다.

실크스크린 같은 표면적 문양(ornement surfacique)은 마지막 순간에 모티브가 새겨져 있는 재료 자체에 근접하도록 유도하는 역설적 역할을 행한다. 헤르조그가 말했듯, 문양은 "형태의 장애를 넘어서도록"[64] 돕는다. 다시 말해 "유효한 형태(forme valabe)"[65]를 찾아 헤매는 번민을 피할 수 있도록 돕는다. 빈번하게 올오버(all over) [형태의] 표면으로 처리되기에 섬유질적인 성격을 지닌다. 인쇄된 모티브는 "자유롭고", 그것을 지지하는 재료의 본성에 직접적으로 의존하지 않는다. 모티브는 유리, 콘크리트, 철판 혹은 석재판 위에도 새겨질 수 있다. 우리는 이제 헤르조그 & 드 므론이 "로스(Loos)보다는, 설리반(Sullivan)이나 젬퍼(Semper)에 더"[66] 관심 있다고 밝혔던 것을 이해할 수 있게 되었다.

건물은 그 자체로 재현적이거나 서술적(narratif)이기 원치 않는다. 건물은 익히 알고 있거나 무엇을 상기시키는 이미지들을 사용하지 않는다. 다시 한 번 강조컨대 그 목적은 건물이 만들어낸는 효과의 힘에 있었다. 그리고 재료는 가장 중요한 핵심이 된다. 헤르조그 & 드 므론은 말했다. "우리 건물들의 힘은 관찰자들에게 미치는 즉각적이고 내면적인(visceral) 충격 속에 있다. 우리에게는 이것이 건축에서 중요한 부분이다"[67]. 또 다음처럼 말하기도 했다. "우리는 마치 음악의 소리나 꽃향기처럼 직접적이고 물리적이며 감동적인 충격에 더 관심있다."[68] 앞에서 언급했던 즉각성(immédiateté)의 문제가 다시 발견된다.

현상학적 접근 방식에서 건축 작업은 의미화(signification)를 추구하지 않는다. 슈타인만의 표현처럼 "신호들을 거부하는" 것이다. 그러나 신호를 거부하는 것이 어느 지점에까지 가능할까? 비록 슈타인만이 "비워진 신호들"에 대해 설명하고, 그 기의(signifié)에 의존하지 않는 효과를 유발하는 기표(signifiant)에 대해 설명하더라도, 그 역시 "형태의 경험이 곧이어

64 「Ornement, structure, espace. Entretien avec Jacques Herzog (문양, 구조, 공간. 자크 헤르조그와의 대화)」, op. cit., 103쪽.
65 Ibidem.
66 Marianne Brausch and Marc Émery, 『*L'Architecture en questions. 15 entretiens avec des architectes*』, Paris, 1996 (독어 초판 : 『*Fragen zur Architektur : 15 Architekten im Gespräch*』, Bâle, 1995), 41쪽.
67 Jeffrey Kipnis, 「A conversation with Jacques Herzog (H&de M)」, op. cit., 18쪽.
68 Ibidem.

헤르조그 & 드 므론, 파펜홀츠 스포츠 센터 (1989-1993), 생-루이(Saint-Louis). 체육관의 탈의실과 서비스실에 면한 처마 공간 부분은, 헤르조그 & 드 므론에 의해 그 콘크리트 표면 위에 작은 구름을 닮은 자국 패턴 형태로 새겨졌다.

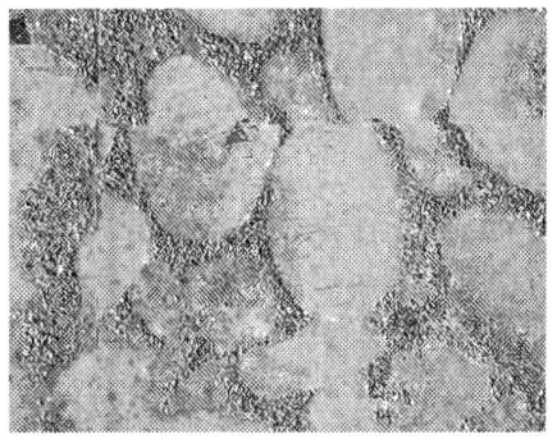

신호의 경험으로 변형되는"[69] 것을 인정해야만 했다. 그는 바르트의 표현을 환기시켰다. "사회가 존재하게 되면, 모든 용도는 즉시 그 용도에 대한 신호로 전향되어 버린다."[70]

만일 "현상학"이 "세상과의 순진무구한 접촉을 재발견하는" 것을 집중적으로 노력한다면, 그 기치 아래에 모인 건축가들은 지속적인 난관(aporie)에 직면하게 된다. 체감했던 모든 감각이 다시 흐려져야 하기 때문이다. 그들의 유일한 확신 또는 신념은, 빠르게 습관화될 지각들을 계속 해체시켜야만 확립된다. 이는 새로운 감각을 분명하게 드러내기 위해서이나, 항상 다시 그 감각이 무뎌져야 한다. 만일 즉각적 [감각] (l'immédiat)이 소멸되지 않고 지속되어야 한다면, 결국 '세상과의 순진무구한 접촉'은 신호를 항상 인정할 수밖에 없는 사고의 작업을 반복해야 하는 것은 아닐까? 그리고 아마 우리는 현상학자 미켈 뒤프렌느(Mikel Dufrenne, 1910-1995)의 말에 귀기울여야 하지 않을까? 그는 바르트를 인용하면서 어떤 글을 읽을 때 "그 맥락 속에 자리잡으며, 거부하거나 수용할 코드들을 파악하며"[71] 읽는 것이 더 용이하다고 말했다. 그가 다시 언급하기를, 바슐라르는 어떤 글에 매료되고자 할 때 "단지 그 대상[글]을 향해 자신을 열기 위한 수단으로서의 학식적 독해(lectures savantes)에 여전히 머물렀다. 이는 대상이 그의 내면 더 깊숙히 관통하도록 하기 위해서이다"[72].

평면의 두께와 촉지적 광경

Epaisseur du plan et vision haptique

재료의 강조는 다음 단계로 고유한 형태 및 공간에 관한 관심사들로 연결

69 Martin Steinmann, 「La forme forte」 (1991), 『*Forme forte, Ecrits/Schriften 1972-2002*』, op. cit., 114쪽.
70 Roland Barthes, 「Eléments de semiologie (기호학의 요소들)」, 『*Communications*』, no 4, 1964, 106쪽.
71 Mikel Dufrenne, 『*L'Inventaire des a priori. Recherche de l'originaire* (선험적인 것의 목록표. 오리지날의 추구)』, Paris, 1981, 297쪽.
72 Ibidem.

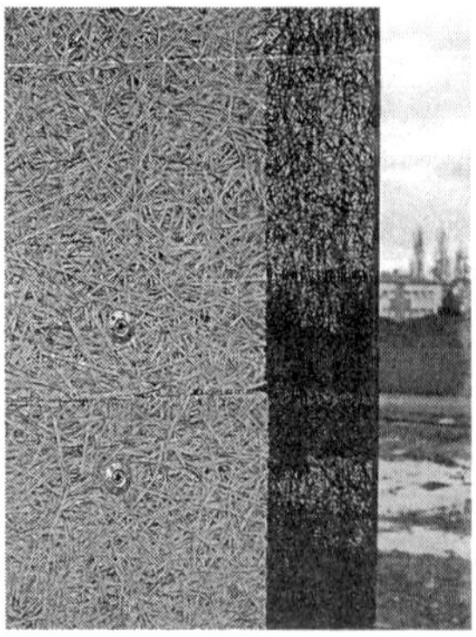

헤르조그 & 드 므론, 파펜홀츠 스포츠 센터 (1989-1993), 생-루이. 단열재료의 뒤엉킴 무늬 모티브는, 체육관 건물의 외피를 형성하는 유리 패널의 안쪽 표면 위에 실크스크린으로 처리되었다.

되기에, 다시 표면의 문제로 돌아가자. 단순한 형태를 고집하는 것은 재료의 사용과 그 반향에 더 집중하게 한다. 동일한 방식으로, "진부한(banal)" 공간을 필요로 하는 특정 프로그램들은 공간성(spatialité)로부터 우리를 거리두게 만든다. 헤르조그 & 드 므론의 리콜라 창고들이 그러하다. 라우펜의 [리콜라] 창고에 대해서 그들은 "내부에 적재화물들로 잠식되어 메워지고 가득 차 포화"[73]시켜 "공간을 제거했다"고 밝혔다. 반대로 건축적 표현에 있어 표면과 외피는 본질적인 것이었다. 그것은 불투명하지 않으며 두께 내부를 드러내는 표면과 외피였다.

표면 문제와 관련해, 스스로 "현상학주의자"를 자처하던 때인 1993년에 헤르조그 & 드 므론은, 글「자연의 숨겨진 기하학」의 중요성을 강조하며 "유기적(organiques)" 구조들과 구축된(construites) 구조들 사이의 "구조적 유추(analogie structurale)"[74]를 주장했다. "어떤 건물의 디테일들을 설계하고 그리는 것은 건물 내부의 정신적 여정이 되었다. 외부는 내부와 같게 되었다. 표면은 공간적(spatiale)이다. 표면은 '매력적(attractive)'이다. 디자이너로서 당신이 표면에 관해 작업할 때, 표면은 당신을 끌어들인다. 건물이 무엇과 닮았는지 알고자 하는 목표 속에서, 당신은 정신적으로 건물 내부를 관통하게 된다."[75]

"표면은 공간적이다". 이러한 시각에서, 헤르조그 & 드 므론은 서로 구분되는 켜들(couches)을 작업하게 된다. 회화의 뒤얽힘에 대해 다미쉬(Damish)의 말처럼, 시선은 "평면의 두께(l'épaisseur du plan)"[77] 속을 관통한다. 두꺼운 평면은 다양한 처리를 통해 얻어진다. 생-루이의 파펜홀츠 스포츠 센터는 입면 벽체 처리에 관한 여러 가지 경험들의 실험장이었다. 철근콘크리트[벽체]는 작은 구름 모양 자국의 패턴(pattern)으로 인화처리되었다. 유리 외피는 목섬유 단열재의 뒤엉킨 형태 모티브를 갖고 실크스크린으로 처리되었다. 그 투명성(transparence) 덕분에 뒤 쪽의 [실제] 단열재도 보이게 되었으며, 이 같은 중첩(superposition)을 통해 시각적 교란이 발생되었다.

평면들의 중첩, 투명성이나 불투명성(opacité)에 대한 연구는 기공 & 가이어(Gigon & Guyer)가 설계한 다보스의 키르슈너 미술관(musée Kirchner, 1989-1992)의 작업에서도 잘 드러난다. 미술관은 각자 직육면체 볼륨을 지닌 흰색의 여러 전시실들로 구성된다. 모든 실들은 거칠게 마감된 콘크리트(béton brut) 벽체들로 이루어진 하나의 복도 공간에 의해 연결된다. 다양한 투명성, 반투명성(translucidité)의 유리 재료가 사용되었다. "입구 홀의 밝고 매끄러운 유리는 외부를 향한 시야를 돕는다. 광택없는 유리는 내부에 빛을 분사하는 채광창에 사용되었고, 광택없으면서 반투명한 유리는 콘크리트 벽을 덮고 있는 단열층을 보호하는 입면 피복(revêtement)에 사용되었

73 Philip Ursprung (dir.), 『*Herzog & de Meuron. Histoire naturelle*』, Montréal-Baden, 2002, 196쪽.
74 「Continuities」, op. cit., 20쪽.
75 Ibidem.
76 본 책 72쪽.
77 Hubert Damisch, 『*Fenêtre jaune cadmium ou les dessous de la peinture*』, Paris, 1984, 276쪽.

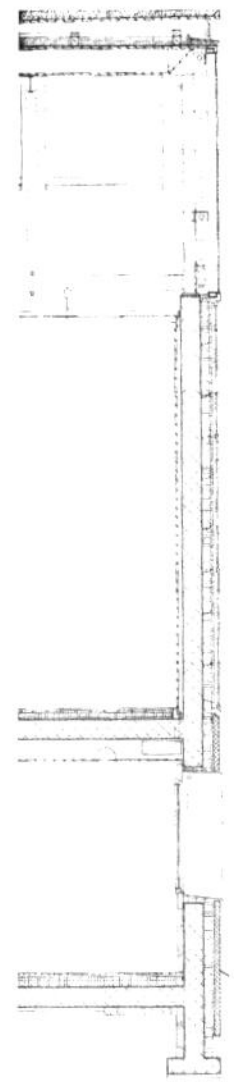

아네트 기공 & 마이크 가이어, 키르슈너(Kirchner) 미술관 (1989-1992), 다보스. 건물 전체 사진, 그리고 기단부, 전시실 층, 실내부 조광을 위한 채광창 부분으로 형성된 입면의 횡단면도.

기공 & 가이어 : "유리 피복(glass cladding)은 분명하고 찬란한 알프스의 햇빛과 함께 작동한다. 유리의 다양한 기능들-건물 내부의 채광과 시각성 보장-에 따라, 그 마감은 달라진다." (『El Croquis』, no 102, 2000).

다."[78] 또 재료의 모든 가능성을 고갈시키듯 "지붕 위에는 일반적인 자갈층 대신 재활용 유리구슬들로 그 층을 덮었다. 이렇게 유리의 최후 '상태(condition)'를 보여주게 된다."[79]

"표면은 '매력적' 이다". 표면은 시선을 사로잡는다. 이는 건물에 근접할수록 우리 인지가 변화하기 때문이다. 바젤 주립병원 제약연구소(1995-2000)와 샤울라게 미술관(1998-2003)은 평면적이며 멀리서 볼 때 불투명한 입면 형태를 지니고 있다. 그러나 가까이 다가가게 되면 표면들이 열린다. 표면들은 단지 스스로의 "두께"를 드러낼 뿐 아니라 새로운 인지 효과들을 창출해 낸다. 주립병원의 경우 파펜홀츠 스포츠 센터에서의 시도를 연상시키는 켜의 연속(succession de couches)을 다시 적용했다. 헤르조그 & 드 므론은 단열재를 덮은 철판 바깥에 녹색점들을 실크스크린으로 처리한 정사각 유리 패널들을 중첩시켜 마감했다. 철판 역시, 녹색점과 동일한 간격으로 구멍 뚫린 다공판이어서, 사람이 움직일 때마다 무와레(moirage) [흔들리는 물결무늬] 효과가 유발된다. 더 나아가, 건물의 접혀진 외곽선과 외피 전체에 적용된 동질적 피복은, 건물의 단일한 형태를 파악하려는 [관찰자의] 연속적 움직임(déplacement continu)[80]을 촉진시킨다. 또 이렇게 무와레 효과가증폭된다.

겉표면을 긁어낸 샤울라게의 콘크리트 벽체는 주변 산업지역의 창고들에서 흔히 보이는 매끄럽거나 가는 홈이 파인 마감재들과 대조적으로, 거친 질감의 섬유조직(texture)흡사하다. 한편 자갈과 흙으로 된 부지의 땅 표면과도 유추적 관계를 갖고 있다.

78 『El Croquis』, no 102 ("Annette Gigon, Mike Guyer 1989-2000"), 2000, 37쪽.
79 Ibidem.
80 본 책 47-50쪽.

표면의 처리는 건축 오브제를 더욱 주의깊게 관찰하도록 유도한다. 이와 더불어 건물은 관찰자의 시점이 변화하지 않더라도 기후나 채광 조건들에 따라 크게 변화할 수 있는 외관을 갖는다. 바젤 주립병원 제약연구소가 또 다시 대표적 사례이다. 유리 표면은 어느 순간 불투명하게 보인다. 또 다른 순간에는 무와레 효과에 의해 "진동(tremblement)"하는 성향을 띤다. 물루즈 리콜라 창고도 마찬가지이다. 일광이나 실내조명, 자연채광과 인공채광 사이의 상호 관계에 따라 폴리카보네이트 외피의 불투명성과 반투명성이 매우 다양해진다. 브로스펠트(Blossfeld)의 이미지를 모티브 삼은 흑색 잎사귀 실크스크린은 때로는 매우 분명하고 정확하게 드러날 수도 있고 때로는 옅어지고 사라져 그 [건축] 표면이 회색으로 빛나게 된다. 구축물(édifice)은 수풀들이 갖는 깊이감(profondeur)을 갖는다.

표면은 우리로 하여금 점점 더 다가가 쳐다보도록 자극한다. 표면과 우리는 서로 마주보고 대면(face à face)한다[81]. 표면은 우리를 끌어당긴다. 표면은 우리 시선을 느리게 만들어 사로잡는다. 다만 계속적으로 시선을 고정화시키지는 않는다. 표면은 우리가 이동하게 한 발짝 옮기도록 만든다. 거의 회화적(pictural) 영역이 되어 우리의 시각적 영역을 초월, 확장되어 간다.

여기서 언급한 '서로 마주보고 대면' 하는 방식은 필연적으로 마크 로스코(Mark Rothko, 1903-1970)를 연상시킨다. 1951년 그는 자신의 거대한 그림들의 "내밀함(l'intimite)" 속에 관객(spectateur)이 머무르도록 만들기 위해 다음과 같이 제안했다. "작은 그림을 그린다는 것은, 그 자신의 경험 너머로 이동하는 것이다 [···]. 거대한 그림을 그리는 경우, 그 어떤 종류의 방식에서도 우리는 그 [그림] 내부 속에만 머무르게 된다. 이것은 우리가 결정할 수 있는 종류의 것이 아니다."[82] 같은 해 바네트 뉴먼(Barnett Newman, 1905-1970)은 뉴욕 바티 파슨스(Batty Parsons) 갤러리에서 열린 자신의 두 번째 개인전에 작은 종이 한 장을 내붙였다. 그 위에는 다음의 글귀가 적혀 있었다. "우리는 거대한 그림들을 멀리 떨어져 감상하는 경향이 있다. 이 전시회의 거대 그림들은 매우 가까이에서 감상하도록 그려졌다."[83]

근접한 광경(vision rapprochée)은 오브제의 물질성(matérialité)에 대한 관심을 증폭시킨다. 반면 오브제 전체에 대한 광경은 불가능하게 되곤 한다. 근접한 광경은 "만질 수 있는(tactiles)" 가치들을 일깨운다. 반면 멀리서의 접근은 "시각에 호소하는(visuelles)" 가치들을 일깨운다. 『천개의 고원』에서 들뢰즈 & 가타리는 알로이스 리글(Alois Riegl, 1858-1905)로부터 영감받아 멀리서의 광경(vision lointaine)을 "광학적(optique)"[84]이라 칭했으며,

81 Jacques Lucan, 「Architecture : Face to Face with Matter」, 『*A+U*』, Tokyo, no 500, 2012년 5월호 (최초 게재: 『*A+U*』, Tokyo, no 300 ("Herzog & de Meuron"), 1995년 9월호).

82 Mark Rothko, 『*Ecrits sur l'art 1934-1969*』, Paris, 2005 (『*Writings on Art*』, New Haven, 2006의 불어 번역), 126쪽.

83 Barnett Newman, 『*Ecrits, Paris*』, 2011 (Barnett Newman, 『*Selected Writings and Interviews*』, New York, 1990의 불어 번역), 262쪽.

헤르조그 & 드 므론, 샤울라게 미술관(1998-2003), 바젤. 마지막 건조되기 전 수작업으로 긁어 얻어낸 철근콘크리트의 거친 표면.

헤르조그 & 드 므론 : "샤울라게 미술관의 벽체들은 기초공사를 위해 파낸 지하의 표면과 정확히 닮았다. 이것은 양각(positif)-음각(négatif) 놀이의 종류로, 지하 공간의 어떤 이미지, 굴착의 흔적(l' empreinte d' une fouille)과 같다." (Philip Ursprung (dir.), 『*Herzog & de Meuron. Histoire naturelle*』, 2002).

이와 반대로 근접한 광경은 "촉지적(haptique)"이라 칭했다. 근접한 광경에 대해서는 다음과 같이 묘사했다. "가까이에서 파악하면 공간은 이미 시각적인 것이 아니다. 눈 자체는 광학적인 것이 아니라 촉지적인 기능을 갖고 있다. 대지와 하늘은 어떠한 선에 의해서도 나뉘어지지 않는데, 이는 그 둘이 동일한 실체를 갖고 있기 때문이다. 수평선도, 배경도, 원근법도, 한계도, 윤곽이나 형태도, 중심도 없다. 중개적인 거리(distance intermédiaire)는 없으며, 오히려 모든 거리가 중개적이다."[85]

들뢰즈 & 가타리는 촉각적 광경의 사례로 폴락(Pollock)을 예로 들며 화가의 시각적 소재에 대한 프리드(Fried)의 표현을 상기시켰다. "관객의 눈을 끌어당기면서 동시에 그 눈이 멈출 수 있는 곳은 제공하지 않는다"[86]. 동일한 표현으로 우리는, 앞서 살펴보았던 건물들의 표면을 묘사할 수 있지 않을까?

84 팔라스마(Juhani Pallasmaa, 1936)는, 특히 『*Le Regard des sens*』 (Paris, 2010) (『*The Eyes of the Skin. Architecture and the Senses*』 (1996), Londres, 2005의 불어 번역본)에서, "시각 헤게모니의 비평" 속의 "촉각적 감각의 우월함"을 가장 격렬하게 수호했던 이들 중 한 명이다. 그는 자연 재료의 진실함을 산업 재료를 대조시켰다. 또 공간에서 우리를 (현상학적으로) 통합하고 "실존적 경험"을 제안하는 "외곽적 인지(perception phériphérique)"와, 그리고 우리를 관객으로 변형시키는 망막의 "초점맞춘 광경(focused vision)"을 대조시켰다. "건축은 광고와 순간적 설득의 정신분석적 전략을 채택"했고 "구축들은 깊이와 진실함으로부터 떨어져 이미지-생산물이 되었다." 매우 적은 수의 건축가들만이 팔라스마의 인정을 받는데, 다다오 안도(Tadao Ando, 1941), 글렌 멀커트(Glenn Murcutt, 1936), 스티븐 홀(Steven Holl, 1947)과 줌토르가 유일한 그들이다.

85 Gilles Deleuze and Félix Guattari, 「14. 1440 - Le lisse et le strié」, 『*Capitalisme et schizophrenie 2－Mille plateaux*』, Paris, 1980, 616쪽.

86 Ibidem, 624쪽. 프리드(Fried)의 표현은 「Trois peintres americains」, 『*Revue d'esthetique*』, no 1 ("Peindre"), 1976 (『*Three American Painters : Kenneth Noland, Jules Olitski, Frank Stella*』, Cambridge (Mass.), Fogg Art Museum, 1965의 불어 번역), 267쪽에서 발췌되었다. 촉지적 공간(espace haptique)에 대해 다음 참조 : Gilles Deleuze, Francis Bacon. 『*Logique de la sensation*』 (1981), Paris, 2002, 14장 : 「Chaque peintre à sa maniére résume l'histoire de la peinture.」

제6장

현상학 2. 재료와 구축적 구문론

Phénoménologie 2. Matériaux et syntaxe constructive

보이스(Beuys)가 재료를 다루는 방식의 사례가 줌토르와 헤르조그 & 드 므론에게 있어 매우 중요했음을 우리는 기억한다. 그들만 그런 것은 아니었다. 카루소 & 세인트 존(Caruso & St John)과 설기슨 & 베이츠(Sergison & Bates)도 마찬가지였다. 이들도 역시 암묵적인 혹은 분명한 방식으로 현상학적 접근방식을 선택했다.

아담 카루소(Adam Caruso, 1962)의 인식에 따르면, 2차 세계대전 이후 독일에서 예술 활동이 재편성되면서 "지성에 의한 직관적(intuitives) 형태들을 우선시하던 보이스를 계승해 발전시키는 현대 예술가들 집단이 생겨났다"[1] 이 작업들은 "모든 것에 앞서 감정적(émotionnel) 측면에 따라 행위하는" 것, "모든 종류의 교훈적 혹은 문예적 독해를 단절시키는"[2] 것을 추구했다. 직관(intuition)을 우선시하고 이성을 벗어나며 직접적 감정을 추구하는 등, 헤르조그 & 드 므론과 줌토르가 여러 차례 밝혀왔던 목표들이 다시 발견된다. 카루소가, 피터 세인트 존(Peter St John, 1959)과 함께 해온 건축 작업을 통해 추구하던 목표들이기도 했다. "우리는 언어에 기대지 않는 건축을 하는 것에 흥미가 있다. 그것은 물리적 존재를 통해 직접적인 감정 효과를 주는 건축이다. 구축이 공간의 감정적 성격과 연관된 직접적 효과를 준다고 우리는 생각한다."[3]

조나단 설기슨(Jonathan Sergison, 1964)과 스테판 베이츠(Stephen Bates, 1964)도 보이스의 작품들이 구체적으로 "사적인(privé)" 상징주의(symbolisme)의 은유(métaphores)와 상징으로 가득차 있다고 인식했다. 그들이 가장 흥미롭게 느꼈던 것은, 보이스의 재료들이 "묘사로 얻을 수 없을 정도로 내면 깊숙이(viscéral)"[4] 작동하고 있다는 점이었다. 보이스는 펠트나 [동물]지방(fett)을 사용하며 "재료들의 내재적 불명확성과 최종적 진실성(ultimate authenticity)"[5], 그리고 그 "진정한 본질"[6]을 일깨웠다. 설기슨 & 베이츠는 마지막 순간 재료의 진실성을 일깨워 "문화적 의미를 넘어 존재하는 […] 옛 기본 지식"[7]과 우리가 관계 맺을 수 있다고 보았다. 여기서 우리는 줌토르도 역시 보이스와 아르트 포베라(Arte povera)를 언급할 때, 설기슨 & 베이츠와 거의 동일한 단어들을 사용했음을 떠올릴 수 있다. 줌토

요셉 보이스, 펠트 의복 (1970).

1 Adam Caruso, 「The Feeling of Things」, 『*A+T ediciones*』, no 13, Vitoria-Gasteiz (스페인), 1999. 카루소는 예술가들로서 Katharina Fritsch, Robert Gober 그리고 Juan Muñoz를 인용한다.
2 Ibidem.
3 Ibidem.
4 Stephen Bates, Jonathan Sergison, 「Resistance」, 『*2G*』, no 34 ("Sergison Bates"), 2005, 132쪽.
5 Ibidem
6 Ibidem
7 Ibidem

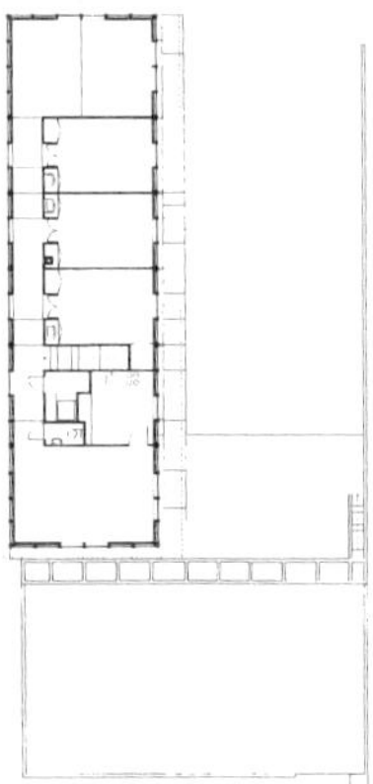

르는 보이스와 아르트 포베라의 재료 사용이 "고대의 지식들 속에 기반하고 있는 것처럼 보여"[8]지며, 앞서 우리가 보았던 것처럼 [그 예술들이] "어떤 문화로부터 계승되는 모든 의미로부터 자유로울 수 있도록 재료 본연의 본질을 재정립"[9]하는것을 목표로 삼았다고 인식했다.

이제 우리가 품게 될 질문들은 다음과 같다. 재료의 진정한 본질은 무엇일까? 그 본질은 무엇으로 이루어지는 것일까? 만일 어떤 작업을 성취하는 것이 그 본질의 작품구현(mise-en-œuvre)을 통해서라면, 그 구현은 어떻게 실행 가능한 것일까?

구축적 명료함

Intelligibilité constructive

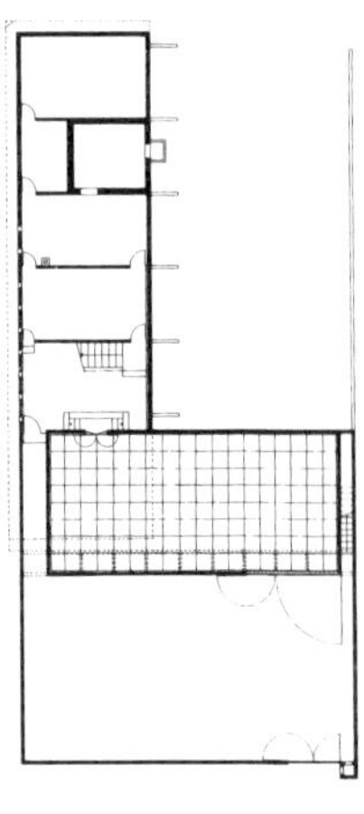

스위스 독어권 건축 작품들을 통찰하면서 마일리(Meili)는 오래전부터 수공예적 구축전통들이 퇴보하고 있음을 깨달았다. 또 이에 대한 저항으로서 재료의 현존(être-là)에 대한 새로운 관심이 고조되고 있음을 강조했다. 그 결과로서는, 재료의 작품구현이 재료 외관(aspect)의 수정, 즉 재료의 내재적 외형(apparence)을 변형시키는 것을 추구하지 않는다는 것을 관찰했다. 그러나 이러한 태도가 재료의 "진리(vérité)"를 존중함을 의미하지는 않는다. 오히려 "재료의 작품구현에 관해 당연시되었던 지식이 상실되는 어떤 상황(situation), 더 이상 건축의 질적 특성이 소재(matière)의 전통적 구문론(syntaxe)에 기반하지 않는 상황"[10]에 부합하는 태도였다. 우리는 지금, 지식의 상실, 자명했던 것의 상실로부터 새로운 하나의 구문론이나 여러 구문론들이 개발되어야 한다는것을 추론할 수 있다.

헤르조그 & 드 므론, 예술수집가의 주택 (1985-1986), 테어빌.
상층부 평면(주거)과 하부층 평면 (전시실).

8 Peter Zumthor, 「Une vision des choses」 (1988), in Peter Zumthor, 『*Penser l'architecture*』 (2010), Bâle, 2012, 8쪽.
9 Ibidem. 본 책 125쪽 참조.
10 Marcel Meili, 「A Few Remarks Concerning Swiss-German Architecture」, 『*A+U*』, no 309, 1996년 6월호, 25쪽.

이러한 시각에서, 헤르조그 & 드 므론이 워홀(Warhol)을 찬사한 이후 덧붙였던 다음 표현은, 진부한(banales) 재료와 형태의 변혁적(renouvelé) 사용에 관한 그들의 관심을 설명하고 있다. "우리의 관심은 정확히 다음과 같다. 익히 아는(connus) 형태와 재료를 사용하되, 그것들을 재탄생시키는 새로운 방식으로 다루는 것이다."[11] 그 결과로, 친숙해(familère) 보이는 것과 "예기치 못하며(inattendu), 음모가 도사리는(intrigant) 것, 심지어 혼란스럽게 하는(perturbant) 것"[12] 사이에서—혹은 슈타인만의 말에 따르면 기의(signifié)와 기표(signifiant) 사이에서—모호성(ambiguité)이 발생한다. 그 차이와 괴리 속에서 재료 사용의 "새로운 방식"이 위치하고 있었다.

헤르조그 & 드 므론의 초기 설계안들 다수에서 발견되는 재료들의 명료한 작품구현이 그들의 건물들을 이해하기 위해서는 필수적이었다. 테어빌(Therwil)에 지어진 예술수집가 주택(1985-1986)이 그러한 사례였다. 이 주택은 "일상적(ordinaires)" 재료들을 그대로 노출시켰으며 어떤 겉치레도 없었다. 철근콘크리트로 된 기단부 및 벽체와 플랫폼, 금속 기왓장으로 덮인 박공 지붕, 수평으로 쌓은 콘크리트 판재들로 형성된 벽체와 그 사이에서 돌출된 소나무 목재 이음재 등이 그러했다.

바젤 친구이자 비슷한 문제의식을 공유하던 건축가 디네어(Diener)에 따르면, 당시 "헤르조그 & 드 므론은 익히 아는 이미지를 갖고서 이해하기 어려운 건물들을 구축했으며, 기존의 창조된 이미지와 선입견으로부터 벌거벗겨져 다시 묘사되어야 하는(redécrits) 오브제들을 구축했다".[13] 그런데 이 표현은 헤르조그 & 드 므론이 "익히 아는 형태들과 재료들을 사용"하고자 했던 것과 모순되는 것이 아닐까? 물론 문자 그대로의 독해에 머무를 경우 그럴 수 있다. 그러나 다른 한편 아닐 수도 있는데, 알고 있던 것과의 괴리(écart)에 의해 예상치 못한 것(inattendu)이 발생된다는 사실, 그 구문론을 파악하고자 건축 오브제를 재관찰하게 만든 것이 바로 그 괴리였다는 사실을 인식한다면 그렇다. 결국 이미 알고 있는 이미지 자체는 더 이상 중요하지 않은 것이다. 건축 오브제도 자신을 탄생시킨 어떤 과정의 결과물(résultante du processus)일 뿐이다. 그러므로 건물의 파악(appréhension)을 위해서는, 건물이 어떻게 설계되었는지, 상이한 형성 요소들이 어떻게 결합되고 있는지, 하나가 된 전체를 만들기 위해 요소들이 서로 어떻게 관계맺고 있는지, 재료들이 어떻게 새로운 가시성(visibilité)을 획득하는지 등을 이해하는 것이 필요하다.

수리철학자 장-투생 데상티(Jean-Toussaint Desanti, 1914-2002)는 합리성(rationalité) 형성의 현상학적 경험에 대해 설명한 바 있다. 수학적 텍스트의 독해에서 그는 "당신이 전혀 아무것도 이해 못하거나 혹은 지시된 연산들

11 Jeffrey Kipnis, 「A Conversation with Jacques Herzog (H&de M)」, 『*El Croquis*』, no 84 ("H & de M 1993-1997"), 1997, 12쪽.

12 Ibidem, 13쪽.

13 Roger Diener, 「Sur la disparition du sujet (주제의 사라짐에 대해)」, in 『*Herzog & de Meuron*』, Bale, 1989, 12쪽.

페터 줌토르, 노인요양원 (1989-1993), 마르잔.

(opérations)을 재수행"[14]할 뿐이라는 사실을 강조했다. 이는 건물의 파악에 있어서도 마찬가지가 아닐까? 건물을 이해하기 위해서는 설계 단계들을 살펴보는 것이 필요하다. 헤르조그의 표현이 이를 뜻한다. "재료에 대한 우리의 사고는 미리 계획된 것이 아니라 설계 과정이 발전하며 정의되기 시작한다."[15] 줌토르는 쿠르(Chur) 근처 마잔스(Masans)의 노인요양원(1989-1993)에 대해 다음과 같이 밝혔다. "내가 관심 갖는 것은 어떤 이미지가 갖는 감정적 혹은 경험주의적(empirique) 가치이다. 형태는 오브제 자체에서 발견하는 것이고 건물의 구축 스스로에 의해 발전된다."[16] 요양원의 구축은 "응회암 석재벽, 노출 콘크리트 천장 그리고 지역민들에게 친숙한 낙엽송 목재가 연합한 삼자협정"[17]에 기반했다. 이 재료들의 관계는 특히 텍토닉적 관점에서, 다시 말해 지지하는 것과 지지되는 것의 관계에 있어 매우 정확했다.

건축의 "물질주의적(matérialiste)" 접근이 필연적으로 재료의 작품구현에 대한 질문으로 연결된다는 것이 잠정적 결론이 될 수 있을까? 다시 말해 바로 그런 이유로 구축에 대한 질문, 즉 현상학적 시각에서의 구축적 명료성을 질문하도록 유도하게 되는 것일까? 건물은 어떤 작업의 결과이다. 이 작업은 구축행위의 표현, 더 정확히는 구축행위에 참여한 행동의 표현에 대한 것일 수 있다. 마치 건물의 관찰자가, 건물을 실현할 때 필요했던 실행들(opérations)을 추적하는 것처럼 말이다.

헤르조그가 말했던 것처럼, 이상(l'idéal)은 "자신의 언어를 제공하는" 건축 오브제를 설계하는 것이었다. 사람들이 해독할 수 있는 오브제를 설계한다는 것은, 그 일관성(cohérence)과 이해가 "내부에 있는(internes)" 오브제를 제안하는 것으로, 이는 "외부적(externes)"이고 이미 아는 이미지들에 의해 상기될 수 있는 것을 벗어나는 것이다.

미니멀리스트 에피소드: 내재적 법칙들

Parenthèse minimaliste : lois intrinsèques

"자신의 언어를 제공하는" 건축 오브제를 설계하는 것은 예술가 조그(Zaugg)도 공유했던 관심사였다. 헤르조그 & 드 므론은 여러 설계안들에서 그와 협업했다. 조그는 1995년 퐁피두센터에서 열린 헤르조그 & 드 므론의 첫 번째 대규모 전시회를 계획했다. 그에게 예술작품은 내재적 자율성(autonome)을 지닌 것이었다. 조그는 말했다. "작품은 자신을 위해, 자신에

14 Jean-Toussaint Desanti, 「La phenoménologie sur le tas」. Vincent Gérard, 『*Magazine litteraire*』, no 403 (「La phénomenologie. Une philosophie pour notre monde」), 2001년 11월호, 30쪽에서 수록.
15 Jacques Herzog, 「Sui materiali - On Materials」, 『*Domus*』, no 765, 1994년 11월호, 76쪽.
16 「Questioning Images」, Lynnette Widderet, Gerrit Confurius와 Peter Zumthor의 대담, 『*Daidalos*』, no 68, 1998년 6월호, 93-96쪽.
17 Thomas Durisch (dir.), 『*Peter Zumthor. Réalisations et projets, Tome 1 - 1985-1989*』, Zurich, 2013, 123쪽.
18 이 주제와 관련해 다음 참조 : Rémy Zaugg, 『*Herzog & de Meuron, une exposition*』, Dijon - Paris, 1995. 이 전시회와 관련해 본 책 44-45쪽 참조.

좌 : 도날드 저드, 『*Untitled, Six Steel Boxes*』 (1969), 이미지 발췌 : Rémi Zaugg, 『*La Ruse de l'innocence*』, 1997. 여섯 개의 상자는 바젤 미술관의 주계단 위층에 설치되었다.

우 : 칼 앙드레, 『144개의 마그네슘 조각』 (1969) & 『144개의 납조각』 (1969, 전시실 깊숙히) 1969년 Dwan Gallery, 뉴욕에서의 전시.

의해 존재한다. 즉 순수히 시각에 호소하는 본성에 따르는 인지적 질적 특성을 위해, 그리고 그것에 의해 작품은 존재한다. 작품은 모든 재현적 특성으로부터 자유로운 채, 자기 자신만을 드러내는 어떤 '형태' 이다."[19] 자신만을 드러내는 어떤 형태에 대해 조그는 다시 말했다. "그 어떠한 외재적 법칙도, 자신만의 법칙을 지닌 신호들의 체계에 관여할 수 없다. 작품이 스스로의 법칙이다"[20]. 물론 이러한 관심사들은 구체적미술(Art concret)을 계승하고 있었다. 1930년 출판된 구체적미술의 선언서는 "어떤 회화적 요소도 '자신(lui-même)' 과는 다른 의미를 지니지 않으므로, 그림도 결과적으로 '자신' 과 다른 의미를 지니지 않는다"[21]고 주장했다. 이는 역시 미니멀리스트 예술가들의 관심사이기도 했다. 그 중 대표적 예술가인 저드(Judd)의 작품으로 바젤 미술관에 보관된 『무제, 여섯 개의 금속 상자들(*Untitled, Six Steel Boxes*)』(1969)에 대해 조그는 오랫동안 연구한 바 있다.[22]

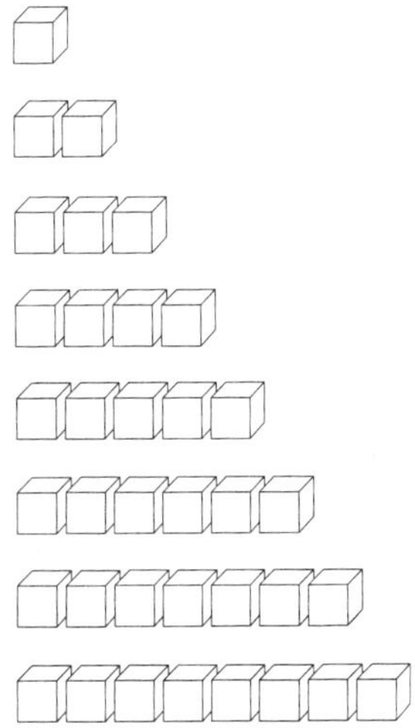

레미 조그의 도날드 저드 작품『무제, 여섯 개의 금속 상자들』 분석 : "여섯 개의 정육면체 오브제들은 하나의 매끄러운 사건(un fait lisse)을 형성하며, 차별화, 고유화, 구성으로 읽히지 않는다." (『*La Ruse de l'innocence*』, 1997).

저드는 1960년대의 많은 예술가들이 흔하게 사용하던 산업제품들을 "특수한 재료들(matériaux spécifiques)"이라는 표현으로 불렀다. 그는 설명했다. "이 작품들 다수는, 과거의 예술에서는 사용되지 않았으나 최근 들어 정립되기 시작한 새로운 재료들을 사용한다. […] 이 재료들은 매우 다양하며 각각 단순하다. 포마이카, 알루미늄, 압연강철, 아크릴, 구리 등이 그것이다. 이것들은 특수적(spécifiques)이다. 직접적 방식으로 사용된다면 더욱 특수적이다."[23] 재료들은 도색되지 않고, 또 산업품으로서의 초기 상태와는 다른 방식으로 처리되지 않을 때에 더욱 특수적이었다.

우리의 관점에서 "전통적" 재료는 "변질되지(dénaturés)" 않은 채 사용될 때에 특수적이라고 말할 수 있지 않을까? 예를 들어 줌토르가 줌브티히(Sumvtig)에 지은 조근 베네데트 교회(chapelle Sogn Benedetg, 1985-1988)외피의 나무널판들은 "불규칙한 기후변화에 따라, 그리고 항상 남쪽 면이 어둡게 되고 북쪽 면은 은빛이 되어"[24] 점차 나이 들어가게 된다.

19 Rémi Zaugg, 『*La Ruse de l'innocence*』, Dijon, 1997, 131쪽.
20 Ibidem, 79쪽.
21 선언서인 「Base de la peinture concrète (구체 회화의 기본)」은 Otto Gustav Carlsund (1897-1948), Theo Van Doesburg (1883-1931), Jean Hélion (1904-1987), Marcel Wantz, Léon Tutundjian (1906-1968)에 의해 서명되었고, 잡지 『*Art concret*』의 첫 번째 호(1930년 4월호)의 도입부로 첫 페이지에 실렸다.
22 Rémi Zaugg, 『*La Ruse de l'innocence*』, op. cit.
23 Donald Judd, 「Objets spécifiques」, in Claude Gintz (dir.), 『*Regards sur l'art américain des années soixante*』, Paris, 1979 (「Specific Objects」, 『*Arts Yearbook*』, no 8, 1965의 불어번역), 70쪽.
24 Thomas Durisch (dir.), 『*Peter Zumthor. Réalisations et projets, Tome 1 - 1985-1989*』, op. cit., 63쪽.

저드는 물론, 다른 미니멀리스트 예술가들에게 있어서도 재료는 그 자체의 현존(étre-là), “진실” (정수) 안에서 스스로를 드러내야 했다. 칼 앙드레(Carl Andre, 1935)는 말했다. “나는 원한다. 나무는 나무, 금속은 금속, 알루미늄은 알루미늄, 건초다발은 건초다발이기를.”[25] 다른 한편, 재료의 작품구현이 신비로운 과정의 결과여서는 아니어야 했다. 즉 우리가 [즉각] 이해할 수 없거나, “인위적(artificiels)” 수단에 호소하는 조립(assemblage)의 결과여서는 안 된다는 것이었다. 앙드레는 자신의 작품 다수에서 동일한 요소들을 내재적 성격에 의거해 모으거나 결합해 하나의 전체를 형성했다. 예를 들어 그의 작품 『144개의 납조각(*144 Pieces of Lead*)』(1969)은 정사각판들이 가장 단순한 전체를 형성할 뿐이었다. 즉, 각 변이 12개의 판으로 이루어진 사각형이었다. 그러므로 작품을 형성시키는 “법칙(loi)”이나 규칙(règle)은 작품을 형성하는 요소들에게 외부적이거나 낯설지 않은 것이다. 그는 말했다. “나의 첫 번째 문제는 요소, 단위로 된 하나의 전체를 발견하는 것이다. 전체에 적용되어야 하는 어떤 법칙에 따라 결합하는 것이 아니라, 각 요소에 속해있는 특수한 법칙들에 따라 결합하는 것이다. 예를 들어 나는 그것[요소]들을 붙이고 못박고 용접한다. 작품들은 요소들로 된 비구조적 조립이며, 요소들은 내재적 법칙에 따라 결합된다.”[26]

유추적 사례로, 우리는 다시 라우펜 리콜라 창고를 떠올릴 수 있다. 그 주제와 관련해, 특별히 텍토닉을 주제삼아, 헤르조그는 다음과 같이 밝혔다. “보여지게 된 모든 구조는, 각 요소에서 ‘받치는 것(porter)’ 과 ‘누르는 것(peser)’ 이 동시에 발견되는 [에테르닛] 자재판들의 적층(empilement) 개념에서 비롯된 것이다.”[27] 그는 또 말했다. “입면의 모든 요소들이 보여진다. 건물의 새로운 점이 바로 이것이다. 어떤 전체(un entier)의 구축이라기보다, 독립적이며 자유롭게 머물러있는 작은 요소들에 의해서 창조된 전체이다.”[28] 그러므로 전체는 구별되는 요소들로써 만들어지며, 모든 요소들은 전체 내에서 각자의 역할을 수행한다. 전체는 구축의 관점, 즉 전체를 형성하는 것들을 인지하는 관점에서 전혀 불투명하지 않다.

장 누벨 & 장-마르크 이보스, 네모수스 1 집합주택 (1985-1987), 님므. 거실 디테일: 아연 도금 계단, 그리고 거푸집이 그대로 드러난 노출 콘크리트 벽면 위의 예술가 François Seigneur의 작업.

발견한 그대로: 부르탈리즘 다시 읽기

As found : relire le brutalisme

건축의 “물질주의적” 접근은 합리적으로 재료들이 작품구현되는 방식을 재고해야할 요구나 필요를 지닌다. 그리고 재료들의 참여로 만들어지는 이미지에 대해서도 사색해야 한다. 우리가 앞서 보았던 것처럼, 재료의

25 Phyllis Tuchman, 「Entretien avec Carl Andre」, 『*Art minimal II*』, Bordeaux, Capc Musée d'art contemporain de Bordeaux, 1986 (「An Interview with Carl Andre」, 『*Artforum*』, VIII, 1970년 6월호의 불어번역), 36쪽.
26 Ibidem, 33-34쪽.
27 Jacques Herzog and Theodora Vischer, 「Entretien」, in 『*Herzog & De Meuron*』, op. cit., 50쪽.
28 2001년 파리의 스위스 문화센터에서 있었던 전시회 『*Matière d'art. Architecture contemporaine en Suisse - A Matter of Art. Contemporary Swiss Architecture*』의 영상자료.

사용이 전통적이거나 생소한 경우 모두가 포함된다. "물질주의적" 접근을 거치거나 그것을 향해 회귀해야 할 필요가 현대건축에서 되풀이되고 있다. 이와 관련한 여러 건축가들의 작업들은, 비록 나중에 그들이 각자 다른 길을 가게 될지라도, 위의 시각으로 번역되어 읽혀질 수 있다. 프랭크 게리(Frank O. Gehry, 1929)의 1970-80년대 전환기 작품들도 그러한 예였다. 특히 산타모니카(Santa Monica) 주택은 의도적으로 서로 불협화음을 일으키는 부분, 조각들로 이루어진 진정한 조립(assemblage)이었다. 또 장 누벨(Jean Nouvel, 1945)의 1980년대 실현작들 중 장-마르크 이보스(Jean-Marc Ibos, 1957)와 협업한 님므(Nîmes) 네모수스(Némausus) 1 집합주택도 그렇다. 건축가는 일반적으로 주거와는 다른 프로그램의 용도로 사용되던 산업부재들을 선택했다. 예를 들어 거실에는 차고문과 아연도금강판 계단 등을 설치해 상대적으로 매우 큰 면적의 주거를 실현하는 경제성을 달성했다. 콜하스는 그의 경제적 작품들 가운데 헤이그 국립 무용극장(Théâtre national de dance, La Haye, 1981-1987)은 "초라한 건축(architecture pauvre)[역주1]의 시도로 읽혀야"[29] 한다고 밝혔다. 또 릴(Lille)의 그랑팔레(Grand-Palais, 1990-1994)에 대해서는 "초라함(pauvreté)" 덕분에 "문제의 핵심을 다룰"[30] 수 있었다고 말했다. 이 건축가들은 모두 "일상적(ordinaires)" 재료에 대한 관심을 드러냈다. 재료들은 거친(brutale) 건축 표현의 핵심이었고, 주로 이질적(hétérogènes)이었다. 재료들의 구현은 과도할 정도로 어렵게 결합하거나 연계시키는 디테일을 중시하지 않았다. 조립되거나 병치된 재료들이 그대로의 모습으로 전시되었고, 그 관계와 구축 방식은 시각적으로 명료하게 읽혀졌다. 이러한 태도는 은근히 '비판적' 이라고도 할 수 있는데, 공인된 형식들을 멀리 하기 때문이었다. 결국 이는 고도의 정밀화 없이 구축적 문제의식들을 회복시키는 방식이었다. 이러한 태도는, 그대로의 재료(matériaux bruts), 그 자체로의 재료가 보여주는 존재감을 건축무대 전면에 내세우려 했던 과거 부르탈리스트(brutalistes) 건축가들을 쉽게 떠올리도록 한다.

부르탈리즘(brutalisme)[31]과 재료에 대한 그 열광(exaltation)이 최근 새롭게 주목받고 있다. 먼저 르 코르뷔지에의 마르세이유 유니테 다비따시옹(Unité d'habitation, 1946-1952)에 사용된 "거친 콘크리트"(béton brut), 그리고 누이-쉬르-센느(Neuilly-sur-Seine)에 지어진 그의 자울 주택(maisons Jaoul, 1951-1955)의 콘크리트와 벽돌을 살펴보자. 자울 주택은 재료 구현의 관점에서, 또 통상적으로는 경제적 이유에 의해 사용된 재료를 찬양하고자(célébrer) 했다. 이와 관련해 건축가의 『전집(Œuvre complète)』에서는 다음과

르 코르뷔지에, 자울 주택 (1951-1955), 누이-쉬르-센느. 이미지 발췌 : Reyner Banham, 『*The New Brutalism. Ethic or Aesthetic?*』, 1966.

[역주1]: 1960년대 이탈리아의 아르트 포베라(Arte povera)를 연상시키는 건축을 표현하기 위해 사용한 문구로 볼 수 있다.

29 「Changement de dimensions」 (1998), Jean-François Chevrier와 Rem Koolhaas의 인터뷰, 『*L'Architecture d'aujourd'hui*』, no 361 ("OMA. Projets recents"), 2005년 11-12월호, 94쪽.

30 Ibidem, 95쪽.

31 부르탈리즘을 다룬 최신 출판물 가운데 『*Clog*』의 특별호 "Brutalism", New York, 2013을 참조할 것. 이 출판물은 여러 저자들의 기고문들을 실었으며, 그 주요 작품들이 현재 철거될 위험에 노출되어 있지만 우리는 "부르탈리즘을 재고려하고, 그것에 대해 토론하고, 그것을 이해하고, 그로부터 배울 수 있어야 한다" 고 환기시켰다 (5쪽).

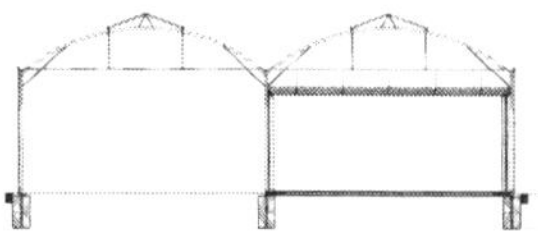

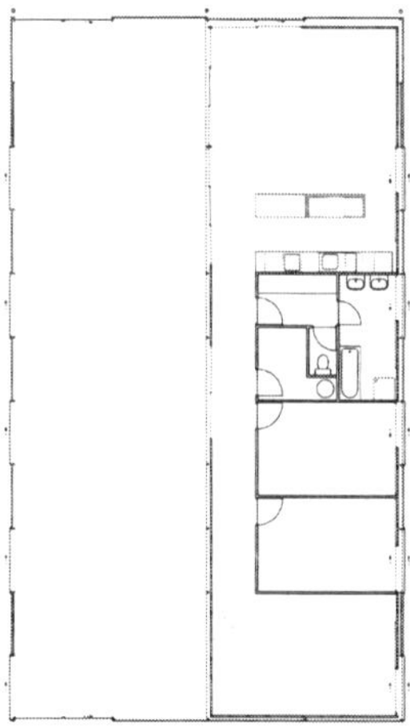

안느 라카통 & 장-필립 바살, 주택(2000), 쿠트라. 겨울정원 온실의 내부 전경, 외부 전경, 평면과 단면.

같이 적혀있었다. "르 코르뷔지에는 가장 기본적이고 통상적인 재료들을 현장에 재배열하기(remettre)로 결정했다. 벽돌, 평평한 타일, '카탈로냐' 볼트/궁륭, (거푸집 없이 마무리된) 노출마감, 풀로 뒤덮인 지붕들이 그것들이다."[32] 여기서 언급된 재료들에 더해 입면 창틀 제작에 크게 사용된 합판도 포함될 수 있었다. 밴함(Banham)에 따르면 자울 주택은 "다른 건물들의 부르탈리즘을 평가할 수 있는 표준이 되었다."[33] 제임스 스털링(James Stirling, 1926-1992)은 자울 주택이 기본적 수단들로만 구축되었음을 강조했다. 그는 주택이 "알제리 출신 노동자들에 의해 사다리, 망치, 못을 갖고" 마치 "중세 구축과 비교해 어떠한 진보도 없는"[34] 것인양 묘사했다. 여기서 유일한 진보란 철근콘크리트의 사용일 것이다. 그 위에 그대로 남겨진 합판 거푸집의 흔적은 철근콘크리트를 구현한 방식을 재구성할 수 있게 한다. 르 코르뷔지에는 "일상적" 또는 "초라한" 재료들에 대한 첫 감정들을 되찾고 싶었던 걸까? 이를 드러내는 일화가 있다. 그는 1950년 취리히의 수학자 푸에테(Fueter) 교수를 위한 주택을 콘스탄스(Constance) 호숫가에 설계했다[35]. 벽돌벽과 궁륭으로 이루어진 주택은 자울 주택을 예고하는 듯 했다. 의뢰인에게 건축가는 말했다. "이처럼 대단한 스위스인들은 과도하게 과장된 마감으로 건축을 설계해 저를 불편하게 합니다. […] 이제 우리는, 그대로의 벽돌들, 그리고 조적공이 처리한 거친 이음새가 보여주는 투박함, 또 주택 내부에서 드러나는, 그대로의 벽돌 조적과 그 위의 석회도료 등을 음미할 수 있습니다."[36]

만일 우리가 최근의 현상을 재료 표현에 새롭게 집중하는 일종의 신부르탈리즘으로 설명하고자 한다면, 그 재료들은 과거의 [1950-60년대]

32 W. Boesiger (ed.), 『*Le Corbusier, Œuvre compléte, Volume 6. 1952-57*』(1957), Zurich, 1985, 216쪽.
33 Reyner Banham, 『*Le Brutalisme en architecture. Ethique ou esthétique?*』, Paris, 1970 (『*The New Brutalism. Ethic or Aesthetic?*』, Londres, 1966의 불어번역), 85쪽.
34 James Stirling, 「Garches to Jaoul. Le Corbusier as Domestic Architect in 1927 and 1953」, 『*The Architectural Review*』, no 705, 1955년 9월호, 151쪽.
35 W. Boesiger (ed.), 『*Le Corbusier, Œuvre complète, Volume 5. 1946-52*』(1953), Zurich, s.d., 64-66쪽.
36 1950년 3월 17일, 푸에테 교수에게 쓴 르 코르뷔지에의 편지. Caroline Maniaque, 『*Le Corbusier et les maisons Jaoul. Projets et fabrique*』, Paris, 2005, 127쪽에 실림.

안느 라카통 & 장-필립 바살, 집합주택(2001-2005), 물루즈.

부르탈리즘에 비해서 덜 "보잘것없고(rudimentaires)" 또 (벽돌, 콘크리트의 경우에는) 더 산업적(industriels)이라는 사실을 주목할 필요가 있다. 게리, 누벨, 콜하스의 사례들이 사실 그러했다.

안느 라카통(Anne Lacaton, 1955)과 장-필립 바살(Jean-Philippe Vassal, 1954)은 쿠트라(Coutras) 단독주택(1998-2000), 물루즈(Mulhouse) 집합주택과 같은 그들의 초기 주거 작품들에서, 그대로 내버려 둔 듯한 방식으로 재료들을 사용했으며, 그 결합방식이 명료하도록 의도했다. 아연도금철재, 폴리카보네이트 패널과 합판, 건물 외피나 덮개(abri)를 형성하는 원예용 온실 같은 레디메이드(ready-made)[37] 요소들이 그러한 사례들이었다. 그들은 온실 덕분에 "최소 소재(un minimum de matière)로 구축된 최대 공간(un maximum d'espace)"[38]의 경험이 가능하게 되었다고 말했다. 쿠트라 주택은 농업 지역에 위치했는데, "이런 풍경 속에서 흔히 쉽게 발견하게 되는"[39] 온실 두 채를 병치시켜 만든 것이었다. 온실들 중 하나는 목재로 만들어진 두 번째 피부로 둘러싸인 주거용 방들을 내포했다. 또 다른 하나는 상당한 면적의 겨울정원을 내포하고 있었다. 쿠트라 주택의 설계 경험은 물루즈에서도 이어졌다. 즉 이와 같은 이원성(dualité)이 "대규모 집합주택에서도 확대적용된"[40] 것이다. 라카통 & 바살의 목표가 "사회학적(sociologique)"인 점도 주목할 필요가 있다. 그들의 목표는, 용도의 수용성과 잠재성을 부여하며 "일반적(généraux)"[41] 공간을 제공하는 여러 실현작들을 통해 구체화되었는데, 이것은 1950-60년대 부르탈리즘 작품들에서도 존재하던 목표였다.

에릭 라피에르(Eric Lapierre, 1966)의 쉘부르그(Cherbourg) 포앙뒤주르(Point du jour) 현대예술센터(2008)는 "초라한(pauvre)" 재료인 팍스 알루미늄(pax

37 건축과 레디메이드(*ready-made*) 주제에 대해서 남성택(Sung-Taeg Nam)의 로잔연방공대(Ecole polytechnique federale de Lausanne) 박사논문 『*La question du Readymade et son appropriation architecturale*』, 2012 참조할 것.

38 Anne Lacaton & Jean-Philippe Vassal, 「Structural Freedom, a Precondition for the Miracle (La liberté structurelle, condition du miracle)」, 『*2G*』, no 60 ("Lacaton & Vassal. Recent Work"), 2011, 168쪽.

39 『*Lacaton & Vassal*』, Orleans-Paris, 2009, 40쪽.

40 Ibidem, 99쪽.

41 본 책249-251쪽 참조할 것.

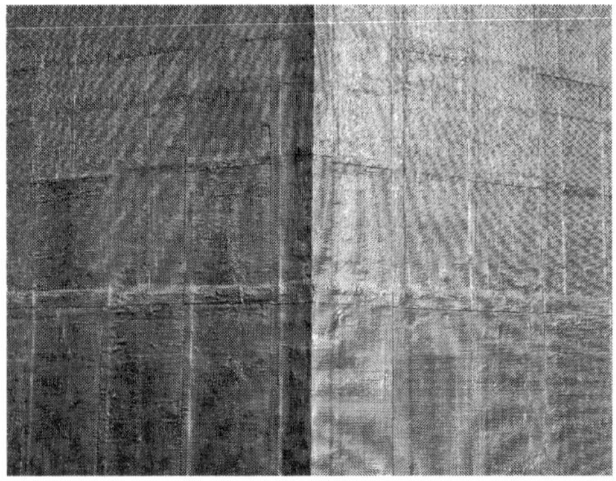

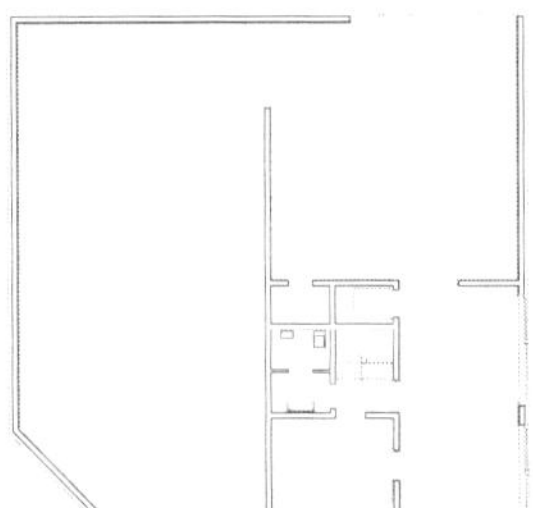

에릭 라피에르, 포앙뒤주르 현대예술센터(2008), 쉘부르그. 전체 전경, 팍스 알루미늄 피복 디테일과 평면.

[역주2]: 프로이트의 철학 개념인 Unheimliche으로 그 불어번역어는 inquiétante étrangeté이다.

[역주3]: 금속부재들을 기본삼아 조립하는 장난감

aluminum)으로 건물 전체가 피복되었다. 이 재료는 벽체의 피복으로는 거의 사용되지 않던 것으로, 여느 경우처럼 옥상 테라스 방수층 보호재로 사용될 때조차 노출되지 않았던 재료였다. 그럼에도 불구하고 건축가는 이 재료를 가공하지 않은 채 건물 볼륨 전체의 피복에 적용시켰다. 건축 오브제는 광채가 나며 척박한 도시 외곽 부지에서 놀라움을 촉발시켰다. 건축가는 이를 "가장 무미건조한(prosaïque) 현실의 기묘한 특성을 명백히 드러낼"42 수 있는 "두려운 낯설음(inquiétante étrangeté)" [역주2]으로 표현했다.

얀 데 빌더(Jan de Vylder, 1968), 잉에 빙크(Inge Vinck, 1973), 조 타이유(Jo Taillieu, 1971)는, 그들의 여러 작품들 속에서 과거 구축의 초기 정체성을 지우지 않으면서 그것을 탈바꿈(métamorphoser)시키는 능력을 선보였다. 겐트(Gand)의 람펠켄 주택(Rampelken, 2010-2012) 개조 작업에서 그들은, 비록 특별한 매력이 없을지언정 " '덜 중요한(mineur)' 건물은 없다"43고 전제했다. 주택 공간들을 변형하기 위해 도입한 새로운 요소들인 기둥, 보, 벽체들은 모두 회색 시멘트블럭으로 이루어졌고, "상대적으로 꺼칠한(rugueuse)" 44 마감으로 새로운 전체를 창조했다. "조적은 자기 역할을 수행한다. 전체를 추상화시켜 낯선 시를 만들어 건물 구조 자체를 드러낸다. 건물이 불충분했던 지점에서, 그리고 건물이 수정되는 지점에서, 구축의 재료들이 전시된다." 45 아우데나르데(Oudenaarde)에 지은 로트-엘렌-베르그 주택(Rot-Ellen-Berg, 2007-2011)에서 건축가들은, 수단의 경제성과더불어 기존 벽체 내부(여름주택)에 "유리주택"(겨울주택)을 실현했다. 건축은 미묘하고(subtile) 약간 불안정한(précaire) 균형을 통해 이루어졌으며 영원히 남겨진 비계들로 지지되는 목재판, 그리고 합판 거푸집으로 만들어진 판재들(보와 목재패널)이—건축가의 표현에 따라—"마치 메카노(Meccano)[역주3]처럼" 46 창조되었다.

여기 언급된 실현작들에서 재료의 사용은 우리의 관심을 이끌어낸다.

42 Eric Lapierre, 『*Le Point du Jour. Une architecture concréte*』, Cherbourg, 2011, s.p.
43 『*2G*』, no 66 ("architecten de vylder vinck taillieu"), 2013, 131쪽.
44 Ibidem.
45 Ibidem.
46 『*2G*』, no 66, op. cit., 120쪽.

얀 데 빌더, 잉에 빙크 & 조 타이유, 람펠켄 주택 (2010-2012), 겐트. 꺼칠한 시멘트블록으로 된 요소들은 기존의 주택의 조적조를 강조하면서도 탈바꿈시킨다.

때로는 재료들이 다루어지는 방식의 낯설음(étrangeté)에 의해서 그 재료들이 어떻게 결합되었는지, 또 구축행위 속에서 가져왔던 예전의 의미를 어떻게 변형시켰는지 이해하도록 한다.

투박함(rudesse)과 거칠음(rugosité)은, 부르탈리즘의 다른 대표 사례인 앨리슨 & 피터 스미슨의 와트포드(Watford, Hertfordshire) 서그덴 주택(maison Sugden, 1956)이 잘 드러내는 두 가지 특징이었다. 이 주택은 설기슨 & 베이츠 뿐만 아니라 카루소 & 세인트 존이 주요하게 참고하는 주요 대상이기도 했다.

카루소 & 세인트 존에게 있어, 스미슨 부부의 설계안들은 "합리적 사고를 벗어나 감성적 수준"에서 선언될 수 있는 "본능적 성격(un caractère instinctif)"을 건물이 어떻게 지닐 수 있는지 가르쳐 주는 것이었다. 서그덴 주택은 "강력히도 품위 없는(powerfully inelegant)" 것처럼 인식되었다.

설기슨 & 베이츠에게, 스미슨 부부는 "발견한 그대로(as found)"의 개념을 실제 건축으로 쟁점화시킨 인물들이었다. 그들은 피터 스미슨의 정의를 상기시켰다. "'발견한 그대로(as found)'는, 거두어들이고(recueillir), 복구하며(réstituer), 더불어 만드는(faire avec) 예술이다."[48] 그들은 "발견한 그대로"의 개념 속에서 "학구적" 모델들을 모면하거나 탈피할 수 있는 가능성을 보았다. 그것은 다시 한 번 사물들 가까이로, 새로 발굴할 필요가 있는 "일상적인 것(l'ordinaire)" 가까이로 회귀할 수 있는 가능성이었다. 설기슨 & 베이츠가 밝히길 "'발견한 그대로'의 개념은, 우리를 둘러싸고 있는 모든 것을 집중해 관찰하도록 만들었다"[49]. 사물들에 대한 이러한

47 Peter St John, "Maison Sugden : la force de l'emotion", *L'Architecture d'aujourd'hui*, no 344 ("Alison et Peter Smithson"), 2003년 1월-2월호, 71쪽.

48 피터 스미슨의 표현은 설기슨 & 베이츠에 의해 Sergison & Bates, "Six lecons apprises d'Alison et Peter Smithson", *L'Architecture d'aujourd'hui*, no 344, op. *cit.*, 81쪽에서 인용되었다. 피터 스미슨의 언급은 다음에서 발췌된 것이다: Claude Lichtenstein, Thomas Schregenberger (ed.), 『*The Discovery of the Ordinary*』, Baden, 2001, 40쪽.

49 Sergison & Bates, "Six lecons apprises d'Alison et Peter Smithson", op. cit., 81쪽.

얀 데 빌더, 잉에 빙크 & 조 타이유, 로트-엘렌-베르그 주택 (2007-2011), 아우데나르데. 여름 주택인 "유리 주택"은 영속적인 비계 요소들로 지지되는 거푸집 판재들로 구축되었다.

[역주4]: 레이너 밴함의 부르탈리즘에 대한 1966년 저서의 제목이 『*The New Brutalism. Ethic or Aesthetic?*』 이었다.

시선은 설계안 속—밴함의 표현[역주4]에 따라—윤리(éthique)의 핵심이 되었다. 이 윤리는, 환경이 촉진하는 감성들과 실현된 건물 사이에서 어떤 관계, 혹은 "어떤 대화가 설계안의 '느낌(feeling)', 물질적 존재감, 구축 언어(construction language) 위에서 정립" 되기 위한 조건을 수립하는 것이었다. 여기서 우리는 다시 구축의 양상에 대한 문제의식으로 되돌아오게 되었다.

재료들에 가까이 다가가 그 구현방식을 고민하는 사고 덕분에 카루소는 자연스럽게 지구르트 르베렌츠(Sigurd Lewerentz, 1885-1975)에 대해 관심 갖게 되었다. 르베렌츠가 스톡홀름 근처 비오르카겐(Björkhagen)에 지은 성마르코 교회(église Saint-Marc, 1956-1960)는 1966년 밴함의 책 『뉴 부르탈리즘. 윤리적 혹은 미학적? (*The New Brutalism. Ethic or Aesthetic?*)』[51]에도 실린 바 있었다. 카루소의 눈에 스웨덴 건축가는 설계안이 삽입된 그 맥락에 관심을 기울이는 현상학적 접근방식을 채택한 듯 했다. 그의 이러한 견해는 마르틴 하이데거(Martin Heidegger, 1889-1976)의 글 "구축하기, 거주하기, 생각하기(Bâtir, habiter, penser)"[52]의 인용에 역시 기반을 두었다. 르베렌츠

50 Ibidem, 75쪽.
51 불어번역본: Reyner Banham, 『*Le Brutalisme en architecture. Ethique ou esthétique?*』, op. cit., 142-143쪽.
52 Martin Heidegger, 「Batir, habiter, penser」 (1951), in 『*Essais et conférences*』, Paris, 2013.

좌 : 앨리슨 & 피터 스미슨, 수그덴 주택 (1956), 와트포드.

우 : 조나단 설기슨 & 스테판 베이츠, 복합시설 (1999-2004), 완즈월스 (Wandsworth), 런던.

는 벽돌같은 일상적 재료들을 탐구했던 이들 중 하나였다. 카루소에 따르면, 그는 "재료 속에 잠복해 있던 비밀스런 삶을 드러내는" 방법을 알고 있었다. 도상적 관례(convention iconographique)를 벗어나 "마치 새로운 재료인 것처럼" 벽돌을 바라볼 수 있도록 만든 것이다.

재료에 근접한 사고는 카루소로 하여금 버나큘라/지방특유의 것(vernaculaire)[역주5]에 관한 문제를 다시 고민하게 만들었다. 사실 버나큘라 구축들은 지역재료의 사용과 처리 방식의 노하우에, 혁신보다는 개선과 완벽을 추구하던 선조들의 노하우에 항상 근간을 두었다. 하지만 카루소에게 버나큘라 구축은 외관(apparence)이 아니라 존재감(présence)—다른 이들의 표현으론 진리나 본질—을 겨냥하는 것이었다. 만약 건축가로서 버나큘라 구축을 실현하는 것이 사실상 가능하지 않다면, 대신 그는 명료한 소통을 통해 재료의 구현방식을 새롭게 하는 것을 시도할 수 있다. 이러한 태도는 발명(invention) 자체를 핵심이나 중요 목표로 설정하지 않는다. "발명, 수사(rhétorique), 의미화(signification) 대신 우리는 관례(convention), 미숙함(maladresse), 반복(répétition)을 택할 수 있다."[55] 그러므로 "새로운 버나큘라(nouveau vernaculaire)"는 "아우라적 존재감(auratic présence)"[56]을 되찾기 위해서 모든 형태적 추상화(abstraction)과 결별한다. 이는 건물의 물질적인, 즉 구축적인 존재감을 직접 경험하며 가능해진다. 그러나 역설적인 것은, 여기서 비판했던 수사 자체가, 앞서 의미화의 경우처럼, 관례적 측면에 따라 반드시 강조된다는 점이다. 또 다른 역설은, 사물들에게 새로 가까이 다가가려는 노력이—현상학적 경험이 거리두고자 했던—관례화를 다시 겪게될 것이라는 점이다. 궁극적으로 이러한 역설들은, 사물의 본질과 그 아우라의 추구가 결국 모호성(flou)이나—이미-거기(déjà-là)에 항상 막닥뜨리게 되는—이론적 막다른 길(impasse théorique)에 귀착한다는 징후가 아니던가?

[역주5]: 지방, 지역 특유의 방식으로 토속적이고 민속적인 것, 독창적인 예술작가에 의하지 않고 익명의 장인이나 민중에 의해 제작, 생산, 구축된 대상을 지칭한다.

지구르트 르베렌츠, 성 마르코 교회 (1956-1960), 비오르카겐. 이미지 발췌 : Reyner Banham, 『*The New Brutalism. Ethic or Aesthetic?*』, 1966.

53 Adam Caruso, 「Sigurd Lewerentz and a Material Basis for Form」, 『*OASE*』, no 45-46, 1997, 91쪽.
54 Ibidem, 94쪽.
55 Adam Caruso, 「The Feeling of Things」, op. cit.
56 Ibidem.

조나단 설기슨 & 스테판 베이츠, 핀스버리 공원 인근 집합주택 (2004-2008), 런던. 핀스버리 공원 쪽 길에서의 전경.

근대주의 건축의 반-아카데미즘(anti-académisme)을 연상시키는 태도로, 현존(étre-là)을 되찾기 위해 (아카데믹 풍과 근대주의적) 수사와 (전념했던) 의미화로부터 벗어나고자 하는 것만으로는 충분치 않은 셈이다. 또한 다시 한번, 사물들의 존재감을 되찾는 것은 그 의미화들의 두께를 관통하면서 비로소 가능해지게 되는 것은 아닐까?

새로운 매너리즘을 향하여

Vers un nouveau maniérisme

설기슨 & 베이츠 그리고 카루소 & 세인트 존의 표현들과 함께 그들의 건축적 제안들을 더 자세히 살펴보자.

설기슨 & 베이츠의 구축적 선택들은 어떠한가? 런던 핀스버리(Finsbury) 공원 변에 위치하며 세개의 동으로 이루어진 그들의 집합주택(2004-2008)의 경우, 이 설계안과 관련해 설기슨 & 베이츠는 일련의 모형 작업들을 수행했다. 이 모형들은 "현관 주랑, 칸분할, 창문의 반복적 질서 등, 19세기말 저택들의 건축 요소들을 혼합하고(incorporer) 번역해내는(interpréter)" [57] 작업을 의도했다. 즉, 19세기말 저택의 한 가지 유형(type) 을 해석, 적용해낸 것이다. 칸으로 분할되고 규칙적 수직 창으로 개구된 벽체는, 바닥판임을 드러내는 철근콘크리트 수평띠들 사이에 어두운 빛깔 벽돌로 조적된다. 이는 20세기 중반의 부르탈리즘적인 흔적을 지닌 텍토닉을 표현한다고 할 수 있는데, 스털링과 제임스 고언(James Gowan, 1923)의 런던 햄커먼

제임스 스털링 & 제임스 고완, 햄커먼 집합주택 (1955-1958), 런던. 이미지 발췌 : Reyner Banham, 『*The New Brutalism. Ethic or Aesthetic?*』, 1966.

57 『*Sergison Bates Architects Buildings*』, Lucerne, 2012, 49쪽.

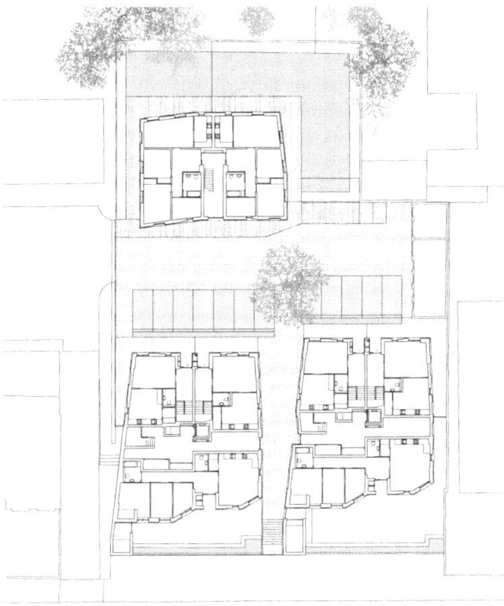

좌 : 구성된 세 건물들의 평면.

우 : 조나단 설기슨 & 스테판 베이츠, 핀스버리 공원 인근 집합주택 (2004-2008), 런던. 핀스버리 공원에서의 전경.

(Ham Common) 집합주택(1955-1958)이나, 그 건축적 영감인 자울 주택을 연상시키기 때문이다. 핀스버리 공원변 건물들은 과연 햄커먼 집합주택에 대한 보충적 해석(un commentaire)이었을까 ?

핀스버리 건물의 형태는 매우 복합적이었다. 공원 쪽을 바라보는 두 건물 동의 형태가 특히 그러했다. 각 건물들은 주거단지 내부를 향해서 편평한(plane) 입면을 지녔다. 그러나 건물의 측면과 공원 쪽 입면들은 접혀진(pliés) 외곽선의 개념을 보여주고 있으며, 효과의 관점에서 미확정적(indécise) 형태의 인지를 허용한다[58]. 미확정성(indécision)은 지붕 가장자리선의 효과에 의해 더 강조된다. 단지 내부 쪽 가장자리선이 입면 벽체와 평행하다면, 반대로 공원 쪽의 것은 사선으로 처리되어 접혀진 벽체면과 전혀 평행하지 않기 때문이다. 이에 따라 기준(repères)이 약화되어 건물 자체 높이가 불확실하게 느끼도록 하는 효과를 발생시킨다. 인지적 미확정성(indécision perceptive)을 통해, 건축가는 반복적 집중을 유도하고자 기대하는 것일까? 그럴 수도 있겠으나 이에 대한 건축가의 설명은 전혀 없었다. 그럼에도 불구하고, 앞서 내가 그 특성을 묘사했던 근경과 공원 쪽 원경 사이의 대조는 명백하다. 공원에서 볼 때 입면의 접힌 형태는, 복합성(complexité)을 지닌 불규칙한 형태들이 늘 그러한 것처럼 흐려지거나 지워져, 오히려 그 평면성과 "단순한(simples)" 볼륨이 강조된다. 결국 핀스버리 공원 건물들은 건축적, 도시적 영역의 깊이 속에서의 인지적 왕래를 유도하는 현상학적 경험을 우리에게 제공하는 것일 수 있다.

핀스버리 공원 건물들의 시각적 이해는 건축 오브제에 대해 주의를 집중할 때에야 가능하다. 만일 우리가 핀스버리 공원 집합주택과 햄커먼 집

조나단 설기슨 & 스테판 베이츠, 핀스버리 공원 인근 집합주택 (2004-2008), 런던. 구성된 세 건물들의 배치평면.

58 본 책 47-50 쪽 참조.

합주택의 건물들을 직접 비교한다면, 둘의 차이는 쉽게 구분될 수 있다. 햄커먼의 경우는 직각체계 기하학, 그리고 거친 콘크리트와 벽돌처럼 존재감이 큰 재료들 덕분에 건물을 직접적으로 인지하게 된다. 그러나 핀스버리 공원 건물의 인지는 지속적인 주의를 요구하며 형태 자체의 특성에 대해 계속 고민하도록 강요하기에, 역설적으로 재료[의 인지]를 뒷자리로 밀어내게 될 수도 있다. 지금 내가 강조한 이 간극은 건축가들이 소망한다고 밝혔던—재료 자체의 현존과 고유성과는 사실상 반대 방향으로 향하게 될 것임을 의미하는 것은 아닐까? 이 간극은 "거친 것으로(brutalement)" 파악되는 형태와 "이지적인 것으로(intellectuellement)" 파악되는 형태 사이에서, 다른 표현으로는, 어떤 형태와 그것의 매너리즘적 굴절(déclinaison maniériste) 사이에서 위치하고 있는 간극이 아닐까?

카루소 & 세인트 존의 노팅험 현대미술센터(Center for Contempraray Art, Nottingham, 2004-2009)는 재료들의 구현과 복합성의 정도에 관한 사색을 이이나가게 한다. 또 건물을 부지에 착상(inscription)시키려는 그들의 태도를 이해할 수 있게 한다. 카루소가 규정하길, 노팅험 현대미술센터는 다이어그램적인 접근이 아니라 "부지-특수적(site-specific)" 접근의 결과였다. 그는 스미슨 부부의 건축을 존경한다고 밝혔지만, 또 이어서는 스미슨 부부가 알도 반 아익(Aldo van Eyck, 1918-1999) 같은 팀텐(Team X) 건축가들과 교류할 당시의 계획안들에서 발전시켰던 설계 방식은, 즉 다이어그램을 체계로서 사용하는 방식은 거부한다고 밝혔다[59].

건물의 파악은 우리 위치로부터의 거리에도 의존된다. 멀리에서 볼 때, 현대미술센터의 볼륨들은 실루엣이 조각나 있어, 이질적인 도시의 맥락과 경사진 대지와 어우러진다. 황금빛의 상부 볼륨은 회색빛의 하부 볼륨과 구별된다. 반면, 다가갈 때의 우리 시선을 사로잡는 것은 회색빛 하부의 입면 처리 방식으로, 이는 규칙적 파동의 형태이며, 금빛 가두리 선으로 분할된, 폭이 좁은 곡면 패널들로 이루어져 있다. 여기에서 더 근접하게 되면 곡면 패널 위에 새겨진 모티프 형상이 발견되기 시작한다. 현대미술센터를 설계하기 이전에 세인트 존은, 멀리서부터 가까이로 다가갈 때의 인지(perception)적 차이에 대한 관심을 표명한 바 있었다. 이는 앞 장[60]에서 분석했던 것과 관련된 문제의식이기도 했다. "우리의 다양한 설계안들을 당신이 바라볼 때, 그것들은 멀리서 감상할 수 있도록 촘촘한(compacte) 스케일을 갖고 있다. 연이어 가까이 다가갈 때 당신은 표면의 디테일에 사로잡힐 것이다. 이 건물들은 형태적 연결에 의해 내면적 복합성을 표현하지 않는다. 볼륨은 단순하나 매우 강렬한 표면 장식을 지닌 이슬람 건축에서 발견하게 되는 것과 같은, 바로 그러한 질적 특

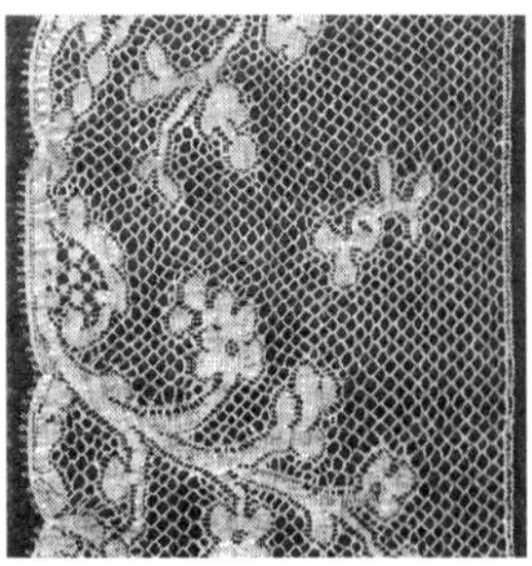

아담 카루소 & 피터 세인트 존, 현대미술센터 (2004-2009), 노팅험.
위 : 두 개의 오목 형태로 이루어졌으며 그 위에 형태 모티프가 새겨진 철근 콘크리트 기성제작 패널들의 조립전 모습.
아래: 1847년 노팅험에서 기계 제작된 형태 모티프.

59 이 주제와 관련해서, Pier Vittorio Aureli, 「Form and Resistance, a Conversation with Caruso St John」, 『*El Croquis*』, no 166 ("Caruso St John 1993-2013. Form and Resistance"), 2013, 15쪽을 참조할 것.

60 본 책 137-139쪽 참조할 것.

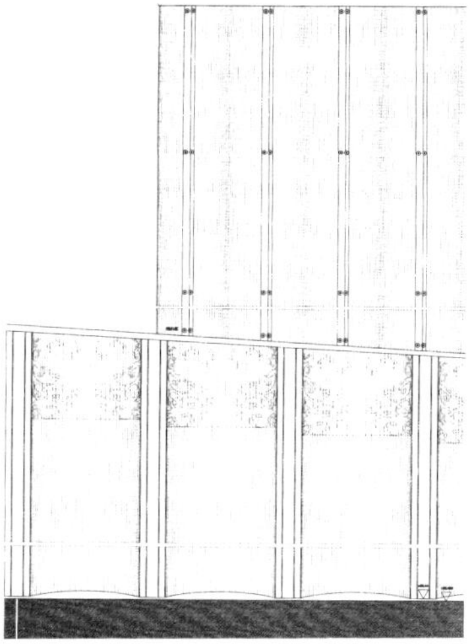

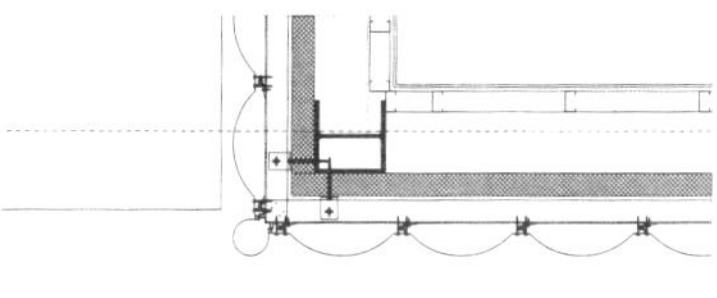

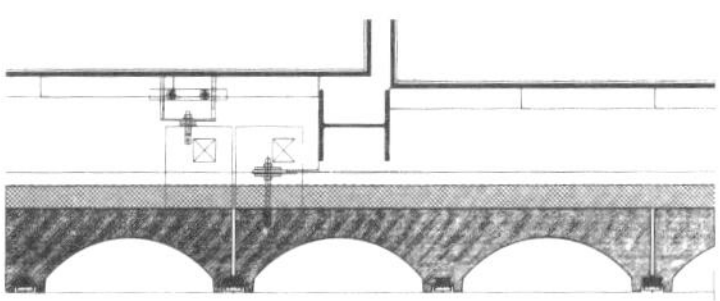

아담 카루소 & 피터 세인트 존, 현대미술센터 (2004-2009), 노팅험.
좌 : 두 가지 유형의 피복을 지닌 건물 파사드의 입면과 단면. 상부는 금빛 알루미늄 볼록 패널이며 하부는 형태 모티프가 새겨진 기성제작 철근콘크리트 오목 패널.
우 : 형태 모티프가 새겨진 기성제작 철근콘크리트 오복목 패널로 피복된 하부 볼륨과 도금 알루미늄 판재로 된 볼록 패널로 피복된 상부 볼륨의 전경. 건물 입면의 두 가지 유형 피복 디테일.

성이다."61

볼륨을 감싸는 곡면 패널들은 커튼 주름(plis)을 연상시킨다. 그 표면 위에, 노팅험의 수공예 특산물 중 하나를 연상시키는 레이스 형상 모티프가 기계적 방식으로 제작되어 새겨져 있기 때문에 더욱 그렇다. 건물이 제시하는 시각적 경험은 과거 젬퍼(Semper)가 규정했던 건축의 섬유적(textile) 관점을 상기시키기도 한다. 물론 젬퍼도 카루소 & 세인트 존에게 익숙한 참고의 대상이었다. 이 곡면 패널들은 모든 구조적 제안으로부터는 완전히 독립적인 모티프의 피복(revêtement)이기도 했다.

노팅험 현대미술센터를 통해, 카루소 & 세인트 존은 서로 모순적이거나 분산되고 또한 보완적(complémentaires)이라고도 말할 수 있는 관심사들을 극명하게 결합시켰다. 가까이에서의 인지 그리고 멀리에서의 인지의 양상에 따라 재료의 존재감을 드러내고자 하는 "물질적(matérielle)" 관

61 Paul Vermeulen, 「A conversation with Adam Caruso et Peter St John」, in 『*Knitting Weaving Wrapping Pressing. Caruso St John Architects*』, Lucerne, 2002, 82쪽.

심사, 젬퍼의 역사 그리고 노팅험의 역사와 암묵적 관계를 만드는 "문화적" 관심사가 그렇다. 따라서 건물은 거칠거나 즉각적인 방식으로는 잘 파악되지 않는다. 많은 감성들이 함께 작동하면서 서로 구별되는 의미들의 "켜들(couches)"이 중첩된다는 측면에서, 카루소 & 세인트 존의 작업도 매너리즘적(manièriste)이라 말할 수 있는 길로 접어든 것이다. 이 때문에 그들을 설기슨 & 베이츠와 연관시켜 살펴보고자 했다.

역사적 관점에 따르면 매너리즘(manièrisme)이란 르네상스에서 바로크로 이어지는 통과 과정으로 여겨진다. 그러나 여기서의 매너리즘은, 이미 역사와—특히 텍토닉 관점에서—의미를 지니는 어떤 언어를 전용(appropriation), 재전용(réappropriation)하며 발생된 전이(transition)의 순간을 지칭하기 위한 단어로 사용된다. 카루소 & 세인트 존, 그리고 설기슨 & 베이츠에 의해 수행된 현상학적 후퇴(retrait phénoménologique)는, 점점 더 기교적이고 세련되어 가는 작업의 순간이었다.

제5장과 제6장은 현상학적 경험들을 제안하는 건축 설계개념들을 이해하려는 목적으로 기술되었다. 그러나 이 두 개의 장은 의외로 역설적인 결론들을 지금 끌어내고 있다. 새로운 감성과 발현(fulgurances)을 생성하는 이미지들을 찾기 위해 문화와 유산에서 이탈하고자 하는 설계개념들은 궁극적으로 어디에까지 도달하게 될까 ?

카루소 & 세인트 존 그리고 설기슨 & 베이츠에게 있어 그 귀착점(aboutissement)은, 관례(convention)와 다시 이어져 그것을 재해석하며, 비록 매너리즘의 위험에도 불구하고 이미 "알고(connues)" 있거나 "배양된(cultivées)" 이미지들의 추구으로 보여진다. 반면에 헤르조그 & 드 므론과 줌토르의 귀착점은, 항상 즉각적으로 발현되기 원하는—그러나 불행히도 그것이 지속화될 수 없기에 초기 감성들이 쉽게 쇄신될 수 있어야 하는—이미지들의 추구로 보여진다. 다시 말해 [전자의 경우처럼] 뒤로의 회귀(retour en arrière)이거나 [후자의 경우처럼] 앞을 향한 도주(fuite en avant)인 것이다. 이는 양자택일의 대상인 것일까? 그럴지도 모른다. 뒤로의 회귀는 매너리즘적 후퇴(repli manièriste)에 의해서이며, 앞을 향한 도주는 "의고적(achaiques)" 형태들의 추구로 미끄러지듯 향하게 된다. 후자는 우리가 다시 뒤에서 다루게 될 것이다[62].

하나의 결론과 두 개의 관찰들에 의해 이번 장을 끝내고자 한다.

하나의 결론은 다음과 같다. 현상학적 경험은 건축 자체의 경험과 물성의 경험을 쇄신하기 위한 필요조건이다. 현상학적 접근이 건축의 역사에서 되풀이되고 있는 것으로 보이지만, 사실 항상 그러했던 것은 아니며, 사실 이는 20세기의 특별한 현상이라고 말할 수 있겠다. 현상학의 터전은 취약한 방식으로 점유될 수밖에 없었지만, 그 의미들은 서서히 자기 자리를 되찾아 나가고 있었다. 현상학적 경험은 문화의 영역 속에 흔적을

62 본 책 제8장 참조.

다시 새겨지게 되었고, 어느 순간해방된 것처럼 보여지게 된다.

첫 번째 관찰은 다음과 같다. 이는 앞서 인용했던 주장들로부터 나온 결과이며, 그 중에서 올지아티(Olgiati)의 표현을 주목하자. 그는 건축이 늘 현상학적 접근을 통해서 파악되어 왔음을 부인하지 않았다. 그러나 그는 이러한 접근방식에 건축 설계개념이 완전 종속되는 것은 거부했다. 정말로 이러한 방식의 현상학적 접근을 고집하는 건축가는 결국 현상학적 요구조건에 비해 현실은 항상 불충분하게 됨을 인식하게 되리라는 점을, 올지아티는 깨달았던 것이다. 그에 따르면 "이와 같은 현상학적 입장에 반드시 필수적인 문화적 순수성(innocence)은 오로지 지적인 방식만으로 온전히 가능해질 수 있음이 분명히 드러난다"[63]. 결국 그는 건축의 현상학적 접근이 미니멀 아트와 동일한 문제를 부각시킨다고 덧붙였다. 그가보기에 미니멀 아트는 "그 어떤 것도 재현하지 않으려는 노력에만 지나치게 집중했기에, 그 어떤 것도 재현하지 않으려는 시도만이 자신의 유일 기준(critère)이 되어버렸다"[64].

두 번째 관찰은 다음과 같다. 이를 설명하기 위해 나는 미적 경험을 집중 연구했던 뒤프렌느(Dufrenne)를 새로 인용하며 마치고자 한다. 이는 그대로의 인지(perception brute)로의 회귀에 대한 질문과 관련되는 것이기도 하다. 그는 말했다. "내게 가장 진실된 미적 경험이란 다름아닌 야생적(sauvage) 경험이다. 이런 경험은 자신을 오브제에 헌신하기 위해, 그리고 엉뚱한 것(l'insolite)같은 오브제에 의해 놀라고 매료되기 위해서, 또 오브제와 함께 향유하기 위해서는, 문화가 강요하는 습관, 편견, 규범으로부터 자유로워져야 한다. 그러므로 전통문화는 상실되어야 하는 것일까? 그럴 수 있다. 다만 그렇게 쉽지는 않다. 이러한 임의성(spontanéité), 시각이나 청각(audition)의 새로움(fraîcheur)을 쉽게 원하는 것은 너무 순진무구한 것이 아닐까? 이것들이 이루어져야 할 필요가 있다면, 이는 오로지 문화를 통해서만이 가능하다. 문화로부터 해방되기 위해서는 많은 문화가 필요하다. 그 원천들을 다 파헤친 후의 순간에서야 비로소 우리는 해방될 수 있다."[65]

63 「Valerio Olgiati's Ideational Inventory」, Markus Breitschmid와의 대담, 『*El Croquis*』, no 156 ("Valerio Olgiati 1996-2011"), 2011, 32쪽.
64 Ibidem.
65 Mikel Dufrenne, 『*L'inventaire des a priori. Recherche de l'originaire*』, Paris, 1981, 296-297쪽.

제7장

현상학 3. 분위기와 공간성

Phénoménologie 3 Atmosphère et spatialité

현상학적 경험은 오래전부터 근대 건축가들과 비평가들이 중요히 다루어 왔던 공간 인지에 대한 문제와 결부될 수 있다. 1928년 지그프리드 기디온(Sigfried Giedion, 1888-1968)이 르 코르뷔지에 & 잔네레의 페삭(Pessac) 집합주택단지에 대해 말했던 것을 떠올리자. 그는 영화적 수단을 통해 이 주택들을 이해하고자 했다. "움직임 속에서 시선을 가질 필요가 있다. 유일하게 카메라만이 새로운 건축을 정당화할 수 있다!"[1] 더 나아가 그의 유명한 책 『공간, 시간, 건축(*Space, Time and Architecture*)』의 단어들을 환기해 보자. 이 책에서 공간의 문제는 시점들을 증가시키는 움직임, 이동과 연계되었다. 즉, 픽쳐레스크(picturesque)의 문제의식과 관련되는 것이다. "다채로움에 기반한 공간의 정수는 내적 관계들의 무한한 가능성 속에서 이루어진다. 단 하나의 시점(참고지점)으로부터 철저한 묘사는 불가능하다. 바라보는 위치에 따라 외관이 변하기 때문이다. 공간의 진정한 본성을 붙잡기 원하다면 관객은 그 내부에서 움직여야 한다."[2]

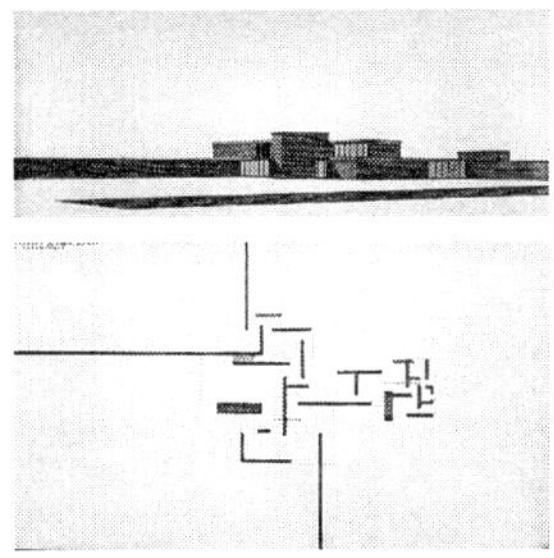

미스 반 데 로에, 벽돌 전원주택 설계안(1924).

기디온에게 공간은 끊어지지 않는 것이었다. 20세기 건축의 수많은 주역들이 닫힌 방(pièces fermées)의 설계개념과 단절하는 것을 목표 삼았으며, 이는 열린(ouverte) 설계개념, 특히 자유평면(plan libre)[3] 개념의 추구로 이어졌다. 미스 반 데 로에가 자신의 벽돌 전원주택 계획안(1924)에 대해 말했던 설명은 이 문제의식을 드러낸다. "이 주택의 평면에서 나는 닫힌(clos) 볼륨들의 습관적 원칙을 포기했다. 나는 서로 구분되는 일련의 방들을 열린 공간들의 연속으로 대체했다. 여기서 칸막이벽은 울타리의 성격을 잃어버린 채, 주택의 유기적 분절(articulation)에 이용된다."[4] 이러한 시각에서 우리는 공간을 건축의 "있는 그대로의 기표(signifiant brute)"로 설명할 수 있다. 또 우리는 만프레도 타푸리(Manfredo Tafuri, 1935-1994)와 프란체스코 달 코(Francesco Dal Co, 1945)가 1929년 바르셀로나 국제전시회 독일관이나 베를린 국립미술관(Galerie nationale de Berlin, 1962-1968)에 대해 규정했던 다음의 표현도 인용할 수 있다. "비워진 공간이야말로 전시

1 Sigfried Giedion, 『*Construire en France. Construire en fer. Construire en béton*』, Paris, 2000 (『*Bauen in Frankreich. Bauen in Eisen. Bauen in Eisenbeton*』, 1928의 불어번역본), 92쪽.

2 Sigfried Giedion, 『*Espace, temps, architecture. La naissance d'une nouvelle tradition*』, Bruxelles, 1968 (『*Space, Time and Architecture. The Growth of a new tradition*』, Cambridge, 1946(1941)의 불어번역본), 272쪽.

3 이 주제와 관련해 Jacques Lucan, 『*Composition, non-composition. Architecture et théories, XIXe - XXe siècles*』, Lausanne, 2009, 20장「L'espace convexe - Le Corbusier et le plan libre」과 21장「La rupture de la fermeture - L'espace et le temps」을 참조할 것.

4 Mies van der Rohe, 1924년 강연 원고, in Fritz Neumeyer, 『*Mies van der Rohe - Réflexions sur l'art de bâtir*』, Paris, 1996 (『*Mies van der Rohe, das kunstlose Wort : Gedanken zur Baukunst*』, Berlin, 1986의 불어번역본), p. 251.

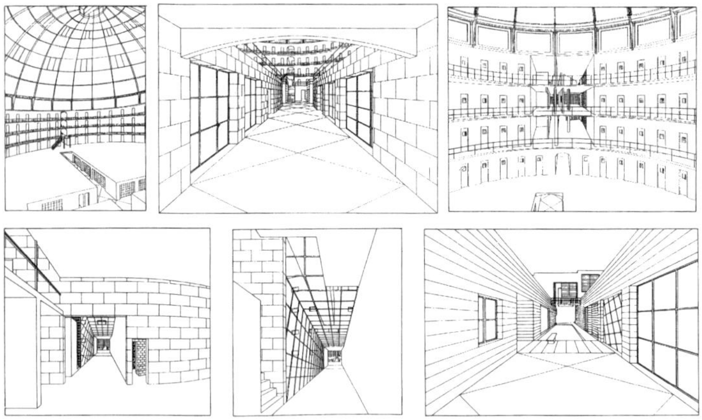

OMA-렘 콜하스, 파놉티콘 감옥 리노베이션 설계안 (1979-1981), 안헴, "어느 죄수의 산책", 이미지 발췌 : 『*AMC*』, no 54-55, 1981.

될 필요가 있는 진정한 '토막'(il vero 'pezzo')이다"[5].

이동 그리고 증가된 시점들

Déplacement et points de vue multiples

다시 기디온으로 돌아가자. 그도 현상학적 경험에 대해 언급했을까? 그의 발언들은 메를로-퐁티의 책 『인지의 우월성과 철학적 결과(*Le Primat de la perception et ses conséquences philosophiques*)』 속의 다음 표현에 부합되는 것이 아닐까? "인지되는 것(la chose perçue)은 기하학적 개념처럼 지성에 의해 소유될 수 있는 이상적 단일체(unité idéale)가 아니다. [반면에] 그것은 열린 전체(totalité ouverte)로서 특정 양식, 다시 말해 연관된 오브제를 정의하는 양식에 따라, 서로 교차하는 무한한 수의 투시도적 장면들이 수평선 위에 펼쳐지게 된다."[6]

베르나르 츄미, 라빌레트 공원 (1982-1998), 파리. 공원 내부 여정의 세가지 연속장면.

스티븐 홀(Steven Holl, 1947)은 "공간이 건축의 본질적 매체(médium)" 라고 말했다. 그는-기디온을 연상시키듯-현상학적 경험, 건물 자체의 설계 개념이나 건물과 도시적 환경의 관계 속에서의 " '다각적 원근법(multiple-perspectives)' 의 접근방식"[8]에 대해 설명했다. 다른 건축가도 그러했던 것처럼, 1980년대에 흔해졌고, 원근 투시도 장면들을 증가시키며 특정 장면들의 카메라 앵글이 다중적일 수 있도록 하는 디지털 재현 도구의 사용을 권장했다.

5 Manfredo Tafuri & Francesco Dal Co, 『*Architecture contemporaine*』, Paris, 1991 (『*Architettura contemporanea*』, Milan, 1976의 불어번역본), 17장: 「L'activité des "maitres" dans l'apres-guerre(전쟁이후 '거장들' 의 활동)」, 309쪽.

6 Maurice Merleau-Ponty, 『*Le Primat de la perception et ses conséquences philosophiques*』 (1946-1947), Lagrasse, 1996, 49쪽.

7 Steven Holl, 『*Parallax*』, New York, 2000, 22쪽.

8 Steven Holl, Juhani Pallasmaa, Alberto Pérez-Gomez, 『*Questions of Perception. Phenomenology of Architecture*』, San Francisco, 2008, 55쪽.

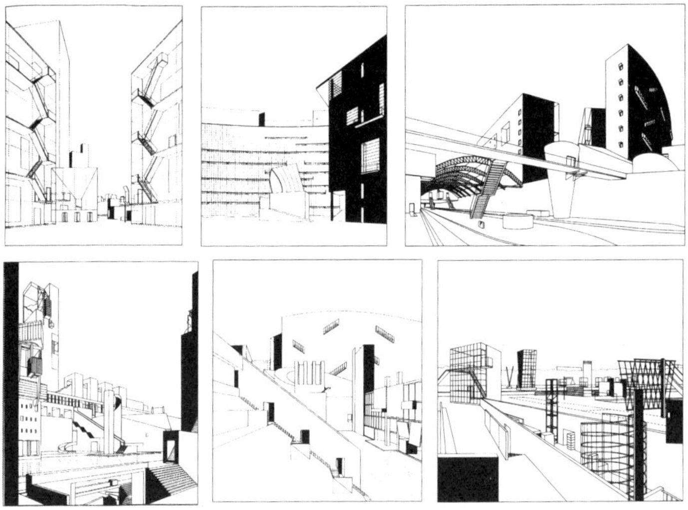

스티븐 홀, 포르타 비토리아(Porta Vittoria) 현상설계안 (1986), 밀라노.

스티븐 홀 : 장면들이 보여주는 것은 "우선적으로 그려진 일련의 부분적 투시도들을 사용한 도시적 설계 과정이다 […]. 이 파편조각들은 곧이어 전체의 도시적 평면에서 조립되었다 […]."(『*Questions of Perception. Phenomenology of Architecture*』, 2008).

픽쳐레스크로 분류될 수 있는 "그림들"이 순차 연결되며 이동(déplacement), 여정(parcours), "산책(promenade)"의 단계들이 선언된다. 콜하스는 안헴(Arnhem)의 파놉티콘 감옥 리노베이션 설계안(1979-1981)에서 연속적 그림들을 선보였는데,. 개조된 구축물 내부에서 "어느 죄수의 산책(promenade d' un prisonnier)"을 이해할 수 있도록 하는 그림들이었다[9]. 츄미(Tschumi)는 파리 라빌레트 공원(la Villette, 1982-1998)의 장면들, 특히 "운동학적(cinématique) 산책"의 건축적 장면들을 많이 만들었다. 그 시점들은 때로는 눈높이에서 보여지는 장면들이 아니었고 심지어 구성주의자들(constructivistes)처럼 시점을 거꾸로 뒤집을 수도 있었다. 홀, 콜하스, 츄미는 머무르는 것보다 움직임과 이동에 더 관심 깊었을까? 줌토르는 이와 반대 경우였는데, 우리는 나중에 이를 다시 살필 것이다. 이러한 시각에서 건축적 장치는 여정처럼 펼쳐지는 공간적 연속성을 우선하고, 특정 프로그램들은 공적 공간에 가까워진다. 파리 쥐시우 도서관(Jussieu, 1992) 설계안에서 콜하스가 설명했던 "보들레르의 방랑자/플라뇌르(flâneur baudelairien)"[10]가 거니는 "내부 대로(boulevard intérieur)"의 이미지와 흡사해지는 것이다.

우리는 이제 건축이 영화와 어떤 관계를 맺고 있음을 이해하게 되었다. 다시 기디온의 설명으로 연결될 수도 있지만, 오로지 시점들의 순차적 연계만으로는 파악할 수가 없다. 콜하스는 자신이 시나리오와 몽타주(montage) 같은 건축 설계개념에 전념하고 있음을 계속 상기시켰다. 다운

9 「La rénovation d'une prison panoptique」, 『*AMC (Architecture-Mouvement-Continuité)*』, no 54-55 ("Histoire et modernité"), 1981년 6월-9월호, 60-66쪽. "어느 죄수의 산책(promenade d'un prisonnier)" 이미지들은 나중에 출판된 작품집 O.M.A. Rem Koolhaas & Bruce Mau, 『*S,M,L,XL*』 (Rotterdam-New York, 1995, 1321-1323쪽)속 해당 설계안 설명에서는 실리지 않았다.

10 O.M.A. Rem Koolhaas & Bruce Mau, 『*S,M,L,XL*』, op. cit., pp. 235-253.

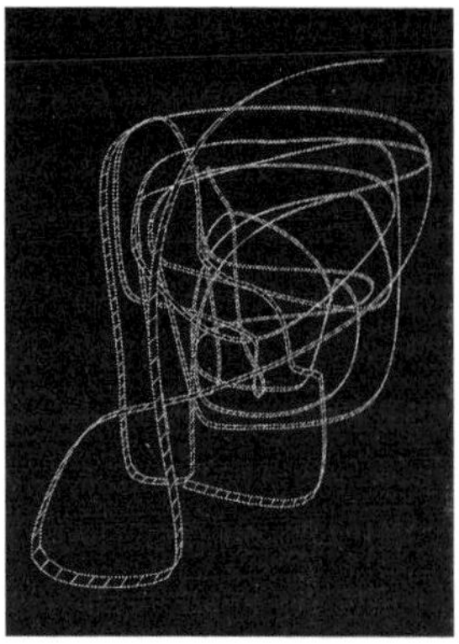

OMA－렘 콜하스, 『S,M,L,XL』(1995)의 마지막 페이지로, 파리 쥐시우 도서관(1992)의 설명을 뒤따른 것이다.

타운 아틀레틱 클럽 내부 층들의 중첩과 같은 프로그램적 시퀀스/연속장면(séquences)은 사실상 영화의 연속장면과 동등할 수 있다. 그의 작품집 『S,M,L,XL』의 끝부분은 추신(post-scriptum)이었는데, 여기서 그는 쥐시우 도서관을 설명했다. 맨 마지막장에는 설명문이 전혀 없는 하나의 이미지가 등장하는데, 영화필름처럼 보이는 파편조각이었다. 이해하기 원하는 독자들에게 이것은 해석의 열쇠일런지도 모른다… 1998년 그는 습관처럼 말했다. "나는 지금 다시 깊이 깨닫는다. 극작가(scénariste)의 작업과 건축가의 작업은 모두 몽타주에 기반한 과정이다. 영상적이거나 공간적이거나 프로그램적 연속장면을 연계하는 예술인 것이다."[11] 2014년 파리 퐁피두 센터에서 츄미의 작업들이 전시될 때, 우리는 다음처럼 직설적이고 간략명료한 질문들을 읽을 수 있었다. "또 건축이, 마치 공간에 대한 질문이었던 것처럼, 움직임과 사건에 대한 질문이기도 했다면?"; "과연 건축 설계안이 단지 기능적인 프로그램의 면적이 아니라 어떤 영화의 연속장면과 함께 시작할 수 없을까?"

디지털 도구 덕분에 공산적 연속장면들을 통해 설계안을 재현하는 것은 익숙하고 용이해진 재현 방식이 되었는데, 이것은 1980년대 현상 중 하나였다. 홀은 근대 대도시의 특징인 삼차원적 정복의 결과로 "수직적이거나 사선적인 미끌림(glissements)이 새로운 공간적 인지의 핵심이 된다"[12]고 믿었다. 그러나 이것이 접근방식의 진정한 변화라 할 수 있을까? 아니면 단지 픽쳐레스크적으로 바라보는 방식에서 단순한 추가적 가능성에 불가한 것일까?

에피소드 : 모리스 메를로-퐁티의 인지

Parenthèse: la perception selon Maurice Merleau-Ponty

『인지의 우월성과 철학적 결과』에서 메를로-퐁티는 인지한다(percevoir)는 것이 부분(parties)을 구별하기 앞서 먼저 전체(tout)를 파악한다는 사실을 강조했다. "[…] 자주 말했던 것처럼, 어떤 인지를 분해하는(décomposer) 것, 부분이나 감정을 다시 조립(assemblage)하는 것은 불가능하다. 왜냐하면 전체는 부분들에 앞서 존재하며, 또 그 전체는 이상적 전체(un tout idéal)가 아니기 때문이다."[13] 이러한 첫 번째 제안에 더해서 우리는 두 번째 제안을 할 수 있다. 세상과 오브제를 바라보는 방식에 대한 것으로, 메를로-퐁티가 르네 데카르트(René Descartes, 1596-1650)의 광경(vision) 개념과 대조시켰던 것이었다. 데카르트가 저서 『굴절광학(*Dioptrique*)』(1637)에서

11 「Changement de dimensions」, Jean-François Chevrier와 Rem Koolhaas의 대담 (1998), 『*L'Architecture d'aujourd' hui*』, no 361 ("OMA. Projets recents"), 2005년 11월-12월호, 91쪽.
12 Steven Holl, 『*Parallax*』, op. cit., 26쪽.
13 Maurice Merleau-Ponty, 『*Le Primat de la perception et ses conséquences philosophiques*』, op. cit., 47쪽.

발전시켰던 개념은 추상적 모델의 구축이자, "스스로 부여한 모델(modèle)에 따라"[14] 보일 수 있는 것(le visible)의 재구축을 결정하는 사고의 결과였다. 그러나 비록 이 모델이 부정확하지 않더라도, 광경과 관련된 모든 현상을 이해할 수는 없다. 반대로 현상학적 경험은 공간성과의 다른 관계를 체감하도록 한다. 메를로-퐁티는 규정했다. "더 이상 공간은 『굴절광학』이 설명했듯이 오브제들 간의 관계망이 아니다. 즉, 나의 광경을 증거하는 제 삼자가 그것을 바라보거나, 기하학자가 그것을 재구축하고 샅샅이 검토하는 방식은 아닌 것이다. 반면에 공간은 나를 공간성의 중점 혹은 영도(degré zero)로 기준 삼는다. 나는 외피를 따라 공간을 볼 수 있지 않다. 나는 그 속에 산다. 나는 그것에 싸여있다. 모든 세계는 내 주위(autour de moi)에 있지, 내 앞(devant moi)에 있는 것이 아니다."[15]

세계를 자기 앞에 두는 것은, 자기 바깥의 오브제를 바라보는 이의 입장과 부합한다. 이는 유클리드적 공간과도 관계 있는데, 메를로-퐁티가 설명하기를 "초월성(transcendance)이 부재한 실제 공간이며, 가능한 모든 위치들이 기재된 삼차원을 따라 평행하거나 직각 관계인 직선들의 네트워크"[16]였다. 반대로 세계의 내부에 있다는 것은 "위상학적 공간(espace topologique)으로 [···], 근방(voisinage), 둘러싸기(enveloppement)의 관계가 한정된 어느 밀리우/한가운데(milieu)"[17]의 내부에 있는 것이다. 위상적 공간 속에서 관계가 척도(mesures) 또는 거리(distances)보다 더 중요한 것일까? 메를로-퐁티가 언급하는 "밀리우"는, 우리가 행동하게 하는 감정을 그 속에서 품게 되는 곳, 우리로 하여금 특정 분위기(atmosphère)를 실감토록 하는 것이 아닐까? 이와 관련해 콜하스와 츄미를 떠올린다면, 그들은 순차적 공간 장치에만 관심가질 뿐, 이런 측면은 언급하지 않았다.

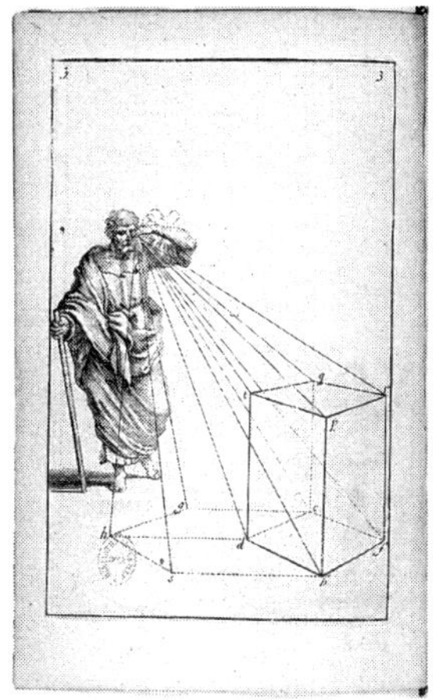

아브라함 보스(Abraham Bosse), 『*Manière universelle de Mr Desargues, pour pratiquer la perspective par petit-pied, comme le géométral*』, 1648의 도판 3.

르네 데카르트 : "우리의 삶은 우리 감각들에 의존한다. 그 중 가장 보편적이고 고귀한 것은 시각이다. 그 능력을 확대할 수 있는 발명들이 가장 유용한 것은 의심할 여지가 없다." (『*La Dioptrique*』, 1637).

분위기와 유추적 건축

Atmosphére et architecture analogue

2003년 6월 1일 "분위기(Atmospharen)"라는 제목의 강연에서 줌토르는 즉각적으로 건물을 이해하는 경험에 대한 설명에서 출발했다. "나는 건물 안에 들어선다. 나는 공간을 본다. 나는 분위기를 인지한다. 그리고 즉시, 그 곳에 있는 어떤 것에 대한 감정을 품게 된다." 이 즉각적 감정이 그에게 핵심이었다. 이것은 모든 이성적 사유를 선행한다. 이 감정은 "우리가 역시 지니고 있고, 나 역시 좋아하는 A에서 B로의 통합적 생각 같은 직선적 사고(pensée linéaire)와는 다른 어떤 것"[19]이라고 밝혔다. 그렇기에 줌토르는 "지

14 Maurice Merleau-Ponty, 『*L'Œil et l'esprit*』 (1964), Paris, 2002, 36쪽.
15 Ibidem, 58-59쪽.
16 Maurice Merleau-Ponty, 『*Le Visible et l'invisible, Paris*』, 1964, 260쪽.
17 Ibidem.
18 Peter Zumthor, 『*Atmosphéres*』 (2008), Bale, 2010, 13쪽.
19 Ibidem.

적인" 이해(connaissance "savante")를 버리고 직관적 이해(connaissance intuitive)의 질서를 우선시했다. 그에게도 역사가 중요했다지만, 그것은 "대학에서 가르치는" 역사가 아니라 "풍경, 도시, 건물들 속에서 우리를 둘러싼 오브제들이 내포하는"[20] 역사, 이야기였다. 그가 환기하는 분위기의 문제는 "낡은 공장들, 산업 건물들—특히 벽돌로 된 낡은 공장들로, 분위기가 가득 찬 순수 구축들(pures constructions)의 존재감"[21]에 관한 것이었다. 낡았으며 의심할 여지없이 폐쇄된 듯한—물론 그렇기에 "순수 구축"이 된—공장들은 당당히 풍경의 일부가 되었으며, 분위기를 창조해냈다.

줌토르는 "사실들(faits)의 마술, 현실(réel)의 마술"을 "사고(pensée)의 마술"과 대립시켰다[22]. 요컨대 낭만주의적 태도였다. 현실의 마술은 형태의 표현이 아니라 공간의 분위기 속에 존재한다. 마잔스(Masans) 노인요양원에 대해 줌토르는 건물이 형태적 이미지가 아니라 어떤 분위기를 최우선적으로 추구한 결과라 설명했다. 방들을 배분하는 넓은 갤러리는 특별한 공간적 장치로 선택되었고, "우리가 그 위를 걸을 때마다 […] 소리가 울리는 마루귀틀(lambourdes)과 그 위에 얹힌 두꺼운 원목 판들로 형성되는" 낙엽송 목재 바닥이 적용되었다.

페터 줌토르, 노인요양원 (1989-1993), 마잔스. 방들을 배분하는 실내 갤러리.

줌토르에게 모든 설계안들은 각자 고유한 물성을 지녔다. 그러므로 그 자체의 구문론을 가지며, 이를 통해 분위기의 창조에 필요한 구축적 요구들을 연결지었다. 그 결과 각 설계안은 저마다 특수 형태를 추구했다. 이런 관점에서, 분위기를 탐구하는 줌토르에게 로시(Rossi)의 교훈인 기억의 중요성은 매우 뜻 깊다. 물론 기억이 재생산될 수 있는 형태로 굳어져선 안된다는 점에서, 그는 로시와 구별된다. 줌토르는 말했다. "형태는 잊어야 한다. 형태는 오브제 자체에 의해 발견된다. 이 지점에서 나는 알도 로시와 다르다. 비록 그가 늘 실제적 영감의 원천이었더라도 말이다."[24]

이와 같은 환기는 로시가 취리히 연방공대에서 가르쳤던 그 교육의 중요성을 깨닫게 한다. 특히 로시가 파비오 라인하르트(Fabio Reinhart, 1942), 미로슬라브 지크(Miroslav Sik, 1953)와 함께 진행했던 "유추적 건축(l'architecture analogue)"의 교육은 분명 반근대적(antimoderne) 운동이었다. 위 인물들이 바로 그 주역이었고, 그외 많은 스위스 건축가들이 로스에게 영향받았다. 그 중 일부는 이를 스스로 자주 밝히곤 했다.

그러나 지크 역시, "베를린이든 도쿄이든 여기저기에 롬바르디아식[역주1] 주택을 반복생산하려는"[25] 로시와 구별되고자 했다. 한편 유추적 건

[역주1]: 롬바르디는 이탈리아 북부 지방으로 그 중심도시인 밀라노는 로시가 태어나 활동한 주 무대였다.

20 Klaske Havik and Gus Tielens, 「Concentrated Confidence. A Visit to Peter Zumthor」, 『OASE』, no 91 ("Building Atmosphere"), 2014, 63쪽.
21 Ibidem.
22 Peter Zumthor, 『*Atmosphéres*』, op. cit., 19쪽.
23 Thomas Durisch (dir.), 『*Peter Zumthor. Réalisations et projets, Tome 1 - 1985-1989*』, Zurich, 2013, 123쪽.
24 「Questioning Images」, Lynnette Widder, Gerrit Confurius와 Peter Zumthor의 대담, 『*Daidalos*』, no 68, 1998년 6월호, 96쪽.
25 「Konflikte binden - Binding Conflicts」, Lynnette Widder, Gerrit Confurius와 Miroslav Sik의 대담, 『*Daidalos*』, no 68, op. cit., 108쪽.

축을 통해, 그 어느 때보다 분위기의 문제가 대두되었고, 지크의 교육과 건축 작업은 스티뭉/무드(Stimmung) 개념을 유행시켰다. 그의 취리히 공대 학생들이 그려낸 많은 이미지들과 또 그 스스로 1980년대 말부터 작업한 설계안들은 건축적 외형 뿐 아니라 건물이 자리잡은 맥락과의 관계 속에서 풍겨나는 독특한 분위기 덕택에 주목받게 되었다. 건축은 불안하고 불편한 균형 속에 있었다. 기존의 맥락의 "정상화(normalité)"와 "제거(effacement)"를 모두 겨냥했고, "전통적" 흔적과 "근대적" 흔적을 결부시켰다. 옛 것과 새 것 모두가—지크가 강조해 일컫던—"전체(ensemble)"의 부분이 될 수 있기 위해, 차이들이 의도적으로 불분명한 상태로 존재했다. 그는 말했다. "나는 현대 도시 속에 존재하는 대조를 중성화시키려(neutraliser) 노력한다. […] 양식들의 혼합(Stilmischung)을 통해 다채로운 것을 재연결시키려 한다. 즉 1940년대와 1980년대를 연결하고, 하나의 동일한 전체(ein Ensemble bildet) 속에 모든 것을 통일시키는 것이다. 나의 목표는 어떤 탈근대적 밀리우/한가운데(un demodernes Milieu)를, 새 것도 옛 것도 아닌 어떤 세계를 만드는 것이다."[26] 그러므로 지크는 알트노이(alt-neu)를, 즉 "새로운 옛 것" 혹은 "오래된 새 것"을 격상시키기 원했다. "다른 근대주의(other modernism)"에서도 선례나 참조대상을 찾을 수 있었다. "알트노이 혹은 '다른 근대주의'는 구나르 아스프룬드(Gunnar Asplund), 한스 돌가스트(Hans Döllgast), 이냐지오 가르델라(Ignazio Gardella)와 같이, 일정한 거리를 두고 전통 요소와 근대 요소의 혼합을 제안했던 건축가들을 포함한다."[27] 이러한 지크의 선택은, 그의 학생들이 "수단을 정제하고, 놀라움의 시적 순간과 이중적 유산을 활성화"[28]시키고자 노력하도록 만들었다.

미로슬라브 지크, 도르프젠트룸(Dorfzentrum) 집합주택 (2008), 할덴슈타인. 도로변 측면 장면과 건축설계안이 안착한 단지 평면.

취리히 음악인 전당(Maison des musiciens, 1992-1998)과 성 안토니우스(St. Antonius) 가톨릭 수도사 교회(1988-1997), 할덴슈타인의 주거건물(Haldenstein, 2008)과 같은 최근 설계안들에 이르기까지, 지크는 전체(ensemble)의 구축, 재구축 또는 형성을 추구해왔다. 최근 그가 설계한 2012년 베니스 비엔날레 스위스 파빌리온의 내부 전시 제목 『그리고 지금은 전체를 !!! (*And Now the Ensemble !!!*)』은 프로그램이자 지령이었다. 전시된 전체들은 현대 건축물들의 콜라주(collage)이자, 친숙하면서도 동시에 괴상한 도시적 실루엣들을 만들었다. 그는 말했다. "유행과 스타 건축의 현상들이 주도할수록, 전체보다는 유희적 조각, 작가 명성, 맥락 없이 고독한 건물들만 관계되며, 그것들의 축적(accumulation)은 혼돈으로, 또 역설적으로 일반적 단조로움(monotomie)으로 이어진다."[29]

26 Ibidem, 112쪽.
27 Miroslav Sik, 「Atelier, Analogie, altneu」, 『*trans (transParent)*』, no 14, Zurich, 2005. 다음 글에 부분적으로 다시 게재됨: 「About "Old New", "midcomfort" and "ensemble"」, in Heinz Wirz, 『*Miroslav Sik. Architecture 1998-2012*』, Lucerne, 2012, 8쪽.
28 Ibidem.
29 Miroslav Sik, 「Why Ensemble?」, in Miroslav Sik (dir.), 『*And Now the Ensemble !!!*』, Zurich, 2012 (Sik가 책임자였던 2012년 베니스 비엔날레 스위스 파빌리온 전시 카탈로그), 7쪽.

미로슬라브 지크가 큐레이터였던 2012년 베니스 비엔날레 스위스 파빌리온의 전시 『*And Now the Ensemble !!!*』 속의 디지털 콜라주. 이미지 발췌 : Miroslav Sik (dir.), 『*And Now the Ensemble !!!*』, 2012.

좌에서 우로 :
1 퀸투스 밀레(Quintus Miller) & 파올라 마란타(Paola Maranta)의 콜라주 : 오른편, 슈바르츠파크(Schwarzpark) 집합주택 (2001-2004), 바젤 ; 정면, 볼타(Volta) 학교 (1996-2000), 바젤.
2 미로슬라브 지크의 콜라주 : 집합주택 (2009-), 안데르마트(Andermatt).
3 카슈카 크납키비치 (Kaschka Knapkiewicz) & 악셀 피케르트(Axel Fickert) : 위, 슈타인비슈트라스(Steinwiesstrasse) 집합주택 (2011), 취리히 ; 아래, 주민센터 (2011), 메렌슈반드(Merenschwand) ; 오른편, 집합주택 (2008-2010), 취리히.

1998년경 줌토르는 유추적 건축을 "약간 유행지난(démodée)"[30] 것으로 설명하기도 했다. 그러나 유추적 건축이 유행으로부터 뒤떨어지지 않고자 노력했던 적이 있었던가? 지크와 학생들의 그림들은 카루소(Caruso)의 눈에 "어느 아침 부드러운 빛 아래 보이는 인적 드문 도시의 애수(mélancolie)"[31]를 불러일으켰다. 이에 대한 그의 글 「유추적 건축에 무슨 일이 생겼나(Whatever Happened to Analogue Architecture)」에서 카루소는 자신의 관심사를 밝혔다. 디네어(Diener), 헤르조그(Herzog), 드 므롱(De Meuron), 마일리(Meili), 수미(Sumi) 등의—"특별한 건축적 결말을 위해 평범한 구축 기술을 사용하는"[32] 건축가들의—세대와, 올지아티(Olgiati), 밀레어(Miller), 마란타(Maranta), 발렌틴 베알스(Valentin Bearth, 1957), 안드레아 데플라즈(Andrea Deplazes, 1960), 케레츠(Kerez) 등의 건축가 세대를 집중 부각시킨 후, 그는 "유행이 지났거나 더 심하게 말하면 촌스러운"[33] 것으로 인식할 수 있던 유추적 건축이 약화지고 있음을 은근히 안타까워했다.

분위기와 내면성

Atmosphére et interiorité

줌토르가 설명하던 감정의 즉각성(immédiateté)을 다시 살펴보자. 이 즉각성은, 건축이 공간의 예술일 뿐 아니라 "시간의 예술"[34]이란 사실에 의해

30 「Questioning Images」, op. cit., 96쪽.
31 Adam Caruso, 「Whatever Happened to Analogue Architecture」, 『*AA Files*』, no 59, 2009년 가을호, 75쪽.
32 Ibidem.
33 Ibidem.
34 Peter Zumthor, 『*Atmosphéres*』, op. cit., 41쪽.

서 조율된다. 일반적으로 건물의 경험은 점진적이다. 시각적 연속장면이 뒤따르는데, 이는 인지가 "한순간에" 이루어진다고 했던 첫 번째 단언과 반대인 셈이다. 그러나 분위기를 설명할 때의 우리는, 움직임에 의한 연속 장면의 대조나 운동학적(cinétique) 효과보다, 우리가 빠져들었던 밀리우에 대해 더 강조하게 되는 것이 사실이다. 심지어 우리가 이동하면서 감정이 확대되더라도, 줌토르에 따르면, 결국 우리는 어떤 장소에 둘러싸인 채 그 안에 머물러 있게 된다. 외부와 내부의 긴장을 환기시키며, "슬그머니 들어오는 문지방, 통로, 작은 개구부, 내부와 외부 사이의 감지되지 않는 전이(transition), 갑작스럽게 외피가 자기 주위(autour de soi)를 둘러싸고 그 속에 우리가 모여 홀로 또는 무리지어 있게 될 때의, 장소와 집중에 관한 놀라운 감정"[35]과 같이 건축가는 경험을 묘사할 뿐이다.

이와 같은 문구들은 줌토르의 많은 설계안들을 묘사할 때에도 사용될 수 있다. 발스 온천장(Thermes de Vals, 1990-1996)이 대표적이다. 온천장은 여정이나 산책이 아니라 "자유로운 방랑(flânerie libre)"[36]이며, 이를 위해 "문지방, 통로, 작은 개구부"들이 증가되는 어떤 내부였다. 벽체와 바닥의 표면들은 그 지역에서 채석된 녹회색 편마암 석재로 동일하게 피복되었다. 이를 통해 "자기 주위의 외피"에 대한 인상이 더욱 강력해진다. 표면의 촉각이 공간의 물리적 이해에 있어 본질적 요소가 되는 것이다.

발스 온천장 내부는 그 자체로 분위기를 풍겼다. 2000년 하노버(Hanovre) 만국박람회의 사운드박스(Sound Box) 파빌리온도 마찬가지였다. 파빌리온은 음악적 프로그램이 가미된 "공간적 미궁"[37]의 경험이자 "공

페터 줌토르, 온천장 (1990-1996), 발스.

35 Ibidem, 45쪽.
36 Ibidem, 41쪽.
37 Thomas Durisch (dir.), 『*Peter Zumthor 1985-1989. Réalisations et projets, Tome - 1990-1997*』, Zurich, 2013, 109쪽.

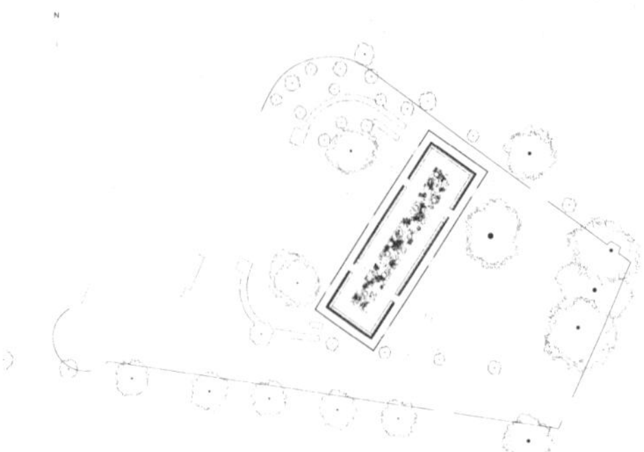

페터 줌토르, 서펜타인 갤러리 (2011), 하이드 공원, 런던. 하이드 공원 주변의 전체 평면 ; 서펜타인 갤러리 내부, 지붕덮인 회랑과 닫힌 정원(hortus conclusus) (오른편 위) ; 비오는 날 (아래).

간 경험의 중심으로서, 파빌리온의 건축 구조 내부에서 방문객들이 방랑(flânerie)하도록"[38] 제안되었다. 두 직각 방향으로 종류별 각목들이 적재 정렬된 사이 통로들은, 발스 온천장의 여러 욕탕들 사이에서 가질 수 있는 경험을 연상시키며, 미궁 같은 여정을 제공했다.

현상학적 접근방식 속에서 줌토르가—시각적, 청각적 그리고 후각적—분위기의 측면에서 특징적인 공간을 창조하고자 최선을 다했음은 놀랍지 않다. 2011년 런던 하이드 공원에 그가 실현시킨 서펜타인 갤러리 파빌리온 장치에서도 이는 잘 드러난다. 그의 파빌리온은 공간적이며 "분위기를 느낄 수 있는" 순수한 경험이었다. 파빌리온은 단순하고 규칙적인 형태를 지녔다. 평면은 긴 직육면체이며, '닫힌 정원(hortus conclusus)' 인 내부 정원을 감싸는 테두리였다. 이 일시적 구축은, 거칠고 볼품없이 거무스름한 도료를 입힌 합판재로 피복된 목구조로 형성되었으며, 외벽에 있는 여섯 개의 작은 개구부들을 통해 여명(pénombre)처럼 어두운 통로인 협소한 복도로 진입할 수 있었다. 여섯 개의 외벽 개구부와 마주보지 않는 네 개의 새로운 개구부들이 지붕 덮인 회랑으로 다시 연결된다. 이 회랑은 하늘로 열린 화원을 둘러싸고 있다. 줌토르는 말했다. "우리는 파빌리온을 구축했다. 사람들은 즐겁게 건물을 애용했다. 나 역시, 파빌리온을 하이드 공원 풍경 전체의 내부 확대경처럼 이용했다."[39] 여기서 "확대경"에 대한 언급은, 풍경의 일부를 선택하고 분위기에 융해되기 위해서 대상을 확대한 결과와 같은 파빌리온의 경험을 의미한다.

분위기를 더 강렬하게 느끼도록 하고, 공간적 경험에만 기여하는 요소들에 의해 방해받지 않도록 하기 위해서는, 결국 재료의 단일성을 지닌 건물을 선호하게 된다. 줌토르의 발스 온천장이 그 훌륭한 사례였다. 그곳의 분위기는 결국—재료, 빛, 공간 설정, 냄새와 소리울림처럼—때로는 시각적이나 사실은 감각적인 변수들에 의존했다.

앞서 상호의존성(interdépendance)[40]의 관점에 따라 언급했던 올지아티

38 Ibidem, 40쪽.
39 Thomas Durisch (dir.), 『*Peter Zumthor. Realisations et projets, Tome 5 - 2008-2013*』, Zurich, 2013, 131쪽.
40 본 책 88-89쪽 참조할 것.

의 파스펠스 학교도, 철근 콘크리트 재료의 단일성에 기반한 공간 장치를 채택했다. 건물 모서리를 직각으로부터 가변(déformation)시키고 2-3층 교실층[평면]을 회전시켜, 올지아티 스스로 "현상학적" 이라 일컫는 중요한 결과들을 촉발시켰다. 그에 따르면, 외부 시점에서의 전체 볼륨은 "물질성(physicalité)"[42]을 획득한다. 그리고 내부 시점에서는 "방들에 기반한 정적 체계가 은연중 운동 상태로 진입하며 결국은 '공간성(spatialité)' 의 감각이 증폭"[43]된다. 교실들을 배분하는 복도는 특별한 호기심을 자극한다. 벽체, 바닥, 천장들은 모두 동일한 콘크리트로 구축되었고, 소재의 유일성(unicité)으로 건조한 음향과 독특한 냄새가 생성된다. 벽체들이 전혀 평행하지 않아, 어떤 벽체도 동일한 채광으로 빛나지 않는다. 채광 입사각이 저마다 다르기 때문이다. 공간성은 "운동 중(in motion)" 인 것으로 느껴진다. 마치 현상학적 경험을 위해 설계된 장치의 내부에 있는 것처럼, 그 속의 시점들은 실제로 다중적이다. 올지아티는 이 경험을 건물의 구축적 현실과 결부시켰다. "[…] 최종적으로 이것은, 불가사의한 감정들(unfathomable emotionality) 보다, 건물의 구조적 현실에서 비롯된 불가사의한 합리성에 의해 존재하게 됨이 분명하다."[44]

발레리오 올지아티, 학교 (1996-1998), 파스펠스. 3층 평면과 해당 교실층 십자형 복도의 내부 장면 : 수직 벽체, 바닥, 천장에 적용된 동일한 거친 콘크리트.

41 『El Croquis』, no 156 ("Valerio Olgiati 1996-2011"), 2011, 63쪽.
42 Ibidem.
43 Ibidem.
44 Ibidem.

조각적 에피소드: 위치에 따른 광경

Parenthèse sculpturale : vision située

위 사례들은 건물의 내부 공간을 중시하며, 각 분위기는 저마다 특별하다. 한편 어떤 건축 오브제의 경우는 헤르조그 & 드 므론의 리콜라 창고들처럼 질적 특성이 거의 없다고 말할 수 있는 내부 공간성을 지니는 사례도 있다. 이런 경우 특히 중요한 것은 주변 환경과의 관계 속에 형성되는 건물의 존재감(présence)이다.

헤르조그 & 드 므론, 시그날 박스(1994-1999), 바젤. 바젤역 근처 기차 선로를 가로지르는 다리 위에서의 장면.

어떤 건축 오브제는 자연이나 도시 풍경 속에서 지표처럼 보인다. 예를 들어 헤르조그 & 드 므론이 설계했으며 바젤 역 인근 기차선로에 위치해있는 두 개의 시그널 박스(Signal Boxes, 1988-1995와 1994-1999)가 그렇다. 헤르조그는 묘사했다. "시그널 박스를 만든다는 것은 기술적 오브제를 만드는 것뿐 아니라 하나의 방(a piece)을 만드는 것이기도 하다. 사실 모든 건축 작업들의 쟁점이 바로 그렇다. 시그널 박스는 자신만의 존재감을 지닌 무언가가 되었다." 45

이러한 설명은 저드(Judd), 모리스(Morris) 또는 리차드 세라(Richard Serra, 1939)와 같은 예술가들의 관심사와 공명한다. 그들에게 작품의 상황(situation)은 그 작품의 이해와 인지에 있어 핵심적 요소였다. 이 주제와 관련해 로잘린 크라우스(Rosalind Krauss, 1941)는, 『인지의 현상학(*Phénoménologie de la perception*)』의 1962년 [영어] 번역 출판이 당시 미니멀리스트 예술가들에게 큰 영향을 끼쳤다는 사실을 일깨워 주었다. "마치 도날드 저드나 로버트 모리스의 미니멀리스트 작품들에서 추상적 기하학들이 위치에 따른 어떤 광경(une vision située)을 정의하는 무언가에 끊임없이 종속되는 사례처럼, 조각예술이 원근투시도들의 유희로부터 태동하게 되는 맥락이 [메를로-퐁티에 의해] 미국에서 발전되었던 것이다" 46.

세라가 자기 작품 『쉬프트(*Shift*)』(1970-1972)에 대해 썼던 글이, 인지 "작용적(agissante)" 인-즉 작품의 창작에서도 인지가 작용하는-예술 작업에서 관계(relations)에 대해 설명하고 있는 가장 아름다운 사례들 중의 하나라는 사실은 의심할 여지없다. 『쉬프트(*Shift*)』는 작은 언덕의 가장자리를 따라 굴곡진 텃밭에 조성된 여섯 개의 "벽체들"로 형성되었다. 그가 설명하는 작품의 근거는 "텃밭의 양끝에 각각 위치한 두 사람이 곡면의

45 William J.R. Curtis, 「The nature of artifice, a conversation with Jacques Herzog」, 『*El Croquis*』, no 109-110 ("Herzog & de Meuron, 1998-2002"), 2002, 29쪽.

46 Rosalind Krauss, 「Abaisser, etendre, contracter, comprimer, tourner : regarder l'œuvre de Richard Serra」(1983), in 『*L'Originalite de l'avant-garde et autres mythes modernistes*』, Paris, 1993 (『*The Originality of the Avant-Garde and Other Modernist Myths*』, Cambridge (Mass.), 1986의 불어번역), 326쪽. 이 글 첫머리에서 크라우스는, 다음과 같이 메를로-퐁티를 인용했는데, 이는 앞서 내가 (본 책 164-165쪽 참조) 인용했던 글의 내용과 흡사하다: "그러나 경험의 체계는 마치 내가 신인 것처럼 나의 앞(devant moi)에서 펼쳐지지 않는다. 반면에 나는 특정 시점에 따라 그것 속에 살아간다. 나는 관객이 아니라 그것의 한 부분이다. 그리고 시점에 대한 나의 속성(inhérence)이야말로, 내 인지의 유한성(finitude)과 더불어 모든 인지의 지평과 같은 전체 세계를 향한 [내 인지의] 개방(ouverture)이 동시에 가능하게 만든다." (『*Phénomenologie de la perception*』 (1945), Paris, 1971, 350쪽)

대지 위에서 서로의 시선을 잃지 않으며 최대 거리를 유지한 채 누빌 때, 그들은 공간의 위상학적(topologique) 정의를 상호적으로 결정짓는다"는 것이었다.[47] 세라는 덧붙여 말했다. "상호적 시선(regard mutuel)을 이렇게 유지하려는 가능성이 바로 작품의 지평을 정의했다."[48] 이를 깊이 이해한 크라우스는 "어처구니없을 정도의 자연주의와 더불어, 『인지의 현상학』으로부터 이 모든 것이 기인했다"[49]고 규정했다. 『쉬프트』가 시도하는 공간의 위상학적 정의는 작품을 바라보면서 거니는 사람들이 수평 위에 자신의 존재감을 결국 드러내는 것을 조건삼게 만들었다. 세라는 『쉬프트』가 "물리적 중심"을 갖지 않으며, 그 대신 바라보는 이들의 위치에 종속되는 "이동하는 중심(a moving center)"[50]을 갖는다고 정의했다. 또 공간의 위상학적 이해가 현상학적(phénoménologique) 이해와 거의 동의어적 관계가 될 수 있다고 확언했다.

『쉬프트』는 그 자체로 형태이면서 게슈탈트(Gestalt)로서 이해되던 조각의 방식을 무산시켰다. 작품을 형성하는 것은 바로 관계들이기 때문이었다[51].

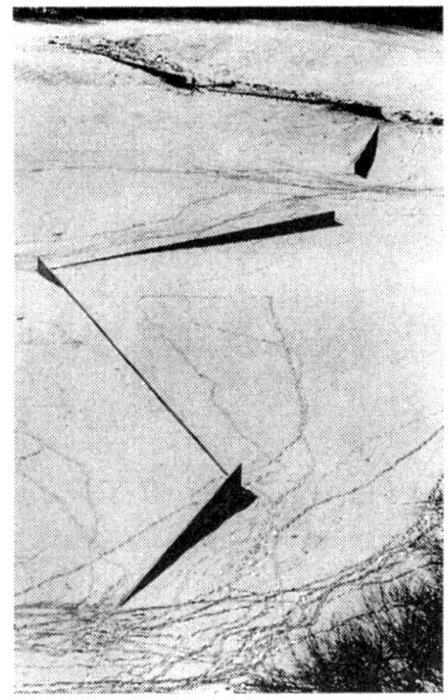

리차드 세라, 『쉬프트』(1970-1972), 킹 시티, 온타리오.

위상학과 내부성

Topologie et interiorité

메를로-퐁티가 설명하는 방식 같은 위상학적 공간 문제와 관련해서, 후지모토(Fujimoto)는 자신의 초기 작품들인 아나카 아트 포럼(Art Forum, 2003, Annaka)과 마에바시 T 주택(House T, 2005, Maebaschi)을 설명하며 공간들의 상호의존성(interdépendance)을 언급했다. 두 설계안들은 앞서 보았던 것처럼[52] 거의 동일한 하나의 다이어그램에서 진행된 것이었다. 각 설계안들은 외곽선이 이어지도록 그려지다가 스스로 닫혀지는, 하나의 연속적 그림으로 귀결되었다. 이 방식은 단 하나의 공간만을 만들어 내는데, 후지모토는 이것을 "원룸 공간(one-room space)"[53]이라 명명했다. 잘 부각되지는 않는 어떤 "중심"을 기점삼아 불규칙하게 성장하는 꽃잎 같은 공간이었다. T 주택의 상호의존성은, "리빙다이닝룸(livingdiningroom)", 침실, 타다미방, 서재, 욕실 등 각기 다른 용도의 공간들 사이에서 존재했다. 개폐용

47 Richard Serra, 「Shift」, 『*Arts Magazine*』, 1973년 4월호. 크라우스 재인용: Krauss, 「Abaisser, étendre, contracter, comprimer, tourner: regarder l'œuvre de Richard Serra」, op. cit., 325쪽.
48 Richard Serra, 「Shift」, in 『*Writings, Interviews*』, Chicago-Londres, 1994, 11쪽.
49 Rosalind Krauss, 「Abaisser, étendre, contracter, comprimer, tourner: regarder l'œuvre de Richard Serra」, op. cit., 326쪽. 그럼에도 불구하고 크라우스는『인지의 현상학』이 세라의 작품에 직접적 영향을 준 것은 아니라고 명시했다.
50 Richard Serra, 「Shift」, op. cit., 13쪽.
51 이 주제에 관해 다음 참조 : Yve-Alain Bois, 「Promenade pittoresque autour de Clara-Clara」, in 『*Richard Serra*』, Paris, Centre Georges Pompidou, 1983.
52 본 책 55-59쪽을 참조할 것.
53 「Conversation between Ryue Nishizawa and Sou Fujimoto」, 『*El Croquis*』, no 151 ("Sou Fujimoto 2003-2010"), 2010, 17쪽.

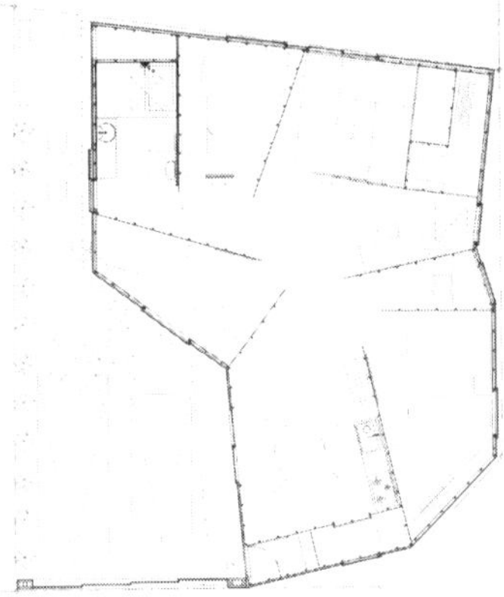

소우 후지모토, T 주택 (2005), 마에바시. 위 : 주택의 "중심"에서의 장면과 평면. 아래 : 주택의 공간 다이어그램.

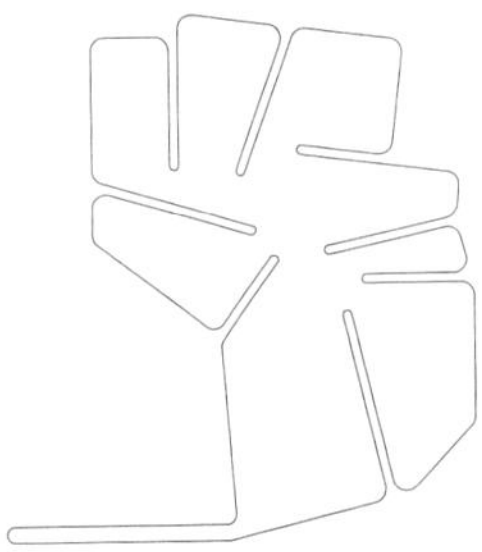

미닫이, 여닫이 칸막이들이 열려질 때, 공간들은 모두 연속적이 되었다. 후지모토는 말했다. "공간들은 분리되는 동시에 연결된다. 모든 방들은 상호의존적이다"[54]. 주택은, 비록 용도의 필요에 의해 "리빙다이닝룸", 침실, 다다미방, 서재 등으로 구별되더라도, 더이상 닫힌 방들로 이루어졌던 전통적 구성이 아니었다. 이 공간 장치는 특별한 시점의 장면을 고정시키지 않았다. 만일 예외가 있다면, 아마 우리가 움직이다 우연히 "중심에" 위치하게 될 때이며, 여기에서만이 우리는 거의 모든 공간들을 깊숙히 들여다볼 수 있게 된다. 그러나 전체 형태는 여전히 파악되기 어렵고 어떤 게슈탈트도 포착될 수 없다. 경계들은 흐릿하고 공간은 지속적으로 "중심을 벗어난(décentré)"다. 우선적 시점과 시각적 연속 장면이 부재하기 때문에 "매 순간마다 주택 내부의 광경은 변화하고 새 풍경이 나타난다"[55]. 그리고 "90㎡의 치수 속에서 공간의 무한 상호작용이 이루어진다"[56].

T 주택에 대해 이토는, 그 초기 다이어그램을 공간들 사이의 관계에 대한 특수한 방식의 제안으로 이해했다. 그는 말했다. "모든 방들 간의 관계는 최소한의 이동에도 바뀌게 된다."[57] 이는 공간적 경험이 "그림이나 사진으로는 예상될 수 없다는"[58] 점을 의미한다. 그는 주택의 위상학적 관점에 역점두며 말했다. "이 관계에 대해 후지모토는 어떤 '거리감각을 동반하는 건축' 처럼 설명했다. 이것은 그에게 물리적 거리가 아니라, 공간의 왜곡(distorsion)과 변조(modulation)가 만드는 경험주의적(experiential)이고 관계적(relationnelle)인 거리를 뜻한다."[59] 여기서 중시되는 것은 물리적, "유클리드적" 거리가 아니라 위상학적 관계인 셈이다. 이토에 의한 T 주택의 묘사는 바로 현상학적 경험에 관한 설명이 아닐까? 이토가

54 Sou Fujimoto, 『*Primitive Future*』, Tokyo, 2008, 45쪽.
55 Ibidem, 47쪽.
56 Ibidem.
57 Toyo Ito, 「Casting off 'Weak Architecture'」, in Sou Fujimoto, 『*Primitive Future*』, op. cit., 10쪽.
58 Toyo Ito, 「Theoretical and Sensorial Architecture : Sou Fujimoto's Radical Experiments」, 『*2G*』, no 50 ("Sou Fujimoto"), 2009, 7쪽.
59 Toyo Ito, 「Casting off 'Weak Architecture'」, op. cit., 10쪽.

주목하는 것은, 주택 장치가 허용하는 가족 간의 "동물적 근접(proximité animale)"[60]과 용도 개별화의 가능성 사이, 또 공간 확장적 움직임과 집중적 움직임 사이의 양면성과 긴장감이었다. 그는 "신체의 감각적 총체성(totalité sensorielle)을 개척"[61]하는 후지모토의 능력을 강조했다. 마지막으로 다음 특성들에 의해 T 주택의 공간적 경험이 증폭되었다. 도로 쪽의 건물 입면은 간간이 고측창으로 뚫린 접힌 벽으로 매우 어두운 빛을 띠고 있어, 부지 안쪽의 순백 입면과 내부의 환한 공간과는 대립된다. 어느 입면도 그것이 둘러싸고 있는 공간적 연속성을 짐작하도록 허용치 않는다. 내부와 외부의 분리(disjonction)가 창조된 것이다.

소우 후지모토, T 주택 (2005), 마에바시. 주택의 도로변 입구 장면.

후지모토는 끊이지 않는 하나의 공간을 제안했다. 이 공간성(spatialité)을 우리는 일본식이라 부를 수 있을까? 오귀스탱 베르크(Augustin Berque, 1942)의 저서 『살아있는 일본 공간(*Vivre l'espace au Japon*)』(1942)의 설명에 따르면 그럴 수도 있겠다. 여기에서 일본적인 방식으로 파악하는 공간은 "권역적/아레올래르(aréolaire)"이었다. 즉 권역들(aires)에 의해 정의되는 공간인 것이다. 권역들은 서로 연속적인 관계를 갖지만, 각각은 자기 특성을 유지한다. "어떤 공간성은 비대칭(asymétrie)을 우선시하고, 원근법을 최소화한다. 그 속에서 자기 스스로의 내적 논리를 가진 권역들 각각은 직선들보다도, 또 통합적(intégratrice)이고 중앙 집중적인(centralisatrice) 논리보다 우세하고, 중계적, 수평적, 외피적 구역들이 선명한 대면, 수직적 단절보다 중시된다. 펼쳐진 영역은 굴곡과 접합부 때문에 복잡화된다 : 일본식 공간성은 독특하게도 우발성(contingence)을 음미하는 것처럼 보인다"[62]. 권역적 경험은 이동을 요구한다. 베르크는 말한다. "일본식 공간성은 […] 내면성을 움직임과 긴밀하게 […] 결합시킨다."[63] 권역들은, 메를로-퐁티의 표현에 따르면, "밀리우/한가운데(milieu)"이며 경계들은 흐릿할 수 있다. 나는 이 문제를 다시 다룰 것이다[64]. 경계들의 흐릿함(flou) 때문에 포쉐(poché)의 사용은 금지된다. 카루소(Caruso)도 이를 지적했다. "일본식 공간의 감성에서 서구 건축의 포쉐를 상상하기란 불가능하다."[65] 이 불가능성은, 앞서 우리가 보았던 Sanaa의 설계안들이 암묵적으로 보여주던 것으로, 그 칸막이들의 정교함과 투명성[66]에서 발견된다.

내부와 외부의 분리는, 단순한 외부 볼륨의 특성과 내부 공간들의 복합적 배열―마치 후지모토의 경우처럼 단 하나의 공간대신 수많은 연속 장면들을 생산하는 배열―사이의 대비에서 발견된다. 프란시스코 & 마누엘 아에레스 마테우스(Francisco & Manuel Aires Mateus)의 많은 설계안들도, 애초에는 가득차있던 고체(solide) 속을 파내어 공간을 만드는 것처럼,

60 Toyo Ito, 「Theoretical and Sensorial Architecture : Sou Fujimoto's Radical Experiments」, op. cit., 6쪽.
61 Ibidem, 7쪽.
62 Augustin Berque, 『*Vivre l'espace au Japon*』, Paris, 1982, 142쪽.
63 Ibidem, 143쪽.
64 본책 9장 참조.
65 Pier Vittorio Aureli, 「Form and Resistance, a Conversation with Caruso St John」, 『*El Croquis*』, no 166 ("Caruso St John 1993-2013. Form and Resistance"), 2013, 11쪽.

프란시스코 & 마누엘 아이레스 마테우스, 주택 (2008-2010), 아로에이라(Aroeira). 2010년 베니스 비엔날레에 전시된 양각/음각 모형. 루이지 모레티의 방식(본 책 114-115쪽)을 약간 연상시킨다. 이미지 발췌 : Manuel Aires Mateus, 『*Voids*』, 2010.

"단 하나의 지붕 아래에서" 많은 연속장면들을 만들어낸다. 마누엘 마테우스는 "비움(vide)에 의해, 빼기(soustraction)에 의해"[67] 공간이 창조된다고 설명했다. 마테우스 형제는 2010년 베니스 비엔날레에서 일련의 모형들을 전시했다. "음각(en négatif)"은, 제단 같은 흰 매스 내부를 파낸, 주택 속 공간들이었다. "양각(en positif)"은, 제단 위에 놓인 주택의 고체들로, 그 형태는 다양한 내부 공간들의 "번역"이 아니며 그것을 "표현하지도" 않았다. 우리는 결국, 구축의 두께, 혹은 외부 볼륨 설정과 내부 공간 설정 간의 "중립적" 차이를 재현하는 포쉐의 사용을 되찾게 된 것이다. 더 나아가, 외부 볼륨과 내부 공간의 분리가 강조되며, 추상적 표현을 위해 구축이 소멸되었다. "공간과 볼륨의 기하학적 명확성은 […] 구축된 공간들의 물질적 연속성을 불가피하게 요구한다."[68]

카루소 & 세인트 존은 클래딩(cladding)과 라이닝(lining), 즉 외부 피복과 내부 안감을 구분했다. 설기슨 & 베이츠도 동일한 구분을 적용했다. 그들에게 "안감은 내부 볼륨을 만들고 피복은 맥락에 대응한다. 이 둘은 자율성(autonomie)을 지닌다."[69]

67 Manuel Aires Mateus, 『*Voids*』, Lisbonne, 2011, s.p. 본 책 53-55쪽도 함께 참조.
68 Ricardo Carvalho, 「On the Permanence of Ideas (A Conversation with Manuel and Francisco Aires Mateus)」, 『*El Croquis*』, no 154 ("Aires Mateus 2002-2011"), 2011, 13쪽.
69 Stephen Bates, in Ellis Woodman, 「Interview with Jonathan Sergison and Stephen Bates」, 『*2G*』, no 34, 2005, 141쪽.

픽쳐레스크에 대한 주목

Remarque sur le pittoresque

우리는 촉각적 광경(vision haptique)이, 건물의 전면적(frontale) 접근방식, 즉 표면이 두껍다는 특별한 질적 특성을 가진 접근방식[70]에 호응하고 있다는 것을 알게 된다. 이 광경은 우리를 붙잡는다. 즉 다시 이동할 필요를 느끼기 전까지 머무르도록 만든다. 헤르조그 & 드 므롱은 '고정하기(fixation)'와 '이동을 자극하기(incitation au déplacement)' 사이의 긴장감을 시도하곤 했다. 이러한 시각에서, 바젤 주립병원 제약연구소의 외피는 우리의 시선을 고정시키기도 했고, 동시에 무아레(moirage) 효과를 통해 이동을 자극했었던 것을 떠올릴 수 있다. 그런데 엄밀히 말해 이것은 픽처레스크(picturesque)적 광경이 아니었던가?

뵐프린(Wölfflin)에 따르면 전면적 광경은 가장 안정적이면서도 가장 덜 픽쳐레스크적이었다. 반대로 픽쳐레스크적인 광경은 반드시 측면적(latérale)이며 더 움직이도록 만들었다. "[…] 어떤 구축물에 대해 가능한 전경들 중에, 가장 덜 픽쳐레스크적인 것은 바로 전면적 위치의 것이다. 오브제와 그 이미지가 완전히 겹쳐지기 때문이다. 그러나 가로지르는 길이 개입되며 이미지는 오브제와 분리되고 이미지의 형태도 오브제의 것과 달라진다 […]."[71] 결과적으로, 어떤 경로(parcours)를 우선시해 연출하며 일련의 회화적 장면들을 제공하는 건축적 장치들은 픽처레스크와 연결될 수 있는 여지를 반드시 남기게 된다. 관계적, 위상학적 측면을 중시하는 모든 장치들이 그러했던 것처럼 말이다. 더 나아가, 어떤 밀리우 속에 존재할 때의 감정은, 앞서 상기되었던 발스 온천장의 돌이나 파스펠스 학교의 콘크리트 사례처럼, 단 하나의 재료만이 작동할 때에 더욱 강렬해진다.

이러한 시각에서 알바로 시자(Alvaro Siza, 1933)는, 비록 그가 분명한 원칙들을 설정, 정립하고자 하지 않았더라도, 이와 같은 부류의 작업을 묵묵히 수행해왔던 거장이다. 편평하고 매끄러우며 다듬어진 표면에 적용한 돌이나 섬세한 동질적 도료, 밝은 톤의 재료에 대한 그의 편애는, 그의 작도들이 지닌 복합성, 미묘한 접기나 접점이 항상 특정한 맥락적 요소들을 고려해 발전되어왔던 공간적 관심사에 있어 본질적인 조건이었다. 늘 흰 바탕의 종이 위에 섬세하고 가녀린 선으로 그려낸 시자의 그림들은, 공간적이고 맥락적인 장치들의 "순수한" 묘사에 동참해왔다.

이러한 공간적 장치들은 그것이 허용하는 움직임, 여정과의 분리가 불가능하다. 단 하나의 사례만 들어보자. 마르코 지 카나베제즈 교회(Marco de Canavezes, 1990-1997)와 관련해 시자는 다음과 같이 설명했다. "이미 도시들 속에 가득 차있는, 소음과 행위를 […] 더 만들 필요는 없다. […] 항

70 본책 137-139쪽 참조.
71 Heinrich Wölfflin, 『*Principes fondamentaux de l'histoire de l'art. Le probleme de l'evolution du style dans l'art moderne*』, Paris, 1966, 32-33쪽.

상 제어와 집중이 필요하다"[72]. 제어와 신중함은 모든 요소들의 관계를 통제할 수 있는 능력을 지향한다. 요소들은 의식적이고 상징적인 것으로 지금 이 순간의 요구사항으로 재번역될 수 있다. 하루 매 순간 변화하고 매순간마다의 분위기를 결정짓는 직접광이나 간접광, 내부에 집중되거나 외부적 관계에 의해 정의되는 시각적 장면들 등등… 시자는 "설계안에 단일성을 부여"하고 "모두 하나의 고리를 형성해, 마무리가 다시 출발점에서 종료"[73]되는 어떤 여정들을 확정짓는 관계의 구현으로 규정했다. 이러한 종류의 둘러싸기(enveloppement)는 궁극적으로 어떤 밀리우(milieu)의 형성에 있어 제어가 존재할 수 있다는 증거를 제공하는 것은 아닐까?

오른쪽 : 알바로 시자, 교회 (1990-1997), 마르코 지 카나베제즈. 부지 및 교회의 스터디 크로키. 입구로부터 내부 장면.

72 『*Alvaro Siza. Une question de mesure*』, (Dominique Machabert와 Laurent Beaudouin과의 대담), Paris, 2003, 184쪽.

73 『*Alvaro Siza. Imaginer l'évidence*』, Marseille, 2012, 56쪽.

재건
Relance

앞에서 현상학적 접근방식들을 다루었던 세 개의 장에서 나는 그 접근들이 두 가지 주요 방식을 채택한다고 보았다. 그 매개체 중 하나는 재료를, 다른 하나는 공간을 겨냥한 것이다. 두 접근은 서로 구분될 수 있지만, 다양하게 혼합될 수도 있다.

[역주1]: 본 책 제5장, 제6장 참조.
[역주2]: 본 책 제7장 참조

우리는 반복적으로 "사물에 더 가까이" 회귀하려는 의지를 목격하게 된다. 어떤 토대가 되는 판단이나 이론보다 경험들을 쇄신하거나 재발견하기 위해서, 재료[역주1]나 공간[역주2]으로 복귀하려는 의지가 그러했다. 이러한 점에서 케르스텐 기어스(Kersten Geers, 1975) & 다비드 반 세베렌(David Van Severen, 1978)은 그들이 학생 시절이던 1990년대의 특징인 프로그램적 다이어그램을 통한 건축 설계개념과는 의도적으로 멀리하려 했던 것을 분명하게 밝혔다. 그들의 목표는 "건축의 본질을 만들던 것으로, 그 단어의 직설적 의미에 따라, 폐쇄하기(obstruer), 구멍뚫기(faire un trou), 장애 만들기(faire obstacle)를 되찾는"[1]것이었다. 그들에 따르면 이는 현상학적 전개방식을 선택한 것이었다. "설계안들에서 우리는 […] 직접적이고 정교한 공간적 제안을 하며 […] 저항하고자 했다. 이와 같이 문자그대로의 건축(architecture littérale)은 현상학적 경험을 겨냥한다."[2]

다이어그램에 관한 제1장, 제2장과 상호의존성에 관한 제3장, 제4장으로 다시 돌아가자. 그 관건은 복합성과 프로그램적, 형상적, 구축적인 변수들을 이해하는 새로운 방식들에 관한 것이었다.

[역주3]: 본 책 제1장 참조
[역주4]: 본 책 제2장 참조
[역주5]: 본 책 제3장 참조
[역주6]: 본 책 제4장 참조

구조틀(structures)로서 다이어그램[역주3]을 이용하는 것은, 확정적 기능주의적 태도와 차별화되기 위한 것이었다. 구조틀은 "개방적"이며 연속적 사건들에 반드시 지속적으로 대응했다. 구조틀은 미확정적이며 뜻밖의 것을 수용할 수 있었다. 형상(figure)으로서의 다이어그램[역주4]은, 최종적 선택이 다른 선택들을 무조건 배제하지는 않았다. 그 형상이 지닌 복합적 형태는 다른 잠재적 가능성들을 내포했다.

섬유조직적(texturiques)[역주5]이고 유기적(organiques)[역주6]인 상호의존성의 문제의식은, 설계안의 형성 요소들 간에 유지되는 관계들을 파악하게 이끌었다. 그 관계는 종속(subordination) 원칙에 따른 방식과 반대로 전체

1 Iwan Strauven, 「Office – Kersten Geers, David Van Severen, Kortrijk Xpo」, 『*Bozar Architecture*』, Guide du visiteur, 2010, 15쪽.
2 http://www.officekgdvs.com, 2012.

를 엮는 위상학적 관계를 따랐다. 요소들이 유지되는 관계는, 위계적 원칙이나 균형적 원칙이 통제하던 구성적인(compositionnelles) 설계개념과 반대였다.

위상학적(topologiques) 관계[역주7]는, 밀리우/한가운데(milieu)의 개념과 연관된 현상학적 접근의 핵심으로서 재발견되었다. 밀리우는—[현상학적 관점으로] 세상이 나의 앞에 있지 않고 나의 주위에 펼쳐지는 것이므로—파편적으로 파악되지 않고 부분들로 나누어지지 않았다. 재료와 연관된 현상학적 접근은 낯설게 만드는 것을 추구하며, 단순한 수단과는 상이한 방식으로 재료들의 관계를 새로 맺는다. 이로써 깊이감있는 피사계심도(profondeur de champ)를 통해 자기의 고유한 존재감을 쏟아낸다.

[역주7]: 본 책 7장 참조

이러한 문제들의 제기는 것은 모두 건축을 향하고 있다. 그러나 이미 오래전부터 비슷한 의문들이 서술된적 있었는데, 그 대표적 인물 중 하나가 리오타르(Lyotard)였다. 그는 저서『포스트모던의 조건(*La condition post-moderne*)』에서 진단하기를, "메타서사들(métarécits)에 대한 불신"[3], 또는—우리에게는 근대주의 서사인—"거대 서사들(grands récits)"의 해체에 이어 이제 다른 게임이 시작되었다고 말했다. 그는 설명했다. "거대 서사들의 해체에 이어, 사회적 관계의 분해로 분석되는 현상이 뒤따른다. 사회적 집단성이 개별 핵으로 이루어진 대중의 상태로 변화하는 과정은, 터무니없는 상태의 브라운 운동[역주8]으로 진입한다. 그것은 사실이라기보다, 잃어버린 '유기적' 사회의 천국이 재현된 것처럼 보여지는 몽롱한 장면에 가깝다. 그 자신은 별 것 아니지만, 고립되지 않고 그 어느 때보다 복합적이고 변동적인 관계의 섬유조직(texture) 내부에 속해있다."[4]

[역주8]: 1827년 스코틀랜드 식물학자 로버트 브라운(Robert Brown)이 발견한, 액체나 기체 속에서 미소입자들이 불규칙하게 운동하는 현상이다.

어느 때보다 복합적이고 변동적인 (위상학적) 관계들의 섬유조직…길은 이제 매우 좁혀졌다. 이는 앞서 채택했던 방식들을 회피, 우회, 관통하거나 때로는 다시 선택할 수도 있는 문제의식들을 발전시키기 위해서였다. 그러므로, 예전에 벤츄리(Venturi)와 같은 이가 했던 제안이나 "역사로의 회귀" 또는 "과거의 존재감"을 시도했던 이들이 기대했던 것같이 (포스트모던 방식으로) 신호들(signes)을 다시 시도하려는 분파를 계승하는 것과는 전혀 관계가 없다. 또 예를 들어, 오늘날 슈마허(Schumacher)가 했던 제안[5]처럼 파라메트리즘의 출현과 같은 새로운 "거대 서사"를 창조하려는 것과도 더욱 무관하다. 비록, 이토가 말했던,[6] 오늘날의 근대주의가 전자적(électronique)이라는 사실을 지각하더라도 말이다.

이어지게 될 마지막 세 개의 장들은 최근의 "진화"에서 선택할 수 있는 세 가지 노선들에 대응하고자 한다. 이 노선들은, 앞에서 다루었던 여러 문제의식들과 무관하다기보다는 다소 복합적이고 변동적인 관계의 섬유조직에 따라 얽혀있다고 말할 수 있다.

3 Jean-François Lyotard, 『*La Condition postmoderne*』, Paris, 1979, 7쪽.
4 Ibidem, 31쪽.
5 본 책 102-106쪽 참조.
6 본 책 216-217쪽 참조.

제8장

의고성과 숭고함

L'archaïque et le sublime

OMA-렘 콜하스. 휘트니 박물관 증축 현상설계안 (2001), 뉴욕

앞에서 내가 도시나 도시적 문제의식과 관련된 질문들도 어느 정도 다루었다 하더라도, 사실 건축이나 건축적 문제의식을 이해하기 위해 펼쳐낸 내용과 비등할 정도는 아니었다. 건축에 대해서, 건물이 위치한 맥락(contexte)과 무관하게 건축 자체만 분석하는 것은 충분하지 않다고 믿는 독자의 경우 더욱 그렇게 느낄 수 있겠다. 그러나 지금 문제시하고있는 될 맥락이 현대 도시적 변동(mutations)의 맥락이며, 이때 가장 집중적 변동 사례는 분명 유럽이 아니라는 것을 주지해야 한다.

앞에서 암묵적으로 전제했던 것은, 먼저 건축적 생산물인 건물 자체에 집중하며 건축적 문제의식을 이해하자는 것이었다. 이 생산물은 "자신만의" 이유들을 지닌다. 만일 우리가 예를 들어 문학이나 조형예술과 같은 타 창작 영역에 관심갖는다면, 각 차이에 기반한 생산물 자체의 이해를 위해서는 생산 조건들의 묘사만으로는 충분치 않을 것이다. 이것이 건축에서도 마찬가지임을 나는 전제한 것이다. 따라서 앞에서는 건축의 설계방식에 관한 입장의 차이를 더 정확하게 다루고자 했던 것이다.

그럼에도 도시적 변동들은, 비록 물질적 생산과 무관하다 하더라도 건축의 존재감과는 다른 조건들을 유발할 수 있다. 혹시 이 조건들은, 가장 최근의 현대 건축이 보여주는 도상적 찬미(exaltation iconique)를 설명할 수 있지 않을까? 이것이 이번 장에서 다룰 질문이다. 이를 위해 나는 다시 콜하스(Koolhaas)를 살펴볼 것이다. 물론 그는 스스로 형태적 선택에 대한 설명을 의도적으로 경계해왔음을 주지할 필요가 있다. 그는 자신의 형태적 선택을 "사적인" 일로, 그 중 일부는 거의 "무의식" 에 속한 것으로 평가해왔다. 그렇더라도, 결정적인 순간이라 스스로 판단했던 여러 자서전적 에피소드들도 있었으며, 여러 대담을 통해 이를 고백해왔다.

배경 없이, 형상들만으로

Rien que des figures, pas de fond

1987년 콜하스는 아틀란타(Atlanta)에 있었다. "때때로, 그 도시가—[과거에] 무엇이었는지 또는 무엇이 되어야 했었는지가 아닌—[지금] 무엇인지 발견하는 것이 중요하다."[1] 그에게는, 그 곳에서 영향력이 컸던 인물

1 Rem Koolhaas, 「Atlanta」, in O.M.A. Rem Koolhaas & Bruce Mau, 『*S,M,L,XL*』, Rotterdam-New York, 1995, 835쪽.

인 건축가 겸 개발업자 존 포트만(John Portman, 1924)의 기여와 함께, 아틀란타가 20세기 말의 "진정한 도시(the real city)"[2]로 보였기 때문이었다. 콜하스는 아틀란타를 "세계의 은유(métaphore)"[3]처럼 인식했다. 물론 이는 현재 세계에 관한 것이었다. 그는 초현실주의자들을 끌어들여 설명했다. "어떤 새로운 미학이 아틀란타에서 작동한다. 서로 공존할 뿐이며 공통점은 전무한 개체들의 무작위적 병치(juxtaposition aléatoire)이다. 혹은—초현실주의자들의 중요 공식처럼— '해부대 위의 재봉틀과 우산의 우연한 만남' 과 같다."[4] 모든 건물들은 "더 이상 작은 축척의 도시적 시멘트에 의해서가 아닌, 마치 나무들 속에서 부유하는 파편조각들처럼, 숲에 의해서 지탱되는 거대한 도시적 형상들"[5]로 상상되었다. 이 마지막 글귀는 그보다 10년 전 출판되었고 콜하스도 참여했던 웅거스의 연구 『도시 속의 도시. 베를린 : 푸른 도시열도』[6]를 연상시켰다.

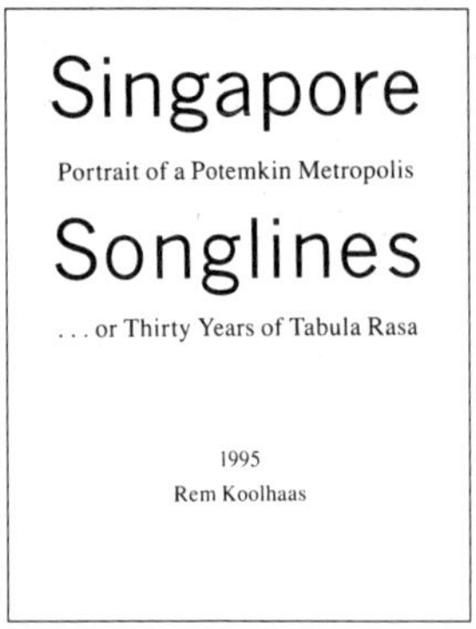
Singapore
Portrait of a Potemkin Metropolis
Songlines
. . . or Thirty Years of Tabula Rasa
1995
Rem Koolhaas

싱가포르에 대한 글의 시작부, 『*S,M,L,XL*』, 1995, 1009쪽.

1994년 콜하스는 싱가포르를 재방문했다. 그 곳에서 가졌던 8살 생일잔치 후 두 번째 방문이었다고 그는 밝혔다. 그에게 싱가포르는 한 남자의 발명이었다. 바로 1959년에 총리로 부임한 리콴유(Lee Kuan Yew, 1923-2015)였고 1990년의 독립을 주도한 인물이었다. 싱가포르는 "배경없이, 형상들만으로 이루어진 불완전한 콜라주"[7]였으며 "모든 아시아를 걸쳐 전이(métabases) 형성 지점에 있는" 모델이었다.

1994년 콜하스는 밀라노의 건축 전문지 『도무스(*Domus*)』에 「거대함(Bigness)」을 게재했다. "L" (large)의 건물들과 관련해 우리는 (평화적) 공존의 원칙을 읽을 수 있었다. "BIGNESS는 어떤 조직(tissue)의 일부가 되지 못한다. 그것은 그냥 존재한다. 더 나아가 공존한다."[9]

1999년 콜하스는 나이지리아의 라고스(Lagos)에서 약 2 주간 체류했다. 그에게 라고스는 "실제로는 극단적으로 조직화된 생존 체계였다. 그 속의 민중은 놀랄 만큼 창의적이고 적극적이었다. 무엇보다 직접적이며 원기 왕성한 궁핍의 상황"[10]에 그는 깊은 인상을 받았다. 결국 그는 "행복을 느꼈다. 그리고 직접적(direct)이고 효율적(efficace)이며 황홀한(magnifique) 것이 아닌 그 무엇도 참을 수 없게"[11] 되었다. 나중에 그는 한 명의 구세주

2 Ibidem.
3 Ibidem, 850쪽.
4 Ibidem, 844쪽. Lautréamont, 『*Les Chants de Maldoror*』, 1869, Chant sixieme, I 인용. ["la rencontre fortuite sur une table de dissection d'une machine à coudre et d'un parapluie"].
5 Ibidem, 855쪽.
6 Oswald Matthias Ungers, 「Le città nella città. Cities within the city」, 『*Lotus International*』, no19, 1978 ; 신판본 : Florian Hertwech et Sébastien Marot (éd.), 『*La ville dans la ville. Berlin : un archipel vert*』, Zurich, 2013.
7 Rem Koolhaas, 「Singapour Songlines. Portrait d'une metropole Potemkine··· ou trente années de table rasé」, 『*Marnes*』, no2, 2012 (「Singapore. Portrait of a Potemkin Metropolis Songlines··· or Thirty Years of Tabula Rasa」, 1995, in O.M.A. Rem Koolhaas & Bruce Mau, 『*S,M,L,XL*』, op. cit.의 불어번역), 312쪽.
8 Ibidem, 323쪽.
9 Rem Koolhaas, 「Bigness or the Problem of Large」, in O.M.A. Rem Koolhaas & Bruce Mau, 『*S,M,L,XL*』, op. cit. (최초게재는 『*Domus*』, no764, 1994년 10월호임), 507쪽.
10 Rem Koolhaas, 「Transformations」(1999년 6월 25일 Anvers에서의 강연), 『*A+U*』, Special Issue "OMA@work.a+u", 2000년 5월호 (불어 번역: 『*AMC*』, no109, 2000년 9월호), 110쪽.
11 Ibidem.

OMA–렘 콜하스, 하펜시티(HafenCity) 계획안 (2004), 함부르크. 좌 : 호텔, 컨퍼런스 센터가 함께 있는 해상터미널. 우 : 아쿠아리움과 극장.

가 아니라, 거대 규모 기반시설들(infrastructures)을 창조했고 "항상 현대적인 것을 주장하고 아프리카의 근대성(modernité)에 동참"[12]했던 익명의 독일계 및 유고슬라비아계 주역들이 있었음을 발견하게 된다.

여행을 마칠 때마다 콜하스는, 옛 도시들에 익숙한 아마추어의 눈으로 위 도시의 세계들을 관찰해서는 안 된다고 주장했다. 한편 그러나 이 도시들은 여전히 설명될 수 있는 것일까? 아틀란타에서 "가장 강력한 맥락적 정보들은 녹지들과 기반시설들인 숲과 도로였다. 아틀란타는 도시가 아니다. 그것은 풍경이다"[13]. 싱가포르는 우리에게 다음을 가르쳐 주었다. "세상 곳곳에서 건축보다 풍경 자체가 대중적이고 유연하며 더 단순히 작품구현되는 이데올로기적 신매체가 되고 있다 [···]."[14]

이러한 상황들에 대해 우리는 어떻게 화답할 것인가? 항상 기상천외한 이 상황들에 대해 우리는 어떻게 장단 맞출 수 있을까? 어떻게 하면, 떠나가는 배를 놓치지 않고 승선할 수 있을까?

콜하스는 "직접적인" 방식으로 화답했다. 라고스에서 돌아온 직후 그는 포르토 음악당(Casa da Musica)을 설계했는데, 그 형태는 바로 직전에 설계했던 Y2K 주택(1998)이 "직접적으로(directement)" 전용된(transferée) 것이었다[15]. 이후부터는 무자비하게 파격적인(intolérants) 설계안들이 뒤따르게 된다. 좋게 말하면 주변 건물들과 공존하지만, 사실은 전혀 교류하지 않는 설계안들로, 교류 자체가 쓸모없다고 인식되었기 때문이다. 특히 2000년대 초가 그러했는데, 콜하스가 헤르조그 & 드 므론과 협업했던 뉴욕 아스톨 플레이스 호텔 계획안(Astor Place Hotel, 2000), 뉴욕 휘트니(Whitney) 박물관 증축 계획안(2001), 북경 CCTV 건물(2002-2012), 함부르크 하펜시티(HafenCity) 계획안(2004)이 그 사례들이었다.

마지막에 언급된 함부르크 설계안을 나는 두 쪽으로 잘려진 자갈에 비유하고자 한다. 자갈의 한가운데는 파여졌고, 그 내부는 석영 수정체들이 비

12 Rem Koolhaas, 「L'histoire a chaud」(2007년 5월 21일, 퐁피두 센터 강연), 『AMC』, no171, 2007년 6-7월호, 33쪽.
13 Rem Koolhaas, 「Atlanta」, op. cit., 835쪽.
14 Rem Koolhaas, 「Singapour Songlines. Portrait d'une metropole Potemkine··· ou trente années de table rasé」, op. cit., 320쪽.
15 본 책 51-52쪽 참조.

죽비죽 늘어서 있다. 자갈 반쪽의 하나는 수평으로 뉘여 있고, 거리를 두고 떨어져 있는 나머지 반쪽은 수직으로 세워져 균형잡고 있다. 수평적 반쪽은 해상터미널, 호텔, 컨페런스 센터이며, 수직적 반쪽은 수족관과 극장으로 이루어져 있었다. OMA는 다음과 같이 규명했다. "두 형태들의 명확한 유사성은 강력한 도상적(iconique) 특성을 만든다."[16] 자갈의 형태는 계획되거나 제작되는 것이 아닌만큼, 설계안의 결과로 인식하기 어렵다. 그러나 어디서 온 것인지 알 수 없으므로, 절대적으로 고유한 형태라 말할 수 있지는 않을까? 여기서 우리는 폴 발레리(Paul Valéry, 1871-1945)가 『유팔리노스, 혹은 건축가(*Eupalinos ou l'architecte*)』에서 "바다가 내뱉은 그 무언가" 로서의 자갈을 관찰하고 있는 소크라테스의 입을 빌려 표현했던 다음 구절을 떠올리게 된다. "너는 그 무엇도 닮지 않았다. 그럼에도 불구하고 고유하지 않은 형태(informe)는 아니다. 오늘밤 바다와 이별한 오물들 가운데, 너는 이름을 빼앗긴 채 내게 도달한 신들의 작품, 자연의 우희인걸까?"[17]

OMA가 설계한 하펜시티의 두 건물이 보여주는 이원성(dualité)과 동등성(équivalence)은 도상적이고자 원하는 단 하나의 순수 형태로부터 발생된 것이다. 이 건물들은 이웃 건물들과 공존할 뿐이다. 싱가포르의 격언이 다시 떠오른다. "배경 없이, 형상들만으로"!

새로운 의고주의를 향하여

Vers un nouvel archaïsme

나는 여기서 합치(concordances)에 관련된 에피소드를 강조하고자 한다.

2000년, 콜하스는 포르토 음악당 설계를 발전시키고 있었고, 헤르조그 & 드 므롱은 도쿄 프라다 아오야마 설계를 시작하고 있었다. 두 설계안 모두, 각 건축가들이 걸어왔던 경로로부터 분명한 변곡점을 나타냈다. 음악당과 함께 콜하스는 "직접적" 이 되었다. 헤르조그 & 드 므롱은 프라다 아오야마 건물과 함께 "절대적으로 흥미 없는 도시적 맥락 속에서, 즉 제로에서, 우리는 출발"[18]할 수 있게 되었다고 말했다. 구축적 관점에서 더 복합적일수록 건물의 의고적(archaïque) 성격이 더 강조되고 있었다. 헤르조그 & 드 므롱은 말했다. "보는 사람의 위치에 따라 건물의 몸체는 수정체처럼 또는 지붕으로 덮인 건물의 의고적 유형처럼 보이게 될 것이다."[19]

같은 해, 헤르조그 & 드 므롱과 콜하스는 뉴욕 아스톨 플레이스 호텔 설계에 동참했고, 이것은 그들 간의 처음이자 마지막 협업이 되었다. 아스톨 플레이스 호텔의 전체 외관을 설명하기 위해 헤르조그 & 드 므롱은, 자

16 『*El Croquis*』, no134-135 (「AMOMA Rem Koolhaas (II) 1996-2007」), 2007, 145쪽.
17 Paul Valery, 『*Eupalinos ou l'architecte*』 (1921), Paris, 1970, 65쪽.
18 William J. R. Curtis, 「The nature of artifice, a conversation with Jacques Herzog」, 『*El Croquis*』, no 109-110 ("Herzog & de Meuron, 1998-2002"), 2002, 27쪽.
19 『*A+U*』, 특별호("Herzog & de Meuron, 1978-2002"), 2002년 2월호, 14쪽.
20 Gerhard Mack, 『*Herzog & de Meuron 1997-2001*』, Bâle, 2009, 115쪽.

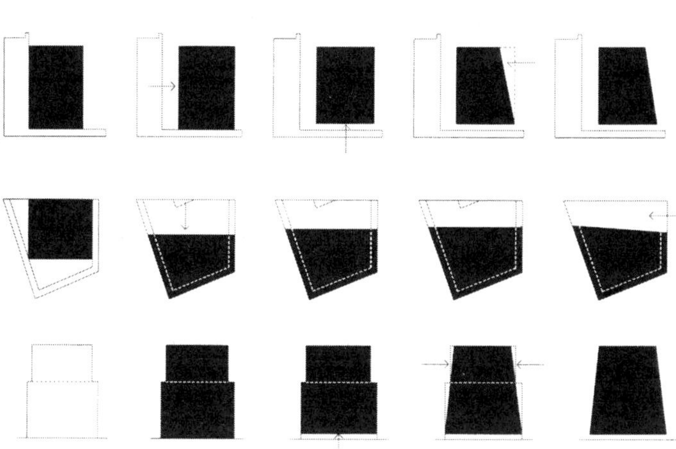

헤르조그 & 드 므론과 OMA—렘 콜하스, 아스톨 플레이스 호텔 설계안(2000), 뉴욕.
아래 : 맥락적 매개변수에 따라 단일 거석 블록같은 호텔의 형태 조작.
위 : 객실층 평면.

헤르조그 & 드 므론과 OMA-렘 콜하스, 아스톨 플레이스 호텔 설계안 (2000), 뉴욕. 객실 실제 크기 모형의 창문.

루돌프 슈타이너, 괴테아눔 (1924-1928), 도르나흐.

갈보다는 "침식된 자연석"[20] 이미지를 선택했다. 이 이미지는 "동굴 같은 디자인 (cavelike design)"[21]의 표현으로 대체될 수도 있었고, 불규칙 외곽선의 창문들로 무수히 뚫린 호텔 객실 설계로 이어졌다. 헤르조그 & 드 므론은 개념 디자인 연구를 위해 바젤 근처에 거대한 크기의 단위객실 모형을 나무로 만들었다. 이것이 인류학적(anthropologique) 주제와 관련해 루돌프 슈타이너(Rudolf Steiner, 1861-1925)가 근처 아를르샤임(Arlesheim) 언덕에 지은 괴테아눔(Goetheanum, 1924-1928)의 무의식적 기억"[22]을 연상시킨다고 강조했다. 인지학(anthroposophie)의 창시자, 슈타이너가 도르나흐(Dornach)에 지은 괴테아눔이 아스톨 플레이스 호텔의 원천에 관한 이미지로 차용된 듯한 것을 숨기지 않았던 것이다. 단일거석의 다부진 덩어리를 지닌 괴테아눔의 기괴한 형태와 포르토 음악당의 유사성도 쉽게 성립될 수 있었다. 둘 다 철근콘크리트로 된 갑각류(carapaces)인 것은 물론이다. 괴테아눔처럼 의심할 여지없이 조각적 성격과 "인류학적" 성격 때문에 20세기 건축사에 시"분류" 되기조차 어려웠던 건물이 환기되고 있는 것이다. 아스톨 플레이스 호텔도 역시 조각적 성격을 지녔다. 콜하스도 강조했다. 건물은"건축의 조각적 기술들"[23]을 결합해"이웃 건물들과 분리되어 부지 위에 세워진 채 자유롭게 서 있는 하나의 단일거석(un freestanding monolith)"[24]이 되었다.

샤울라게(Schaulager, 1998-2003)의 건설 도중에 아스톨 플레이스 호텔 계획이 진행되고 있었음을 주지할 필요가 있다. 샤울라게의 외피는 어두운 콘크리트였는데, 마치 태고적 행위처럼 표면을 거칠게 긁어 마감했다. 헤르조그는 다음과 같이 밝혔다. " 지금 바젤 인근에 우리가 건설 중인 샤울라게는 사실상 [...] 강력한 콘크리트 다면체 건물인[...] 괴테아눔에 대한 대답이었다. 우리 건물도 광물적(minéral) 특성을 지닌다. 콘크리트는 마치 다져진 흙처럼 꾸밈없는 형태로 놀라움을 준다."[26] 샤울라게를 언급하던 헤르조그가 르 코르뷔지에의 롱샹 성당(chapelle de Ronchamp, 1950-1955)을 처음 방문하며 느꼈던 충격도 상기시켰음을 주목할 필요 있다[27].

헤르조그 & 드 므론에 관해 결국 다음의 질문이 생길 수 있다. 과연, 의고주의(archaïsme)로의 집중은 현상학적 전개로부터도 가능한 도달점일까? 만일 이러한 전개가, 앞서 보았듯이[28], 사물들에 더 가까이 회귀하기를 원할 때, 또 어떤 문화로부터 계승된 의미화(signification)의 해체를 추구할 때, 헤르조그 & 드 므론의 경우 '인류학적' 이라 칭하고 우리는 '의고적' 이라 부르려는 감성(sensations)의 추구는 그 활로가 될 수 있다. 이 전개는, 즉각 파악되는 건축적 오브제들, 그 형태가 쉽게 기억되는 도상적 오브제들을 발생시키는 것으로 귀결될 것이다. 또 다른 예인 일명 '새둥

21 Ibidem.
22 Ibidem, 113쪽.
23 『*El Croquis*』, no131-132 ("AMOMA Rem Koolhaas (I) 1996-2006"), 2006, 205쪽.
24 Ibidem, 207쪽.
25 본 책 139쪽 참조.
26 William J. R. Curtis, 「The nature of artifice, a conversation with Jacques Herzog」, op. cit., 27쪽.
27 Ibidem, 28쪽.
28 본 책 130-131쪽 참조.

헤르조그 & 드 므론, 비트라하우스 (2005- 2009), 비트라 단지, 바일 암 라인 (독일).

헤르조그 & 드 므론, 악텔리온 비지니스 센터 (2005-2010), 알슈빌.

지' 로 불리는 북경 올림픽 주경기장(2002-2007)의 "공간 효과는 […] 새롭고 급진적이며 또 단순해서 거의 의고적 즉각성(immédiateté presque achaïque)을 지닌다"[29]고 그들은 설명했다.

이러한 전개는 헤르조그 & 드 므론의 최근 설계안 다수에서 나타나는 개념인 쌓기(empilement)처럼, 매우 기본적인 기법(procédures élémentaires)을 채택하도록 이끌어주었다. 그들이 (독일) 바일 암 라인(Weil am Rhein)의 비트라 단지(Vitra Campus)에 지은 비트라하우스(VitraHaus, 2005-2009)나 알슈빌(Allschwil)의 악텔리온 비즈니스 센터(Actelion Business Center, 2005-2010)가 대표적이다. 이미 그들은 타볼(Tavole) 주택, 라우펜 리콜라(Ricola) 창고, 나파 계곡(Napa Valley) 도미누스(Dominus) 양조장(1995-1998)에 대해서도 다음과 같이 말한 바 있다. "오브제들을 정리하는 것은 최초의 조형적 행위들, 가장 초보적(rudimentaires) 행위들 중 하나이다. […] 쌓기는 매우 기본적이며 물리적이고 조형적인 수단이다."[30] 그들의 쌓기는, 앞에서 언급했듯이, 미니멀리스트의 문제의식[31]과 관련되는데, 후자는 쌓기의 형태, 쌓인 오브제들의 형태 사이의 관계가 필요함을 내세웠다. 특히 벽돌이나 목재널판지들을 축적(entassements) 또는 중첩(superpositions)시켰던 앙드레(Andre)의 방식이 그러했다.

하지만 비트라하우스와 악텔리온 비즈니스 센터의 경우는 이와 약간 달랐다. 미카도(mikado) 놀이처럼 요소들이 거의 무작위적인 방식으로 겹쳐 축적되었기 때문이다. 한편 그 구축 논리를 이해시키려는 노력은 철저히 배제되었는데, 그 안정성을 위해 매우 복합적인 기술 장치들이 구현되어야 할 필요는 있었다. 비트라하우스, 악텔리온 비즈니스 센터를 통해 "거의 의고적 즉각성"을 향해 더 다가갈 수 있게 된 이유는, 사실 전혀 구축적 명료성을 읽어낼 수 있도록 허용하지 않았기 때문이었다. 쌓기는 궁극적으로 이미지로만 존재했다. 인지는 즉각적이다. 만들어진 효과도 즉각적이다. 그러나 그 효과가 느껴지는 순간 고갈되고 말 것이다!

29 『*El Croquis*』, no129-130 ("Herzog & de Meuron 2002-2006"), 2006, 350쪽.
30 Philip Ursprung (dir.), 『*Herzog & de Meuron. Histoire naturelle*』, Montreal-Baden, 2002, 196쪽.
31 본 책 146쪽 참조.

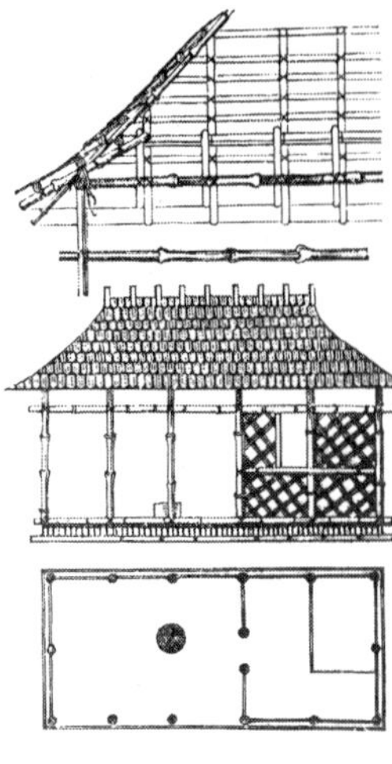

고트프리드 젬퍼, "카리브의 오두막(Karaibische Hütte)". 이미지 발췌 : 『Der Stil』, 1861-1863.

4 요소 (흙, 물, 공기, 불)

Les quatre éléments (la terre, l'eau, l'air, le feu)

"비교적 최근의 과거에 있어 건축을 측정하던 패러다임이 도시였다면, 지금 시대의 디자인 활동이 점차 빠져들고 있는 집단적 참조대상은 자연과의 관계이다."[32] 이 글은 조셉 루이스 마테오(Josep Lluìs Mateo, 1949)가 플로리안 소테(Florian Sauter, 1978)와 함께 출판한 책『4요소와 건축. 흙, 물, 공기, 불 (*The Four Elements and Architecture. Earth, Water, Air, Fire*)』의 서론 중 첫 구절이다. 물론 젬퍼(Semper)의 '구축예술의 4 요소' 인 바닥, 지붕, 칸막이벽, 화로[33]를 연상시키는 글귀로, 책 첫 장의 대표 이미지로 등장한 것도 젬퍼가 원시오두막(cabane primitive)의 대체물로 삼았던 '카리브의 오두막(hutte des Caraïbes)' 이었다. 젬퍼는 이 이미지를 통해 자신의 요소들을 설명했다. 이같은 이미지는 건축이 망각해선 안될 시작점을 발견하도록 하기 위해 서였다. 그리고 이 시작점은 다양한 지평을 열게 될 것이다. 한편 마테오와 소테의 요소들은 자연적인 것으로 인공적이지 않았다. 태초의 것들로, 건축과는 독립적인 것이며, 어쩌면 건축보다 앞선 것들이었다. 그러므로 젬퍼의 방식과 반대 방향의 운동을 전개하고 있는 것이다. 이렇게 관점을 뒤바꾸는 방식은 "기술이 기초하는 가장 순수한 수학적 추상화(abstraction)"[34]로부터 우리를 구원하고자 했던 소크라테스 이전(présocratiques) 철학자들을 환기시킨다. 그리고 다시, 하이데거의 인용이 등장한다. 몇 페이지 뒤에 흙을 다룬 부분에는 「예술작품의 기원(L'Origine de l'oeuvre d'art)」의 구절들이 길게 인용된다. 건물의 존재감에 대한 구절들로, 구체적으로 그리스 신전의 존재감에 대한 것이었다. 인용의 시작 부분만을 보자. "신전은, 바로 바위 위에, 자신의 항구성(constance)을 기초삼아 세워져 있다. 이처럼 '그 위에 세워져 있다(reposer sur)' 는 것은, 있는 그대로의 받침대 자체가 지니고 있는 비록 무용지물은 아니지만 막연하게 모호한 그 상태(obscur)를 부각시키는 것이다. 자신의 항구성 속에서 구축 작품은, 그 위로 통과하며 폭력성을 맹렬히 뽐내는 폭풍우에 대항해 고개를 당당히 치켜들고 있다."[35]

이러한 시각에서 건축적 활동은 근본적으로 늘 존재해오던 것과 다를 바 없다. "원초적, 의고적이며 여전히 현재진행 중인 우리의 활동은, 땅[흙](terre) 표면을 기하학적으로 정리해 다듬는 것이다. 또 기초를 만들기 위해, 비와 눈으로부터 우리를 보호하는 지붕과 벽체를 세우기 위해, 그 결과 만들어진 공간 속에 거주할 수 있도록 빛과 온기 같은 불 에너지를 이용

32 Josep Lluis Mateo, 「Earth, Water, Air, Fire : The Four Elements and Architecture Today」, in Josep Lluis Mateo & Florian Sauter, 『*The Four Elements and Architecture. Earth, Water, Air, Fire*』, New York-Barcelone-Zurich, 2014, 4쪽.

33 Gottfried Semper, 『*Die vier Elemente der Baunkunst*』, 1851 (불어 번역본: 「Les quatre éléments de la construction」, 『*EaV*』 (Versailles), no3, 1997).

34 Josep Lluis Mateo, 「Earth, Water, Air, Fire : The Four Elements and Architecture Today」, op. cit., 4쪽.

35 Martin Heidegger, 「L'origine de l'oeuvre d'art」, in 『*Chemins qui ne menent nulle part*』, Paris, 2012, 44쪽.

하기 위해, 결국 땅을 파헤치게 된다."36 기하학적으로 변형된 땅, 지붕, 벽, 불… 우리는 젬퍼의 요소들과 거의 흡사한 것과 다시 마주하게 되었다. 그리고 이것들을 시각화한 특정 사례들이 실렸는데, 이 중 특히 불의 사례로 줌토르가 설계한 독일 바센도르프(Wachendorf)의 브루더 클라우스 교회당(Bruder Klaus, 2001-2007)—이 사례는 조금 뒤 다시 다룰 것이다—이, 그리고 공기의 사례로는 엘리자베스 딜러(Elizabeth Diller, 1954) & 리카르도 스코피디오(Ricardo Scofidio, 1935)가 설계한 스위스 이베르동-레-뱅(Yverdon-les-Bains)의 2002년 엑스포 블러 빌딩(Blur Building, 2002)이 소개되었다.

마테오는 포괄적(génériques) 건축 생산물들에 대해서도 설명했는데, 이것들이 세계화 시대 속에서 각기 다른 버전으로 "도상적(iconique)"[37] 다양성을 만들어낸다는 것이었다. 그는 이러한 상황에 반대하며, 근대성(modernité)과 정체성(identité) 사이의 변증법을, 특정적인 것의 수호(défense) 혹은 유용(appropriation)을, "현상학적이나 추상적이진 않은"[38] 접근방식을 제시했다. 어떤 임시적 확인사항이 제시될 수 있다면, 그것은 우리가 어떤 뒤엉킴(intrication)에 직면했다는 것이다. 이 뒤엉킴은 의고주의, "도상주의(icônisme)" 그리고 처음 요소들로의 회귀 사이에서 모순이나 긴장을 지닌다. 이러한 뒤엉킴을 어떻게 밝혀낼 수 있을까?

페터 줌토르, 브루더 클라우스 교회당 (2000-2007), 바센도르프 (독일).
위 : 가문비나무 줄기들이 교회당의 철근콘크리트 벽체의 내부 거푸집을 형성한다.
바로 위 : 교회당 내부에 가문비나무 줄기들을 태운 후 형성된 세로 홈들이 파여진 벽면.

의고주의의 형상들

Figures de l'archaïsme

의고적인 것을 뒤좇다가 줌토르와 다시 조우하게 되는 것은 그다지 놀랍지 않다. 나는 그의 2000년대 초기 작품 중 하나인 브루더 클라우스 교회당을 선택해 집중하고자 한다. 브루더 클라우스는 누구인가? 그는 신비주의자로 니콜라스 드 플뤼에(Nicolas de Flüe, 1417-1487) 수사였고 줌토르에겐 자신의 어머니가 특별히 숭배했던 "친숙한 성인"[39]이었다. 줌토르는 말했다. "그는 내 어머니의 삶에서 중요한 역할을 했다. 어려운 상황마다 그 성인의 도움을 여러 번 받았다고 어머니는 내게 말했다."[40] 따라서 자서전적 측면이 있기도 하다…

들판 한가운데 세워져 있는 교회당은 새로운 방향점(point d'orientation)을 제시한다. "풍경의 인지가 변화한다. 새로운 방향점이 나타난다. 풍경과 탑 사이에 풍경이 창조된다. 마르틴 하이데거(Martin Heidegger)가 말했던 것을 나는 생각한다."[41] 이번에는 신전이 아닌 다리에 대한 언급이 등장하는데, 사실 이 둘은 서로 거의 대체될 수 있는 것들이었다. 하이데거

37 Josep Lluis Mateo, 「Identity and Modernity」, in Josep Lluìs Mateo et Florian Sauter, 『*The Four Elements and Architecture. Earth, Water, Air*』, Fire, op. cit., 177쪽.
38 Ibidem.
39 Thomas Durisch (dir.), 『*Peter Zumthor. Realisations et projets*』, Tome 3 – 1998-2001, Zurich, 2013, 121쪽.
40 Ibidem.
41 Ibidem.

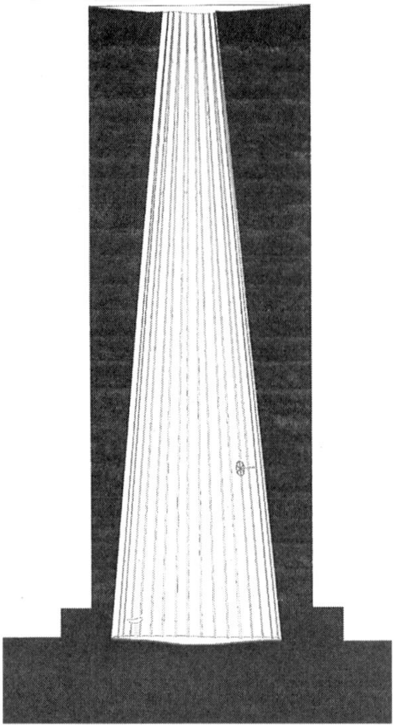

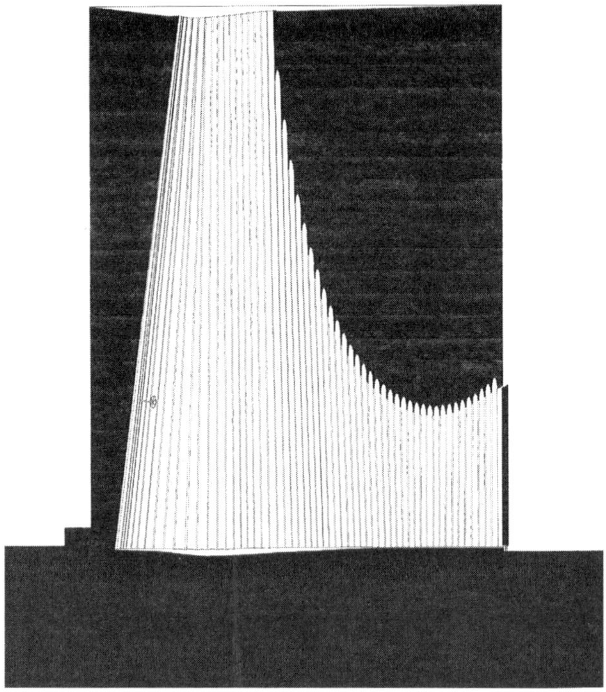

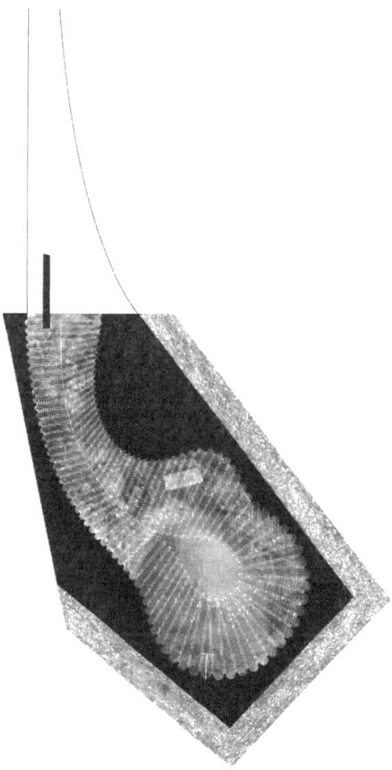

의 글에 따르면, "다리는 자신만의 방식으로 그 곁에 땅과 하늘, 신들과 사람들을 다시 모이게 한다." 42 이는 철학적 측면이다…

112그루의 독일가문비나무 줄기들이 수직으로 세워진다. 나무의 끝단들이 서로 기대어 천막의 이미지를 연상시키며, 하늘로 열린 하나의 개구부를 형성한다. 나무 그 자체가 교회당의 내벽 거푸집이 되어, 유연한 곡선 내벽을 지닌 하나의 피난처(abri)를 생성하도록 기여한다. 반대로 외부는 하나의 수직적 볼륨이다. 비규칙적 오각형 평면이 압출되어(extrudé) 형성된 단일거석 볼륨은 거친 콘크리트(béton brut)의 고체이다. 외부의 고체와 내부의 공간성의 대조는 절대적이다. 다음에 의해 더욱 강조되는데, 콘크리트 타설이 끝난 후 나무들을 천천히 태워 거무스름해진 내벽은, 꺼칠꺼칠한 피부를 지니고, 어두운 빛을 띤 세로 홈들의 연속과 같게 된다. 그을린 콘크리트 위에는 나무껍질의 흔적이 남아 보인다. 콘크리트 두께를 관통한 튜브들이 내부로 빛을 끌어온다. 튜브들의 끝은 반구형 유리구슬로 막혀 내벽 전체에 빛의 점들을 흩뿌린다. 이는 물질적이고 현상학적인 측면이다…

춤토르는 교회당을 "기초적(élémentaire)" 43이라 불렀다. 십여 년 전에 실현된 조근 베네덱트(Sogn Benedetg) 교회당과 비교한다면, 브루더 클라우스 교회당은 내가 의고적이라고 표현하는 건축으로 옮겨왔음을 보여준다. 전자의 교회당이 구축을 위해 특정 노하우와 과학을 동원했다면, 후자의 교회당은 이와 거리를 둔다. 브루더 클라우스 교회당의 많은 부분들이 발주자들에 의해 직접 수행되어 구현되었다. 그들 스스로 가문비나무들을 벌목했고, 콘크리트의 각 켜들을 부어 다졌으며, [나무거푸집에] 불 지피는 것 역시 그들이 계속 관리했다 …

똑같이 나무로 지어졌음에도 두 교회당의 차이는 더 강조될 필요가 있다. 조근 베네덱트 교회당의 구축은 요소들의 절단(découpes)과 복합적 조립(assemblages)으로 진행되었고, 이 요소들은 미리 제작 공급되었다. 결국 여기서 요구된 구축적 과학은 건축 문화, 구축 문화에 충실히 속했 있던 것이었다. 반면에 브루더 클라우스 교회당은 조립과 무관한 듯 했다. 가문비나무 줄기들이 조잡스럽게 다듬어졌고, 그냥 서로 기대어 세워졌을 뿐이었다. 마치 비올레-르-뒤크(Viollet-le-Duc)의 『인간의 주거 역사(*Histoire de l' habitation humaine*)』(1875)에서 기술되었던 장면으로, 에페르고스(Epergos)가 동료들에게 가는 나무줄기들을 찾으라 요구한 뒤, 두 개의 나무들을 첨두아치 같은 형상으로 휘도록 해 끝단을 묶은 후, 그 위에 가는 줄기들을 어떻게 엮어야 하는지 보여주던 그 장면, 다시 말해 어떻게 원시오두막(hutte primitive)을 창안하고 실현할 수 있는지 가르쳐주던 그 기원적 장면의 묘사를 다시 발견하게 되는 듯 하다.

의고적 건축으로의 이동은 춤토르의 최근 작품들에서 계속 확인된다.

원시 "오두막". 이미지 발췌 : Eugène Viollet-le-Duc, 『*Histoire de l'habitation humaine*』, 1875.

왼쪽: 페터 춤토르, 브루더 클라우스 교회당 (2000-2007), 바센도르프 (독일). 단면들, 평면, 외부 전경 사진.

42 Martin Heidegger ", Batir, habiter, penser" (1951), in 『*Essais et conférence, Paris*』, 2013, 181쪽.
43 Thomas Durisch (dir.), 『*Peter Zumthor. Réalisations et projets*』, Tome 3 – 1998-2001, op. cit., 121쪽.

그 중에서 나는 영국 데본(Devon)의 쉬벨스톤 주택(Chivelstone House, 2008) 설계안을 살펴보고자 한다. 주택이 참조하는 이미지들은 기초적 인 피난처(un abri élémentaire)를 만들어내는 평석들이다. 주택의 연구용 모형들은 선사시대 고인돌 같은 외관을 갖고 있다. 설계안은 먼저 두터운 벽체 내부에 있는 방들로 형성된 두 개의 장방형 볼륨, 그리고 [거실과 주방으로 이루어진] 거대한 하나의 공동공간으로 구분된다. 후자의 공간은 대략 비규칙적 오각형의 외곽을 지니며 "지붕을 떠받치는 강력한 벽기둥들이 공간 내부에서 자유롭게 배치되어 속이 파인 볼륨들과 함께 하나의 열린 공간 구조(une structure spatiale ouverte)를 만든다"44. 근대주의와 의고주의, 다시 말해 열린 구조이자 기초적 피난처였다.

비규칙적 오각형이 의고적 건축으로의 이동을 대변하는 형상이 된 것일까? 지금까지 우리가 마주친 설계안들 중 다수가 오각형 외곽선을 지니고 있는 것을 볼 때, 자연스레 품게 되는 질문이다. 이것들은 약간 잘못된 형상처럼 느껴지며, 또 그렇기에 더 반응하기 어렵지만, 요즘들어 의례적 형상이 되어가는 것이 사실이다.

다른 점도 주목하자. 하펜시티의 자갈, 뉴욕의 침식된 돌, 쉬벨스톤의 고인돌에 이르기까지, 만약 각 계획안들이 실제 사용하게 되는 재료들의 다양성을 굳이 언급하지 않는다면, 모두 가장 오래 지속되는 재료인 돌의 이미지를 재발견하게 된다. 반대로 나무는 그리 오래가지 않는 재료이기도 하다. 결국 건축에서, 절대적으로 원래 상태인 어떤 기표(un signifiant absolument brut)로 회귀하는 것과 같다.

같은 논리 안에서, 또 독창적 측면에 머물기 위해, 쉬벨스톤 주택은 주거용 스톤헨지(Stonehenge) 개념을 환기시킨다. 에드먼드 버크(Edmund Burke, 1729-1797)는『숭고와 아름다움의 관념의 기원에 대한 철학적 탐구(*Recherches philosophiques sur l'origine des idées que nous avons du beau et du sublime*)』에서 스톤헨지를 숭고함(sublime)의 질서로 분류했다. 그 이유는 구축의 어려움, 특히 "돌들을 공중에 띄워야 하는" 어려움 때문이었다. 버크는 다음과 같이 말했다. "스톤헨지는 조성(disposition)이나 장식의 관점에서 전혀 경탄할 만한 것이 아니다. 서로 직각으로 쌓여진 거석들은 가파른 산과 같은 형상을 이룬다. 이와 같은 구조물을 만들 때 요구되는 엄청난 힘 위에, 그 정신을 세워 확립시킨다."45

스톤헨지, 에임즈베리 (영국).

숭고함, 그것을 이제 살펴보고자 한다…

44 Thomas Durisch (dir.),『*Peter Zumthor. Realisations et projets*』, Tome 5 - 2008-2013, op. cit., 52쪽.

45 『Edmund Burke, *Recherches philosophiques sur l'origine des idees que nous avons du beau et du sublime* (*A Philosophical Enquiry into the Origin of Our Ideas of the Sublime and Beautiful*』, 1757의 불어번역), Londres, 1권, 1765, 176-177쪽.

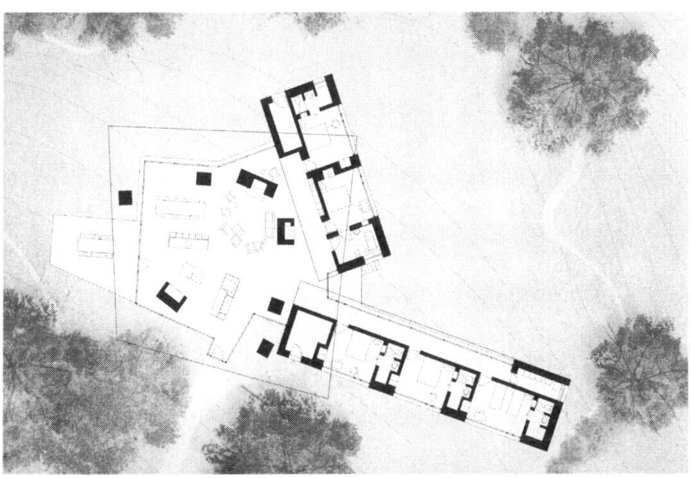

페터 줌토르, 주택설계안 (2008), 쉬벨스톤, 데본 (영국). 모형과 평면, 그리고 Thomas Durisch (dir.), 『*Peter Zumthor. Réalisations et projets*』, Tome 5 – 2008-2013, 2013에 실린 참고 이미지.

숭고함의 야망

L'ambition du sublime

그러므로 숭고함의 문제의식으로 주제를 심화시킬 필요가 있다. 그 기초를 만들었던 두 철학자들은 이미 언급한 바 있는 버크와 임마누엘 칸트(Immanuel Kant, 1824-1804)였다. 특히 칸트의 경우, 그의 저서『아름다움과 숭고함의 감정에 관한 고찰(*Observations sur le sentiment du beau et du sublime*)』(1764)에 실린 논쟁이 대표적이었다. 그 이후 『판단력비판(*Critique de la faculté de juger*)』(1790)에서 다시 그 논쟁이 재개되었다.

버크는 숭고함에 대해, 우리가 느낄 수 있는 가장 강력한 감정, 즉 위험과 공포의 생각을 유발시키는 감정으로 결부시켰다. 그는 규정했다. "나는 [그것을] 가장 강력한 감정이라 말한다. 고통(douleur)의 생각이 즐거움(plaisir)으로부터 오는 생각보다 훨씬 더 큰 능력을 지니고 있음을 알기 때문이다."[46] 즐거움은 그에게 아름다움(beau)에 속한 것이었다. 반면 숭고함은 무한성(infinité)과 관련되며, 통상적 이해의 척도를 넘어섰다. 그것은"장엄함(grandeur / greatness)" 에 의해 만들어졌다. 구축물에 관해서 "치수의 장엄함[거대함]은 숭고함에 필수적인 것으로 보인다. […] 작은 수, 작은 크기의 부분들을 통해 무한성의 생각을 상상하도록 만드는 것이 가능치 않기 때문이다."[47]

그러므로 숭고함은 구성되거나 조립된 (작은) 부분들로 이루어진 건물에 의해서는 만들어질 수 없다. 숭고함은 즉시 파악되지만 관례적 기준으로는 이해나 대응이 불가한 전체와 같은 건물에 의해 만들어진다. 하펜시티의 자갈, 뉴욕의 침식된 돌, 쉬벨스톤의 고인돌이 그렇다. 심지어 버크의 인식에 따르면, 스톤헨지처럼 구축의 어려움이 장엄함(Greatness)의 조건이 되기도 한다. 예를 들어 북경 CCTV 건물 같은 구축물이 그러한 조건을 지니고 있었다. 더 포괄적으로, 혹시 콜하스의 거대함(Bigness)은 버크의 장엄함과 동의어 관계인 것은 아닐까? 만일 콜하스의 거대함이 "선과 악을 초월한(par-delà bien et mal)" 것이라면, 사실 그것을 평가할 수 있는 어떤 규칙도 없기 때문이 아닐까? 한편으로 거대함은 아름다움과 추함을 초월한다. 칸트처럼 말한다면, 취향 판단의 대상이 되지도 못한다고 할 수 있다. 거대함은 숭고함에 합류될 수 있는 것이다.

도시에 있어 숭고함은 어떠한가? 세계화 그리고 전례 없는 도시개발과 함께, 도시와 건축은 새로운 관계를 맺는다. 숭고함은, 익숙한 지식을 초월하고 심지어 첫 눈에 분별가능한 것을 초월하는 무언가 앞에서 품게 되는 감정에 의해 만들어지는 것일까? 애틀랜타, 싱가포르 혹은 라고스는, 전통적인 도시들에 적용하던 시각으론 파악될 수 없는 조건들에 의해 태동되었다. 전통적 도시들, 특히 유럽 도시들은 아름다움의 질서에 속했다. 그러나 애틀란타, 싱가포르, 라고스는 이와 달리 숭고함의 질서에 속해 있

46 Ibidem, 79쪽.
47 Ibidem, 172쪽.

다. 따라서 오로지 강력한 정신에 의해서만이 진실되게 보일 수 있다…

애틀랜타, 싱가포르, 라고스는 도시적 폭풍우이다. 칸트에 따르면 폭풍우는 숭고함의 감정을 유발시킨다[48]. 이 도시들은 매혹과 공포를 부추긴다. 이들의 개발은 억제할 수 없는 "자연적" 힘의 분출에 가깝다. 칸트에 따르면 "[…] 혼돈이나 무질서 속에서, 가장 야만적이며 엉망인 황폐 속에서, 오로지 장엄함과 힘만이 드러날 때에야 비로소 자연은 숭고함의 개념을 가장 잘 유발시키게 된다"[49]. 물론 칸트는 오늘날 같은 도시적 세계를 접하지 못했다. 그렇다 하더라도 그의 숭고함 개념을 우리가 빌리지 못할 이유는 없다. 이러한 시각에서 CCTV 건물은, 사실은 완전히 적합하지는 않을 수 있으나, 하이데거의 그리스 신전, 즉 그 자신의 항구성 속에서 "그 위로 통과하며 폭력성을 맹렬히 뽐내는 폭풍우에 대항해 고개를 당당히 치켜드는" 그리스 신전의 현대적 동의어로도 인식될 수 있겠다. 다만 CCTV의 경우, 그 구축물이 지배하게 되는 폭력성(violence)은 건물의 발아래에 위치하고 있는 셈이다.

2000년 콜하스는 프랑소와 샤슬랭(François Chaslin, 1948)과의 대담에서 "중국의 미"를 "양립 불가한 요소들의 기괴한 병치(juxtaposition monstrueuse)"[50]로 설명했다. 이처럼 기괴함이 환기되자 샤슬랭은 콜하스로 하여금 숭고함의 개념과 연계하도록 유도했다. 그러나 콜하스는 "거짓말같이 이질적인 어떤 상황"의 픽쳐레스크(picturesque) 개념에 더 머물기를 선호했다. "픽쳐레스크 역시 강력한 병치들을 통합했던 예술이기 때문이다"[51]. 만일 CCTV의 구축 이후였다면, 혹 그는 다르게 반응하지 않았을까? 아마도 그럴 것이다. 그가 동일한 대담에서 OMA의 유라릴(Euralille) 설계안을 설명할 때, 이 계획안이 진정한 "혈액순환(circulatoire)의 미학"[52], 즉 교통 인프라를 열광적으로 찬미(exaltation)하는 방식을 발전시켰다고 강조했던 것을 기억하면 말이다. 콜하스는 표현했다. "우리는 그것을 증대시키고 싶었다. 숭고함의 장르에서 테리빌리타(terribilità)[역주9] 수법이 태동시키던 방식과 거의 흡사하게 말이다."[53] 여기서 "숭고함의 장르"가 지닌 속성은 항상 관객을 굴복시키는 효과, 즉 자신의 인간적 조건이 연약함을 깨닫게 만드는 효과를 의도한다는 것을 주목하자!

[역주9]: 16세기 미켈란젤로의 조각에서 드러나는 두려울 정도의 강력함과 장엄한 숭고함을 당시 표현하던 이태리어.

나는 이제 칸트가 전개시킨 개념을 인용하고자 한다. "자연은 […] 직관적으로 자신의 무한성(infinité)을 생각하게 만드는 현상 속에서 숭고해진다. 이것은, 어떤 오브제의 장엄함/크기(grandeur)를 평가하는 것이 가장 뛰어난 상상력으로도 불가능할 때에만이 비로소 가능한 일이다."[54]

48 Emmanuel Kant, 『*Observations sur le sentiment du beau et du sublime*』(1764), Roger Kempf의 불어 번역, Paris, 2008, 19쪽.
49 Emmanuel Kant, 『*Critique de la faculté de juger*』(1790), Alexis Philonenko의 불어 번역, Paris, 1968, 86쪽.
50 「Face à la rupture」, Rem Koolhaas와 Francois Chaslin의 대담, in 『*Mutations*』, Barcelone-Bordeaux, 2000, 785쪽.
51 Ibidem.
52 Ibidem, 766쪽.
53 Ibidem.
54 Emmanuel Kant, 『*Critique de la faculte de juger*』, op. cit., 94쪽.

오브제의 장엄함에 대한 평가는, 그 오브제가–어떤 원칙에 의거해–어떻게 설계되었는지 그리고–어떤 구축논리에 의거해–어떻게 제작되었는지를 인지하고 이해하는 능력이라고 가정할 수 있다. 따라서 장엄함을 추구하고, 설계와 제작을 파악하고자 아무리 애써도 분별할 수 없으며, 그렇기에 모든 텍토닉적(tectonique) 표현을 초월하거나 탈피한 전체가 되고자 하는 모든 오브제는 숭고함과 동일시될 수 있다. 이러한 시각에서, 그러한 것으로 인식 가능한 건물의 수가 최근에 적지 않다. 그 중에서– '유기적(organique)' 인 것에 대한 제4장[55]의 마지막 부분처럼–디지털 수단으로 설계된 건물들도 그렇다. 이 건물들은 극적인(spectaculaire) 형상을 추구하며 그렇기에 도상(icône)이라 부를 수 있는 이미지의 위상을 획득했다. 물론 이처럼 많은 도상들 앞에서 채택된 형태들의 긍정적 이유(raisons)를 찾는 것은 때로는 불필요할 수 있다.

따라서 숭고함의 개념은, 어떤 팽창이나 형용할 수 없는 혼돈에 직면할 때에야 연관될 수 있겠다. 다시 말해 묘사가 불가능하고, 또 동시에 어떤 (장엄한) 건물이 주변 환경에 대해 오로지 공존 관계–"*fuck context*" [역주10]–만을 유지할 때, 그리고 도상적 표현을 획득하고자 노력할 때가 그렇다. 이러한 진의에 따르면, 숭고함이 언급될 수 있도록 하는 상황들 속에서는, 그 어떤 것도 다른 것의 원인이 되지 않는다. 단지, 요인들의 결합(conjonction des facteurs)이 건축을 위한 새로운 성좌(constellation)를 만들 수 있다고 말할 수 있다. 이러한 현상이 이제 다른 모든 것보다 우위에 있는 것일까? 즉 헤게모니가 되고 있는가?

[역주10]: 콜하스가 Bigness의 다섯 번째 특징으로 직접 표현한 도발적 문구임. 그에 관한 글인「Bigness or the Problem of Large」에 대해서는 본 장의 각주 9번을 참고할 것

그 건축가들도 숭고함을 시도하려는 야망에 늘 전념하고 있는걸까? 마치 엄청난 크기의(colossal) 극적 작품들을 시도하는 특정 현대 예술가들처럼 말이다. 이러한 종류의 예술 작품들이 2007년부터 파리 그랑팔래(Grand Palais)의 『모뉴멍타(*Monumenta*)』시리즈에서 전시되었다. 초대 작가들 중에는 세라(Serra)와 아니쉬 카푸어(Anish Kapoor, 1954)도 포함되었는데, 특히 카푸어의 경우는 작품을 위해 발몽드(Balmond)와 여러번 협업해야 했다. 런던 테이트모던 미술관에 전시된『마르시아스 (*Marsyas*)』(2002), 미들즈브러(Middlesbrough)의 『테메노스(*Temenos*)』(2010), 런던 올림픽을 위해 실현한 탑 『아르셀로미탈 궤도(ArcelorMittal Orbit)』(2012)가 그 사례들[56]이었다.

앞에서 나는 숭고함이 우리를 굴복시킨다고 말했다. 무한함을 생각하게 하면서 동시에 숭고함은 현재를 초월하고자 하는 야망을, 필연적으로 과도한 야망을 지향하도록 유도하며, 결국 많은 이들로 하여금 단지 도상적일 뿐인 실현작들만 남기게 되는 곤경에 빠지도록 이끈다…

오른쪽 :

1 UN 스튜디오, 벤 반 버켈(Ben van Berkel), 캐롤린 보스(Caroline Bos) & 토블라스 발리세(Toblas Wallisser), 유럽 중앙은행 현상설계안 (2003), 프랑크푸르트.
2 OMA–렘 콜하스, 음악당 (1999-2004), 포르토.
3 OMA–렘 콜하스, CCTV (Central China Television, 2002-2012), 북경.
4 자하 하디드, 헤이드라-알리예프 (Heydar-Aliyev) 문화센터 (2007-2012), 바쿠, 아제르바이잔.

55 본 책 109쪽 참조.
56 『*Crossover. Cecil Balmond*』, Munich-Londres-New York, 2013 참조.

1

2

3

4

OMA – 렘 콜하스, 두바이 르네상스(2006), 두바이. 폭 200미터, 높이 300미터의 다기능적 박판인 건물은 그 전체가 회전한다.

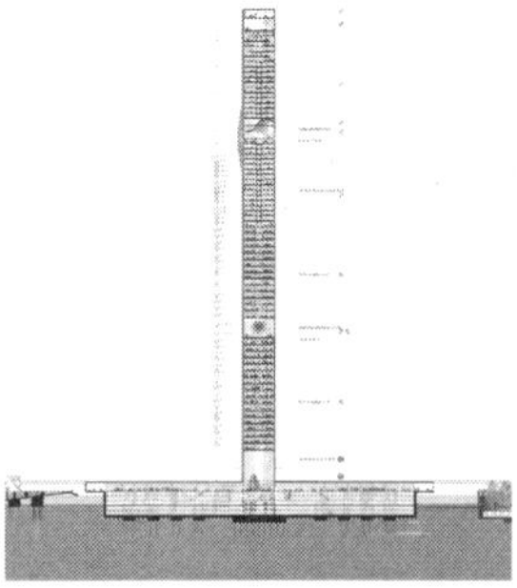

도상주의로부터 탈출하기

Sortir de l'iconisme?

2007년 2월, 콜하스 본인이 "도상적"[57] 형태를 지니고 있다고 밝혔던 시애틀 공공 도서관이나 포르토 음악당이 건설된 이후이자 CCTV 건물이 공사중이던 그 시기에, 베아트리츠 콜로미나(Beatriz Colomina, 1952)에게 그는 다음과 같이 털어놓았다. "[…] 오늘날 다른 모든 잠재성을 희생시키면서 도상들을 과잉생산하는 현상은 정말 나를 불쾌하게 만든다. 지금 건축의 우상숭배(idolâtire)는 잘못된 신념들의 축적(accumulation)을 야기하고 있다. 우리가 수긍할 만한 어떤 건축(une architecture plausible)을 재발명하기 위해서 는, 완전히 후퇴하지 말고 다른 길을 발견해야 한다 […]"[58] 이제 그의 신앙고백은 반-도상적(anti-iconique)이 되었다…

2007년 5월 콜하스는 중동의 두바이(Dubaï)로부터 돌아왔다. 파리 퐁피두센터에서의 강연에서 그는 다시 경고했다. "그 곳에서는 어떤 다른 세상이 건설되고 있다."[59] 그가 언급하고 있는 것은 분명 이질성(hétérogénéité)의 주도에 관한 것이었다. 그 곳의 마천루들이 모두 유명하거나 익명인 각기 다른 건축가들의 작품들로 서로 매우 근접해 건설되었기 때문이었다. 이런 사실에 근거해, 그가 "포괄적(générique)"이라 명명하는 접근방식이 주도하게 될 것이며, 반면 "스타 건축가 시스템(système d'architectes-stars)"[60]은 결과적으로 점진적 쇠퇴나 종말을 겪게 될 것이라고 그는 예고했다.

본 장의 초반부터 다루었던 일정을 포함해서 계속 이어지며 콜하스를 계속 추적하고 있는 전체 일정으로부터 우리는, 21세기 초의 시대가 도상

57 본 책 24쪽 참조.

58 「The Architecture of Publication (Rem Koolhaas in Conversation with Beatriz Colomina)」, 『*El Croquis*』, no134-135 ("AMOMA Rem Koolhaas (II) 1996-2007"), 2007, 352쪽.

59 Rem Koolhaas, 「L'histoire a chaud」, op. cit., 31쪽.

60 Ibidem.

적 건축(architecture iconique)이 갑작스레 출현한 시대였으며, 또 이 출현이 일시적인 것으로 그치게 될 것이라 추론할 수가 있을까?

비록 우리가 도상(icône)이라는 단어를 선택했다 하더라도, 예를 들어 하나의 주택 도상(네 벽과 하나의 지붕)이 가능한 많은 주택들을 연상시키는 것처럼, 건물이 어떤 익히 아는 현실을 연상시켜야 함을 여기서 의미하는 것은 아니다. 사실은 거의 반대이다. 건물의 형태는, 그것이 구축되도록 만들었던 판정(instance)을 식별할 수 있게 하는 벡터가 될 수 있다. 이 형태가 건물의 기능, 사용 목적과 공명하는 하나의 의미를 반드시 나타내는 것은 아니다. 이러한 관점에서 건축적 도상은 반드시 조각적 측면을 띤다. 도상은 독창성(originalité)과 용이한 인식을 추구한다. 다시 말해 유일한 (unique) 것을 추구하거나, 건축가의 고유한 특징이 인식되도록 하고, 건물이 자리잡고 있는 사회, 기관, 도시를 대표하는 어떤 이미지의 창출에 기여하고자 한다. 그 영향이 가장 분명하면서도 절정에 달했던 사례는 게리(Gehry)가 설계한 빌바오 구겐하임 미술관(musée Guggenheim, Bilbao, 1992-1997)이었다. 이 건물은 곧 도시의 앙블렘/문장(emblème)으로 자리잡았고, 이후에 동일한 현상이 (재)생산되길 기대하는 다른 의뢰들이 건축가에게 집중되도록 만들었다. 이 건물이 벤츄리(Venturi)가 "조각이 된 건물 유형"[61]으로 설명하던 "오리(Canard)" [역주11]의 극치는 아닐까? 비슷한 예로 하디드, 또 비야르케 잉엘스(Bjarke Ingels, 1974)와 그의 BIG는 종종 대규모 건물 또는 건물 군을 설계하며 극적 효과를 추구하는 노선을 향해 전진하고 있다.

[역주11]: 벤츄리는 그의 책 『*Learning from Las Vegas*』 (1972)에서 건축을 '오리(Canard)'와 '장식된 헛간(Decorated Shed)'의 두 가지 유형으로 구분해 분류할 수 있다고 보았다.

61 Robert Venturi, Denise Scott Brown & Steven Izenour, 『*L'Enseignement de Las Vegas*』, Bruxelles-Liège, 1978 (Learning from Las Vegas, Cambridge (Mass.), 1972의 1977년 재판본의 불어 번역), 97쪽.

(건축의) 요소들로의 회귀

Retour aux éléments (de l'architecture)

도상들의 증식으로 인식되는 현상 앞에서 콜하스는 "수긍할 만한 어떤 건축을 재발명" 해야 한다고 호소했다. 이에 대해 그는 콜로미나에게 다음과 같이 설명했다. " [⋯] 우리는 급진적으로 중립적(neutres)이며, 믿을 수 없을 만큼 단순하고, [외부의] 영향을 전혀 받지 않는(uninflected) 일련의 건물들을 설계하고 있다." [62] 이러한 결과에 도달하기 위해 OMA는 "매우 추상적인 방식이며 의도적으로 전혀 타협하지 않는 어떤 건축을 제안하고, 또 극적 효과를 만들기 거부하며, 일명 포괄적(Generics)으로 명명할 수 있는 새로운 학문적 영역(département)" [63]을 세우고자 시도했다. 이처럼 묘사될 수 있는 설계안들은 과연 어떠한 것들일까?

그 중 첫째로 꼽을 만한 사례는 두바이 르네상스(Dubaï Renaissance, 2006)였다. 자하 하디드가 최종 당선되었던 현상설계에 참여했던 OMA의 제출안이었는데, " 도시 구축을 위해 요구되는 집단적(collectif) 노력을 통한 사회참여보다 개별적(individuel) 천재의 집착이 과잉되고 있는 오늘날의 건축적 우상숭배를—도상의 시대(l'âge de l'icône)와 더불어—종결" [64]시키고자 하는 야망을 품고 있었다. 두바이의 새로운 르네상스를 재현하고자 시도한 건물은 하나의 단일 거석과 같은 "기념비적" 볼륨이었다. 높이 300미터, 폭 200미터의 얇은 다기능적 박판인 건물 전체는 태양의 움직임을 따라 회전하며 지역의 혹독한 기후 조건에 대응하도록 했다. 두바이 르네상스의 경우처럼 '포괄적' 은 대규모 건축을 반드시 배제하지는 않으며 추상적일 수도 있다. 그렇다 하더라도 건축가가 주장하듯이 "극적 효과를 만들기 거부" 하고 있는 것일까? 과연 건축가는 숭고함의 개념을 멀리 하고 있는 것일까? 최소한 그는 장엄함(Greatness)을 망각하고 있지는 않았다.

2011년, 책 『일본 계획(*Project Japan*)』이 완성되었다. 책에는 콜하스와 한스 울리히 오브리스트(Hans Ulrich Obrist, 1968)가 2005년부터 진행했던 일본 메타볼리즘(Métabolisme) 건축가들과의 대담들이 실려 있었다. 주도적 인물인 겐조 단게(Kenzo Tange, 1913-2005)도 포함되어 있었다. 그의 활동은 다음과 같이 세 가지 전선으로 펼쳐졌다. 그것은 "직업의 사회적 위상 강화, 디자인의 신뢰성, 건축가의 재발명" [65]이었다. 콜하스는 일본 건축을 탐구하여 다음의 사항을 확인했다. 그 내용은 메타볼리즘이 1960년대 말부터 1990년대 초까지 중동, 나이지리아, 싱가포르에게 "서구적 미학의 다른 대안" [66]을 제공했으며, 서서히 활력을 잃다가 "최종적으로 20세기말

책 Rem Koolhaas & Hans Ulrich Obrist, 『*Project Japan. Metabolism Talks*⋯』, 2011의 표지.

62 「The Architecture of Publication (Rem Koolhaas in Conversation with Beatriz Colomina)」, op. cit., 352쪽.
63 Rem Koolhaas, 「L'histoire à chaud」, op. cit., 32쪽.
64 홈페이지 www.oma.eu 설계안 설명.
65 Rem Koolhaas, Hans Ulrich Obrist, 『*Project Japan. Metabolism Talks*⋯』, Cologne, 2011, p. 13.
66 Ibidem, 14쪽.

세계화의 포괄적(global generic) 현상에 흡수"[67]되었다는 것이다. 그가 도달한 결론은 이러했다. "아마도, 어떤 나이대(un âge)가 다른 성장기(une autre période de vie)보다 훨씬 빠르게 진행되며 앞서나가게 되면, 그 때는 하나의 전략이 요구되게 된다 [···] 기억력(mémoire)은 약화되고, 오로지 시각(vision)만이 유일한 선택사항이 되는 것이다."[68]

2012년 베니스 비엔날레에서 OMA의 전시 제목은『공공 작업. 공무원에 의한 건축(*Public Works. Architecture by Civil Servants*)』이었다. 전시 대상의 시기는 1960년대 말과 1970년대 초였다면, 그 당시의 건축가들은 공공 봉사 영역에 일익을 담당했다. 그 때의 실현작들은"신선한 혁신적 방식에 따른 근대적"[69]인 것으로 보여졌고, 그들의 활동 무대는 런던, 암스테르담, 베를린, 밀라노, 파리였다. 물론 전제해야 할 것은, 이러한 시대적 묘사가 오늘날의 상황과 반대되는 사례이므로 연계하는 것이 그리 용이치 않다는 것이었다. "[현재의] '스타건축가(stararchitect)' 시대에는, 공유된 하나의 이데올로기를 위해 사적인 실무를 중단해야 한다는 사고는 실종되었고 옹호될 수조차 없는 것처럼 보인다."[70] 이제는 무엇을 해야 할까?

2014년 콜하스는 베니스 비엔날레의 총괄 책임자였다. 그는『근본적(*Fundamentals*)』이라는 제목을 선택했다. 초청 참여국들에게 부여된 테마는, 국가별로 근대건축이 적합화된(appropriée) 방식에 관해 다루는"근대성 흡수하기(Absorbing Modernity)" 였다. OMA가 담당한 중앙관의 전시제목은『건축의 요소들(*Elements of Architecture*)』이었으며, 또다시 그 기저에 깔린 가정은 1980년대 이래 동양 도시들의 등장과 전례 없던 발전 양상에 밀려 서구적 도시 모델의 쇠퇴가 분명해졌다는 것이었다. 1990년대 말 이후에 디지털 도구의 발전이"들불처럼"[71] 확산되었고, 그것이 평범한 주택의 건축요소들조차"잠정적 첨단 정보요원(agents potentiels de renseignement)"[72]처럼 변화시켰음을 확인시켰다. 그 비젼은 결국 건축"요소들"로의 회귀였다. 이는 젬퍼의 사례를 연상시키거나, 뒤랑(Durand), 레옹스 레이노(Léonce Reynaud, 1803-1990), 줄리앙 가데(Julien Guadet, 1834-1908) 등의 19세기 건축개론서 사례들을 연상시켰다. 콜하스는 말했다. "건축은 흐름(flux)과 존속(persistance)의 이상한 결합(combinaison)이며, 오천년 이상 전부터 존재해 왔던 요소들과 고작 얼마 전에 (재)발명된 다른 요소들과의 혼합(amalgame)이다"[73]. 그러므로 다시 토대들(fondements)로의 회귀가 필요했다. "건축이론이 [···] 서구적 자기만족의 거품 안에 스스로를 가둔 채, 최소한 2세기 이상 뒤처져 있게 되었기"[74]때문이었다.

마지막으로 밝힐 상세한 설명(précision)은 다음과 같다. 콜하스는,『건

2014년 베니스 비엔날레에서 렘 콜하스가 기획한『*Elements of Architecture*』전시장 입구의 옆에 재현된"돔-이노"골조.

67 Ibidem.
68 Ibidem.
69 베니스 비엔날레 당시 OMA 전시 팜플렛.
70 Ibidem.
71 Ibidem.
72 Ibidem.
73 Ibidem.
74 Ibidem.

축의 요소들』의 전시가 이루어진 비엔날레 중앙관의 입구 앞에, 근대건축의 가장 중요한 핵심이자 근원적 피난처(l'abri originaire), 근대건축의 고인돌처럼 인식되곤 하는 "돔-이노(Dom-ino)" 골조(ossature)를 재현해 구축하기로 결정했다[75]. 르 코르뷔지에가 명시했던 돔-이노의 탄생 시기[1914]에 따라 그 백주년이 되던 해를 기념하기 위함이기도 했다. 앞서 보았듯이 마테오와 소테가 젬퍼의 "카리브의 오두막(Karaibische Hütte)"을 환기시키고자 했고, 나 스스로는 줌토르의 브루더 클라우스 교회당과 더불어 비올레-르-뒤크의 "오두막(hutte)"을 연관지으려 했던 것을 우리는 떠올려 볼 수 있다. 다음 장에서도 우리는 이토(Ito)가 로지에(Laugier)의 "오두막(cabane)"을 참조하는 것을 보게 될 것이다[76]. 게다가 발몽드(Balmond)의—책상 [구조] 패러다임[77]을 진전시켰던—사례, 그리고 역시 다음 장[78]에서 보게 될 이토, 후지모토(Fujimoto), 사사키(Sasaki)의 사례들, 그리고 또다시 여기 콜하스의 사례에 이르기까지, 기회가 있을 때마다 모두 "돔-이노" 골조를 공통적으로 언급하는 것을 주지할 수 있다. 근원(origine)으로, 건축의 근원으로, 근대건축의 근원으로 회귀해야 할 필요가 계속 재발되고 있는 것이다. 이것은, 비록 최근의 다중적, 프로그램적, 형태적 실험들이 새로운 시대의 시작을 증명하기에 아직은 충분치 않더라도, 곧 우리가 새로운 전환점에 직면할 것이라는 예측이 가능할 수 있는 증후(symtôme)가 될 수는 있지 않을까?

75 다만 베니스의 "돔-이노" 골조가 목재로 구축되었던 점은 유감스러울 수 있다. 또 원래 디자인과는 반대 방향으로 구축되었음을 주목할 수도 있다. 르 코르뷔지에의 안에서는 계단이 왼 쪽에 위치하나, 베니스에서는 오른 쪽에 위치하기 때문이다.

76 본 책 217-218쪽 참조.

77 본 책 76쪽 참조.

78 본 책 210, 212, 214, 217쪽 참조.

제9장

풍경과 밀리우

Paysage et milieu

앞 장에서 보았듯이 건축적 도상(icône)이 존재하는 방식은 그것을 둘러싸고 있는 도시 풍경과의 대립 속에서 이루어진다. 그리고 결과적으로, 가까이 근접한 다른 도상들과의 대립도 발생하게 된다. 건축적 오브제는—콜하스가 거대한 건물들에 대해 말했듯이—배경(fond)을 필요로 하지 않는 어떤 형상(figure)이 된다. 그리고 건축적 도상들의 존재 양상은 의심할 여지없이 다음과 같은 고유한 특질을 갖게 되는데, 이 도상들이, 그 위에 자리 잡게 되는 배경을 아예 외면하거나 단지 부차적으로만 신경쓰게 된다는 것이다. 도상들은 오로지 주위로부터 구분되고 시선 끄는 것만을 추구한다. 그리고 적어도 새로운 지표(point de repère)나, 또 자기 스스로에게만 속하고 주변은 끌어들이지 않는 공간적 홍행물만을 제공한다.

마이클 하이저, 『이중부정(*Double Negative*)』(1969-1970), 몰몬 메사, 오벌톤, 네바다.

그러므로 도상들의 존재 양상은, 환경에 어떤 의미화(signification)를 부여하는 작품들의 양상—즉 신전이나, 하이데거가 설명하길 "자기 곁에 땅과 하늘, 신들과 사람들을 다시 모이게 하는"[1] 다리의 방식—과는 다르다. 더 나아가 앞에서 세라(Serra)가 『쉬프트(*Shift*)』를 통해 시각화했던 문제의식인 "위치에 따른 광경(visions situées)"[2]의 작품 양상과는 더욱 차이가 있다. 『쉬프트』의 경우, 실제로 그 형상은 작품이 자리 잡고 있는 배경과의 관계 속에서만 정의될 수 있었다. 그리고 그 형태의 정의는 "현상학적으로" 관객과 긴밀히 연루되어 있었다.

건축과 대지미술

Architecture et Land Art

이러한 문제의식 속에 대지미술(Land Art)이 위치하고 있으며, 그 작품들은 여러 번 건축과 결연되어 연결 지어졌다. 그 작가들 중 마이클 하이저(Michael Heizer, 1944)는 작품들을 실현하기 위해 광활하게 펼쳐진 사막을 찾았다. 그 작품들도 마찬가지로 매우 거대한 규모였으며, 절단하기(trancher), 파내기(creuser), 축적하기(amasser) 등의 단순하고 직접적이며 독창적인 행위들을 여러 번 수행한 결과에 의해 생성되었다. 그의 작품 『이중부정(*Double Negative*)』(1969-1970)은 선형으로 절단된 두 개의 구덩이들(deux tranchées alignées)이 서로 정렬해 마주 대면하고 있다. 이들은 서로 만나 연결되진 않은채, 동일한 절벽의 가장자리를 각자 끊어낸다. 거기서 추출된

1 본 책 193쪽.
2 본 책 173쪽.

도미니크 페로, 이화여대 캠퍼스 복합 단지 (2004-2008), 서울.

흙들은, 규칙적 측면이 무너져 흘러 쌓인 채 서로 만나지는 않는 두 개의 원뿔형 흙더미들을 형성했다. 하이저는 다음과 같이 상세히 밝혔다. "그것이 어떻게 실현되었는지 이해하기 위해서는, 무게의 법칙(lois de pesanteur)에 따라, 또 그 고유한 소재(sa propre substance)에 기반해 『이중부정』을 바라보기만 하면 충분하다."[3] 이 소재는, 정확히는, 흙이었다. 그것에 대해 예술가는 "모든 재료의 첫 번째 원천이기 때문에, 가장 많은 잠재성(potentialité)을 지니는 재료"[4] 라고 설명했다.

대지미술과 풍경, 대지미술과 랜드스케이프(landscape)는 굳게 맺어져 있다. 건축과 풍경도 역시 그러한데, 건물이 단지 스스로 배치되게 될 배경을 고려하는 오브제이기 때문만은 아니라 배경과 더 강한 상호성(réciprocité)의 관계를 유지할 수도 있기 때문이다. 이와 관련해 떠올릴 수 있는 건축 작품으로는 르 코르뷔지에(Le Corbusier)가 1929년에 있었던 일련의 남미 강연들에서 직접 그렸던 설계안들이자 1930년 출판된 책 『건축과 도시론의 현상태에 관한 상세설명(*Précisions sur un état présent de l'architecture et de l'urbanisme*)』에 실렸던 리오 데 자네이루(Rio de Janeiro), 상파울루(São Paulo), 몬테비데오(Montevideo) 계획도들이 있다. 또 1931년에 발표된 알제리의 "오뷔스(Obus)" 계획안도 그런데, 여기서는 고가 고속도로(viaduc-autostrade)가 알제리 만의 지형적(topographiques) 곡선들과 완전히 결합되었다. 이 설계안들은 1960-70년대의 메가스트럭쳐(mégastructures) 신봉자들에게 큰 영감을 주는 모델이 되었다. 그 가운데 비토리오 그레고티(Vittorio Gregotti, 1927)의 제안들이 부각되었는데, 그의 현상설계안으로 부분 실현된 코센차(Cosenza)의 칼라브리아(Calabre) 대학교 신본관(1973)은 1976년 출판된 밴함(Banham)의 책 『메가스트럭쳐. 최근 과거의 도시적 미래(*Megastructure — Urban Future of the Recent Past*)』에 소개된 설계안들 중 시간 순으로 가장 최신인 작품들 중 하나였다. 이 안은 크라티 계곡(Valle del Crati)에서 시작하여 주변의 언덕들에까지 이어져 구축된 3200미터의 선형 건물이었다. 그의 다른 작품인 시칠리아 체팔루(Cefalu)의 사회집합주거(1976-

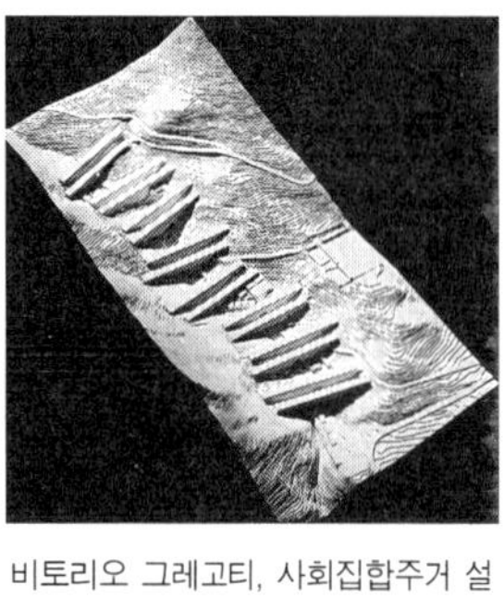

비토리오 그레고티, 사회집합주거 설계안 (1976-1979), 체팔루, 시칠리아.

3 「Interview, Julia Brown and Michael Heizer」, in Julia Brown (éd.), 『*Sculpture in Reverse*』, Los Angeles, The Museum of Contemporary Art, 1984, 14쪽. Gilles A. Thibergheín, 「'Sculptures inorganiques' Land Art et architecture」, 『*Les Cahiers du musée national d'art moderne*』, no 39, 1992년 봄, 104쪽에서 재인용 (Gilles A. Tiberghien, 『*Land Art*』, Paris, 1993, 66쪽 재게재).

4 「'Sculptures inorganiques' Land Art et architecture」, op. cit., 103쪽.

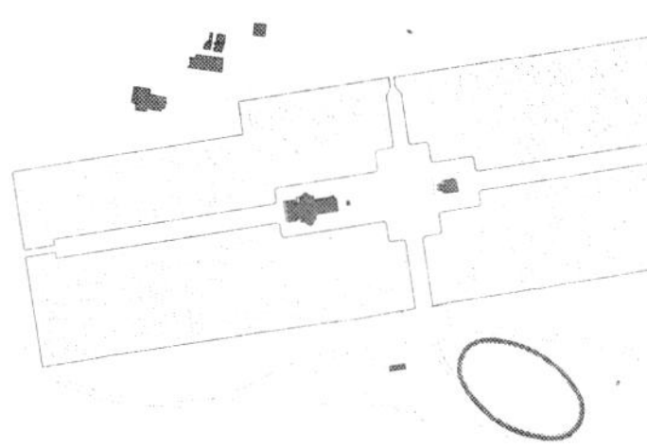

필립 프로스트, 노트르-담-드-로레트 국제기념관 (2012-2014), 아브랜느-생-나제르.
좌 : 1차 세계대전 당시 아르투와의 전사자를 위한 국립 지하묘지의 직사각 평면과 국제기념관의 타원형 평면의 배치도.
우 : 언덕 고원 가장자리에 위치한 기념관의 고리 형태.

1979)는 두 겹의 수평 "막대들(barres)"이 여덟 쌍을 형성하고 있으며 서로 완벽히 평행하진 않은 구조물들인데 저마다 [다리처럼] 순차적으로 골짜기를 가로질렀다.

메가스트럭쳐의 시도 외에도, 풍경과 건축 사이에서 융합(fusion)해 발전되나, 구축물의 독립(indépendance)에 의해 그 융합을 드러내지는 않는 실현작도 존재한다. 그 사례인 도미니크 페로(Dominique Perraul, 1953)가 설계한 서울 이화여대 캠퍼스 복합단지(Ewha Campus Complex, 2004-2008)는 언덕 암반 속에 단층을 노출시키는 하나의 넓은 틈(une large faille)처럼 보여질 수 있는 건물이다. 틈의 양 끝단 중 한 쪽은 경사바닥(plan incliné)이고 다른 쪽은 디딤 계단들(emmarchements)로 대립된다. 둘은 낮은 레벨의 층계참 같은 수평바닥으로 이어지는데, 양 측면에 두 입구가 만들어진다. 이 장치(dispositif)는 예술 작품 『이중부정』을 자연스레 떠올리게 한다. 페로는 그의 경사바닥을 "애브뉴/시가(avenue)"[5]라 불렀는데, 그 넓은 폭 덕분에 건물과 도시를 연결하는 거대한 기념비적 공공 공간으로 작동할 수 있었다. 그러므로 이 대학교 건물은 부지 위에 세워진 것이 아니라, 스스로 새로운 부지(un nouveau site)를 구축한 것이다.

건축적 대지미술과 긴밀히 관련될 수 있지만, 자신이 "사라지는" 것은 아닌 다른 종류의 실행(opération)도 있다. 필립 프로스트(Philippe Prost, 1959)가 설계한 아브랜느-생-나제르(Ablaine-Saint-Nazaire)의 노트르-담-드-로레트 국제기념관(Mémorial international de Notre-Dame-de-Lorette, 2012-2014)이 그것이다. 설계안은, 언덕 고원에 위치한 광활한 면적의 직사각 평면인 1차 세계대전 전사자 국립 지하묘지와 인접해 있다. 건물은 328미터 둘레의 타원형 고리 형태이며, 기성제작 콘크리트 부재들로 만들어졌다. 내부에는 아르투와(Artois)에서 전사한 병사 58만 명의 이름이 새겨진 판들이 연속적으로 세워졌다. 단일한 형태는 거대한 풍경을 향하며, 언덕 고원 가장자리에 수평적으로 안착해 자리잡고 있다. 경사진 지면이 고리 내부로 자연스럽게 스며든다. 그러므로 기념관 내부 풍경은 주변과 분리되지 않는다. 다시 말해 줌토르의 서펜타인 갤러리 파빌리온의 수법과는 정반대로, 기념관의 내부 풍경이 주변 풍경 전부와 긴밀한 관계를 유지하는 것이다.

5 도미니크 페로 홈페이지. www.perraultarchitecte.com (2015).

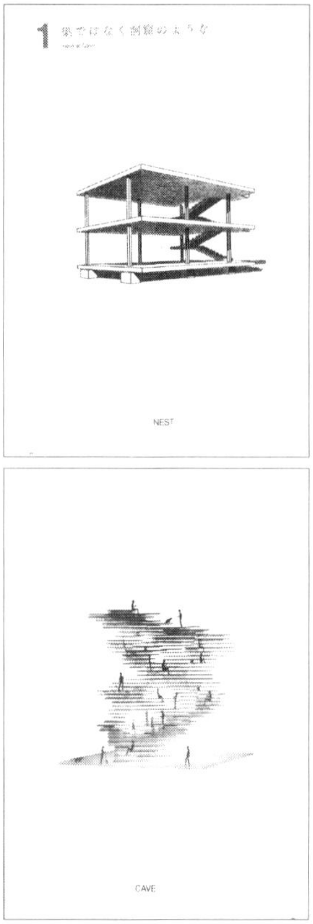

소우 후지모토, "둥지 혹은 동굴". 『*Primitive Future*』(2008)의 페이지.

내부 풍경과 밀리우

Paysage intérieur et milieu

이어지게 될 내용의 문제는 밀리우/한가운데(milieu)와 같은 내부 풍경(paysage intérieur)과 관련된다. 나에게 있어 이 문제는 현대 일본건축가들의 작업 속에서 특히 잘 드러난다.

나는 후지모토(Fujimoto)의 둥지(nid)와 동굴(grotte)의 대조로 시작하고자 한다. 그에게 이것들은 건축의 존재에 있어 두 가지 핵심적 양상이었다. 특히 그에게 둥지는, 또 다시 "돔-이노" 골조로 대표될 수 있었다!

후지모토는 "원시적 미래(primitive future)"[6]를 설명하며 내일의 건축이, 즉 오늘의 건축이 "새로워" 지기 위해서는, 본질적, 또는 의고적(achaïque) 표방의 다른 형태인 "원시적" 몸짓을 통해 다시 시작해야 한다고 인식했다. 이는 "건축 역사의 시작으로의" 회귀가 아니라 "인간과 공간 간의 상호반응과 태초 인간의 존재 방식을 다시 기억"[7]하고, 핵심적 또는 독창적 몸짓들을 다시 기억하는 것이다. 이러한 시각에서 둥지란, 거주자들을 맞이하기 위해 준비, 구축된 어떤 "기능주의적 원형(archetype)"[8]이었다. 그리고 동굴은 제공되기 전부터 이미 존재하던 어떤 "밀리우(milieu)"[9]였다. 이는 과거 자주 언급되던 두 가지 종류의 원시적 피난처들(abris primitifs)인 나무 오두막(cabane en bois)과 토굴(caverne)의 대조를 대체할 수 있는 새로운 표현이다.

둥지의 시각적 이미지가 "돔-이노" 골조였다면, 동굴을 시각화한 이미지는 후지모토 스스로 제안했던 설계안이자 "투명하고 인공적인 동굴"인 원시적 미래 주택(Primitive Future House, 2001)이었다. 이 설계안은 35센티미터 간격으로 띄워진 바닥판들의 수직중첩이며, 이를 통해 방바닥, 테라스, 계단, 책상, 서랍, 벤치 등이 형성되었다. 건축가 스스로 "풍경과 다르지 않은 지형"[11]으로 설명했고, 용도들은 확정되지 않은 상태로 공간적 기회들의 다중성(mutliplicite)이 제안되었다.

몇 년 뒤 동일한 개념이, 구마모토(Kumamoto)에 그가 지은 "작은 원시 주택 같은 방갈로(bungalow)"[12]인, 최후의 나무 주택(Final Wooden House, 2006-2008)에 적용되었다. 이 주택은 변의 길이가 35센티미터인 정사각 단면의 삼나무 목재들을 교차시켜 공간과 개구부를 만드는 수직적층으로 이루어졌다. 그렇게 만들어진 약 4미터 변의 정사면체 볼륨 내부에는, 사실 그렇게 부르기엔 부적절할 수 있을, 거실, 침실, 부엌, 욕실이 내포되고 있었다. 이 장치에서 공간과 물질은 동등하다. 다시 말해 나무로 채워진 부분(plein du bois)은 공간으로 비워진 부분(vide de l'espace)과 대략적으로

6 Sou Fujimoto, 『*Primitive Future*』, Tokyo, 2008.
7 「Conversation Between Ryue Nishizawa and Sou Fujimoto」, 『*El Croquis*』, no 151 ("Sou Fujimoto 2003-2010"), 2010, 18쪽.
8 Sou Fujimoto, 『*Primitive Future*』, op. cit., 24쪽.
9 Ibidem.
10 Ibidem, 25쪽.
11 Ibidem.
12 『*2G*』, no 50 ("Sou Fujimoto"), 2009, 60쪽.

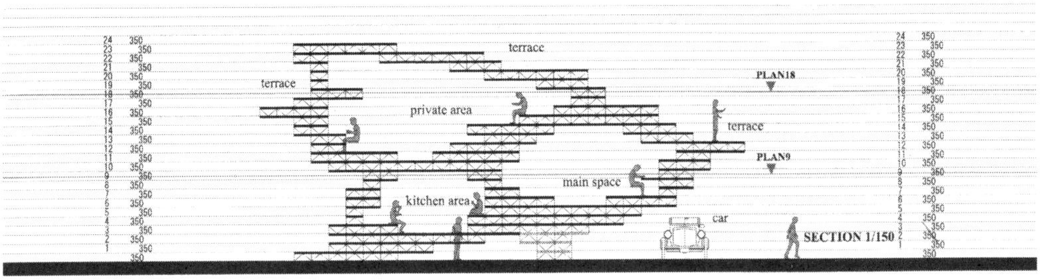

소우 후지모토, 원시적 미래 주택(2001). 35cm 간격으로 바닥판재들의 수직적층.

동일한 볼륨이며, 공간적 연속성(continuité spatiale)은 나무의 재료적 연속성(continuité materielle)과 필적한다. 이같이 동굴처럼 구멍 뚫린 구축(construction caverneuse)에 대해 후지모토는 다음처럼 반복해 설명했다. "미래 건축은 동시에 원시 건축(architecture primordiale)이기도 하다."[13]

2010년 대담에서 니시자와(Nishizawa)가 역사와의 괴리에 대한 어려움을 이야기할 때, 후지모토는 원시적 미래 주택의 주제와 관련해 흥미로운 비밀을 털어놓았다. "원시적 미래 주택은 [센다이] 미디어테크에 대한 나의 재해석이었다. [이토가] 미디어테크가 기둥들 사이의 공간들을 드러낼 수 있었다면, 나의 경우는 삼나무 목재들 사이의 공간들, 하나의 전체(un tout)로 인식되는 건축 내부에 숨겨진 공간들을 발견할 수 있었다고 생각한다."[14]

본 책의 초반부에서 우리는 후지모토가 자신의 설계안들을 위해 다양한 다이어그램들을 설정했던 것을 보았다[15]. 동시에 그가 현상학적이고 위상학적인 전개 방식도 관심갖고 있었음을 보았다[16]. 그리고 여기서 우리는 밀리우의 설계개념과 관련된 접근에서 그와 다시 조우하게 되었다. 결국 그는 복합적, 유동적 관계의 섬유조직의 문제와 교차하게 된 것이다.

끊기지 않는 공간 (토요 이토)

Espace ininterrompu (Toyo Ito)

소우 후지모토, 최후의 나무 주택(2006-2008), 구마모토.

후지모토가 자신의 원시적 미래 주택과 센다이 미디어테크(1995-2000)를 연관 짓는 것을 보면, 그 둘의 연결이 공간적 연속성(continuité spatiale)의 추구에서 비롯되었다고 가정할 수 있다. 물론 이토의 미디어테크는, 그에게 영향 받았던 많은 일본 건축가들, 특히 그 중에서도 이토의 사무실에서 일했던 이들에겐 본질적 건물의 사례로 인정받고 있었다.

이토는 미디어테크와 관련해 "연속되고(continus) 끊기지 않는(ininterrompus) 공간과 평면을 창조하고자"[17] 했다고 직접 밝혔다. 그에 따르면,

13 Sou Fujimoto, 『*Primitive Future*』, op. cit., 119쪽.
14 「Conversation Between Ryue Nishizawa and Sou Fujimoto」, op. cit., 18-19쪽.
15 본책 55-59쪽 참조.
16 본책 173-175쪽 참조.
17 Toyo Ito, 「Dividing Versus Making Continuous」, in 『*Global Architecture Detail, Sendai Mediatheque*』, Miyagi, Japan, 1995-2000, Tokyo, 2001, 5쪽.

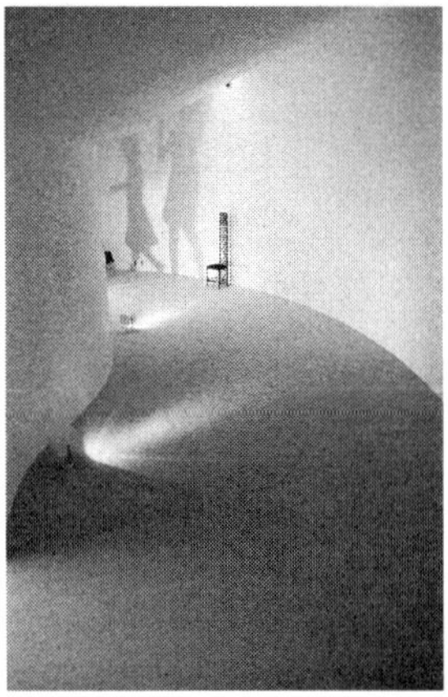

토요 이토, 백색 U 주택 (1975-1976), 도쿄.

이러한 의도는 사실 그의 작업 속에서 항상 핵심적 과제였고, 심지어 1976년 그의 U 백색주택(maison White U)으로까지 거슬러 올라갈 수 있었다. 그는 말했다. "나는 어떠한 벽으로도 끊어지지 않는 공간을 분명히 선호한다."[18] 미디어테크의 공간들이 연속되고 끊이지 않도록 하기 위해서 그는, 사실상 건축적 요구조건인 다섯 가지 희망사항(souhaits)을 나열했다. 이는 접합부, 보, 벽, 방, 심지어 건축조차 창조하지 않는 것이었다.

보들을 창조해서는 안 되는 이유는, 그것이 "자연스레 '벽들'을 유발하고, 또 벽들에 의해 분리되는 공간 단위인 '방'들을 유발하기"[19] 때문이었다. 여기서 이토는 르 코르뷔지에의 요구사항과 교차한다. 르 코르뷔지에는 가르슈(Garches)의 슈텡 주택(villa Stein, 1926-1928)에 관해 언급하며 자유평면(plan libre)을 발전시키기 위한 조건 하나를 명시했다. "그러므로 천장의 아래 표면은 늑골 구조(nervure)의 노출이 전혀 없이 매끄러운(lisse) 상태가 된다. 이러한 장치는 각 층마다 서로 동일하게 수직 적층되지 않으며 완전히 자유롭게 칸막이를 조성 구축할 수 있게 한다. 이것이 '자유평면'의 원칙이다."[20]

접합부를 창조해선 안 되는 이유는, 건축가의 목적이 추상적이고 중단(interruptions) 없는 표면을 실현하는 것인 반면, 접합부는 그 표면의 분리를 의미하기 때문이다. 그러므로 미디어테크의 주요 구축요소들인 바닥판들과 기둥들은 용접되어야 하는 것이 당연했다. 이토는 이러한 구현 방식이 "원시적(primitif)"이며 또 "근대 시대를 계승하는 동시"[21]에 "전근대적인(prémoderne) 구축을 암시"[22]하고 있다고 생각했다. 의고성으로의 회귀 이후에, 어떤 종류의 새로운 시작이 등장한 것일까…

미디어테크는 한 변이 50미터인 6개의 정사각형 수평 바닥판들과 13개의 구조("튜브/tubes") 기둥들로 이루어져 있다. 바닥판들의 두께는 47센티미터로 가능한 얇게 만들었다. 기둥들은 저마다 다른데, 얇은 철재("파이프/pipes") 튜브들로 된 구멍 난 격자조직(treillage ajouré)을 형성하는 쌍곡포물면들(paraboloïdes hyperboliques)이 위아래 방향으로 가볍게 흔들렸다. 13개의 기둥들은 비규칙적으로 배치되었다. 그 결과로 "'벽들'을 세우기 어렵게 만들었고 '방들(rooms)' 대신 '장소들(places)'을 제시했다"[23]. 마찬가지로 그 목적은 "획일적(uniforme) 공간을 가능한 피하는"[24] 것이었다. 각 바닥판 위에는, 베르크(Berque)가 "권역적(aléatoire)"이라 명명했던 논리[25]처럼, 엄격한 경계가 없이 경계선이 흐릿한 장소들이 펼쳐졌다. 더 나아가 기둥들은 위아래 방향의 흔들림(balancement) 때문에 층마다 위치가 달랐다. "돔-이노" 골조의 각기둥처럼 구조적 요소들이 수직으로 단순 적층되

오른쪽 페이지 :
토요 이토, 미디어테크 (1995-2000), Sendai. 건물의 층별 평면도 :
1 2층 (잡지, 전문지, 유아도서) ;
2 3층 (도서관) ;
3 3층 (도서관의 복층) ;
4 4층 (홀과 전시장) ;
5 5층 (전시장) ;
6 6층 (시청각 도서관).

18 Koji Taki, 「A Conversation with Toyo Ito」, 『*El Croquis*』, no 123 ("Toyo Ito 2001-2005"), 2005, 11쪽.
19 Toyo Ito, 「Dividing Versus Making Continuous」, op. cit., 6쪽.
20 『*L'Architecture vivante*』, 1929년 봄 & 여름, 32쪽. 이 주제와 관련해 Jacques Lucan, 『*Composition, non-composition. Architecture et theories, XIX*^{e} *– XX*^{e} *siècles*』, Lausanne, 2009, 368-369쪽 참조할 것.
21 Toyo Ito, 「Dividing Versus Making Continuous」, op. cit., 6쪽.
22 Ibidem, 5쪽.
23 Ibidem.
24 Ibidem, 7쪽.
25 본 책 175-176쪽 참조.

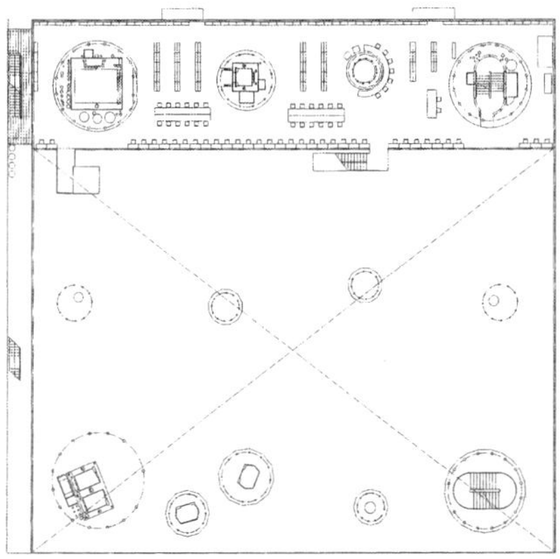

3

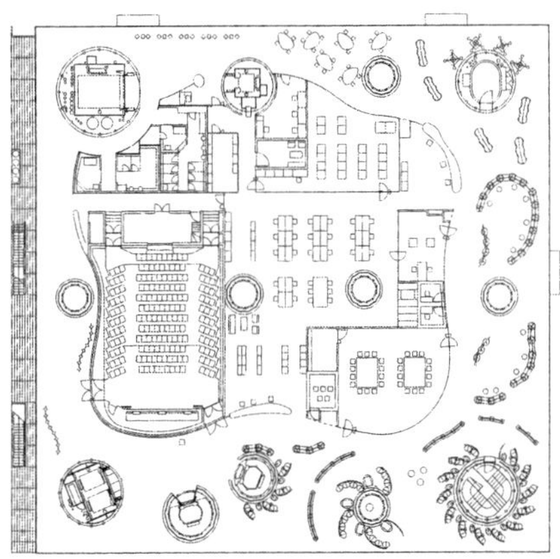

6

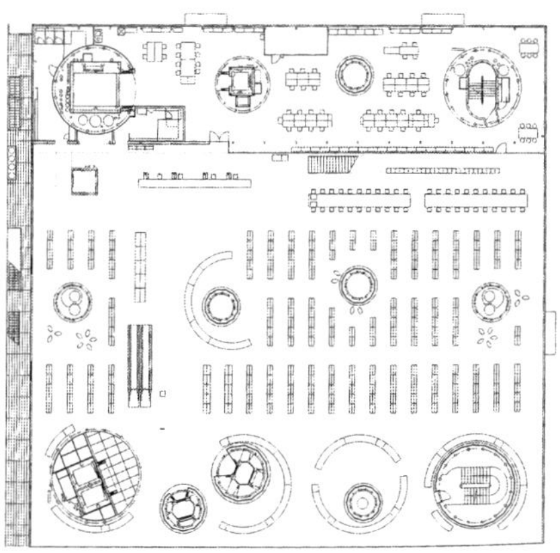

2

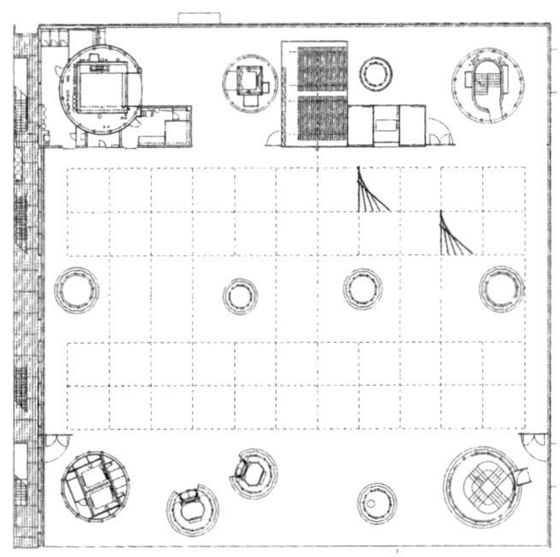

5

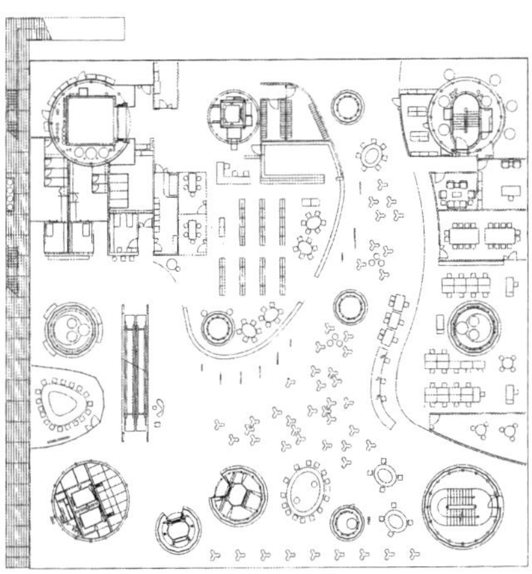

1

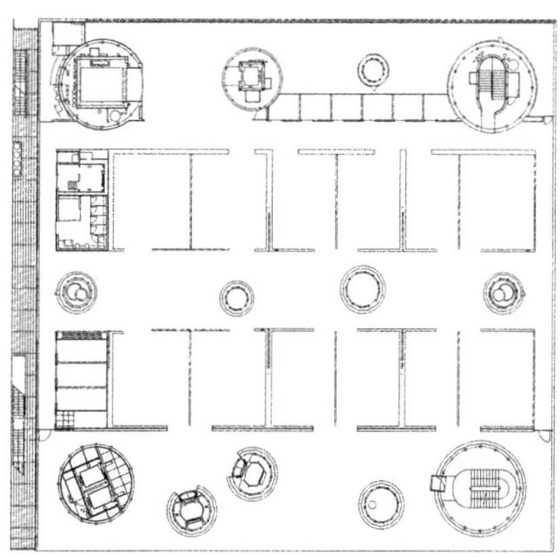

4

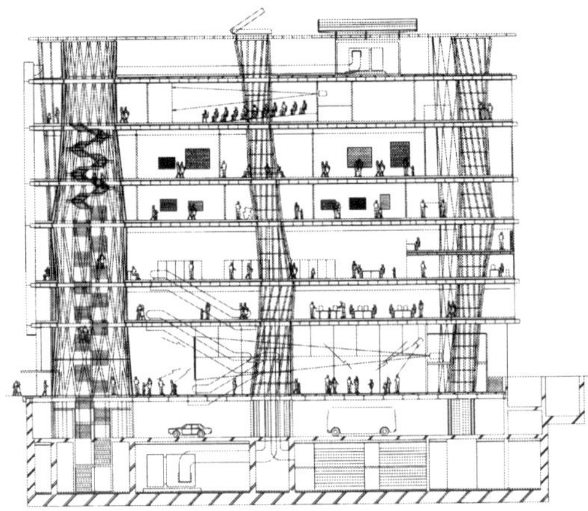

토요 이토, 미디어테크 (1995-2000),
센다이. 건물 단면도.

는 것과는 달리, 부정확(indécision)과 흐릿함(flou)이 생성된 것이다.

연속되고 끊이지 않는 공간은 미디어테크 방문객들의 행동적 자유의 조건이었다. "명확히 정의된 '방들' 속에서 특수 용도들이 제한하는 경우와 반대로, 사람들은 하나의 연속된 공간(un espace continu) 속에서 '장소들' 을 자유로이 선택한다."[26] 울타리나 한계의 부재를 이상으로 삼으며 접합부가 없는 구축을 추구하는 한, 연속성은 유동성(fluidité)의 동의어가 된다.

이토를 도와 구조 설계를 맡았던 사사키(Sasaki)는 미디어테크를 "철골로 구축된 순수하고 미니멀한 돔-이노 체계(Domino system)로, 장소들을 정의하는 바닥판들과 그것을 지지하는 튜브들로 단순하게 구성된다"[27]고 설명했다. 이토 역시 말했다. "센다이의 기둥들은 르 코르뷔지에의 돔-이노 체계를 더 발전시킨 버전을 구성한다."[28] 이토에 의한 "돔-이노" 골조의 유추(analogie)는 앞서 후지모토가 제기했던 것과 동일한 본성을 지니는 것일까? 독창적인 어느 순간, 즉 새로운 건축적 언어가 태동하는 순간과 다시 연결되려는 의도를 의미하는 것이 아닐까.

액체같은 공간

Espace liquide

미디어테크를 완공한 후 이토는 "[…] 미스의 동질적 공간(espace miesien homogéne) 속에—즉 바닥판들의 '추상적 들판(champ abstrait)' 위에—기둥들이 이식되었다"[29]고 규정했다. 또 그는 Sanaa의 가나자와(Kanazawa) 현

26 Toyo Ito, 「Dividing Versus Making Continuous」, op. cit., 6쪽.
27 Mutsuro Sasaki, 「Structure of Sendai Mediatheque」, in 『*Global Architecture Detail, Sendai Mediatheque, Miyagi, Japan*』, 1995-2000, op. cit., 8쪽.
28 Sou Fujimoto, 「Liquid Space and Fractal Boundary—A Conversation with Toyo Ito」, 『*El Croquis*』, no 147 ("Toyo Ito, 2005-2009"), 2009, 9쪽.
29 「A Dialogue with Toyo Ito」, in Mutsuro Sasaki, 『*Morphogenesis of Flux Structure*』, Londres, 2007, 56쪽.

토요 이토, 미디어테크 (1995-2000), 센다이. 실현된 건물 사진.

대미술관에 대해 "미스 식 공간의 극단적 조건"으로 이해했다. 우리는 이토를 미스의 추종자로 분류할 수 있을까?

미디어테크의 바닥판들은 다양한 천장의 높이와 조명 덕분에 서로 구별되는 용도와 무드(ambiances)를 지닌다. 그러나 바닥판 각자는 하나의 동질적 공간이며, 그 위에서 벌어지는 활동들은 각자 고유한 분위기에 젖게된다. 센다이 미디어테크를 설계하는 동안 이토는 바르셀로나 파빌리온(1929)과 관련해, 미스 반 데 로에 건축에 대한 생소하고도 역설적인 자신의 해석을 드러낸 적이 있었다. "[…] 바르셀로나 파빌리온의 투명성은 순수한 공기의 투명성이 아니다. 우리는 마치 물 속 깊이 있으며 그 속에서 사물들을 보는 것처럼 느끼게 된다. 따라서 파빌리온은 반투명성(translucidité)으로 묘사되는 것이 더 나을런지 모른다. 파빌리온 속에서 느껴지는 무한한 유동성(fluidité infinie)은 액체같은 공간(liquid-like space)이 지닌 반투명성의 결과이다."[31] 이토는 액체같은 공간에 대한 사고를 심화시키면서, 유동성과 연속성의 추구를 통한 공간 경험의 정수를 시도하고자 했다. 액체적 공간은, 그 속에서 우리가 스스로 진화할 수 있는 어떤 밀리우(milieu)를 물질화한 것이다.

르 코르뷔지에와 미스 반 데 로에를 참조하며, 이토는 역설적일 수도 있는 어떤 통합을 제안하고 있다. 그 문제의 대상은 바로 자유평면이다. 그러나 르 코르뷔지에의 경우처럼 단지 "기관들(organes)"[32]의 자유로운 조성(disposition)이나 미스 반 데 로에처럼 "자유롭게 서있는(free-standing)"[33] 칸막이들의 조성 뿐만이 아니라, 더 나아가서 밀리우(milieu)의 창조에

30 본 책 36쪽 참조.
31 Toyo Ito, 「Tarzan in the Media Forest」, 『*2G*』 ("Toyo Ito"), no 2, 1997, 126쪽.
32 이 주제와 관련해서 Jacques Lucan, 『*Composition, non-composition. Architecture et théories, XIXe –XXe siécles*』, op. cit., 372-383쪽.
33 Ibidem, 391-395쪽.

기여하고자 했다.

다양한 기회를 통해 미디어테크를 묘사할 때마다, 이토는 다수의 이미지들을 이용했다. 13개의 수직 방향 기둥들과 관련해서, 그것들이 나무줄기처럼 유연하게 흔들리는 것으로 보일 수 있음을 알았던 이토는, 준공 당시에는, 그 안의 어떠한 "두 장소도 절대 동일할 수 없는" 34 수풀이나 숲의 이미지를 예로 들었다. 설계 당시에는 다른 이미지들을 사용했는데, "죽바구니(bambou basket)" 35의 이미지 또는—"생물형태학적(biomorphique) 구조" 36처럼 기둥을 인식하며—식물 이미지를 예로 들기도 했다. 심지어 "더 정확히는 말미잘(algues)처럼 물속에서 흔들리며 춤추는 어떤 것들"의 이미지도 애용했는데, 후자의 경우 미디어테크의 상자 볼륨은 "수족관처럼" 37 비유될 수 있었다. 이 때 상기되는 공간의 설계개념은 밀리우로서의 미디어테크였으며, 바르셀로나 파빌리온에 대한 그의 묘사를 연상시키기는 것이기도 한다.

1999년, 미디어테크를 실현중이던 이토는 아이젠만(Eisenman)이 제시했던 대조38와 매우 흡사한 제안을 형식화했다. 이는 "기계적 근대주의(mechanistic modernism)"와 "전자적 근대주의(electronic modernism)"의 대조였으며, 각자 서로 다른 종류의 공간들과 결부되었다. 기계적 근대주의 공간은 "동질적이고 쉽게 통제될 수 있으며 고도의 기능성을 갖는 내부 공간" 39이며, 그 공간이 펼쳐지는 배경(fond)은 격자(grille)였다. 반대로 전자적 근대주의는 "기계적 근대주의가 창조하는 공간보다는 위치가 고정적이지 않은(moins localise) 공간을 요구한다" 40. 그 예로서 전자주소는 실제 공간을 초월하며, 그래서 "보여질 수 없는(invisible)" 41 것이 된다. 그러므로 후자에 부합하는 도시는 "더욱 동질적이고 투명한 공간"이자 "동시에 [불안정적으로] 부유하는 공간(floating space)" 42을 요구한다.

이토가 기계적 근대주의를 통해 환기시킨 것은 요컨대 "데카르트적 좌표(cartésiennes coordonnées)의 삼차원적 체계" 43이며, 반면 전자적 근대주의는 등압선 그림을 통한 기상지도의 시각적 방식처럼 "연속된 곡면과 곡선 공간" 44과 관련될 수 있다. 데카르트적 기하학과 대조적으로, 위상학적 기하학, 전자통신망의 기하학이 펼쳐지는 것이다.

미디어 시대에는 네트워크들과 다중적 플럭스들(flux)이 벌판을 누비게

34 Toyo Ito, 「Dividing Versus Making Continuous」, op. cit., 7쪽.
35 Toyo Ito, 「Tarzans in the Media Forest」, op. cit., 129쪽.
36 Ibidem.
37 Ibidem, 130쪽.
38 본 책 92쪽 참조.
39 Toyo Ito, 「Blurring architecture」, in Ulrich Schneider & Marc Feustel (dir.), 『*Toyo Ito. Blurring Architecture*』, Milan, 1999, 51쪽.
40 Ibidem, 55쪽.
41 Ibidem.
42 Ibidem, 57쪽.
43 Ibidem.
44 Ibidem.

된다. 그에 걸맞는 공간은 들뢰즈(Deleuze)와 가타리(Guattari)가 "주름잡힌(strié)" 것으로 분류했던 그런 공간일까? 혹은 풀 수 없는 엮임(entrelacs) 상태의 선들이 증가해 "매끄러운(lisse)" 공간을 만들게 되는 것일까?[45] 선택을 결정하기란 불가능하다. 다만 이토가 "투명성, 동질성, 불안정성을 지닌 공간 속에서 구축되는 어떤 건물을 '흐릿한 건축(blurring architecture)'으로 명명하기 원했음"[46]은 분명했다. 다시 말해 경계들(limites)의 선명도를 흐리게 만들고, 확실하게 활동들을 분리하거나 용도들을 격리시키던 경계선들(frontières)을 수립하지 않는 건축이다.

격자의 공간화

Spatialisation de la grille

격자는 데카르트적 좌표 체계를 작동시킨다. 그것은—앞서 보았던—르 코르뷔지에의 "돔-이노" 골조 같은 모델에 의해 시각화될 수 있다. 그리고—이토에 따르면 "20세기 건축을 지배한 획일적 격자(grille uniforme)의 창조자"[47]이며 그의 베를린 국립 현대미술관(1962-1968)이 훌륭한 사례가 되는—미스 반 데 로에 같은 건축가로 대표될 수 있다. 그런데 어떻게 획일적 격자를 초월할 수 있을까?

원시 "오두막". 이미지 발췌 : 마크-앙투완 로지에, 『*Essai sur l'architecture*』, 1755.

2006년, 즉 센다이 미디어테크의 실현 이후, 이토는 격자에 관해 선언했다. "나는 격자의 규칙적 모듈성(modularité)을 용해시키고, 그 표면을 물결 모양(ondulées) 언덕으로 변형시키고 싶다. 나는 미스의 공간을 파괴하거나 반대하고 싶지는 않다. 단지 그의 공간을 다른 방향—나는 그것을 '서서히 드러나는 격자(emerging grid)'로 부르는 그 방향—으로 이끌고자 시도하고 싶을 뿐이다. 지금 내가 추구하는 건축은 [과거의] 유클리드 기하학에서 자연에 기반한 비선형적(non linéaires) 기하학으로 진보시킨다. 이제는 사람들이, 도시 환경과 건축 공간 속에서 일반화되었던 격자체계에 대한 감성과 활기를 상실하는 중이라고 나는 느낀다."[48] 이토는 자신의 목표를 설명하기 위해, 센다이 미디어테크와 나무들의 은유(métaphore)를 다시 일깨웠다. 그는 건물의 전체를, 숲으로 덮인 연속체(continuum forestier)에서 잘라낸 입방체(cube)처럼 인식했다. 그리고 입면 파사드는 입방체의 절단면들(tranches)일 뿐이다. 이 은유는 자연으로의 회귀 운동을 재현하는 듯 했다. 유추적으로는 로지에(Laugier)가 묘사했던 원시오두막으로의 회귀를 연상시키기도 한다. 이토는 로지에의 『건축에 대한 에세이(*Essai sur l' architecture*)』를 인용했는데, 그에게 [원시] 오두막은 "우리가

45 매끄러움(lisse)과 주름잡힘(strié)의 문제에 관해 본 책 93-95쪽 참조할 것.
46 Toyo Ito, 「Blurring architecture」, op. cit., 58쪽.
47 Toyo Ito, 「The New 'Real' : Towards Reclaiming Materiality in Contemporary Architecture」, in Toyo Ito, 『*The New "Real" in Architecture*』, Tokyo, 2006, 30쪽.
48 Ibidem, 31쪽.

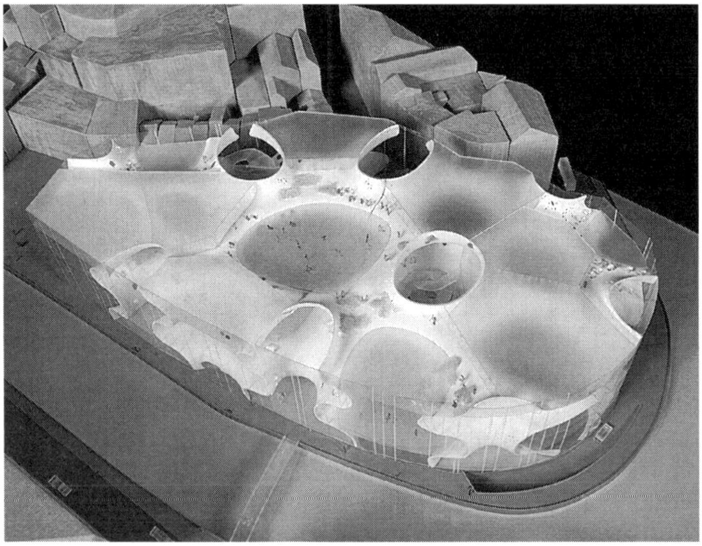

토요 이토, 음악 무용 시각문화 포럼의 현상설계안 (2004), 겐트, 설계안 모형 사진.

건축의 모든 황홀함(magnificence)으로 상상했던 모델"[49]이었다. 자연으로 회귀하려는 운동은 더 나아가 의고적(archaïque) 회귀이자, 독창적 순간으로의 회귀였다. 뿐만 아니라 역설적으로 형태가 너무 복합적이어서 묘사를 위해 당연히 유클리드 기하학을 초월하는 전자 수단들을 요구했던 형태 설계개념으로부터 진일보한 것이기도 했다.

앞서 우리는, 서펜타인 갤러리를 실현시키기 위해 이토가 발몽드(Balmond)와 협업[50]했으며, 또 카가미가하라(Kakamigahara) 화장터의 실현을 위해 그가 사사키와 협업[51]했음을 보았다. 이토는 이제, 내가 "격자의 공간화(spatialisation de la grille)"라고 부르려 하며, 건축가 스스로는 '서서히 드러나는 격자'로 명명하는 건축을 향해 더 멀리 나아가고자 했다. 두 개의 설계안이 그의 관심사를 더 발전시키는 계기가 되었는데, 벨기에 겐트의 음악 무용 시각문화 포럼의 현상설계안(2004)과 대만 타이중(Taichung)의 메트로폴리탄 오페라하우스(2005-2015)였다. 우리는 두 경우 모두에서 "획일적인 격자가 삼차원적 껍질의 연속체(continuum de coques)가 되기 위해 변형되는 체계, 규칙적이고 단순한 공간들이 복합적이고 다채로운 공간들로 변형되고, 비유기적이고 경직된 공간이 유기적이고 유연한 공간으로 변형되는 방법"[52]과 맞닥뜨리게 된다.

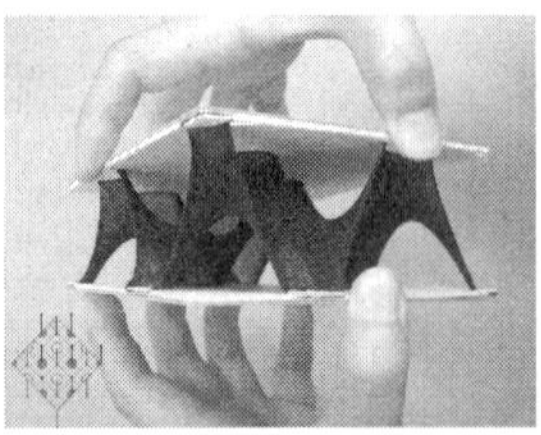

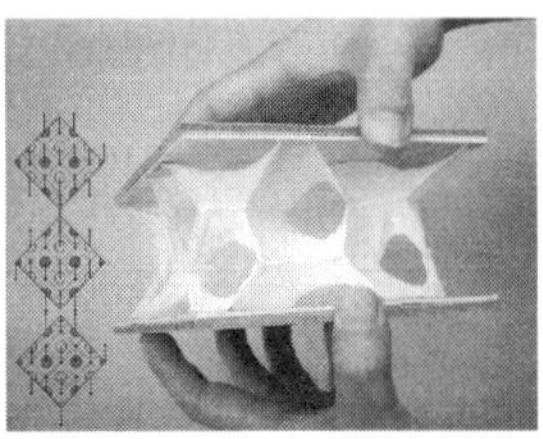

토요 이토, 음악 무용 시각문화 포럼의 현상설계안 (2004), 겐트, 삼차원적 발전 혹은 격자의 공간화.

계속 중심이 되고 있는 것은 당연히 연속성과 유동성의 문제이다. 그리고 오두막보다는 동굴에 더 가까운 공간들이 창조되고 있다. 최종적 목

49 Ibidem, 31쪽. 이토는 Marc-Antoine Laugier, 『*Essai sur l'architecture*』, Paris, 1755, 9-10쪽을 인용했다.
50 본 책 82-83쪽 참조.
51 본 책 106-107쪽 참조.
52 Toyo Ito, 「The New 'Real' : Towards Reclaiming Materiality in Contemporary Architecture」, op. cit., 38쪽.

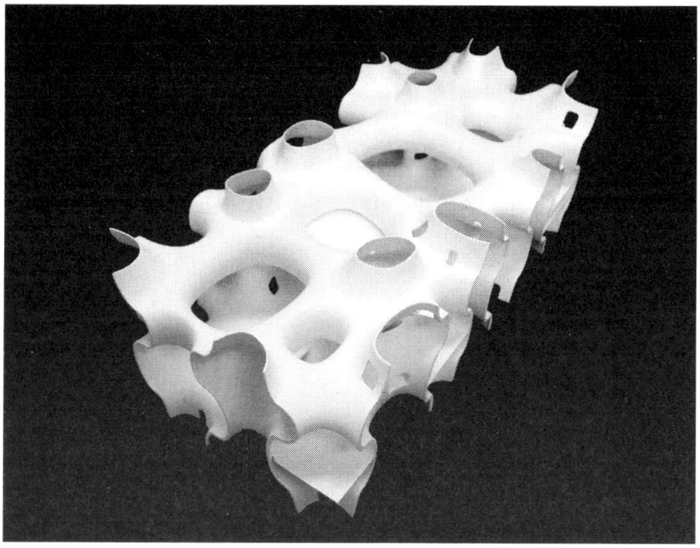

토요 이토, 메트로폴리탄 오페라하우스 (2005-2015), 타이중. 설계안의 비워진 껍질 구조의 개념 모형.

표는 "자연과 함께하는 최초의 '진실된 장소들'"[53], 물리적으로 우리를 사로잡는 장소들의 창조였다. 이것은 이토에게 과거로의 회귀가 전혀 아니었다. 근대주의를 넘어서는 "새로운 현실(new real)"[54]을 향한 것이었다.

겐트 음악 무용 시각문화 포럼에 대해, 이토는 "건축이라기보다 도시 풍경"[55]이라 규정했다. 방향성이 부여된 건물도 아니었고, 정면 파사드나 앞과 뒤도 없으며, 여기저기서 건물에 접근할 수 있는 설계안이었다. 섬유 또는 유기적이고 부드러운 말미잘을 닮은 하나의 껍질구조로 형성되었고, 공간화된 격자가 단순 직각체계로부터 멀어지기 위해 가변되었다. 설계안은 하나의 연속 곡면으로 두 가지 유형의 공간들을 만들어냈다. 하나는 극장, 음악실들을 위한 공간이며, 다른 공간은 홀과 식당들로 형성된 "연속된 도시 풍경" 이었다.

타이중 메트로폴리탄 오페라하우스 설계안은 "서서히 드러나는 격자", "위상학적 격자 체계"[57]라는 동일한 건축적, 구축적 원칙이 다시 채택된 것이었고, 그 실현은 더욱 복합적이었다. 건물의 일반적 형태는 직육면체로 각 측면이 마치 구멍 뚫린 미로와 같은 올오버(all over) 조직체의 수직단면에 가까웠는데, 과거 이토가 숲으로 덮인 연속체의 껍질로 설명했던 센다이 미디어테크와도 비교될 수도 있겠다.

53 Ibidem, 42쪽.
54 Ibidem.
55 『*El Croquis*』, no 123 ("Toyo Ito 2001-2005"), op. cit., 322쪽.
56 Ibidem, 326쪽.
57 『*El Croquis*』, no 147 ("Toyo Ito 2005-2009"), op. cit., 166쪽.

평면의 공간화: 랜드스케이프 건축

Spatialisation du plan: landscape architecture

타이중 메트로폴리탄 오페라하우스에서는 낯선 내부 풍경을 창조하고자 하는 야망이 드러난다. 동일한 질서 체계를 꿈꾸는 야망이, 이토와 가까운 건축가들로 하여금 랜드스케이프 건축(landscape architecture)에 관해 공감하며 언급하도록 만들었고, 연속성과 밀리우를 형성하고자 하는 문제의식과 대면하도록 이끌었다.

세지마 & 니시자와(Sanaa)의 경우, 알메르(Almere) 시립극장에서는 "내부의 공공 공원"58을 설계하고자 했다는 것을 밝혔다. 즉 편의시설들이 갖추어져 있고, 그 속에서 다른 세대, 다른 유형의 사람들이 개별 혹은 집단으로 공존할 수 있는 하나의 공간을 의도한 것이었다. 2004년, 세지마는 다음과 같이 규정했다. "사람들이 어딘가를 향해 가장 직선적인 방식으로 갈 수도 있는 동시에 다른 길을 선택할 수도 있도록, 우리는 다양한 길과 동선 체계를 디자인하려고 노력했다."59 이렇게 그들은 풍경(paysage)과 같은 건축 개념에 다가가게 되었다. 유사한 표현이, 같은 해 Sanaa가 설계했고, 후에 다시 우리가 다루게 될, 로잔 연방공대 롤렉스 러닝센터(EPFL Rolex Learning Center)를 위한 묘사에서도 발견된다. 러닝센터의 설계개념에서는 "공간적 투명성"을 위해 물질적 매스의 존재감이 약화되었다. 물론 알메르 시립극장과 같은 방식의 분할된 공간이나, 가나자와 미술관처럼 폐쇄적인 전시공간도 그들에게 불가능한 것은 아니었다.

노먼 포스터, 세인즈버리 시각미술센터 (1974-1978), 이스트 앵글리아 대학, 노리치.

1970년대에는 모든 영속적 장애로부터 벗어나 절대적 자유 공간을 추구하던 현상이 있었다. 당시 거의 동시적으로 설계, 실현된 두 건물이 이를 대변했는데, 피아노(Piano) & 로저스(Rogers)의 퐁피두센터, 포스터(Foster)의 이스트 앵글리아 대학(UEA) 세인즈버리 시각미술센터(1974-1978)가 그것들이었다. 두 건물은 일명 하이테크(high tech) 건축의 대표적 사례들이기도 했다. 퐁피두센터는 매우 거대한 보들로 지지된 바닥판들의 수직적층이었으며, 세인즈버리 센터는 기둥열(portiques)이 연속된 주랑으로 형성된 거대한 하나의 홀로서, 자주 비교되었던 1889년 파리 만국박람회의 기계관(galerie des machines)의 공간 방식과 흡사했다. 두 경우 모두 건물 내부의 공간점유(occupation)가 사건들이나 행위의 변화에 따라 다채로워질 수 있으나, 그 다양한 방식의 조합을 정돈(agencements)하려는 다이어그램적 설계개념은 전혀 시도되지 않았다. 이 건물들의 내부 공간을 우리는 건축적 풍경으로 규정할 수 있을까?

위 건물들은 모두 '펼쳐진 획일적 공간'(étendues uniformes)을 갖지만, 앞서 내가 센다이 미디어테크와 관련해 설명했던 의미의 밀리우가 창조

58 본 책 32쪽.
59 Cristina Diaz Moreno, Efrén Garcia Grinda, 「Liquid Playground (Fragments from a Conversation)」, 『*El Croquis*』, no 121-122 ("SANAA – Kazuyo Sejima, Ryue Nishizawa 1998-2004"), 2004, 23쪽.

되었다고 말하기는 어렵다. 사실상 우리는 '펼쳐진 획일적 공간' 앞에 위치한 관람객(spectateurs)이 되었다. 거기서 우리가 갖게 되는 광경은, 메를로-퐁티의 개념에 따라 유클리드적 또는 데카르트적이라 할 수 있었다. 그러므로 위상학적 공간, "이웃하기(voisinage), 둘러싸기(enveloppement) 등의 관계들이 스스로 경계를 긋는 밀리우"60와는 연관되지 않는다.

'펼쳐진 획일적 공간' 과 대립, 비교될 수 있는 관계에 있는 로잔 롤렉스 러닝센터는 전혀 새로운 경험을 제공하고 있는데, 이는 내가 "평면의 공간화(spatialisation du plan)" 로 명명하는 개념에 의해 유도된 것이다.

만일 우리가 롤렉스 러닝센터의 내부로 진입하기 원한다면, 건물 측면을 통해서는 불가능하다. 우리는 건물의 한가운데(milieu)로 진입해야 한다. 그러기 위해서는 먼저 건물 아래로, 즉 둥근 천장인 궁륭(voûte)의 아래를 통과해야 한다. 거대한 진폭(amplitude)의 궁륭은 다양한 곡면을 지니며 극단적으로 당겨져 있어 여러 부분들이 대지와 접하게 된다. 궁륭은 많은 [중정] 개구부들에 의해 관통된다. 작은 것들은 주로 채광만을 위한 것이며, 큰 것들은 비규칙적 곡선을 지니면서 하늘을 향해 크게 열려있다. 가장 큰 개구부들 중 하나에 다다르면 우리의 경로는 경미하게 상승하며 건물 실내로 이어진다. 우리는 이제 궁륭의 윗면인 바닥 위에서 이동하게 된다. 동질적이고 유동적이며 연속되고 전혀 장애가 없으며 동등하고 명확한 채광을 지닌 하나의 유일 공간(un seul espace)이다. "원-룸 공간(one-room space)" 은 진정한 건축의 풍경이며, 물결치는 판(plaque ondulée) 또는 나는 양탄자의 진폭에 가깝다.

그러므로 건물이 선사하는 첫 번째 경험은, 동굴 내부를 연상시키는 공간에서 공중에 떠 있는 밝은 공간으로 통과(passage)하면서 갖게 된다. 즉, 궁륭이 땅과 분리되는 순간 작동하는 통과이며, 그 어떤 문턱도 공간의 연속성을 단절시키지 못한다. 두 번째 경험은, 중정 개구부들을 서로 얽히게 만드는 굽이들을 형성시켜 경사를 오르내리면서 도서관, 작업공간, 휴게공간, 카페테리아, 식당 등의 모든 활동들을 서로 연결시키는 다중적 경로들이 존재하는 공간의 경험이다. 이상적으로 이 경로들은 끊어져선 안 된다. 예외적으로 포도송이처럼 결착된 거품 형태의 사무실들만이, 마치 중정처럼, 닫힌 공간들이다. 끊어지지 않은 공간에 대해 니시자와는 규정했다. "[…] 이런 종류의 곡선 바닥면은 각 프로그램들 간에 요구되는 거리를 해결한다. 건물 내부에 창조된 언덕과 계곡들은 프로그램들을 분리시킨다. 다만 완전한 분리는 아니며, 관계들과 연속성은 유지된다."61

롤렉스 러닝센터의 통합된 공간의 경로들은 피사계심도(profondeurs de champ)와 시점을 다중화시킨다. 우리는 어디에 위치하더라도 물결치는 판의 전체 풍경을 파악할 수 없다. 그것의 단일성(unité)은 우리의 지각을 벗어난다. 그러므로 은유적으로 노-스탑 빌딩(No-Stop Building)처럼 설명

60 본 책 165쪽.
61 Juan Antonio Cortes, 「A Conversation With Kazuyo Sejima & Ryue Nishizawa」, 『*El Croquis*』, no 139 ("SANAA – Sejima + Nishizawa 2004-2008"), 2008, 25쪽.

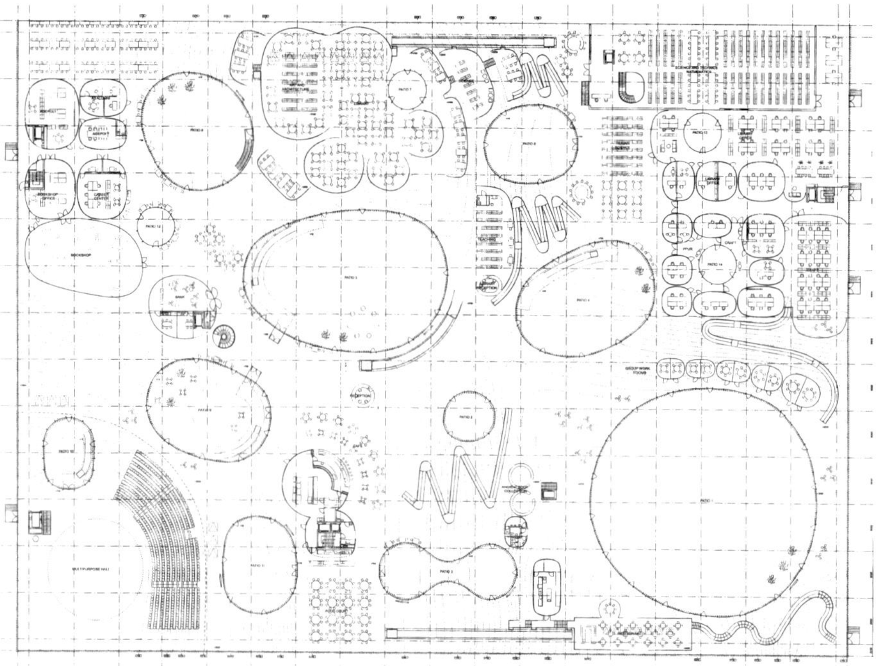

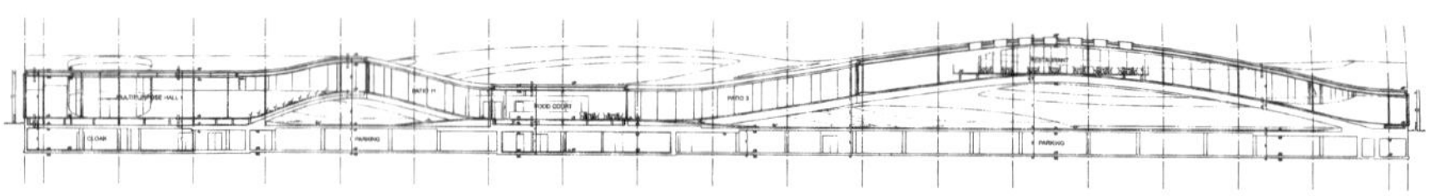

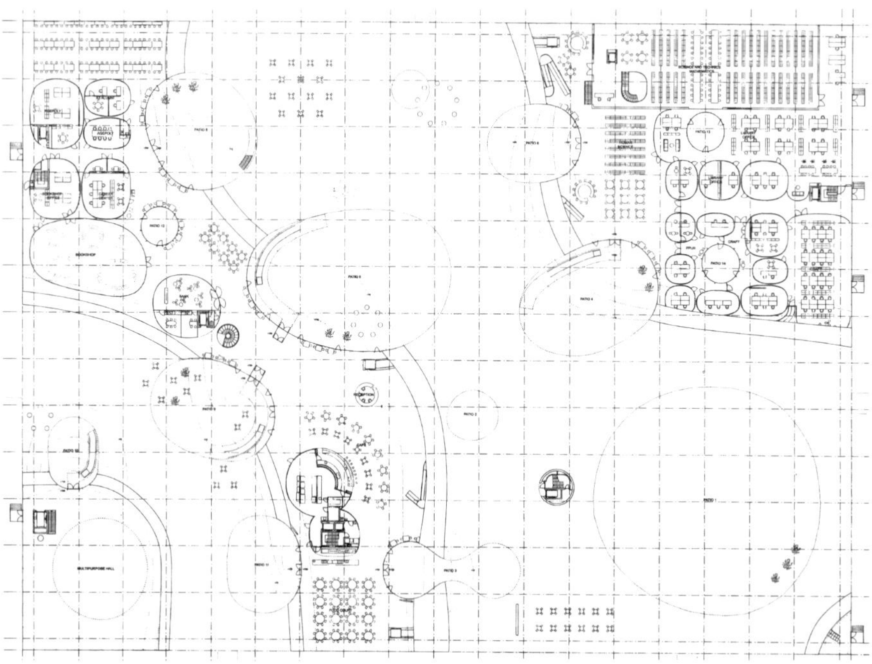

Sanaa (카즈요 세지마 & 류 니시자와), 롤렉스 러닝센터 (2004-2010), 스위스 로잔 연방공대, 에큐블랑. 내부 사진.

할 수 있다. 경계 지어진 장소들을 제공하지 않고, 또 원칙적으로 건물의 내부 바닥의 지형에 따라 합쳐지거나 분리되는 활동들의 분산(dissémination) 조건을 부여하고 있기 때문이다. 연속성과 행위의 분산에 대한 이와 같은 감성은, 롤렉스 러닝센터와 비교할 때 프로그램은 흡사하나 더 도시적인 설계안이었던 센다이 미디어테크에서 이토가 시각화시켰던 연구의 유형으로도 분류될 수 있다. "바닥판들의 추상적 벌판이 보여주는 미스식의 공간"은, 로잔에선 거의 절대적 유동성을 지닌 진정한 밀리우(milieu)가 되었다. 이에 대해 세지마는 규정했다. "가장 흥미로운 점은 당신이 내부 공간의 총체성(totalité)을 볼 수 없다는 것이다. 공간의 깊이는 느낄 수 있다. 연속성을 느낄 수도 있다. 그러나 당신은 건물의 경계를 볼 수는 없다. 당신 주위에서 당신이 볼 수 있는 것은, 항상 주어진 순간 당신이 위치하고 있는 그 지점에 철저하게 종속된다."[62]

롤렉스 러닝센터의 실현은 "생각"의 측면에선 단순한 구축 개념이었지만, 구현의 측면에선 특히 복합적이었다. 공간적 유동성을 위해서는 물결치는 바닥판의 아랫면은 물론 윗면도 연속되어야 할 필요가 있었다. 사사키가 세웠던 초기 개념인 "플럭스 구조(flux structure)"로 된 강력한 철근콘크리트 구조가, 이에 더 효과적이었다. Sanaa의 다른 실현작들과 비교해보면, 러닝센터는 거의 반대로 구축적 구조를 중성화(neutralisation)시키는 미장센을 보여준다. 건물 내부에는 얇은 철골 원형기둥들과 지붕의 지지구조가 부분적으로만 드러날 뿐이다. 궁륭의 강력함과 내부의 가벼움 사이의 대조가 이처럼 강조되었다.

궁륭 아래로 미끄러져 들어선 이후부터 우리는 더 이상 건물과의 거리, 건축 오브제와의 거리를 가질 수 없게 된다. 그러므로 롤렉스 러닝센

62 Ibidem, 26쪽.

왼쪽 페이지 : Sanaa (카즈요 세지마 & 류 니시자와), 롤렉스 러닝센터 (2004-2010), 스위스 로잔 연방공대, 에큐블랑.
아래 : 지상층 평면. 거대한 두 궁륭이 건물의 입구를 만들어낸다.
중간 : 남쪽 입면의 종단면도 (페이지 위쪽이 북쪽임).
위 : 건물 내부 바닥 전체 평면도.

준야 이시가미, 가이트 워크샵 (2006-2008), 가나가와 공대, 가나가와. 내부의 투명성과 외부로부터의 투명성.

터가 제공하는 경험은 현상학적이다. 메를로-퐁티의 표현이 다시 환기될 수 있었다. 그는 "주변의 오브제들이 지평을 이루지 않고서는 오브제가 될 수가 없었던, 어느 오브제의 내부 지평(horizon interieur)"[63]에 대해 설명한 바 있다. 내부에 우리가 위치하게 되는 공간에 대해서, 그는 다음과 같이 말했는데, 이는 앞서 내가 인용했던 글이기도 했다. "나는 그 외피를 따라 공간을 보지 못한다. 나는 그 속에서 산다. 나는 덮여(englobé) 있다. 모든 세계는 나의 주위에 있으며, 나의 앞에 있는 것이 아니다."[64]

원-룸 공간과 경계들의 소멸

One-room space et effacement des limites

덮여 있는 것에 대한 메를로-퐁티의 표현은, 이시가미(Ishigami)가 설계한 가나가와 공대(Kanagawa Institute of Technology) 가이트 워크숍(Kait Workshop, 2006-2008)의 "원-룸 공간(one-room space)"에도 적용될 수 있다. 이를 위해 자연의 이미지가 환기되었다. 305개의 기둥들이 덮개를 지지하는 "나무들"에 비유되었던 것이다. 이시가미는 "방문객들이 나무 틈 사이로 새어 들어온 빛과 함께 수풀을 가로지르며 거니는 느낌을 가지는 장소"[65]이기를 희망했다. 앞에서 이토가 "공간이 나무들에 의해 정의되는 수풀이나 숲에서는, 서로 동일한 두 장소는 있을 수 없다"[66]고 말하며 센다이 미디어테크를 숲에 비유했었던 것처럼, 이시가미도 가이트 워크숍의 공간적 이해가 최소한의 움직임에도 의존적이며, 건물 기둥들의 성좌(constellations)가 새로 재편성되기 위해서는 단 한발짝만으로도 충분하다고 생각했다. 그는 말했다. "한걸음만 내딛더라도, 실 전체는 만화경(kaléidoscope)처럼 변화한다."[67] 더 나아가 건물의 펼쳐진 공간(étendue)의 인지는 그 내부

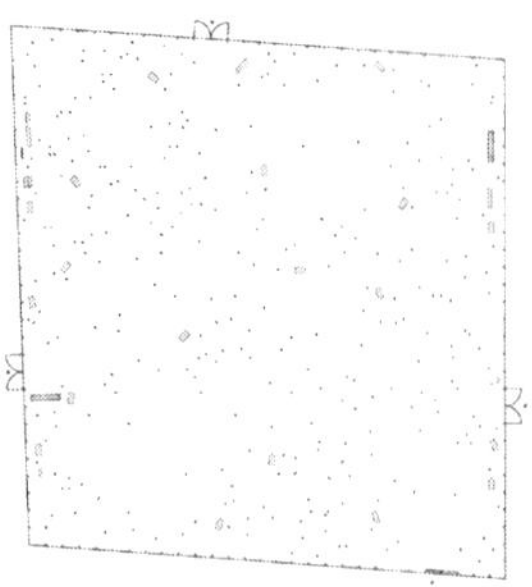

준야 이시가미, 가이트 워크샵 (2006-2008), 가나가와 공대, 가나가와. 분산된 기둥들의 평면.

63 Maurice Merleau-Ponty, 『*Phénomenologie de la perception*』 (1945), Paris, 1971, 82쪽.
64 Maurice Merleau-Ponty, 『*L'Œil et l'esprit*』 (1964), Paris, 2002, 59쪽. 본 책 165쪽 참조.
65 Junya Ishigami, 『*Small Images*』, Tokyo, 2008, 28쪽.
66 Toyo Ito, 「Dividing Versus Making Continuous」, op. cit., 7쪽.
67 Junya Ishigami, 『*Another Scale of Architecture*』, Kyoto, 2010, 51쪽.

Sanaa (카즈요 세지마 & 류 니시자와), 루브르-랑스 (2006-2013), 랑스. 상설 전시를 위한 "시간의 갤러리".

를 점유하나 잠재적으로는 불안정적 상태의 활동들에 의존적이다. "목표는 내부 공간들이 비누거품처럼 나타나고 사라지는 건물을 설계하는 것이다. 공간들의 기능, 형태, 치수 그리고 공간들이 재연결, 분리되고 무리지어지는 방식은, 마치 불안정하게 변동하는(fluctuant) 공간들 사이에서 규율 없이 배합(assortiment)되는 것처럼 선언된다."[68] 끝으로 가이트 워크샵은 획일적인 피난처(abri uniforme)가 아니었다. 이처럼 "숲과 같은 건축작품(forest-like work of architecture)"[69]은 피난처일 뿐만 아니라 환경(environnement) 그 자체이다. 이시가미는 이를 "순수한 건축"[70]이라 일컫었는데, 기념비적이고 위계적인 개념과는 반대명제(antithèse)였다. 그것은 어떤 밀리우였다. 이에 적합한 이미지로 물이 가능하다면 "모든 것과 뒤섞이기 때문" 이며, 공기가 될 수 있다면 "우리를 감싸고 있기 때문이다"[72].

평면 바닥이 수평적인 알메르 시립극장의 '내적 공공공원' 에서부터 바닥이 "계곡진(vallonné)" EPFL 롤렉스 러닝센터에 이르기까지 Sanaa 의 목표는, 니시자와에 따르면, "어떤 분위기, 거주 풍경(a landscape for people)"[73]을 실현하는 것이었다. 루브르-랑스(Louvre-Lens, 2006-2013)의 공간들 가운데 회화 및 조각 작품들을 지적인 방식으로 분산시켜 전시하는 "시간의 갤러리(Galerie du temps)"는, 경미하게 기울어진 바닥을 통해 관람객들이 마치 공공장소에 있는 것처럼 느끼도록 하며 작품들 사이에서 방랑하게 만들었다. 더 나아가 갤러리의 측면 벽체들에서 나타나는 미세한 곡면의 연속 때문에, 구조체의 단순 반복으로 형성되곤 하던 "창고(hangar)"나 피난처 내

68 Ibidem, 87쪽.
69 『*The Japan Architect*』, no 79 ("Junya Ishigami"), 2010년 봄 호, 20쪽.
70 Ibidem, 5쪽.
71 Ibidem.
72 Ibidem.
73 Juan Antonio Cortés, 「A Conversation With Kazuyo Sejima & Ryue Nishizawa」, op. cit., 31쪽.

부 같은 공간으로는 인식되지 못하게 했다. 동질적이고 거의 비현실적 채광을 가진, 어느 거대한 내부 풍경 속에 우리가 있는 셈이다.

앞에서 설명한 건물들에서 결국 핵심은 바닥의 처리였다. 바닥은 그 위에서 행위들이 벌어지는 배경이자 지형이 되었다. 끊임없이 펼쳐지는 공간을 결정짓는 것이 바로 바닥이었다.

2006년 베를린, 미스 반 데 로에의 국립미술관에서는 『베를린-도쿄 / 도쿄-베를린』 전시회가 있었다. 이어서 도쿄에서는 『토요 이토 : 건축의 "새로운 실제(New Real)"』라는 전시회가 개최되었다. 이 때 이토는 부드러운 파동(ondulations)의 인공 바닥을 만들었다. EPFL 롤렉스 러닝센터의 바닥을 연상시키기도 하는 이토의 바닥에 대해 후지모토는 "고유한 위상학적 공간" 으로 규정했다. 이것과 관련해 이토는 "바닥판의 경계를 파도로 만들고자" 했다고 밝혔다. 그가 "경계들이 뒤섞이는 상황에 대해 매우 관심 깊어" 했음은 사실 그다지 놀랍지 않았다. 전자적 근대주의(modernisme électronique)의 내재적 특성으로 이토가 인식했던 경계선들의 흐릿함(flou des frontières)을 재확인시켜줄 뿐이었다.

루브르-랑스로 다시 돌아와 살펴볼 때 우리는 경계들의 혼란을 재발견하게 된다. 이는 "시간의 갤러리" 속 내부의 인지에서 뿐만 아니라, 살짝 경사진 대지 위에 서로 근접해 일정한 간격을 두고 연속적으로 늘어서며 어긋나 있는 건물들에 대한 "외부적" 인지에서도 마찬가지였다. 건축가의 규정에 따르면, 건물들과 환경이 연결되기 위해 "산화 처리되어 반들반들한 알루미늄으로 만들어진 건물 정면은 극도로 반사적이어서 주변 이미지들을 흐릿하게 만들고, 또 장식의 변화나 분위기의 조건, 관찰자의 위치 등과 더불어 계속 가변된다"76.

경계의 문제와 그 처리는 일본의 전통적 공간성에 있어 핵심이 아니었던가? 베르크(Berque)에 따르면 샤케이(shakkei), 즉 차경(emprunt de paysage)이란 "그 사이에 있는 것, 다시 말해 도시 풍경을 의도적으로 은폐하며, 결국 원경을 주거공간의 은밀한 곳으로 끌어들이는 방식의 구조화(structuration)" 77였다. 베르크는 원경을 끌어들이는 차경과, 에르므농빌(Ermenonville)의 영국식 정원을 설계했던 르네-루이 드 지라르댕(René-Louis de Girardin, 1735-1808)의 방식을 대조시켰다. 주변 풍경을 적합하게 만들고(s'approprier), 또 "국토(pays)를 배경삼아" 78 원근법의 깊이를 부여하기 위해 결국 지라르댕은 "원경의 소실" 79을 목표삼았다. 소실시키거나 끌어들이기. 이 두 관점은 비록 서로 대조되나, 모두 피사계심도, 경계들의 초과와 소멸이 문제의 핵심인 것은 동일했다. 험프리 렙톤(Humphry Repton, 1752-1818)의 풍경 이론은 가장 픽쳐레스크적인 상황들도 "적절한 개조

74 Sou Fujimoto, 「Liquid Space and Fractal Boundary – A Conversation with Toyo Ito」, op. cit., 13쪽.
75 Ibidem, 14쪽.
76 『*El Croquis*』, no 139 ("SANAA – Sejima + Nishizawa 2004-2008"), op. cit., 186쪽.
77 Augustin Berque, 『*Du geste à la cité. Formes urbaines et lien social au Japon*』, Paris, 1993, 82쪽.
78 René-Louis de Girardin, 『*De la Composition des paysages*』, 1777, 29쪽.
79 Ibidem.

(appropriation) 없이는"[80] 상상될 수 없다는 사실을 강조했다. 개조가 설령 허구일지라도, "우리 자신의 집(our own home)"[81], 다시 말해 우리 자신의 밀리우(milieu)와 연관됨은 분명했다.

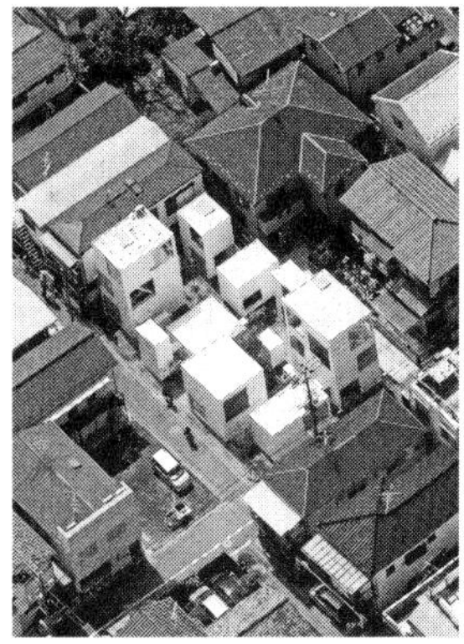

류 니시자와, 모리야마 주택 (2002-2005), 도쿄.

니시자와는 모리야마 주택(Moriyama, 2002-2005)을 설계하며 이 주택이 동네의 분위기와 스케일에 부합하기를 의도했다. 이에 따라 모리야마 주택은, 공간적 특성과 용도가 서로 다른 독립적 개체들이자 그 중 하나는 집주인의 공간인 총 여섯 채의 주택들로 파편화되었다. 각 개체마다 정원 또는 골목과 특수 관계를 맺으며, 주택과 환경은 하나의 밀리우로 융해된 듯 했다. "이곳의 사람들과 건물들은 개방적이어서, 이웃들이 소곤대는 소리를 일상적으로 들을 수 있다. 이는 우리가 도시에서 다른 소리들을 들으며 사는 것과 마찬가지이다."[82]

니시자와의 A 주택(2004-2006)은 모리야마 주택의 경험을 잇는 것으로, 이번에는 각 개체들을 장방형으로 결합해 개방적인 하나의 전체를 만들었다. 개체 가운데 어떤 것은 중정이나 정원실(garden-room) 같이 다채로운 행위들을 수용하기도 했다. 니시자와는 "내부보다는 외부정원에 더 가까운, 밝은 환경"[83], 도시적 환경과 관계를 긴밀히 유지하는 환경을 창조하고자 의도했음을 밝혔다. 그는 추가로 덧붙였다. "이 당시, 즉 롤렉스 러닝센터의 현상설계가 한창이던 그 순간, 비로소 나는 '건축=환경'임을 느끼기 시작했고 '풍경-같은(landscape-like)' 이란 테마를 언급하기 시작했던 것을 기억한다".[84] 주택은 더 이상 불투명한 칸막이들로 닫혀져 주변 환경으로부터 단절되지 않는다. 마치 많은 일본식 주택들이 그런 것처럼 말이다. 거기서부터 점차적으로 풍경 개념이 "도시, 지역, 동네, 건축과 정원을, 하나의 살아가는 방식을 정의하는 풍경으로서, 모두 통합"[85] 할 수 있게 되었다.

니시자와는 '풍경-같은' 건축을 발전시키며, 아테네의 파르테논과 나라의 도쇼다이지(Toshodai-ji)의 두 신전을 비교했다. 파르테논은 내부에 들어갈 필요도 없이 공간 개념을 경험할 수 있으며 스스로 풍경을 구축해낸다. 반면 도쇼다이지의 외부와 내부는 "유기적 관계(relation organique)", 즉 "모야(moya/중심공간), 히사시(hishashi/모야를 감싼 회랑), 신전의 주변 환경 사이"[86]와 같은 관계를 맺는다. 니시자와가 역동적이고 유동적이며 자연이나 환경에 통합되는 건축에 특별히 관심이 있음을 이해할 수 있다. 이

80 Humphry Repton, 「Fragments on the Theory and Practice of Landscape Gardening」 (1816), in John Claudius Loudon (éd.), 『*The Landscape Gardening and the Landscape Architecture*』, Edinburgh, 1840, 603쪽.
81 Ibidem.
82 이는 Ippei Takahashi (Office of Ryue Nishizawa)의 표현이다. Ippei Takahashi, 「A Landscape Like Building」, in 『*Studies by the Office of Ryue Nishizawa*』, Contemporary Architect's Concept Series 4, Tokyo, 2009, 35쪽.
83 Ryue Nishizawa, 「A House Like a Garden」, 『*A+U*』, no 512 ("Ryue Nishizawa"), 2013년 5월호, 36쪽.
84 「Interview : Experience of Architectural Concepts」, 『*A+U*』, no 512 ("Ryue Nishizawa"), op. cit., 68쪽.
85 Ibidem.
86 Nishizawa, 「Landscape-like Architecture, Verb-like Architecture」, 『*A+U*』, no 512 ("Ryue Nishizawa"), op. cit., 8쪽.

러한 건축은 첨가적(additive)이고 조각적인 건축과는 차이가 있다. 전자가 동양적 영감에 속한 것이라면, 후자는 유럽적 영감에 속한 것이다. 그리고 전자가 후자보다 더 "현상학적"[87]이다. 이 차이는 두 논리들 사이의 차이일 수 있다. 다시 말해, 펼쳐진 공간, 풍경, "나라"를 향해 나아가며 의미부여하는 건축과, 스스로 풍경이 되고 그것을 만들며 내포하는 건축의 차이인 것이다.

니시자와가 사사키와 협력해 설계한 테시마 미술관(Teshima, 2004-2010)은 아마도 건축가가 표현했던 "환경, 예술 그리고 건축 사이의 융합(fusion)"을 재현한 것이며, "이 세 요소들이 하나의 유일 개체를 형성하는데 모두 협력"[88]한 대표 사례일 것이다. 하나의 껍질구조를 통해, 끝없는 것처럼 보이는 하나의 유일 공간(one-room space)이 만들어졌다. 건물의 유연한 외곽선은 마치 물방울의 외곽선을 연상시킨다. 모서리가 없으므로, 내부에서 인지할 때 정확한 치수와 형태는 불분명해진다. 외부에서 인지할 때의 건축은, 마치 주변 언덕들 속에 용해되어 버린 듯 했다.

오른쪽 페이지 : 류 니시자와, 테시마 미술관 (2004-2010), 카가와.
위 : "유일 공간(one-room space)"의 사진.
아래 : 궁륭의 곡면들이 표현된 내부 평면.

87 Ibidem.
88 『A+U』, no 512 ("Ryue Nishizawa"), op. cit., 122쪽.

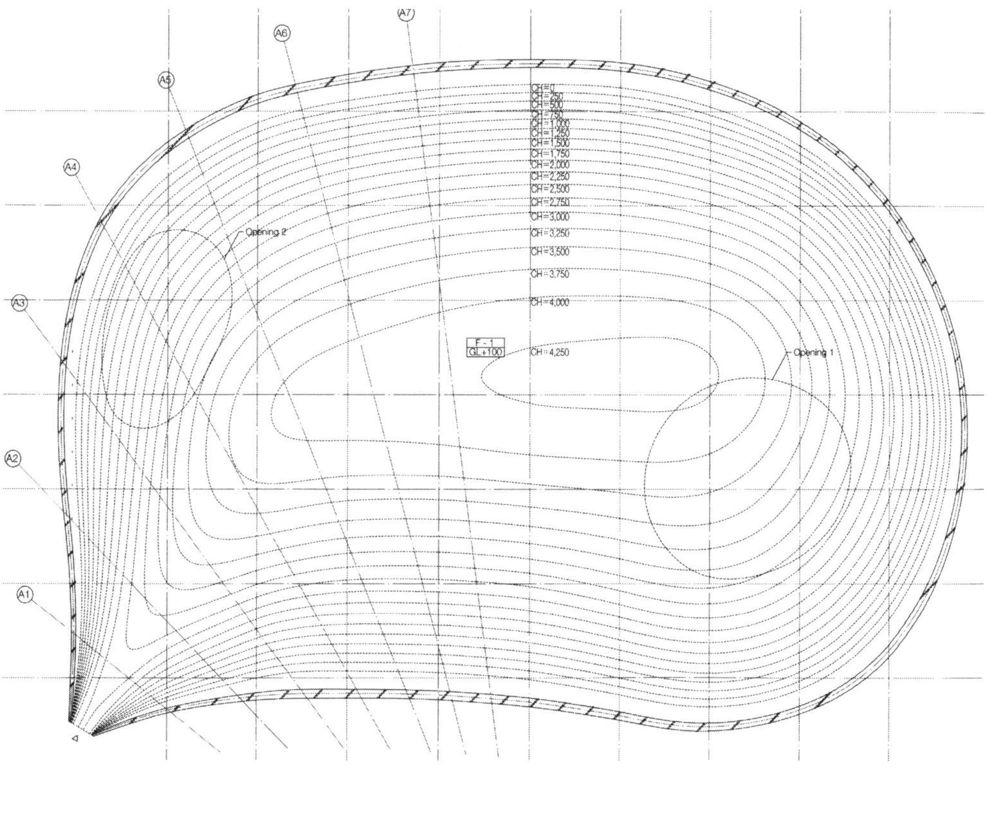
A1
A2
A3
A4
A5
A6
A7
CH=0
CH=250
CH=500
CH=750
CH=1,000
CH=1,250
CH=1,500
CH=1,750
CH=2,000
CH=2,250
CH=2,500
CH=2,750
CH=3,000
CH=3,250
CH=3,500
CH=3,750
CH=4,000
F-1
GL+100
CH=4,250
Opening 2
Opening 1

제10장

세계화 vs. 다원성

Globalisation versus pluralité

우리는 제8장 「의고성과 숭고함」에서 기원으로의 회귀(retour vers l'origine)에 대해 살펴보았다. 오두막(cabane)과 움막(hutte)은, 로지에와 젬퍼 혹은 비올레-르-뒤크의 경우에서처럼, 신앙적 믿음 속에서 건축 태초의 형태로 경배되었고, 또 "돔-이노" 골조는 근대건축의 태초적 형태로 인식되었다. 건축 전문지 『산 로코(*San Rocco*)』는 최근 "원시오두막과 더불어 무엇이 잘못되었나? (What' s Wrong with the Primitive Hut?)"라는 주제 아래 "원시적(primitive)"이란 개념에 대해 물으면서 "우리가 중대한 변형들(transformations)을 맞이할 때마다, 인간의 기원에 관한 논쟁이 되살아났다"[1]는 사실을 확인시켰다. 여기서 변형들이란 어떤 것일까? 또 로지에의 경우처럼 "단조롭고 영감이 결핍된"[2] 오두막의 우화나, 움막 또는 "돔-이노" 골조의 우화를 멀리하게 되면, "우리의 기원에 대해 더 현실적인 사고를 발전시키게 되고, 거기서부터 현대건축과 관련해 더욱 현실적인 사고를 발전시키는 것이 가능하게 되는 것일까?"[3]

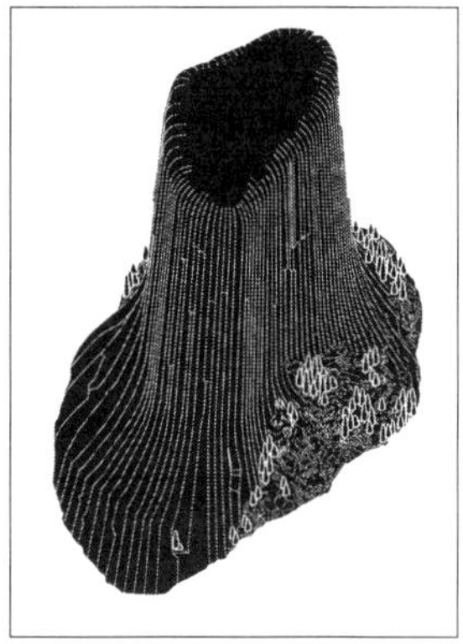

『*San Rocco*』 표지, no 8, 2013, 주제: "원시오두막과 더불어 무엇이 잘못되었나?": 데빌스 타워(Devils Tower), 아이오밍 (Wyoming).

제9장 「풍경과 밀리우」에서도 기원으로의 회귀에 관한 문제의식을 다루었다. 그러나 특별히 여기선 건축을 풍경이나 환경 속으로 융해시키고자 했던 시도였다. 새로운 건축적 환경학(écologie architecturale)이라 부를 수 있는 어떤 현상과 상관적이기도 했다.

이제 위의 두 장에 따른 역설적 결과가 부상하게 된다. 이는 바로 **건축**(l'*Architecture*)의 "소멸"이다. 이것은 또, 다른 관점들에 따라 바라보면, 사실 우리에게는 급진적이거나 아방가르드적인 사고로서 매우 익숙한 개념이기도 하다. 즉 전통 혹은 아카데미즘의 매개물로서의 건축을 제거하고자 했던 의도처럼 말이다. 이러한 방식의 제거는 새로운 건축 또는 "다른" 건축이 등장하는 때마다 필수적인 것처럼 인식되어 왔다. 한편 삶의 조건을 새롭게 개선하기를 기대하며 신도시로 구도시를 대체하고자 했던 주장도 이와 연관된다.

만일 우리가 **건축**(l'*Architecture*)의 "소멸"이란 가정을 받아들인다면, 우리 스스로 새로운 출발, 기원의 시작점에 위치해야 한다고 인식해야 한다. 새로운 대장정을 준비하는 우리가 꾸려야 할 짐 가방의 내용은 무엇일까? 최소한 이 가방은 개인적으로 준비되어야 할 것으로 보인다. 즉, 자서전적 가방(un bagage autobiographique)인 셈이다.

1 「Editorial」, 『*San Rocco*』, no 8 ("What' s Wrong with the Primitive Hut ?"), 2013년 겨울호, 5쪽.
2 Ibidem, 3쪽.
3 Ibidem, 5쪽.

자서전들

Autobiographies

앞서 줌토르를 포함한 "현상학주의자들(phénoménologues)"이 그러했던 것처럼, 많은 현대건축가들 스스로의 설명 중에는 자서전적 요소들이 부각된다. 이 현상을 우리는 어떻게 이해해야 할까? 무엇때문에 자서전적 이야기를 환기시키는 것이 필요한 과정이 되어버린 것일까? 왜 자서전적 정보들의 수집은 무슨 이유로, 건축 자체를 설명하기 위한 방식이 되었을까?

1981년 로시(Rossi)는 예언적(prémonitoire)일 수도 있는 제목의 저서인 『과학적 자서전(*Autobiographie scientifique*)』[4]를 통해 다음 같이 자신이 성찰한 바를 기술했다. "작품의 자서전은 작품 자체에서 발견되어야 함이 당연하다. 작품을 묘사하는 것은, 투영하기(projeter) 혹은 구축하기의 행위와 비교될 만큼 작품을 전달하는 하나의 수단이다."[5] 특히 로시는 건물이나 도시 상황과 연관된 어떤 추억들(souvenirs)과 인상을 묘사했다. 몇 년 앞서 발표되었던 로시의 글 「박물관들을 위한 건축(Architettura per i musei)」에서 기술했듯이, 특정 작품들을 참조하는 것은 "우리 자신의 건축이 어떤 다른 건축으로부터 태어난 것인지를 분명하게 형식화할 수 있는 것"[6]을 의미한다. 로시는 결국, 개성화의 과정 속에서 설계안과 자서전을 연결시키고 있었다. 건축적이든 다른 종류의 것이든, 그가 소환시킨 이미지들은 관찰에서 비롯되었다. 이미지들은 수수께끼처럼 상기되고 있으며 다소 신비로운 이유를 지닌 "추억"이 되었다.

알도 로시, 시인의 창문, 1977.

"나는 특별히 에나멜칠한 커피주전자를 좋아한다. 푸른 색, 초록 색, 붉은 색, 괴상한 형태. [...] 오늘 다시 나는 거대한 커피주전자를 그리길 좋아한다. 그것은 내게 절단된 벽돌의 빈 공간을 연상시키며, 풍성한 내부 미로를 상상시킨다.", 『과학적 자서전 (*Autobiographie scientifique*)』, 1981.

이와 같이 수수께끼 같은 특성 때문에 여운이 계속 남게 된다. 또 동시에 의문들도 유발된다. 밀라노 건축그룹 바우쿠(Baukuh)에 따르면, 로시는 도시를 정물화처럼 바라보았다. 조르지오 모란디(Giorgio Morandi, 1890-1964)의 정물화처럼, 건물들이 "우리가 이해할 수 없는 이유로 서로 바짝 붙어"[7] 조성되었기 때문이다. 바우쿠는 강조하길, 자서전의 형식을 취한 결과 "집단적 스펙트럼들이 이제 사적 스펙트럼들이 되"며 "기억의 형상들을 공감시키려는 노력이 약해져 언어가 마모, 훼손되고 의미의 변질을 겪게 된다"[8].

기억의 형상들이 사적 스펙트럼으로만 남는데 그치지 않고 공유되기 위해선 과연 어떻게 해야 하고 또 어떠한 방법을 따라야 할까?

자서전은 걸어왔던 여정에 관한 성찰이며, 아직 그 길 모두가 그려지지 않았음을 의미한다... 자서전은 건축적 성찰과 설계개념의 일부로서, 결국

4 Aldo Rossi, 『*Autobiografia scientifica*』, Parme, 1990 (첫 출판 : 『*A Scientific Autobiography*』, Cambridge (Mass.), 1981 ; 불어 번역 : 『*Autobiographie scientifique*』, Marseille, 1988).

5 Aldo Rossi, 『*Autobiographie scientifique*』, op. cit., 134쪽.

6 Aldo Rossi, 「Une architecture pour les musées」, 『*L'Architecture d'aujourd'hui*』, no 263, 1989년 6월호 (『*Teoria della progettazione architettonica*』, Bari, 1968에서 처음 게재 ; 『*Scritti scelti sull' architettura e la città*』, 1956-1972, Milan, 1975에서 재게재), 186쪽.

7 Baukuh, 「The Broken Promises of The Architecture of the City」, in 『*Two Essays on Architecture*』, Zurich, 2013, 118쪽.

8 Ibidem, 64쪽.

은 자기 자신으로의 회귀인 것이다. 또 이미 다루었던 문제의식들에 대해 시간이 지나 새로 작성해야 하는 진술(énonciation)을 준비하는 행동으로, 자신 뿐 아니라 다른 이에게도 보여주기 위한 것이다. 이와 같은 자서전은 집단적 불확실성의 시대에 속해있다는 것을 의미하는 동시에, 개인적 신조들(convictions individuelles)을 각기 증언하고자 하는 시도인 것일까?

2006년, 올지아티(Olgiati)의 작품들을 독점적으로 다루는 첫 번째 모노그라피에 해당되었던 바르셀로나의 전문지 『2G』는, 총 55개 이미지로 된 건축가의 「도상적 자서전(Autobiographie iconographique)」을 소개했다. 그 이미지들은 간결한 삽화설명문이 수반되기도 했는데, 주석들은 묘사적 문구로, 사실 설명적인 글귀들은 드물었다. 이미지들은 매우 다채로웠는데, 그 중 어떤 것들은 건축가 개인의 삶과 관련된 것들이었다. 유아시절부터 그의 침대 위에 부친이 걸어놓았던 코모(Como) 호숫가의 오데스칼키 궁전(Palazzo Odescalchi)을 그린 19세기 판화나 "발레리오 올지아티 집의 주방 식탁. 이탈리아산 식품들과 프랑스산 포도주"라는 묘사가 수반된 그의 식탁 사진이 그 사례들이었다. 이 이미지들은 건축가의 기호를 알려주기도 했다. 그 가운데에는 올지아티가 살고 싶어 하던 다섯 채의 현대주택들이 있었다. 또 드물게 포함된 현대 건물의 사례 중에는 카즈요 시노하라(Kazuo Shinohara, 1925-2006) 주택도 발견된다. 몇몇 기념비들도 포함되어 있는데, 피렌체 스트로치 궁(Palazzo Strozzi), 볼테라(Volterra) 프리오리 궁(Palazzo dei Priori), 파테푸르 시크리(Fatehpur Sikri)의 타지마할(Taj Mahal) 등이 그 사례들이었다.

"발레리오 올지아티 집의 주방 식탁. 이탈리아산 식품들과 프랑스산 포도주", 「도상적 자서전 (Iconographic Autobiography)」의 55개 이미지들 중 하나. 이미지 발췌 : Valerio Olgiati, 『2G』 ("Valerio Olgiati"), n° 37, 2006.

올지아티가 상세히 밝히길, 이 이미지들은 "그의 머릿속에 저장된(stored)"[9] 것으로 자신의 설계안들의 기초가 되었고 또 동시에 그에게 전수되었던 전통을 초월할 수 있는 수단을 의미하기도 했다. 전문지 『엘 크로키(El Croquis)』에서도 그의 "도상적 자서전"이 실렸는데, 건축가는 "참조대상(références)" 없이 설계하기란 사실상 불가능하다고까지 말했다. 그렇지만 이 참조대상은 "비역사적(a-historically)"[10]인 방식으로 다루어졌고, 또 그 이미지들은 그의 생각들을 정확하게 정리할 수 있도록 돕기 위한 것이었다. 그 속에 선별되어 포함한 건물들은 "[그에게] 순수한 건축"[11]이었다. 즉 사건을 피하는 건축이면서, 그 스스로는 사건 자체가 되는 건축이었다.

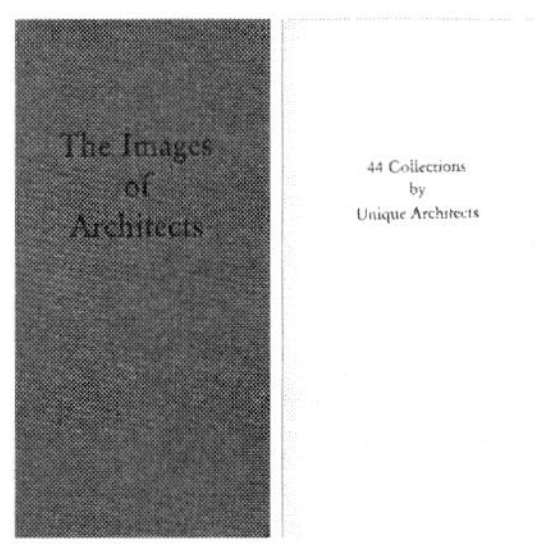

발레리오 올지아티, 『건축가들의 이미지들 (The Images of Architects)』, 2013. 표지와 첫 페이지.

2012년 베니스 비엔날레에 참여한 올지아티는 자기의 방식을 확대해 다른 이들에게도 요구했다. 그는 49명의 "가장 독특한(unique) 현대 건축가들"[12]에게 각자의 작업에서 특별히 중요했던 이미지들을—"당

9 Valerio Olgiati, 「Autobiografia iconografica–Iconographic Autobiography」, in 『2G』, no 37 ("Valerio Olgiati"), 2006, 134쪽. 「도상적 자서전(Autobiographie iconographique)」은 Laurent Stadler (dir.), Valerio Olgiati (2008), 2010 (스위스 취리히 연방공대에서 2008년 10월-11월에 열린 『Valerio Olgiati』 전시회의 도록)과 『El Croquis』, no 156 ("Valerio Olgiati 1996-2011"), 2011에서 다시 실렸다.

10 「Valerio Olgiati's Ideational Inventory」, Markus Breitschmid와의 대담, 『El Croquis』, no 156, op. cit., 20쪽.

11 Ibidem, 21쪽.

12 「Pictographs - Statements of contemporary architects. Request for visual material」 (Document Valerio Olgiati, 2012).

[역주1]: 과거 베니스의 조선소이자 병기고였기에 유래된 이름으로 오늘날 베니스 비엔날레가 개최되는 장소이다.

신의 머릿속에 있는 시각적 기억", "당신의 개인적 '상상의 박물관(musée imaginaire)"[13]으로서—한 장부터 최대 열 장까지 송부해 줄 것을 요청한 것이다. 총 41명이 응답했으며, 이렇게 수집된 이미지들은 아르세날레(Arsenale)[역주1] 옛 밧줄공장에서의 전시회에 설치된 거대한 테이블 위에서 전시되었다. 올지아티가 부르길 "개별 컬렉션들"이자 "그들 작품의 자서전적 뿌리들" 인[14] 이미지들은, 그 이듬해 출판된『건축가들의 이미지들(*The Images of Architects*)』를 통해 다시 소개되었다. 이들은 "도상들(icônes)처럼 해석될(interprétables)"[15]수 있고, "현대건축의 기원에 관한 보편적이고 인지 가능한 비전"[16]을 제공했다. 다만 여기서 그 참조대상들은 극단적으로 다양하며 그 중 다수는 건축적 영역을 벗어나는 것이기 때문에, 어쩌면 현대건축의 '개인적 기원들' 로 설명하는 것이 더 나을 것이다.

베니스 비엔날레, 그리고『건축가들의 이미지들』속의 이미지들은 각각 관객과 독자에 의한 자유로운 배치와 해석이 가능하도록 허용되었는데, 명료한 핵심적 생각을 강요하는 글귀들이 전혀 수반되지 않았기 때문이었다. 올지아티에 따르면 그의 작업 속의 자서전적 성격은 현대 개인주의(individualisme)의 결과였다. "현대건축에서는 건축가들의 일대기적 정보에 의해 표현되는 개인적 비전이 큰 영향을 끼치고 있다고 나는 믿는다. 그것은 개인주의의 결과이며 고전적 전통과는 크게 동떨어진다."[17]

우리는 이미지들의 다원성(pluralité)에 직면하고 있는 것이다. 그것을 보는 사람이 이미지들 간의 관계를 주관적으로 엮어낼 수 있고, 그것들의 대조나 유사성, 공통점과 차이점을 이끌 수 있다. 관객/독자 스스로의 관점에 바탕을 두고 진행되는 것이며, 어떠한 경우에도 건축가가 주도하는 관점의 영향 속에 있지는 않다. 다만, 콜하스의 표현처럼 "스타 건축가들" 의 (확장된) 세상 속에서, 혹은 올지아티의 표현처럼 "가장 독특한 현대 건축가들" 의 세상 속에서 우리가 위치하고 있는 것이다.

건축가들이 "개인적 비전"과 관련하여 선택한 이미지들 덕분에, 그들은 스스로의 관심사 혹은 "집착들(obsessions)" 을 우리에게 드러낼 수 있었다. 그렇지만, 그들의 작업 속에서 이 집착들이 어떻게, 그리고 무엇과 얽혀있는 것인지 이해하는 것은 그리 쉽지 않다. 유사한 시각을 지닌 케레츠(Kerez)의 경우, 왜 그는 영화에 대한 자신의 "집착"을 굳이 알리려 했을까? 그의 집착은 왜, 정확히 계산하여 밝혔듯, 2008년 전반기에 그가 247편의 영화를 보게 만들었을까? 이것과 관련해 왜 그는 보충적인 설명을 하지 않는 걸까[18]? 수

오른쪽 페이지 :
발레리오 올지아티, 「도상적 자서전(Iconographic Autobiography)」의 55개 이미지들 중 9개 이미지. 이미지 발췌 :『2G』("Valerio Olgiati"), n° 37, 2006

1, 2 카즈오 시노하라, 타니가와 주택, 나가노하라, 1958 ;
3 바네트 뉴먼, 장식 1(Ornement 1), 1948 ;
4 알도 로시, 산 카탈도 공동묘지, 모데나, 1971-1984 ;
5 프리오리 궁, 볼테라 ;
6 스트롬볼리치오, 시칠리아 스트롬볼리 섬 인근의 등대 섬 ;
7 인도 미니어쳐, 1760년 경 ("그는 행복한 사람이다. 그는 검과 꽃을 들고 있다. 그는 보석과 아름다운 콧수염을 지닌다. 그는 더운 기후의 지역에서 살고 있다.") ;
8 오데스칼키 궁전, 코모 호수 ("45년 동안, 이 이미지는 발레리오 올지아티가 어린 시절부터 잠잤던 침대 머리맡 위에 걸려 있었다.") ;
9 기원전 8-4세기 사이에 건설된 도상적 신전들 평면.

13 Ibidem.
14 Valerio Olgiati, 「The Visible Origin of Architecture」,『*The Images of Architects*』, Lucerne, 2013, s.p. 베니스 비엔날레 당시에 전시되지 않았던 몇몇 건축가들의 이미지들이 추가되었는데, 그들은 David Chipperfield, Glen Murcutt (1936), Ruye Nishizawa였다.
15 Ibidem.
16 Ibidem.
17 올지아티가 저자에게 보낸 2013년 11월 30일 편지.
18 「Obsession」, in『*Conflicts, Politics, Construction, Privacy, Obsession. Materials on the Work of Christian Kerez*』, Ostfildern (Allemagne), 2008, 192-200쪽.

1

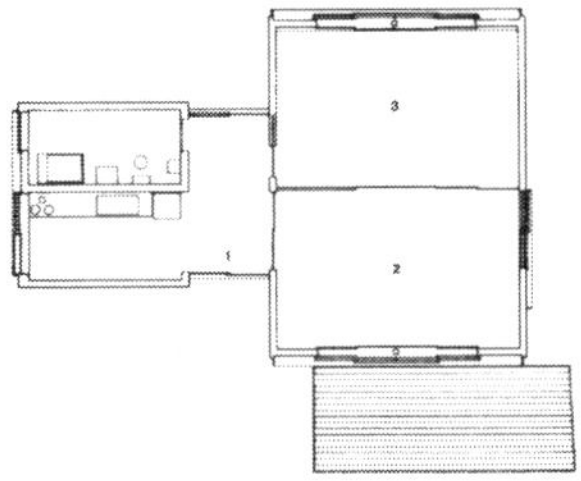

2

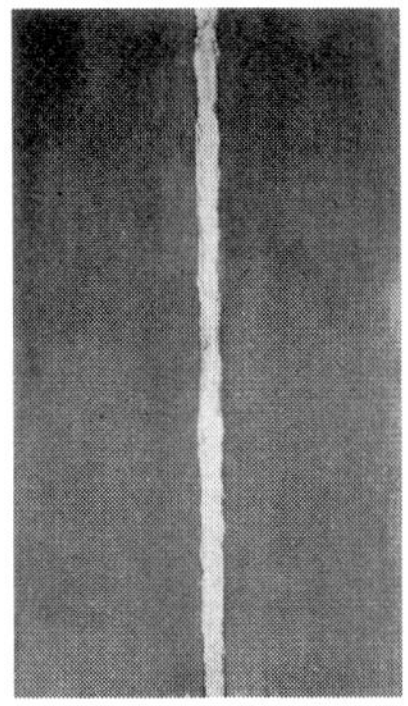

3

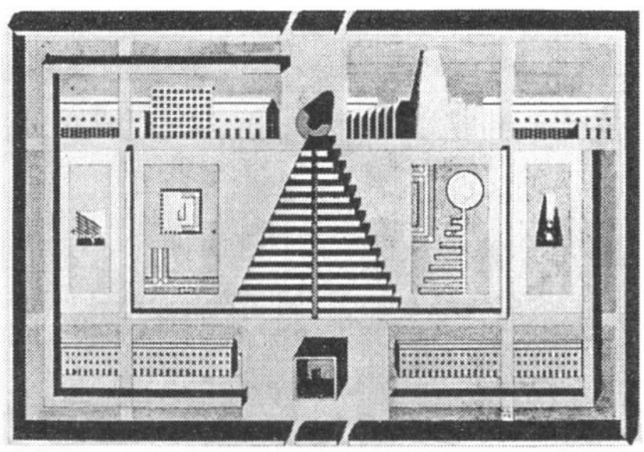

4

5

6

7

8

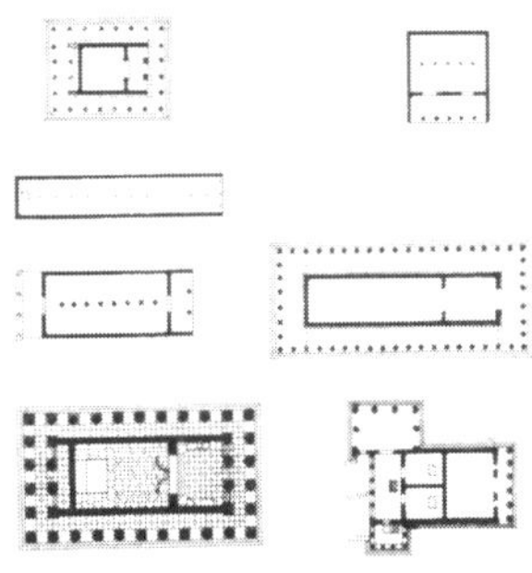

9

Antoine Fuqua
2007
One Way
Reto Salimbeni
2006
Bloodwork
Clint Eastwood
2002
The Black Dahlia
Brian De Palma
2006
Band of Outsiders
Jean-Luc Godard
1964
Sweetie
Jane Campion
1989
Witness for the Prosecution
Billy Wilder
1957
Paisan
Roberto Rossellini
1946
Germany Year Zero
Roberto Rossellini
1948
Stromboli
Roberto Rossellini
1950
Journey to Italy
Roberto Rossellini
1954

American Wife (Terminal Station)
Vittorio de Sica
1954
Love Bites
Antoine de Caunes
2001
The Phantom of the Opera
Dario Argento
1998
Rich and Strange
Alfred Hitchcock
1931
I Shot Jesse James
Samuel Fuller
1949
The Baron of Arizona
Samuel Fuller
1950
The Steel Helmet
Samuel Fuller
1951
Les Enfants terribles
Jean-Pierre Melville
1950
Babel
Alejandro González Iñárritu
2006
Rush Hour 2
Brett Ratner
2001

James Foley
2007
The Pitfall
Hiroshi Teshigahara
1962
Woman in the Dunes
Hiroshi Teshigahara
1964
The Face of Another
Hiroshi Teshigahara
1966
The Seventh Continer
Michael Haneke
1989
Dr. House Season 1
David Shore
2004-06
Ed Wood
Tim Burton
1994
Benny's Video
Michael Haneke
1993
The Criminal Life of Archibald de la Cruz
Luis Buñuel
1955
71 Fragments of a Chronology of Chanc
Michael Haneke
1995
Cursed
Wes Craven

크리스티안 케레츠, 안 "집착(Obsession)", 2008년 전반기 동안 보았던 247 편의 영화 리스트. 이미지 발췌 : 『갈등, 정치, 건설, 사생활, 집착. 크리스티안 케레츠의 작업의 재료들 *(Conflicts, Politics, Construction, Privacy, Obsession. Materials on the Work of Christian Kerez)*』, 2008.

집된 영화들의 극단적 다양성 때문에 물론 쉽지는 않지만, 건축적 "장면들"과 영화적 "장면들"의 유추에 대한 관심사때문이라고 우리는 짐작해 볼 수도 있겠다. 카루소(Caruso)가 말했듯이, 결론적으로 "케레츠는 건축 문화에 전혀 의지하지 않고 어떤 건축을 만들기를 원하는 것처럼 보인다". 그리고 "우리는 도대체 왜 그가 그러기를 원하는지 당연히 물어볼 수 있다"[19].

자서전은 반드시 기억에 호소한다. 자서전은 문화적으로 획득된 것일 수도 있는 추억에도 의지한다. 그러나 동시에—이는 역설적인데—그 문화를, 즉 "자기 자신만의(propre)" 문화를 다시 해체하기 원한다. 그렇기에 모든 맥락으로부터 문화를 분리시키고 그 역사성을 제거하며, 올지아티가 말하듯, "비-역사적으로" 인식한다. 오로지 다원주의적(pluraliste)일 수밖에 없는 개인화(individualisation)의 또 다른 형태인 것이다.

2014년 베니스 비엔날레 당시에 콜하스가 전시했던 "돔-이노" 골조로의 회귀는, 그가 자서전적 이야기를 동반하기도 했다. 전시회 『건축의 요소들(*Elements of Architecture*)』의 개막식 배포문에서, 콜하스는 자신의 유년시절과 관련된 일화들을 묘사했다. 모두 감정적 측면과는 무관한 내용들이었다. 차가울 만큼 냉정한 태도의 자서전이었기에, 현상학적 성격이 강조된 흔적은 거의 없었다. "부모님 방의 발코니가 없었더라면 나는 내가 어디에 살고 있는지 알 수가 없었다. [···] 어머니가 살았던 주택에 있던 기념비적 문. [···] 할아버지 집의 거대한 벽난로는 그 안에서 내가 걸어다닐 수 있을 정도였다. [···] 내 유년시절을 마감시켰던 경사로는, 다른 세상으로 나를 싣고 갈 배에 오르며 내가 보았던 것이었다." 발코니, 문, 벽난로, 경사로··· 이들은 콜하스가 구분했던 건축적 요소들 중에 포함된 네 가지였다. 도합 총 15개의 요소들은 "우리 건물들에서 근본적인 것들로, 어떤 건축가든, 어디서든, 어느 시대이든 늘 사용하던" 것들이나, 다시 새로 주의기울일 만한 것들이었다. 그는 이 요소들을 위해 통합된 하나의 역사를 제안하기보다 "다중적 역사들, 기원들, 영향들, 공통점과 차이점들 [···], 그리고 요소들이 현재의 버전에 이르기까지 기술적 진보, 제어시설들, 새로운 디지털 체제에 따라 어떻게 진화할 수 있는지"를 드러내고자 했다.

콜하스가 습관적으로 우리에게 그의 인생 속 일화들—건축가였던 할아버지, 네덜란드에서, 또 7살 이후 인도네시아에서 보낸 어린 시절, 12살에 암스테르담으로의 귀국 등[20]—을 이야기하곤 했다면, 더 나아가 그는 자신의 첫 경험들의 순간들, 심지어 아직 건축이 그의 관심을 끌거나 탐구의 대상조차 되지 못했던 순간들을 건축의 미래와 결부시켰던 것이다.

19 Adam Caruso, 「Whatever Happened to Analogue Architecture」, 『*AA Files*』, no 59, 2009년 가을호, 74쪽.

20 이 주제와 관련해 1998년 Jean-François Chevrier와 Rem Koolhaas의 대담을 참고할 것 : 「Changement de dimensions」, 『*L'Architecture d'aujourd'hui*』, no 361 ("OMA. Projets recents"), 2005년 11월-12월. 만일 콜하스가 자기 인생의 일화들을 환기한다 하더라도, 스스로 "사적인" 일이라고 규정하는 자신의 형태적 선택과 관련해 어떤 인과 관계를 연결짓지 않았음을 주지할 필요가 있다. (본 책 185쪽 참조).

하지만 동시에 우리는 "요소들"이 이제 "사적 스펙트럼(spectres prives)"이 되어 버린 것을 인식하게 된다. 우리는 자서전이 지니는 위험성을 알고 있다. 자서전은, 최소한의 애수적 감정으로부터, 그게 아니라면 우수에 가득찬 쇠락기적 상태로부터 벗어날 수 없기 때문이다.

동시다발적 역사들과 세계화

Histoires simultanées et globalisation

그가 가르치던 로잔 연방공대의 2013-2014년 학기에 기어스(OFFICE-Kersten Geers & David van Severen)는 11명의 건축가들의 초대 강연 시리즈를 기획했다. 초청 건축가들은 각자의 작업 속에서 문화적으로 본질적 참조 대상이었던 한 명의 건축가를 선정해 설명하여 줄 것을 요청받았다. 예를 들어 아틀리에 바우와우(Atelier Bow-Wow)의 요시하루 추카모토(Yoshiharu Tsukamoto, 1965)는 벤츄리(Venturi)를 선정했고, 데 빌데르(Jan de Vylder)는 에릭 오웬 모스(Eric Owen Moss, 1943)를, 피에르 파올로 탐부렐리(1976)는 맥킴, 미드 & 와이트(McKim, Mead & White)를, 파스칼 플라머(Pascal Flammer, 1973)는 시노하라(Shinohara)를 선정했다. 「이중적 초상화(double portrait)」 또는 「이중적 어려움(difficult double)」으로 명명된 이 강연 시리즈는 건축이 "발명이 아니라 의도(intentions)와 관련된다"[21]는 전제에서 출발했다. 그리고 초청 건축가들이 자기의 건축 작업을 소개하는데 그치지 않고 그 "의도"를 이해시키는 것을 목표로 삼았다. 최종 목표는, 새로운 새대의 건축가들에게 속해 있는 "대안적 역사, 문화지식이 축적된 집합"[22]을 창조하는 것이었다. 자기가 아닌 다른 이를 소개하는 것은, 초청된 이들에게 자기의 자서전적 서사(récit)의 매개물로 작용될 수 있었다. 이 서사는 각 건축가들의 "지향점(fixations)"[23]을 드러냈다. 때로는 잘못된 해석들(mésinterprétations)조차 허용될 수 있었다. 사실 잘못된 해석들이 "최근 역사 속의 전위주의자들 다수에게 실질적 동력"[24]이 되기도 했음을 알기 때문이었다. 이러한 점에서 참조된 건물들의 선택은, 그 건물들을 실제로 태동시켰던 맥락에 관한 지식과는 상관없을 수도 있었다.

결국 "듀오" 형식에 가까운 강연 시리즈는, 이미 잊혀졌거나 잊혀지는 중인 건축가들, 또 익히 잘 알려져 있더라도 새롭게 해석될 수 있는 작품들을 재조명했다. 그 결과, 새로운 관계망들이 형성될 수 있는 이질적 파노라마가 생성되었다. 이 파노라마에서는—「도상적 자서전」에서 올지아티의 선택들이 보여주던 것처럼—일반성들(généralités)보다는 특이성들(singularités)이, 집합성(collectivité)보다는 개별성(individualité)이 더 강조되었다.

21 강연 시리즈에 대한 설명문 (e-mail), 2014.
22 강연 시리즈를 소개하는 배포글, 2014.
23 Ibidem.
24 Ibidem.

1

2

3

4

5

6

7

8

9

그러므로 이 강연 시리즈는 하나의 통일된 역사(une histoire unifiée)를 창조하거나 하나의 "거대서사(grand récit)"를 만들어서 경의하고자 하는 것이 아니었다. 반면, 전혀 구애받지 않고 훨씬 동시다발적인(simultanés) 다수의 서사들을 제안하고 있었다. 강연들에서는 대상이 되고 있는 설계안들을 실제로 이끌었던 의도들이 강조되었다. 현재진행중이거나 최근 또는 과거의 의도들과, 이미 선언되었거나 조심스레 제안되었던 의도들 모두가 포함되었다. 이러한 관점에서 볼 때, 계획안의 설계방식들과 이를 이끄는 원칙들을 문제 삼고 있다는 점에서, 이론적 야망을 품고 있는 셈이다.

최근 나타나고 있는 특이점들에 대한 관심은, 1950-1960년대 밀라노 건축에 대한 흥미를 새로이 촉진시켰다. 당시의 밀라노 건축가 다수는 해방적 근대건축의 "거대서사" 속에 안주하기를 경계했다. 폰티(Ponti), 마리오 아스나고(Mario Asnago, 1896-1981) & 클라우디오 벤데르(Claudio Vender, 1904-1986), 모레티(Moretti),[25] 루이지 카시아 도미니오니(Luigi Caccia Dominioni, 1913), 또는 비코 마지스트레티(Vico Magistretti, 1920-2006)가 새롭게 주목받았다. 그들의 실무 작업은 자신들의 도시적 울타리를 거의 벗어나지 않았던 것으로 인식되어 왔다. 그들에 대한 타푸리(Tafuri)의 감상평이 1986년 출판된 『이탈리아 건축사 1944-1985 (*Storia dell' architettura italiana 1944-1985*)』를 통해 실렸는데, 여기서 타푸리는 카시아 도미니오니의 건축을 인위적이라 평가했고, 마지스트레티에 관해서는 역사가 고유의 특징적 묘사와 어휘로 "불안한 볼륨적 응집(inquiétantes agrégations)의 조정 능력과 능숙함을 소유한 직업인(professionnel)"[26]으로 묘사했다.

2012년 잡지 『베르크(*Werk*)』는 카시아 도미니오니의 특집을 출간했으며, 마일리(Marcel Meili), 페터르(Markus Peter), 수미(Christian Sumi), 치노 주키(Cino Zucchi, 1955), 아스트리드 슈타우퍼(Astrid Staufer, 1963)는 오마주 글들을 기고했다. 엘리 모사예비(Elli Mosayebi, 1977)는 서론에서 다음의 내용을 주지시켰다. "전후 이탈리아 건축 담론을 지배해왔던 만프레도 타푸리가 분명하게 드러냈었던 '직업적(professionel)' 밀라노 건축가들에 대한 반감은, 이 때의 건축이 지녔던 장점들이 오랫동안 외면되도록 했다."

2014년 베니스 비엔날레에서 『조직이식(*Innesti/Grafting*)』이란 제목의 전시관을 계획하면서, 치노 주키는 밀라노를 "근대의 연구소(laboratoire du moderne)"[28]로 인식했다. 그에 따르면, 여기서의 근대란 "변모/현성용(transfiguration)"의 경우처럼 "변칙적 근대성(una modernita anomala)"[29]으로, 다시 말해 익숙한 노선으로부터 벗어나 혁신하는 동시에 "이전 상태들을

25 Bruno Reichlin & Letizia Tedeschi (dir.), 『*Luigi Moretti. Razionalismo e trasgressività, tra barocco e informale*』, Mendrisio-Milano, 2010 참조할 것.
26 Manfredo Tafuri, 『*Storia dell' architettura italiana 1944-1985*』, Turin, 1986, 87쪽.
27 Elli Mosayebi, 「Der Architekt im Fauteuil」, 『*Werk, bauen + wohnen*』, no 12 ("Luigi Caccia Dominioni"), 2012, 13쪽.
28 『*Innesti/Grafting*』 전시회의 보도자료.
29 Ibidem.

왼쪽 페이지:
『이중적 어려움』. 초청 건축가 강연 시리즈를 시각화한 커플 이미지들. 로잔 연방공대, 2014.

1 요시하루 추카모토 (아틀리에 바우-와우) / 로버트 벤츄리 ;
2 바스 프린센 / 루이지 기리 ;
3 샘 제이콥 (FAT Architecture) / 존 손 ;
4 프리다 에스코베도 / 알바로 시자 ;
5 비조이 제인 (Studio Mumbai) / 루이스 칸 ;
6 얀 데 빌데르 (Architecten de Vylder Vinck Taillieu) / 에릭 오웬 모스 ;
7 올리버 뤼트옌스 & 토마스 파드마나한 / 페테르 마르클리 ;
8 윌프리드 쿤 (Kuehn Malvezzi) / 카를로 모리노 ;
9 올리비에 틸 (Atelier Kempe Thill) / 하인리히 테세노우.

『조직이식 (*Innesti/Grafting*)』 전시회 포스터, 2014년 베니스 비엔날레에 참여한 이탈리아 측의 치노 주키가 계획한 전시회.

재해석(interpréter)"[30]할 수 있는 근대성이었다. 이듬해 주키는, 아스나고 & 벤데르(Asnago & Vender)를 오마주하고자 그들의 중요작품들의 발전단계들을 재조명하는 카루소(Caruso)의 책[31]에 참여했다.

"다른 근대성"의 증거로서 내가 밀라노를 택했던 이유는, 그 곳에서 특별히 『조직이식』의 현상이 많았기 때문이다. 또 되돌아 볼때, 밀라노의 경우는 포스트모던적 조건을 후회 없이 수용했지만, 스타건축가들의 탈출러시보다 앞서 이를 모면했고, 또 건축적 도상주의의 대안을 제시하고자 했던 사례일 수 있기 때문이다. 여기서 묘사하고 있는 태도는 과거와 현재의 동시다발성(simultanéité)을 강조했었던 폰티(Ponti)의 다음 입장에 가깝기도 했다. "과거는 존재하지 않는다. 모든 것은 우리 문화 속에 동시다발적으로 존재한다. 과거의 재현(représentation) 속에서, 또한 미래의 직관(intuition) 속에서, 오로지 현재 만이 존재한다."[32] 여기서 주장되고 있는 동시다발성은, 앞서 우리가 보았던 자서전적 이미지들 모두가 지니고 있는 동시다발성이 아닐까?

오른쪽 페이지 :
유형학들.
이미지 발췌 : Emanuel Christ & Christoph Gantenbein, 『*Typology : Hong Kong, Rome, New York, Buenos Aires*』, Zurich, 2012.

홍콩 :
1 야오 오이 에스테이트 (1980) ;
2 틴 마 코트 (1986) ;
3 수이 우 코트 (1980) ;
4 틴 슈이 에스테이트 (1993).

로마 :
5 페데리치 궁 (1937) ;
6 비아 도메니코 치마로사 (1924) ;
7 테스타치오 로토 XXXVII (1905) ;
8 테스타치오 로토 XI (1895).

뉴욕 :
9 더 월도르프 아스토리아 호텔 (1931) ;
10 더 리비에라 (1910) ;
11 907 5번가 (1915) ;
12 디 앱토퍼 (1908).

부에노스아이레스 :
13 파사헤 스위조 (1925) ;
14 파사헤 제네랄 파즈 (1925) ;
15 파사헤 리바롤라 (1925) ;
16 파사헤 라 아메리카 / 라 에스트렐라 (1917).

엠마뉴엘 크리스트(Emanuel Christ, 1970) & 크리스토프 간텐바인(Christoph Gantenbein, 1971)도 현재와 과거의 동시다발성을 전제하며 말했다. "새로운 무언가의 창조와 미래를 위한 발명이 요구될 때, 건축가가 가용할 수 있는 유일한 한 가지는 역설적으로 과거였다. 르네상스 건축가들이 신 건축을 발견하기 위해 이탈리아 고대 로마를 연구했던 것처럼, 또 20세기 초의 예술가들과 건축가들이 의고적(archaïques) 문화로부터 영감 받았던 것처럼, 우리도 20세기 도시들이 건설된 유형들을 조사하려 한다 [···]."[33]

크리스트 & 간텐바인은 2010년부터 2012년까지 20세기 도시 유형들을 조사하기 위해 학생들과 서로 다른 4개의 도시인, 홍콩, 로마, 뉴욕, 부에노스아이레스의 150개 건물들을 선별해 컬렉션을 만들었다. 이 건물들은 거의 무명 작품들로, 우리가 보통 "기업형 건축가들(corporate architects)"을 기억하지 못하는 경향이 있는 것처럼, 그 다수가 이름이 잊혀진 건축가들의 실현작들이었다. 이 건물들의 외형적 유사성은 "20세기 건축사의 대안, 건축가 없는 역사, [···] 도시적 계획안들의 보고"[34]를 형성했다.

그 실행목표는 콜하스에 의한 "전형적 평면(typical plan)"의 연구를 확대시키는 것 뿐만은 아니었다. 그것은 유형학(typologies)이 만들어지게 되었던 상황과는 전혀 다른 상황 속으로도 이전(transfert)하는 것이 가능하게 만

30 Ibidem.
31 Adam Caruso & Helen Thomas (éds), 『*Asnago Vender and the Construction of the City*』, Zurich, 2015 속의 Cino Zucchi의 글 「Asnago Vender : Everyday Abstraction」을 참조할 것.
32 Gio Ponti, 『*Amate l'architettura*』, Geênes, 1957, 92쪽. 이 문구는 『*Innesti/Grafting*』 전시회의 보도자료 속에서 약간은 자유로운 형식으로 인용된 바 있다.
33 Emanuel Christ & Christoph Gantenbein, 「Typology Transfert – Towards an Urban Architecture」 (2011년 11월 30일 취리히 연방공대에서 가르치게 되며 시작한 첫 강연),in Emanuel Christ & Christoph Gantenbein, 『*Typology : Hong Kong, Rome, New York, Buenos Aires, Zurich*』, 2012, 8쪽.
34 Ibidem, 12쪽.

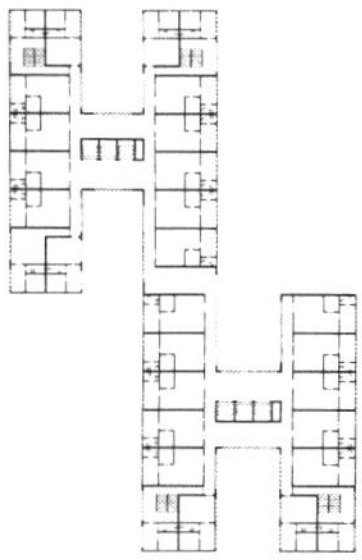
1

2

5

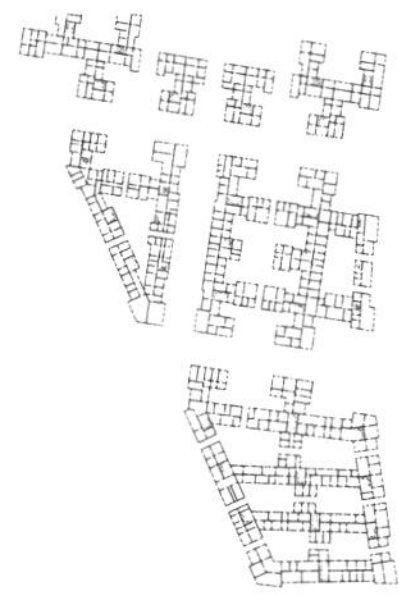
6

3

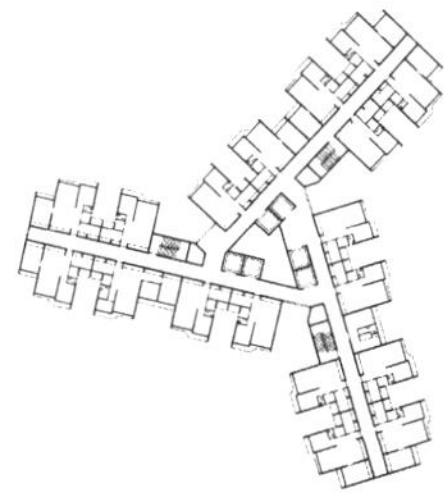
4

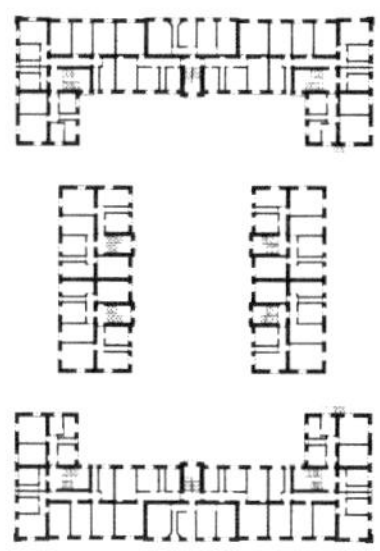
7

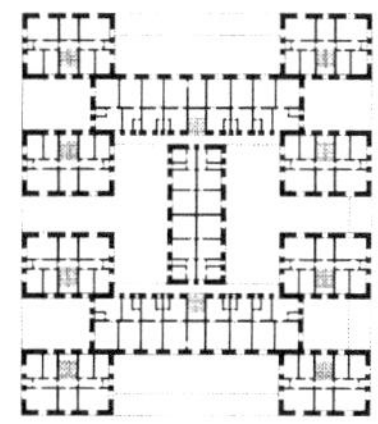
8

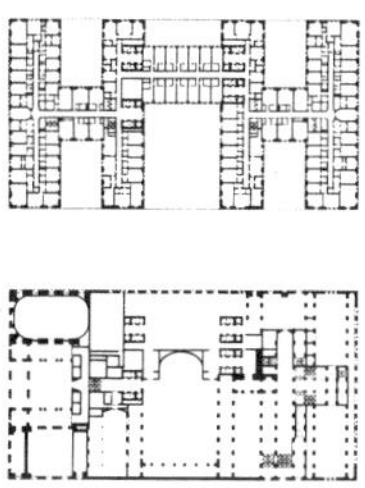
9

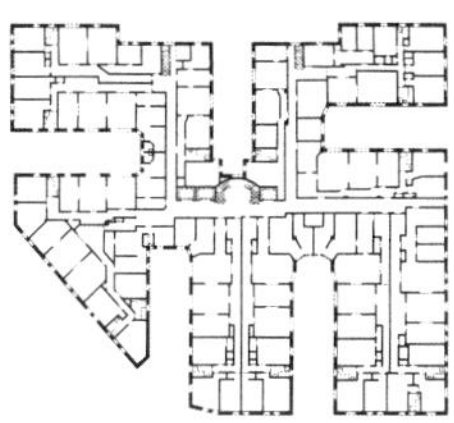
10

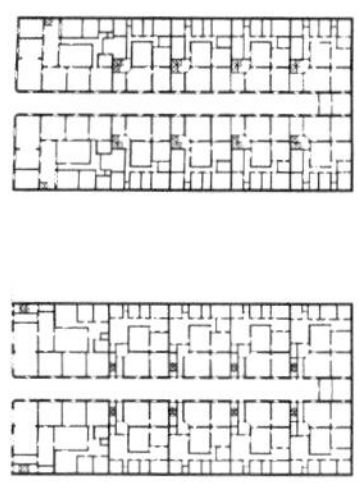
13

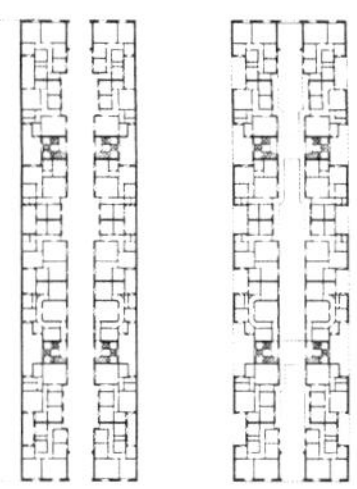
14

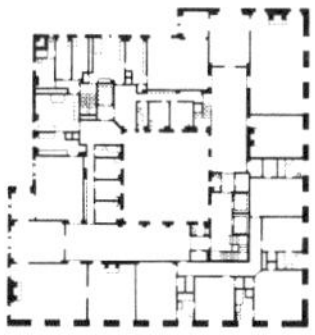
11

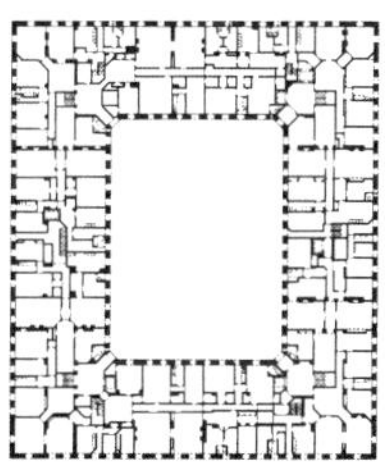
12

15

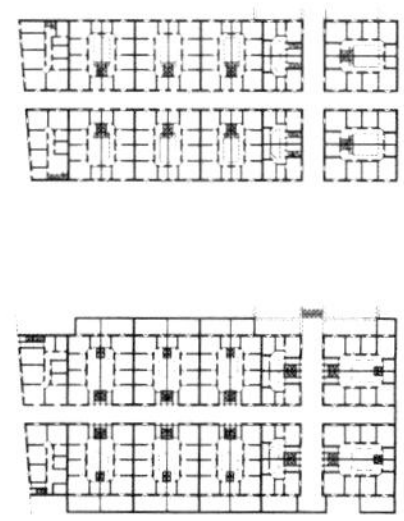
16

드는 것이었다. 비록 크리스트 & 간텐바인 스스로는 건축이 삽입되어야 할 도시와 맥락을 고려하지 않고는 제대로 설계할 수 없다고 규정했고 "이것이 바로 『도시의 건축(*Architettura della Citta*)』의 첫 번째 교훈이다" 라고 밝혔지만 말이다. 이러한 가용성(disponibilité)은 유형들이 "특정한 자율성(autonomie)과 보편성(universalité)"[36]을 지닌다는 가정을 분명하게 전제하고 있다. 『취리히에 홍콩을? (*Hong Kong in Zurich?*)』이란 제목은 두 건축가들이 2010년 베니스 비엔날레에 참여할 때의 전시제목이었다.

따라서 유형들은 특정적인 불안정성(instabilité)을 지니게 되는데, 우리는 원래 유형들이 전혀 똑같이 재생산되지 않는다는 것을 떠올릴 필요도 있다. 콜라주(collage)의 경우를 연상시키는 이전(transfert)은 각각 유형 자체의 특성과 변화의 잠재성에 대해 질문하도록 이끈다. [이 같은] "새로운 발전이 [...] 하나의 [새로운] 도시적 건축을 향한 길이 될 수 있을까 ?"[37]

여기서 핵심이 되고 있는 것은—올지아티의 경우나 폰티의 설명처럼—참조하고 기억할 수 있는 이미지들의 동시다발성이 아니라, 유형학적 장치들(dispositifs typologiques)의 동시다발성과 그 추가적인 형태이다. 은연중에 동시다발성은, 특수한 문화적 영역에 더이상 결부되지 않으며 현재의 세계화 시대에 속해 있는 건축적, 도시적 문화의 징후가 된 것은 아닐까 ? 그럼에도 불구하고, "홍콩에 취리히를 ?" 이란 질문만큼은 아직 주저된다…

참조대상으로 가능한 것들이 지닌 다원성과 보편성, 극단적으로 다양한 그 기원들에 관련된 상반적 논리들의 증대, 우리가 그것들을 바라보는 동시다발적 시각들, 항상 정당화되어야 하는 그것들 사이의 연결, 그것들로부터 가능한 사용의 자유 등등, 이 모든 전개 양상은 건축의 문화적 토양이 전지구화(global) 되었음을 의미한다. 그러나 마찬가지로 계획안의 설계개념을 이끌고 있다고 여겨지던 근거들(raisons)이—개인적 문제처럼—이해하기에는 어려운 대상이 되거나, 또는 그 어느 때보다도 더욱 강력한 신념이 요구되고 있음을 의미하는 것이기도 한다!

참조대상들을 넘어 : 원칙들과 규칙들

Au-delà des références : des principes et des règles

후지모토 역시 24개 다이어그램들의 컬렉션인 『만다라(*Mandala*)』[38]를 출판하면서 참조이미지들의 동시다발성을 다루 바 있었다. 이 다이어그램들은 계획안들의 설계개념의 매개물이었다. 그 필요성을 설명하면서 그는, "어린이조차 그릴 수 있는 건축" 인 동시에 "다양성이 매우 큰 경험"

35 Ibidem, 4쪽.
36 Ibidem, 13쪽.
37 Ibidem, 13-14쪽.
38 본 책 57쪽 참조.
39 Sou Fujimoto, 「Futuro primitivo – Primitive Future」, 『*2G*』, no 50 ("Sou Fujimoto"), 2009, 139쪽. Fujimoto와 다이어그램들에 대해 본 책 54-59쪽 참조할 것.

40을 제공하는 건축을 만들기 원한다고 덧붙였다. 어린이조차 그릴 수 있는 건축을 원하는 것이란, “원시적” 상태로 회귀하기를 희망하는 동시에, 근본적인 독창적 “가치들”을 끊임없이 되찾으려는 미래와 같은 “원시적 미래”를 전제하는 것이 아닐까? 한편으로는 다시 말해, 건축안을 설계하는 어떤 방식을 추구하면서도, 그 건축에 단일성(unité)을 부여하며 쉽게 지적으로 이해 가능할 수 있는 주요 원칙을 따르고자 함이 아닐까 ?

올지아티가 자신의 “도상적 자서전” 컬렉션을 위해 선정했던 건물들을 언급할 때, “철학적, 종교적, 사회적 해석”[41]의 고민없이 대했던 것을 기억하자. 그에게 흥미를 주었던 부분들은 본질적으로 그 건물들 속의 “지배적 원칙들(ordering principles)”[42]이었고, 건물들의 특이점들도 여기서 발생했다. 각 건물들의 고유한 “지배적 원칙들”로부터 영감 받은 올지아티의 이상적 목표는, 그 스스로가 “비 참조적(nonreferential)”[43]이라 부를 수 있는 건축을 설계하는 것이었다. 다시 말해 “기원(origine)이 없는”[44] 건축, 완성의 대상이 되는 모델이나 상징성을 지닌 모델들과는 전혀 무관한 건축, 자기참조적(autoréférentielle)이라 부를 수 있는 어떤 건축을 창안하는 것이었다.

그가 실현하는 건물은 “도상적 자서전” 속의 건축적 참조대상들과 흡사해야 하나, 형태적으로 참조하는 것은 금지되었다. 이는 올지아티가 단호하고도 암묵적으로 설정한 역설적 원칙이었다. 그는 도상학(iconographie)이 “건축과 연관된 [자신의] 사고를 분명하게 만드는데 도움을 준다”[45]고 밝혔다. 하나의 건물은 하나의 사고에서 태어나야 했다. 그 사고는 내재적으로 규칙들을 결정하고, 유기적인 하나를 만들어 단일성을 부여했다. “자신으로부터 만들어진(made out of itself)”[47] 건축인 것이다. 이러한 시각에서 순수성(pureté)을 추구했고, 단 하나의 유일 재료인 콘크리트의 사용에 의미가 부여되었다. “비 참조적, 비 맥락적”[48] 기하학의 형태인 정사각형을 선호하는 것도 마찬가지 이유에서였다. 올지아티의 추가 설명에 따르면 “지난 20여 년 동안 맥락성(contextualité)의 문제가 회피할 수 없던 제약이었다면 […] 근본적으로 하나의 사고는 맥락에 결속되어선 안된다”. 이런 시각에서 더이상 설계안은 구성(composition)이 아니어야 했다. 부분들의 더하기(addition)인 구성은 [하나의] 사고를 약화시키며 연속적 선택들에 의존해 결과를 만들어내기 때문이었다. 올지아티는 설계안을 다루는 방식을 더하기와 나누기(division)의 두 가지로 구분했다. 다시 말해 부분들을 더하거나(구성), 하나의 사고로부터 발생된 것을 나누는 것이었다. 그

40 Ibidem.
41 「Valerio Olgiati's Ideational Inventory」, op. cit., 19-20쪽.
42 Ibidem, 19쪽.
43 Ibidem, 16쪽.
44 Ibidem, 17쪽.
45 Ibidem, 21쪽.
46 본 책 77-81쪽 참조.
47 Valerio Olgiati. 『*Conversation with Students*』, Blacksburg (USA), 2007, 37쪽.
48 Ibidem, 55쪽.
49 『*Valerio Olgiati*』의 2011년 바젤 강연, s.p.

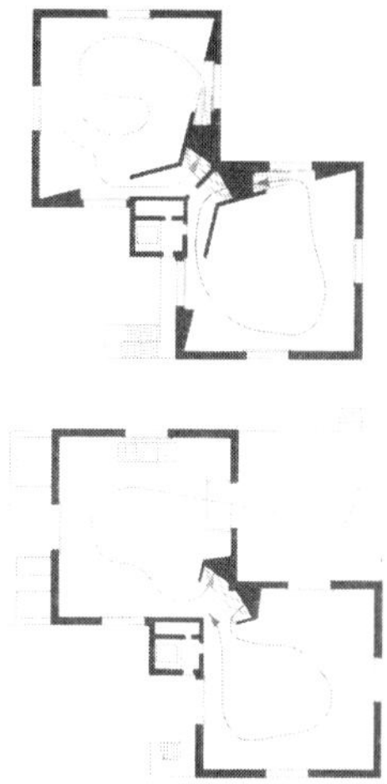

발레리오 올지아티, 방문센터 (2003-2008), 스위스 국립공원, 제르네. 1층 평면과 2층 평면, 갈라지는 계단의 시작부에서 보이는 사진 (2층과 3층 사이의 건축 장치는 1층과 2층 사이의 것을 반복한다).

발레리오 올지아티 :
"건물의 유형학은 단순한 형태들을 연결하고 나누는 것에 기반한다. (...) 구조체는, 분리불가한 전체 안에서 모든 요소들이 결합하는 하나의 유기체를 형성한다." (『El Croquis』, no 156, "Valerio Olgiati 1996-2011", 2011)

결과로 "구성을 하는 건축가는 스케치들을 계속 그려내야"[50] 한다. 반면에 나누기를 하는 건축가는 단지 "건물이 구축적 사고(building's idea)와 완전한 합일을 이루는 황홀함을 유지"[51]하고자 했으며, 마치 이미 "완수된 사건(un fait accompli)"[52]인 것처럼, 스스로를 해방시킨다.

제르네(Zernez)에 위치한 스위스 국립공원 방문센터(2003-2008)는, 건물을 하나의 전체로 확고히 엮어내는 "지배적 원칙"을 추구했던 올지아티의 집념이 잘 드러난 사례이다. 방문센터는 두 개의 정육면체가 거울처럼 얽힌 상태(imbrication)인데, 각각 3 개 층으로 하나의 순환동선에 의해 결합되었다. 동선은 두 볼륨 속에 대칭적으로 공유되지만, 전개 방식은 어떠한 분리도 허락하지 않는 미로와 같은 성격을 지녔다. 그 어느 것도, 설계안 속의 하나의 "사고"에 대한 집중을 흐트리지 않았다. 유일 재료인 현장 타설 백콘크리트는 설계안의 유일성(unicité)을 보장했다.

올지아티가 옹호하는 입장들은 역시나 급진적이던 리비오 바키니(Livio Vacchini, 1933-2007)를 떠올리게 한다. 바키니도 유일 재료로서의 콘크리트에 집착했다. 그는 사적 소명을 지향하는 건물과 공적 소명을 지향하지 않는 건물을 구분해 대립시켰다. 분리될 수 없는 단일성을 추구했다. 한쪽에는 선호들(préférences)과 개인적 선택들을, 다른 쪽에는 이론적 선택들과 규칙들(règles)을 놓고 구분하면서, 그는 확언했다. "소신(crédo)이 개인별 DNA의 지배를 받는다면, 이론은 발전시켜야 할 설계안, 자기만의

50 Valerio Olgiati. 『*Conversation with Students*』, op. cit., 54쪽.
51 「Valerio Olgiati's Ideational Inventory」, op. cit., 28쪽.
52 Ibidem. 대담 속의 해당 문구는 불어였음. 앞에서 보았듯이 (본 책 243쪽), 비 참조성(non référentialité)이 그에게 이상적이었다. 올지아티는 말했다. "나는 기원이 없고 비 참조적인 건축을 꿈꾸었다. 그러나 항상 직면하는 딜레마가 있음을 인정한다. 나는 아직 완전하게 비 참조적인 건물을 설계할 수가 없었다. 결국 나의 건축은 항상 어떤 종류의 추상화(abstraction)이었다." (「On the Non-Referential」, Valerio Olgiati와 Markus Breitschmid의 대담 (2011), 『*Domus*』, no 974, 2013, p. 46). 올지아티에게 있어 앙코르 사원들은 추상화(abstraction)와 관련있었다. 그것은 히말라야의 추상화였다. 반면에 마야 신전들은, 그의 눈에, 비 참조적(non référentiels)이었다.

규칙을 지닌 모든 설계안과 연결된다"53.

바키니 역시 스스로 사적 컬렉션을 만든 바 있다. 그가 "걸작(capolavori)"으로 꼽은 12 개의 실현작들로 이루어진 '상상의 박물관(musée imaginaire)' 이었다. 그 중에는 기자(Guizeh) 피라미드들, 파르테논, 테오티우아칸(Teotihuacan) 유적들, 툴루즈(Toulouse) 자코뱅 성당(église des Jacobins), 롱샹(Ronchamp) 성당, 베를린 국립미술관이 있었다. 그러나 이 걸작들 중에서 그가 첫째로 꼽았던 것은 스톤헨지(Stonehenge)였다. 이에 대해 바키니는 기원적 상황과 관련된 단어들을 사용해 아래와 같이 규정했다. 이 표현은 숭고함(sublime)에 대한 버크(Burke)의 묘사54와 흡사했다. "신석기 시대의 건축가는 인류 최초의 건축가로서 단일거석(monolithe)의 강력함을 갈망했다. 그는 땅속에서 거대한 바위들을 캐내어 먼 지역들부터 운반하기 위해 요구된 엄청난 노력을 감추지 않은 채 작품의 단일성을 갈구했다."55

스톤헨지를 선택한 바키니는 잉카 건축을 선택한 올지아티와 공명하고 있다. 잉카 건축 또한 비 참조적으로, "근본적으로 너무 건축적이다 [···] 돌들을 층층이 쌓은 방식에 따라 형성된 표면과 모서리로만 이루어진다. 얼마나 순수한 건축인가 !"56 "도상적 자서전" 속의 55 개 이미지들 중의 하나였던 쿠스코(Cuzco) 돌벽 사진에 대해 올지아티는, 『2G』에서 "믿을 수 없는(incroyable) 정확성"57으로, 『엘 크로키(El Croquis)』에서는 "생각할 수도 없는(inconcevable) 정확성"58으로 설명문을 달았다.

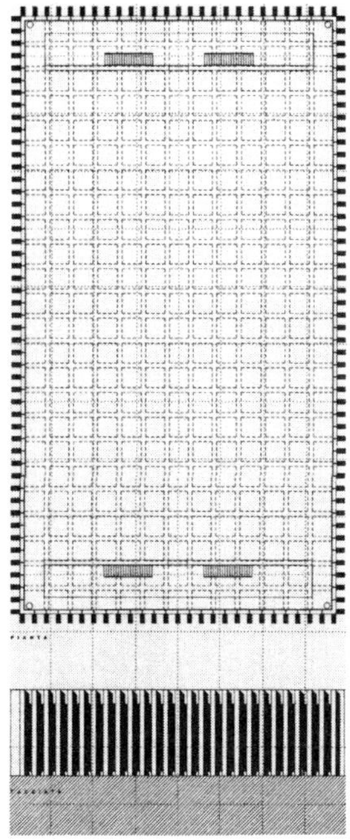

리비오 바키니, 체육관 (1990-1997), 로소네. 평면과 입면 (1990년 도면).

바키니와 올지아티의 선호(prédilections)는 기초적 행위들로 이어지게 된다. 이 선호들은 의고주의(archaïsme)와 우선적 또는 "지배적인 원칙들"을 규정하는 것 사이에서 역설적인 결합을 추구했다. 이 때의 성찰은 건축 설계개념 고유의 수단들, 건축하는 수법(manière)에 집중했다.

에피소드 : 다시 매너리즘에 관해

Parenthèse : sur le maniérisme, de nouveau

앞의 여러 장들에서도 설계안에 내재적 일관성(cohérence)을 부여하고자 하는 야망이 수차례 언급된 적 있다. 예를 들어 헤르조그 & 드 므론은 "그 자신만의 언어를 제공"59하는 건축 오브제를 실현하고자 했던 사실을 우리는 기억할 수 있다. 이러한 야망은, 앞에서 내가 새로운 매너리즘으로 받아들이고자 했던, 건축으로 이어질 수 있었다.

"쿠스코, 페루. 돌벽. 믿을 수 없는 정확성", 그의 「도상적 자서전」의 55개 이미지들 속의 발레리오 올지아티의 사진. 이미지 발췌 : 『2G』, no 37 ("Valerio Olgiati"), 2006.

53 Livio Vacchini, Capolavori. 『*Chefs-d'œuvre*』 (2006), Paris, 2010, 73쪽. 바키니의 원칙과 규칙들에 대해, 다음을 참조할 것 : Jacques Lucan, 「Le plaisir de la raison」, in *Livio* 『*Vacchini, Projekte 1989-1991*』, Bâle, 1992 (『*Le Moniteur Architecture*』, no 32-33, 1992년 6-7월호에서 재게재).
54 스톤헨지와 버크(Burke)에 대해, 본 책 196쪽 참조.
55 Livio Vacchini, Capolavori. 『*Chefs-d'œuvre*』, op. cit., 14쪽.
56 「On the Non-Referential」, op. cit., 46쪽.
57 『*2G*』, no 37 ("Valerio Olgiati"), op. cit., 139쪽.
58 『*El Croquis*』, no 156 ("Valerio Olgiati 1996-2011"), op. cit., 11쪽.
59 본 책 119-121쪽 참조.

무언가를 만드는 수법에 관해, 그것을 생산하거나 구축하게 만드는 "예술/기술(art)" 에 관해 주의를 기울이는 것은, 로베르 클라인(Robert Klein, 1918-1967)이 말했듯, "예술의 예술(l'art de l'art)" 혹은 "하이퍼-예술(hyper-art)" 속에 있다. 또는 클라인의 눈으로 볼 때, 엄격한 역사적 틀을 벗어난 태도로서의 매너리즘[60]의 경향 속에 있는 것이다. "예술의 예술" 속에 있다는 것은, 만드는 과정을 되돌아보는 것이다. 다른 한편 그 사물이 무엇을 위해 만들어졌는지, 그 기능은 무엇인지, 그 프로그램적, 사회적 목적은 무엇인지에 대한 관심은 포기하도록 만든다. 클라인에 이어, 다니엘 아라스(Daniel Arasse, 1944-2003)는 "매너리즘이란 예술영역의 자율화(autonomisation)을 세우고 제안하는"[61] 것이며 "매너리스트 예술가는 (때로는 결연하고 급진적으로 자신을 변화시켜가면서까지) 자기 스타일의 특이성(singularité)을 체계적으로 확언하기 원하는 것처럼 보인다"[62]고 말했다.

독점적 또는 중점적으로 설계안을 계획, 실현하는 수단, 원칙 혹은 규칙에 집중해 성찰할 때, 그리고 어떤 참조대상과의 분명한 또는 암묵적인 대면(confrontation)을 통해 이러한 수단, 원칙 혹은 규칙이 발생될 때, 그렇게 만들어진 사물은 매너리스트적 특성들로 점철될 것이다. 직접적 혹은 간접적 대면의 결과에 따른 해설(commentaire)은 늘 확실하게 수사적인(rhétorique) 성격을 지니게 되는데, 정확하게 수사란 능숙하게 말하는 예술/기술이며, 형상들을 제대로 파악할 수 있도록 이끄는 것이다.

유사한 시각에서, 건축은 그 자체로 메타언어/고차언어(métalangage)[역주2]가 되는 경향을 지니고 있는 것이 아닐까? 이 때문에 건축 실현작들이 특별히 고도화될(sophistiquées) 수 있는 것이다. 그리고 기교(virtuosité)가 해법의 생소함을 유도하기도 하고, 특정 요소들이 더욱 사적인 스펙트럼과 연관된다. 또다시 우리는 자서전의 개념으로 이어지는 것이다. 언어가 개별화되고, 요소들이 개인적 모티브 또는 건축가의 수법을 거의 식별할 수 있게 하는 어떤 기호(signe)가 되는 순간이다. 대립적으로, 이는 원래 목표로 삼았던 보편성의 야망과 상충하게 된다. 이것은 필연적으로 포스트모던적인, 현재 건축의 상태가 품고 있는 논리적 난제가 아닐까 ?

[역주2]: 대상을 다루는 언어 그 자체를 다시 대상으로 삼아 언급하고 서술하는 언어를 의미한다.

참조대상을 넘어 : 수사 없는 장치들

Au-delà des références : des dispositifs sans rhétorique

진행되는 상황과 반대로, 내재적 일관성을 꿈꾸는 이들은 스스로 매너리

60 Robert Klein, 「L'art et l'attention au technique」, in 『*La Forme et l'intelligible*』, Paris, 1970, 382-393쪽. 다니엘 아라스(Daniel Arasse)을 통해 나는 위 문구들을 다시 발견하게 되었다. 다음을 참조할 것 : Daniel Arasse, 「L'ange spectateur. La 『*Madone Sixtine*』 et Walter Benjamin」 (1992), in 『*Les Visions de Raphaël*』, Paris, 2003, 133-134쪽, 그리고 "La Renaissance maniériste」, in Daniel Arasse, Andreas Tönnesmann, 『*La Renaissance maniériste*』, Paris, Gallimard, l'Univers des formes, 1997, 12-13쪽.

61 Daniel Arasse, 「La Renaissance maniériste」, op. cit., 13쪽.

62 Ibidem, 9쪽.

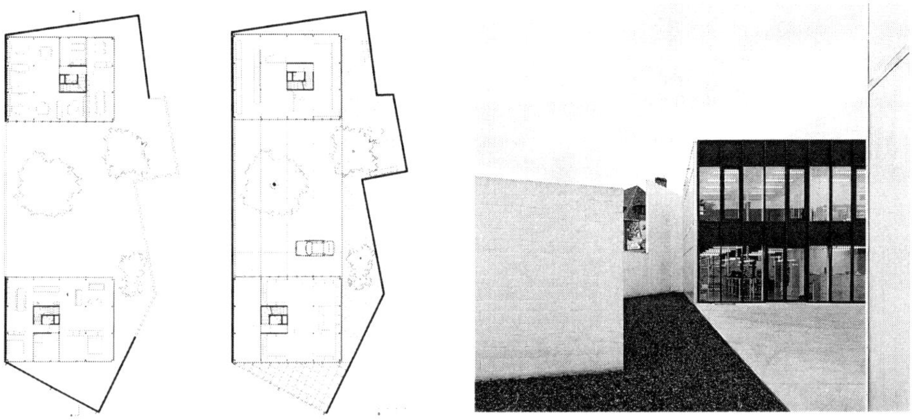

오피스 (기어스 & 반 세베렌), 컴퓨터 샵 (2007-2010), 틸트 (벨기에). 1층 평면과 2층 평면. 두 건물과 부지 외곽 벽과의 관계.

즘과 거리를 두면서, 바르트(Barthes)의 표현에 따라 "무색의 글쓰기(écriture blanche)" 또는 "언어 속에 각인된 질서의 종속에서 해방된"63 글쓰기로 부를 수 있는 무언가를 추구하고 있다고 말하고 싶을 수도 있다. 그럼에도 불구하고, 그들 역시 "무색의 글쓰기보다 더 이교도적인 것은 없다"는 것, 그리고 "자율화는 이미 자유가 존재하던 곳에서도 심지어 발전될 수 있다"는 것을 알고 있다. 이것은 그들로 하여금 다시 어떤 "수법(manière)"과 "자신만의 형태적 신화"64에 사로잡히도록 만든다.

우리는 다시 자서전과 사적 스펙트럼으로 되돌아왔다… 하지만 시작할 때의 순결함(blacheur)과 순진무구함(naïveté)에 보다 더 집중하자.

설계사무소 오피스(OFFICE - Geers & Van Severen)가 "내용 없는 건축(architecture without content)"의 가능성을 발전시킬 때, "무색의 글쓰기"라는 목표를 뒤쫓았던 것은 아닐까? 기어스(Geers)는 다음과 같이 설명했다. "내용 없는 건축은, 실행영역의 한계를 우리가 인정하는 가운데, 가능한 모든 건축적 전략들을 탐구하기 원한다. 실용적 건축은 새로운 건축이 아니다. 그 뿌리는 아마 정통적 기능주의(창고, 홀, 궁전) 이전의 유럽건축에서부터, 그리고 동시에 1960-70년대 북미 기업건물들의 세계에서 발전되었던 사례들처럼 거대한 크기의 컨테이너 빌딩과 같은 실용적 건축에서 발견될 수 있다."65 여기서의 건축은, 바르트의 표현을 다시 취하면, "부재의 양식(style de l'absence)"66에 속한 것일 수 있다. 반 세베렌(Van Severen)에 따르면, 이러한 건축은 사실상 "조각 같은 건물을 추구하는 현대의 주요 접근방식"67, 즉 도상 같은 건물과 대립적이었다.

건축 작업이나 최근의 교육 경험을 포함해, 다양한 상황 속에서 오피

63 Roland Barthes, 『*Le Degré zéro de l'écriture*』 (1953), œuvres complétes, I, 1942-1965, 179쪽.
64 Ibidem, 180쪽.
65 Kersten Geers, 「Words Without Thoughts Never to Heaven Go」, 『*2G*』, no 63 ("Office – Kersten Geers, David Van Severen"), 2012, 166쪽.
66 Roland Barthes, 『*Le Degré zéro de l'écriture*』, op. cit., 179쪽.
67 David Van Severen, in 「Kersten Geers and David Van Severen in Conversation with Enrique Walker」, 『*2G*』, no 63 ("Office – Kersten Geers, David Van Severen"), op. cit., 175쪽.

스는, 맥락을 초월한 건물들, 양식이나 프로그램적 고민으로부터 해방된 건물들, 특히 산업적이거나 창고용인 거대 건물들을 컬렉션으로 모아 다루었다. 아마 페레(Perret)였다면 "천상의 피난처(abris souverains)"라 불렀을 거대한 피난처들은 그 안에서 많은 다채로운 행위들을 수용할 수 있어서, 내용 없는 큰 상자(big boxes without content)라 할 수도 있었다. "그것들의 존재감은 그것들이 지닌 전부이다. 그러나 그것만으로도 충분하다."[68] 이 거대 건물들 중에는 안드레아 팔라디오(Andrea Palladio, 1508-1580)의 비센차 바실리카(Vicenza Basilica), 세자르 펠리(Cesar Pelli, 1926)의 LA 퍼시픽 디자인 센터(Pacific Design Center, 1975), 로시의 파르마 센트로 토리 쇼핑센터(Centro Torri, 1985-1988) 등이 포함되어 있었다. 이 실현작들은 각기 다른 시대의 것이나, 건축적 존재감(présence)과 직접적 충격(impact)의 힘은 공통적이었다. 존재감과 충격은, 다른 관점에서 볼 때 역설적으로, 도상의 것과도 유사할 수 있다. 포괄적으로, 거대 건물들이 모두 평등 선상에 있다는 사실은, 모든 참조대상들의 동시다발성이 가능함을 확인시켜준다.

"내용 없는 건축"이 전제하는 것은 "내용을 외면할 것과 항상 정확한 건축을 만드는 것이 동시에 가능할 수 있어야 함"[69]이다. 물론 이는, 콜하스의 "전형적 평면(typical plan)", "건축의 영도(degre zero)"[70] 개념들을 상기시킨다. 특히 콜하스는 공간점유(occupations)나 행위들의 다양한 가능성에 대해 실용적이고 개방적이었다. 한편, 정확한 건축이란 무엇일까?

기어스가 볼 때 이 건축은, 암스테르담 증권거래소(1898-1903)에서 "베를라헤(Berlage)가 조적한 벽돌처럼, 직설적인(litterale) 수법으로"[71] 재료들을 이용해 구현한 작품이었다. 또는 "매우 직접적인 방식으로, 최소한의 아이러니도 없는"[72] 건축이었다. 즉 "건축이 바로 그 자신인 것이다(architecture is itself)". 이러한 건축은 과감할 정도로 단순한 기하학을 지닌다. 오피스의 계획안들이 드러내는 것처럼, "그 설계안의 정확성을 주변의 불완전성과 대결시키는"[73] 평면의 규칙성과, 이를 확정짓는 직각체계 격자가 자주 사용되었다. 예를 들어 벨기에 틸트(Tielt)의 컴퓨터 샵(2007-2010)에서 오피스는 비규칙적 외곽을 지닌 필지의 가장자리에 직사각형 바닥의 격자무늬를 삽입했다. 직사각형 바닥 위에는 두 채의 쌍둥이 건물들이 마주보고 있었고, 그 사이의 자유공간은 폭이 건물 하나의 두 배였다. 설계안의 모듈성(modularité)이 건축적 장치 전체를 결정지었다. 그리고 "쌍둥이 건물들은 가능한 실용적인 재료 및 산업기술을 기반으로 구축되었다"[74].

68 「A Short History of Architecture without Content」, 『*Architecture Without Content 5*』, 2013. 『*Places of Accumulation*』, Ecole polytechnique fédérale de Lausanne, 2014, s.p.
69 Ibidem.
70 본 책 24쪽 참조.
71 「Architecture is Itself」, Kersten Geers, David Van Severen와 Joachim Declerk의 대담, in 『*Office Kersten Geers David Van Severen, Tentoonstelling 35m³ jonge architectuur*』, 2005, 36쪽 (2005년 Anvers의 deSingel Internationaal Kunstcentrum의 전시회와 연계된 출판물).
72 Ibidem.
73 Ibidem, 37쪽.
74 『*2G*』, no 63 ("Office – Kersten Geers, David Van Severen"), op. cit., 94쪽.

안느 라카통 & 장-필립 바살, 낭트 건축대학 (2003-2009). 르와르 강이 보이는 지붕으로 진입가능한 경사로가 보이는 건물 전경, 그리고 사용이 자유로운 복층 공간의 내부 전경 사진.

마지막 순간까지 목표의 대상이 되고 있는 것은, 바로 건축적 장치의 명료함, 그 설계개념을 지휘하는 원칙들의 명료함이었다. 기어스는 이를 "묘사될 수 있는(descriptible) 건축"[75]이 지닌 특성이라 불렀다. 묘사하기란, 건축적 작업에 이론적 야망을 부여하는 것이다. 이에 따라 기어스는 로시의 개념, "박물관들을 위한 건축"을 참조했다. 로시 역시 자신의 개념을 위해 아돌프 로스(Adolf Loos, 1870-1933)의 다음 주장을 환기시켰는데, 로스의 경우, 위대한 건축의 본질적 특성을 묘사될 수 있는 능력이라 믿으며 다음같이 규정했다. "우리는 파르테논을 묘사할 수 있다. 허나 우리는 제체시온(Sécession)의 건물들을 묘사할 수는 없다."[76]

직접적인 방식에 따라, 상징적이거나 우화적으로 접근하지 않아도 묘사가 가능한 건축이란, 앨리슨 & 피터 스미슨 부부(Alison & Peter Smithson)가 "수사 없는(without rhetoric)"이란 표현을 부여했던 건축이다. 이 건축은 "이상적인 것과 같은 고요함"[77], "누구나 좋아할 만한, 일종의 중립성(neutralité)"[78], "정확성의 매력"[79] 그리고 반복의 규범을 제시했다. 미스 반 데 로에, 리처드 노이트라(Richard Neutra, 1892-1970), 찰스 & 레이 임스 부부(Charles Eames, 1907-1978 & Ray Eames, 1912-1988)들이 그 수호자들이었고, SOM(Skidmore-Owings-Merrill)의 레버하우스 빌딩(Lever House, 1952)이 효과적 사례였다. 스미슨 부부의 저서 『수사 없는 (*Without Rhetoric*)』(1973)의 첫 문구는 목표를 바로 설정했다. "우리가 글을 쓰는 이유는, 피할 수 없던 현재에서 우리가 취한 것들이 우리 스스로에게조차 잘 보여질 수 있도록 하기 위해서 [···], 어느 다른 미학에 대한 하나의 통찰을 제공하기 위해서이다."[80]

"수사 없는" 것이란 반-도상적(anti-iconique)이다. 그것은 숭고함을 열망치 않고, 어떤 (새로운) 기원으로 회귀할 것을 추구하지 않는다. 그것은

76 Aldo Rossi, 「Une architecture pour les musées」, op. cit., 185쪽.
77 Alison & Peter Smithson, 『*Without Rhetoric. An Architectural Aesthetic 1955-1972*』, Cambridge (Mass.), 1974, (첫 출판 : Londres, 1973), 14쪽.
78 Ibidem, 19쪽.
79 Ibidem, 26쪽.
80 Ibidem, 1쪽.

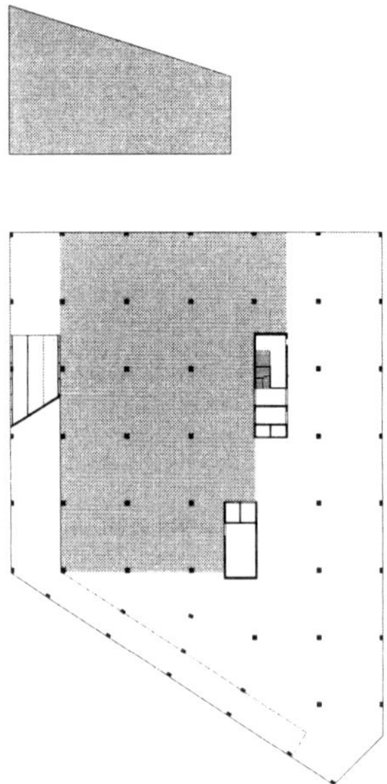

1

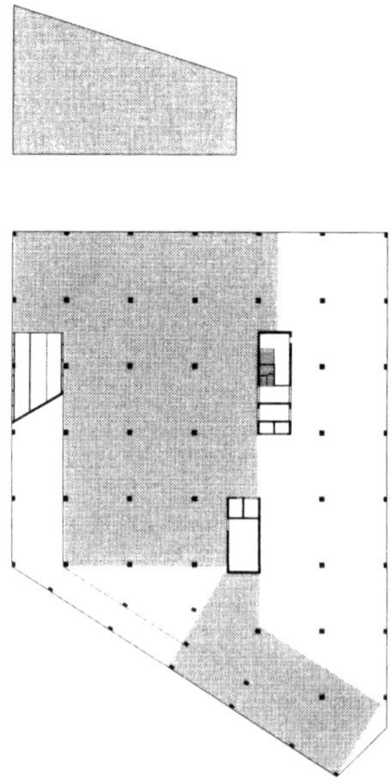

2

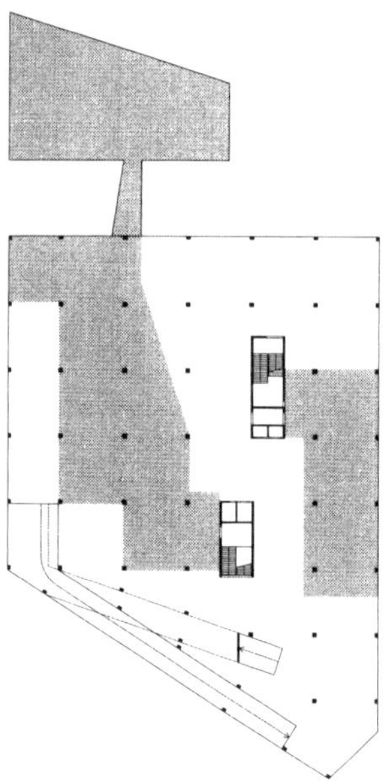

3

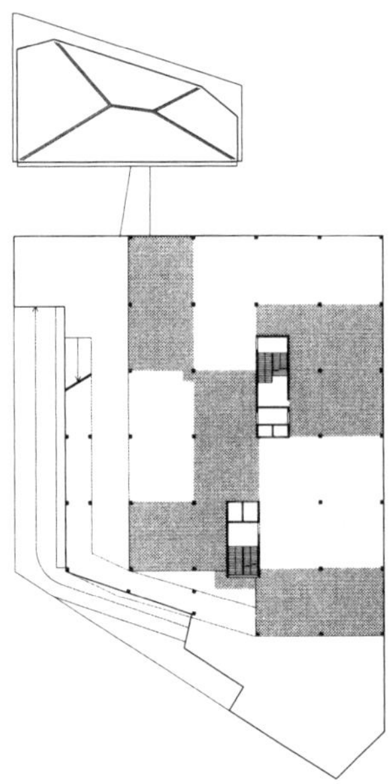

4

안느 라카통 & 장-필립 바살, 낭트 건축대학 (2003-2009)

평면 :

1 지상층 (+ 0,00 m)과 중간층 (+ 3,42 m) ;
2 지상층 (+ 0,00 m)과 중간층 (+ 4,71 m / 6,17 m) ;
3 레벨 2 (+ 9,57 m)와 중간층 (+ 12,81 m) ;
4 레벨 3 (16,21 m)과 중간층 (+ 19,45 m).

현재의 조건과 수단을 탐구하기 원한다. 그것은, 다루어야 할 프로그램들을 고민하고 때로는 "슈퍼 노멀(super normal)"이라 칭할 수 있는 문제의식에 따라, [건축적] 장치들을 작품 구현할 수 있는 새로운 현실주의(nouveau réalisme)이다.

여기서 묘사된 것과 근접한 시각에서, 이제 나는 라카통 & 바살(Lacaton & Vassal)의 작업을 주목하고자 한다. 그들의 초기 작품인 보르도 인근 플로이락(Floirac)의 라타피 주택(maison Latapie, 1991-1993)에서, 최대 공간을 제공하면서 경제성은 높이고자 했던 그들의 해결책은, "미스 반 데 로에를 더 이상 생각하지 않기"[81]그리고 항상 "미학적 고민 없이, 가장 논리적인 요소"[82]를 사용하기였다. 그들이 신축한 낭트(Nantes) 건축대학(2003-2008)은 "백 배 혹은 이백 배로 확대된 라타피 주택"[83]으로, 프로그램이 요구했던 공간에다 그 만큼의 볼륨이 다시 추가로 더해졌다. 세 개의 바닥판들은, 차의 진입이 가능한 넓은 경사로에 의해 모두 연결되었다. 각 7m 층고의 바닥판 사이에는 중층 바닥판들이 다시 삽입되었다. 복층 높이의 공간들에는 프로그램이 규정했던 기능들에 할당되지 않고, 진화, 유용(appropriations), 사건들이 허용되었다. 바닥판들은 "거대 창고들에서 사용되던 방식의 단순, 효율, 경제적인"[84] 10m×10m 간격의 정사각형 격자체계 기둥들로 지지되었다. "부지 근처 알스톰(Alstom)의 대형 산업 홀들처럼 거대한 격납고의 상상"[85]을 진지하게 고민했었다고 건축가는 밝히기도 했다.

라카통 & 바살은 "개방적이고 자유롭고 폭이 매우 넓은 하나의 구조체"[86]를 원했다. 이 구조체는, 수단의 경제성 때문에, 앞 장에서 보았던 설계안들, 다시 말해 롤렉스 러닝센터(Rolex Learning Center)나 가이트 워크숍(Kait Workshop) 같은 "원-룸 공간(one-room spaces)"의 풍경-건축들(architectures-paysages)과는 크게 차이난다.

반대로, 프로그램적 정보들에 관한 관심은, 제 1장에서 살펴보았던 다이어그램적 문제의식을 떠올리게 한다. 이러한 관심은—라카통 & 바살의 작업에서의 "원형(archétype)"인 라타피 주택처럼—익숙하고 가정적인(domestiques) 용도에 기울어 있는데, 사실 이는 오늘날 다수의 "스타-건축가들"이 외면하거나 회피하는 영역이라고도 할 수 있다. 이러한 시각에서, 아틀리에 바우-와우(Atelier Bow-Wow)의 요시하루 츠카모토(Yoshiharu Tsukamoto, 1965)와 모모요 카이지마(Momoyo Kaijima, 1969)가 집중하는 관심사를 특별히 조망할 수 있다. 그들은 건축에서 만져질 수 있는 거의 모든 측면을 재 발전시키는 것을 기준 삼은 듯 하다. 다시 말해, 건축 실현적

81 『*Lacaton & Vassal*』, Orléans-Paris, 2009, 28쪽.
82 Ibidem.
83 Ibidem, 122쪽.
84 Ibidem, 126쪽.
85 Anne Lacaton &Jean-Philippe Vassal, 「La libertad estructural, condicion del milagro – Structural Freedom, a Precondition for the Miracle」, 『*2G*』, no 60 ("Lacaton & Vassal"), 2012 (불어 원문 : 「La liberté structurelle, condition du miracle」), 162쪽.
Ibidem, 166쪽.

소재로서의 용도(usage)로 근접해 회귀하려는 것처럼 말이다.

특이점들을 고려하며

A l'aune des singularités

내가 지금 라카통 & 바살과 올지아티를 대조하려는 것은 전혀 아니다. 다시 말해, "수사 없는" 것과 "수사" 사이의 대조, "프로그램"에 집중하는 연구와 "형태"에 집중하는 연구 사이의 대조, 건물의 사용목적에 연관된 요구사항들과 형태적 설계개념에 연관된 요구사항들 사이의 대조와 같은 것이 중요한 문제가 되는 것은 아니다.

그렇지만…

어느 순간, 번갈아가며, 하나의 태도가 다른 태도를 향해 옮길 수 있다. 다만 이는 항상 임시적이다. 마찬가지로 프로그램으로의 회귀와 형태로의 회귀는 서로 번갈아가며 선언된다. 대조를 피하기 위해, 동시다발적 접근이 당연히도 요구될 것이다. 또 동일한 수법으로, 폰티가 말했던 것처럼, 과거와 현재는 동시다발적 관계들을 유지하게 된다.

그렇다 하더라도 …

앞서 우리가 보았듯이, 결국 매너리즘이 잠복해 있다. 건축의 현 상태 속에서, 자서전적 개인주의, 세계화, 참조대상들의 동시다발성 모두가 결합되고 원칙 혹은 규칙들 그리고 무색의 글쓰기가 함께 추구되는 것은, 집단적이고 통합적인 "거대서사"가 존재하지 않음을 의미한다. 모두 함께 작용하고 특이점에 근거해 판정된다. 다원주의(pluralisme)는, 단토(Danto)가 말했듯, "각 작품은, 저마다의 표현방식(ses propres termes)에 따라서–그 작품을 야기하는 것, 그것의 의미화, 그것의 참조대상들, 그리고 참조대상들의 물질적 구현 방식과 그 대상들을 이해하기 위해 필요한 방식에 따라–다루어질 것"[87]을 요구한다.

허나 그럼에도 …

현 상태(état présent)를 설명하는 것은, 그것을 증언하고자 하는 본 책 속의 내용처럼, 일반성들(géneralités)을 요구한다. 일반성들의 내재적 양면성에 대해서, 마지막으로 나는 단토를 뒤쫓고자 한다. "이는, 부분적으로, 하나의 거대서사에 더 이상 귀속되지 않는 자각(conscience), 불편함과 환희 사이의 중간 길에 위치하고 있는 어떤 감정처럼 번역될 수 있는 자각, 현재의 역사적인 감수성을 특징짓는 바로 그 자각이다."[88]

오른쪽 페이지 :
아틀리에 바우-와우 (요시하루 츠카모토 & 모모요 카이지마), 주택과 아틀리에 (2005), 도쿄.

87 Arthur Danto, 『*L'Art contemporain et la clôture de l'histoire*』, Paris, 2000 (영어원서 : 『*After the End of Art. Contemporary Art and the Pale of History*』, Princeton, 1997), 222쪽.
88 Ibidem, 29쪽.

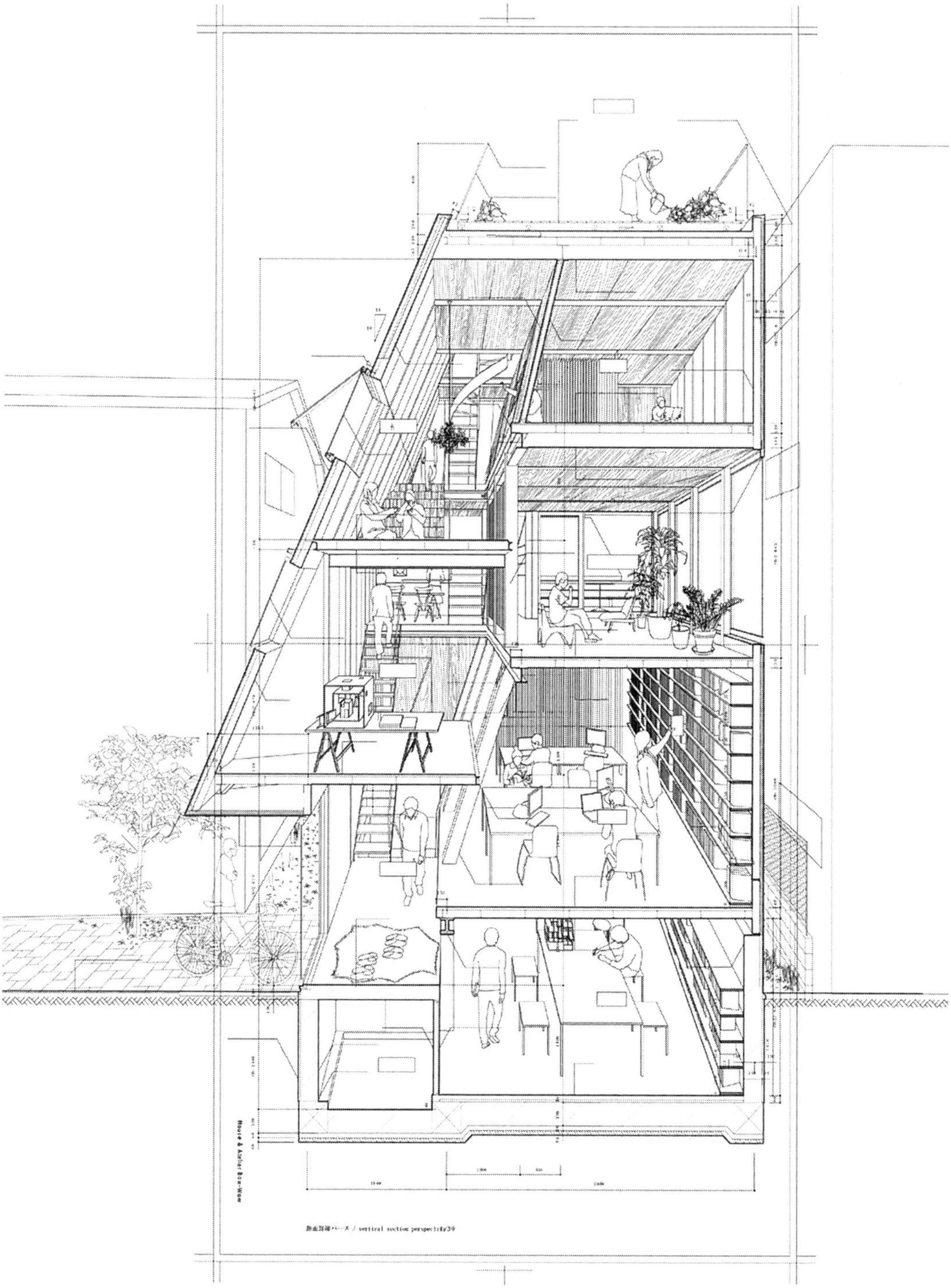
House & Atelier Bow-Wow

찾아보기

Index

도판출처

Crédits des illustrations

Anderson Richard 172
Andlau Patrick d' 38, 39
Ano Daici 174
Baan Iwan 87
Barrault Thibaut 44
Binet Helene 144, 150g, 157, 166, 194
Chakroff Evan 139
Dujardin Filip 151, 152
Frei Roger 48, 81
Fujimoto Sou 175
Grandorge David 154, 155
Gursky Andreas 45g
Helfenstein Heinrich 80, 171
Lapierre Eric 150d
Lauriot-Prevost Gaelle / DPA 208hd
Ludwig Samuel 193b
Maj Urszula 170g
Morin Andre / DPA 208hg
Nishikawa Masao 47
Parente Fran 191g
Princen Bas 247
Rossignol Pascal, Reuters 209
Ruault Philippe 249
Sakaguchi Hiro 215
Sergison & Bates 153g
Shinkenchiku-Sha 82, 227
Spiluttini Margharita 45d, 68, 120, 128g, 130, 132, 133, 135
Suzuki Hisao 35, 53, 84, 107, 121, 137, 142g, 201hd, 223, 229, 244
Von Shaewen Deidi 146

역자 후기

자크 뤼캉(Jacques Lucan, 1947) 교수는 프랑스 출신으로 유럽의 대표적 건축석학이다. 그가 2014년 새로 출판한 저서 『오늘의 건축을 규명하다』의 원 제목은 『건축의 현재 상태에 대한 상세한 설명(*Précisions sur un état présent de l'architecture*)』이다. 뤼캉 교수가 한국어 번역판을 위해 추가로 써보내준 서문에서도 밝혔듯이, 이 제목은 근대건축 거장 르 코르뷔지에(Le Corbusier)가 1930년에 출판했던 저서 『프레시지옹: 건축과 도시론의 현재 상태에 대한 상세한 설명(*Précisions sur un état présent de l'architecture et de l'urbanisme*)』의 제목에서 '도시론' 만 제외한 채 거의 그대로 차용[1]한 것이다. 원래 의도한 것인지 본 역자가 이유를 묻자, 뤼캉 교수는 그것과는 무관하게 책을 쓰기 시작했고 다만 적절한 제목을 찾던 중 르 코르뷔지에의 책을 다시 읽다 재발견한 제목이라고 답했다. 그럼에도 우리는 도발적일 수 있는 그 선택의 이유를 고민해 볼 필요가 있다. 이를 위해서 먼저 르 코르뷔지에의 책이 지니는 역사적 의의도 간단하게 조망해야만 할 것이다.

르 코르뷔지에의 『프레시지옹』은 1929년 그가 처음으로 대서양을 건너 도착한 남미에서의 10개 강연 시리즈에 바탕을 두었다. 그 내용들을 건축가는 귀환 유람선 안에서 12일 동안 정리하여 이듬해 책으로 출판했다. 그의 강연과 책의 출판이 근대건축의 황금기였던 1920년대의 끝자락에 발표된 것이란 점을 주목할 필요가 있다. 20년대 전반기의 르 코르뷔지에는 혜성과 같이 부상하며 이론들을 창안[2]하고 실험적 계획안들을 선보였다. 그러나 실현 기회는 그리 많이 주어지지 않았다. 반면 20년대 후반기의 그는 이미 새로운 건축을 대표하며 마치 원숙기의 건축가처럼 여러 주옥같은 실현작들을 통해 근대건축의 이론들을 검증하고 확신할 수 있었다. 이론적 선언과 원칙을 주장하던 전반기와 달리, 후반기는 실천을 거듭하며 정리, 확립하고자 했던 것이다. 1929년은 그의 『전집(*Oeuvre complète*)』 제1권이 출판된 시기이기도 했다. 전집 속에는 작품들 뿐 아니라 "새로운 건축의 다섯 가지 정리(Cinq points d'une architecture nouvelle)"[3], "4구성(quatre compositions)" 등의 글처럼 숫자를 부여해 나열하며 정의하는 귀납법적 분류들이 함께 소개되었다. 1929년은 그가 십여년 전부터 주장했던 건축적 혁명이 완수된 시기였고, 그 증거들이 수집, 분류, 정리되던 시기였던 것이다. 이 때에 출판된『프레시지옹』도, 그 제목의 단어가 드러내듯, 추상적 수사로 점철된 선언서/마니페스토(manifesto)가 전혀 아니라 이미 존재하게 된 새로운 건축 현상들을 구체적이고 상세하게 설명하는 내용들로 실용적 이론들을 확언하고 확산하고자 한 것이었다. 『프레시지옹』의 단어가 단

1 구성 작품으로서의 도시 디자인, 마스터플랜이 주도하는 근대적 도시 계획의 관점이 약화되고 있는 오늘날의 시류를 보여주듯, 뤼캉은 책 제목에서 의도적으로 도시계획론(urbanisme)을 누락시켰다. 그럼에도 건축적 문제의식과 도시적 현상과의 긴밀한 관계는 뤼캉의 책 속에서도 여전히 중요하게 다루어져 있다.

2 르 코르뷔지에는 1918년 순수주의(Purisme)를 선언한 이후 그에 입각해 1920년 창간해 1925년까지 존속했던 전위적 잡지 『새로운 정신(*L'Esprit nouveau*)』 속에 실린 글들을 통해 새로운 시대의 건축, 오브제 디자인, 도시계획에 관한 이론들을 발표했다. 이 글들은 1923년 출판된 기념비적 저서 『하나의 건축을 향하여(*Vers une architecture*)』(건축), 그리고 1925년에 추가적으로 출판된 두 권의 책인 『오늘의 장식예술(*L'art décoratif d' aujourd'hui*)』(오브제 디자인)과 『도시론(*L'urbanisme*)』(도시)의 총체적 스케일로 구분되어 별도의 저서로 선언되었다.

3 흔히 국내에서는 오랫동안 "새로운 건축의 5 원칙" 으로 번역되어 왔다. 이미 통용되는 번역 용어는 그 자체로 존중받아야 하겠지만, 원래의 의미의 차이가 적지 않아 오해를 불러일으킬 수 있다고 나는 생각한다. 르 코르뷔지에의 정확한 표현은 "principes" 이 아니라 "points" 이다. 두 단어의 뜻이 일부 중첩될 수는 있겠으나, 그럼에도 불구하고 나는 "원칙" 보다는 "정리(사항)" 으로 번역하는 것이 필요하다고 여긴다. 원칙은 선험적으로 뒤따르게 될 실행이 존중해야 하는 가치이다. 그러나 여기서 르 코르뷔지에가 다루는 다섯 가지의 내용은 그가 창안했다기 보다, 이미 존재하던 요소들 중 그가 발견한 것들이었다. 수평창, 필로티, 옥상정원이 모두 그러한 것들이었고, 자유평면과 자유입면도 논리적, 객관적으로 귀결되는 필수불가적 상황이었다. 새롭게 창안한 것으로 해석되기 쉬운 "원칙" 보다는 이미 벌어진 현실에 대해 규명해 "정리" 한 것으로 번역하는 것이 더 낫다고 생각한다.

수가 아닌 복수인 점도 주목해야 한다. 10개의 강연들에 기반한 것이므로, 마치 십계명처럼, "열 가지 상세한 설명" 으로 부를 수도 있겠다.

다시 뤼캉 교수의 책으로 돌아오자. 그가 굳이, 세계적으로 널리 알려진[4] 거장의 책의 제목을 그대로 차용한 의도는 과연 무엇이었을까? 공교롭게도 뤼캉 교수의 책 역시 10개의 장으로 구성되어 있으나, 그것에 진지한 의미를 부여하고 싶지는 않다. 뤼캉 교수가 차용한 제목은 1929년 거장이 시도했던 작업이 오늘도 여전히 유효하며, 더 나아가 새롭게 요구된다는 의미를 지니는 것 아닐까? 지금의 시대에도, 과거에 늘 그래왔듯, 새로운 (다른) 건축은 등장하고 있다. 그러나 20세기 말과 21세기 초의 건축적 현재 상태(état présent)에 대한 구체적인 설명이 부족함은 자명하다. 뤼캉 교수가 선택한 제목은 이러한 이론적 야망을 숨기지 않는다.

물론 뤼캉 교수의 책은 르 코르뷔지에의 책과 여러 차이점을 지닌다. 뤼캉 교수는, 르 코르뷔지에와는 달리 스스로 창안하고 실천해 보이는 건축을 1인칭 시점으로 다루고 있는 것이 아니다. 역사학자, 이론가, 비평가인 그가 3인칭 시점에서 거리를 두고 건축의 현상들을 분석하는 것은 당연하다. 르 코르뷔지에의 책이 자기 영웅담을 스스로 선전하는 자서전적 『갈리아 원정기』(율리우스 카이사르)를 연상시킨다면, 뤼캉 교수의 책은 타 건축가들이 발전시킨 문제의식들과 작품들을 다룬다는 점에서 『풀르타르코스 영웅기』와 같이 제 3자에 의한 역사적 영웅전기로 분류될 수 있는 것일까? 또는 과거의 기억들을 회고하기 위한 것이 아니라—또 다시 르 코르뷔지에의 경우처럼—동시대의 건축을 대상으로 한다는 점에서 뤼캉 교수의 책은 평범한 역사서적과 구분되어야 한다. 오늘을 역사로 다루려 한다는 점에서, 그는 과거의 지그프리드 기디온, 레이너 밴함이 그래왔던 건축 운동의 종군기자, 전파자, 촉진자로서의 역사학자를 계승하고자 하는 것일까? 혹은 만프레도 타푸리가 이야기했던 현재성에 관여하는 실천적 비평을 시도하고자 하는 것일까?

뤼캉 교수의 책은 건축학계의 일반적 관심사, 건축 매체의 선호도, 유명세 등에 따라 대중적으로 동시대를 대표한다고 여기는 '스타건축가' 들을 분석하고자 하는 것이 아니다. 그의 시점에서 학자적 논리와 판단에 근거해, 어찌 보면 주관적으로, 과거의 건축들과 비교해 특이성과 특별한 의미를 지닌다고 판단하는 건축 현상들에 집중하며, 이 새로운 현상들을 주도한다고 판단하는 건축가들의 문제의식과 작품들을 선별적으로 다루고 있다. 주류여서가 아니라 의미가 있는 건축에 대한 것이며, 또 우리 시대의 풍경을 형성하고 있는 대다수 일반적 건축이 아니라 현학적이고 비일상적이며 엘리트적인 건축이 대상이 되고 있다. 결과적으로 유명 건축가들이 포함되어 있더라도, 이들은 어디까지나 뤼캉 교수에 의해 정교하게 선별된 대상이라는 점을 주지할 필요가 있다.

건축적 문제의식과 작품에 대한 뤼캉 교수의 분석은 기본적으로 건축가 스스로 표현하는 문자적, 시각적 언어에 충실하게 기반한다. 이는 뤼캉 교수의 글들에서 흔히 발견되는 특징이다. 그러나 필요에 따라서는, 뤼캉 교수에 의해 미묘하게 숨겨졌던 의미가 발굴되거나 보완되고 다른 개념적 언어와 연결되며, 때로는 뤼캉 교수 스스로 정의한 새로운 표현 속으로 수렴되기도 한다. 서로 동떨어진 별들을 연결시켜 성좌를 상상해내듯, 건축가들의 개인주의적 작업들과 독립적 문제의식들이 뤼캉 교수의 분석에 의해 새로운 관계로 맺어진다. 학술적 서적임에도 유난히 '나(je)' 라는 1인칭 시점의 주어가 많이 발견되는 것은, 이러한 이유에서이다.

근대건축 시대까지의 유일신앙적 시각에서 거의 무신론에 가까울 정도로 다신교적인 현대건축의 양상을 반영하듯, 뤼캉 교수의 책 속에는 흔히 이질적으로 여기는 건축가들 다수가 함께 등장하며, 과거의 사

4 국내에서 르 코르뷔지에의 책 『프레시지옹』은 2004년 정진국, 이관석 교수에 의해 번역 출판되었다.

건들과 더불어 수평적, 동시다발적 방식으로 다루어진다. 무질서한 콜라주처럼 현대건축의 다채로움을 그대로 드러내거나, 새로운 유형학을 창립하듯이 모두 특징 별로 분류하고자 하는 것이 아니라, 저자의 분석에 따라 서로 수렴될 수 있는 개념들을 연결시켜 현대건축의 지형도를 글로써 표현하고자 한다. 다만 뤼캉 교수의 지형도는 그에게 의미 있는 부분적 현대건축을 대상으로 하며, 단순한 수직적 위계를 표시하는 계보도와는 달리 다양한 건축적 논쟁들이 다각화된 복합적 관계들로 얽혀있는 삼차원적 섬유조직에 가깝다.

오늘의 건축은 어디에 있는가? (Oùen-est l'architecture d'aujourd'hui?) 뤼캉 교수 책의 또 다른 제목으로도 가능할 이 질문은 1926년 르 코르뷔지에가 썼던 글의 제목이었다. 21세기의 지금, 이 질문의 답은 무엇일까? 포스트모던 이후 줄곧 다원성의 시대가 지속되고 있고, 건축에 대한 염세주의적 태도가 만연하고 있는 오늘날, 여전히 유효한 질문이 될 수 있을까? 심지어 건축은 없다고 주장하는 시대에는 호사롭기 그지없는 사치인걸까? 아니 그렇기에 더욱 절실한 질문인 것은 아닐까? 과거에 그러했던 것처럼, 오늘날의 건축가들에게도 문제의식과 작업의 일관성은 요구되는 것 아닌가? 건축가 고유의 문법, 구문론이 반드시 필수적이라면, 건축적 이론은 그 속에서 자연스럽게 생성되기 마련이다. 선언되지 않았고 읽히지 않더라도 존재할 수 있다. 새로운 건축을 발견하고 이해하며 규명하도록 노력하는 것은, 이 시대를 살아가는 우리의 의무가 아닐까? 현재성에 대한 질문을 던지고 그 해답을 찾으려는 시도는 불투명한 리스크가 뒤따르며 그렇기에 용기가 필요하다. 이러한 측면에서 뤼캉 교수의 시도는 그 자체로 존중받아야 하지 않을까?

감사를 전하며

자크 뤼캉 교수님과 나의 인연은 2002년으로 거슬러 올라간다. 프랑스 파리 마른느-라-발레 국립건축대학에 편입한 첫 해 뤼캉 교수님의 이론 수업을 수강하면서였다. 강의 제목은 매우 이상해 보였는데, "현대건축을 이해하기 위해서(Pour comprendre l'architecture contemporaine)" 였다. 여러 현대 건축가들의 작업과 개념을 심도 있게 다루는 수업이었다. 나는 이 수업에 빠져들며 여러 건축가들의 노력을 이해하기 시작했고 나의 건축적 기호와 무관하게 그들 모두의 건축을 진심으로 존중하게 되었다. 과거의 나는 "보지 못하는 눈"이었던 것을 깨달았다. 이후 뤼캉 교수님에 의해 쓰여진 각종 글들을 탐독하기 시작했다. 건축에 대한 관심이 더욱 커졌다. 그리고 건축이 더 좋아졌다. 2005년 스위스 로잔 연방공대로 옮겨 박사과정을 시작하며 뤼캉 교수님의 조교가 되었으며 2012년 박사 논문을 완성할 때까지 교수님은 끊임없이 나를 지도했고 물심양면으로 도우셨다. 그는 내게 스승이자 학문적 아버지였다. 존경하는 스승의 저서를 번역할 수 있는 기회는 매우 의미 깊다. 이를 허락해 주신 것도 그렇지만, 인간적으로도 내게 너무 많은 것을 베풀어 주셨던 뤼캉 교수님의 은혜를 마음 속 깊이 새긴다. 이 책의 각주 중에 나의 박사논문이 언급되어 있는 것을 발견한 것은 영광이었다.

학술저서의 번역은 이번이 내게 첫 경험이었다. 번역 작업의 어려움 뿐 아니라 모국어의 실력도 부족함을 실감할 수 있었다. 두 언어의 차이 속에서, 의역과 직역의 사이에서 계속 방황했다. 자연스럽게 읽혀지는 글이 우선이라 생각하지만, 저자의 고유한 문체와 용어, 뉘앙스의 정확함과 섬세함 등이 나에 의해 왜곡되는 것 같아 여러 차례 재수정을 거듭해야 했으나, 결국은 어색한 번역체로 남게 된 것 같아 부끄럽다. 작업 과정 속에서 한양대 정진국 교수님과 홍익대 장용순 교수님은 많은 조언과 격려를 아끼지 않으셨다. 정진국 교수님은 특히 일부 글을 직접 검수해 주시기도 하셨다. 두 분께 고마움을 표현하고 싶다. 한양대학교에서 내가 이끄는 건축 · 오브제 · 도시 이론연구실(AOU-tl)의 연구원들인 이단비, 최은화, 전태

규, 유영원, 홍예은 등, 여러 학생들의 도움도 잊지 않는다. 각 장의 일차 번역이 끝날 때마다 함께 읽고 검토했다. 10차례에 달했던 우리만의 학술 세미나이기도 했다. 최초의 독자들로서, 또 함께 연구하는 동료들로서, 그들의 반응을 확인해볼 수 있던 소중한 기회였다. 강의나 세미나를 위한 훌륭한 교재가 될 수 있겠다는 확신을 가질 수도 있었다. 나의 번역 제안을 기꺼이 수락해주셨던 시공문화사 김기현 사장님께도 감사하다. 틈틈이 시간을 내어 번역하느라 예상보다 오래 걸렸지만, 묵묵히 인내하시며 기다려주셨다. 본 번역 작업이 2019년도 정부(미래창조과학부)의 재원으로 한국연구재단의 지원을 받아 수행된 연구(No.NRF-2018R1C1B5043556) 성과라는 사실도 밝힌다.

마지막으로 사랑스러운 나의 가족을 언급하지 않을 수 없다. 나의 아내와 두 아이들은 항상 내게 큰 힘이 되어 준다. 특별히 불문학 전공인 아내는 실제로 번역 작업 전반에 걸쳐 성심껏 나를 도왔다. 독자의 입장에서 적극 의견을 제시했고 꼼꼼하게 실수들을 짚어주었다. 그녀의 손길이 닿지 않은 부분이 없다해도 과언이 아니다. 그 고마움은 실로 표현하기 어렵다.